土と食糧 健康な未来のために

(社)日本土壌肥料学会編

朝倉書店

松之山町は新潟県南西部豪雪地帯の典型的な棚田農村である．
5月下旬，田植えの済んだ棚田一枚一枚が豊かに水をたたえて，
青空に去来する雲を映す様は，まさしく日本農業の原風景である．
この町の歴史は，地滑りとの闘いの歴史でもあった．棚田は地滑り
を防ぐ大きな役割を果たしている．

(柴　英雄)

土のリモートセンシング

人工衛星のデータから土の特性や生産力の定量的な評価が可能になった．

十勝平野の土の特性と生産力の評価

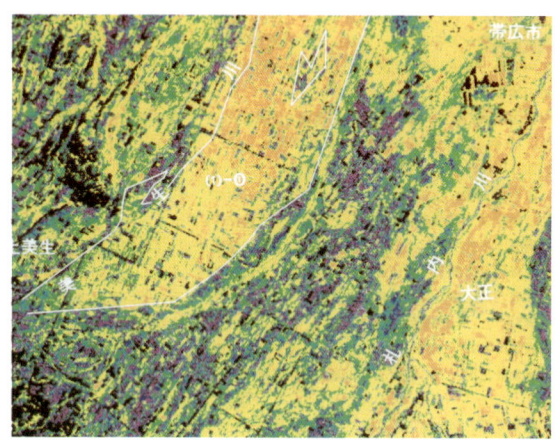

写真1　土の腐植含有量
（紫＞緑＞黄＞赤）

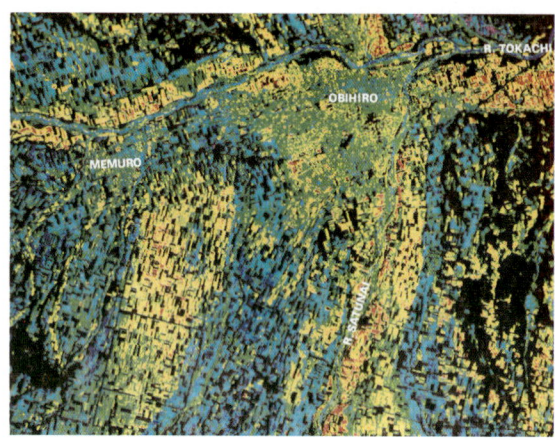

写真2　土の水分
（赤＞黄＞緑＞青）

川沿いの土は腐植も水分も多く，台地上の土はその反対である．

写真3　テンサイの糖分
（赤＞橙＞黄＞緑＞シアン）

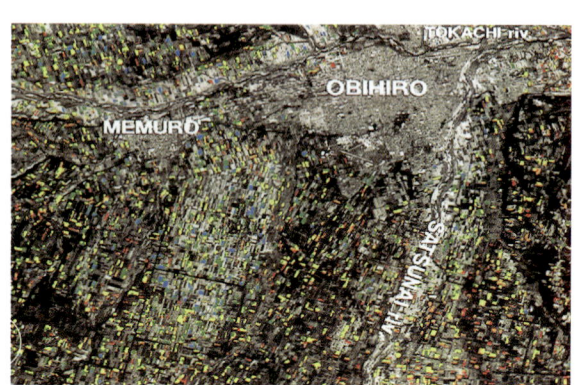

写真4　テンサイの生産高
（赤＞黄＞緑）

葉の緑色からテンサイの窒素栄養状態と糖分が，植生の量から根重が推定でき，糖分と根重から生産高がわかる．テンサイの生産高は台地上で高く，川沿いの湿った土で低い．

土の環境変化をとらえる

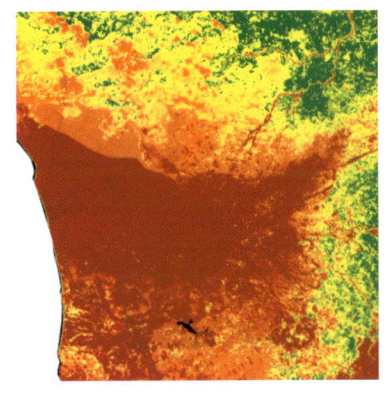 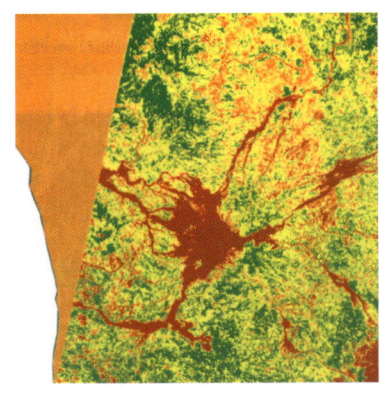 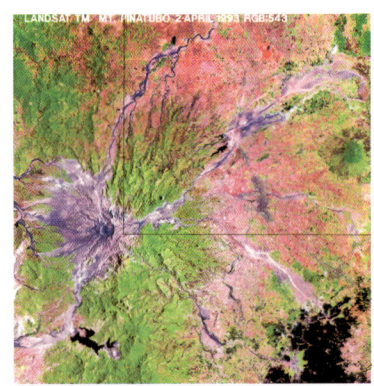

植生減少率(%)　0〜10　10〜30　30〜60　60〜90　90〜100

噴火直後(1991年7月5日)火口を中心に東西に火山噴出物が堆積し,植生は壊滅した.

2年後(1993年4月2日)には植生は回復してきたが,泥流が堆積した谷間ではまだ回復は見られない.

1993年4月2日の土地状況.山頂とその周辺の白や紫は裸地,黄緑から緑は植生,黒は湿地または水面.

写真5　フィリピン　ピナツボ火山噴火による植生の被害

 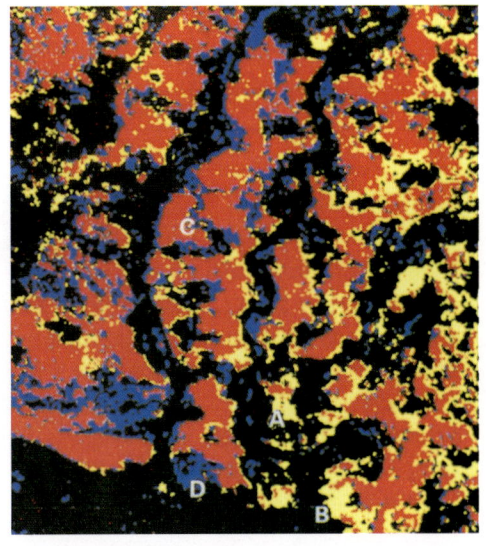

白い部分は砂で覆われた砂漠地,緑は耕地,赤みを帯びた部分は草地.

左と同じ部分の1982年と1991年の比較.赤は両年とも砂漠,黄はその間に新たにできた砂漠,青は同期間に植生が回復した区域.

写真6　中国内モンゴル自治区奈曼の砂漠化進行状況

日本の土

褐色森林土
静岡県天竜市

黒ボク土
宮崎県綾町

黄色土
静岡県浜松市

灰色台地土
北海道紋別市

低地水田土
鳥取県淀江町

山地
丘陵地
台地

日本の土地利用

植生
景観

ブナ原生林　鳥取県大山

黒ボク土の連続露頭　宮崎県都城市

ブナ林とスギの植林　群馬県水上町

赤土の沈殿池　沖縄本島

施設野菜団地　高知県高知市

散居水田集落　富山県砺波平野

晩秋の根釧台地

準平原地形の放牧地　岩手県葛巻町

高原野菜畑　長野県南牧村

黒ボク土の腐植層をつくるススキ草原　茨城県つくば市

植物の色

植物の葉は見る人にうったえる

いろいろな微量要素欠乏の症状

サトイモの光化学スモッグ被害

コマツナの銅過剰症状（右は正常）

アジサイは植物体内のアルミニウム含量が高くなると，花の色がピンクから青に変化する．酸性化によって土から溶け出すアルミニウムは，多くの植物にとって有害であるが，アジサイは体内でアルミニウムをクエン酸と結合させることによって無毒化している．

は じ め に

　食糧の生産と供給が人間生活の基本的要件であることは当然のことですが，その食糧の生産基盤が土壌（土）であります．母なる大地という言葉のゆえんです．21世紀に向けて人類が問われている最も重要な問題のひとつに，爆発的な人口増加に対応する食糧の生産・供給が可能かどうかという問題があります．

　1950年に25億人であった世界の人口は，1995年には57億人を突破しました．国連による予測では，中位予測値でも2030年には89億人に達し，2150年には115億人にもなるとしています．ほんとうにそこまで世界人口がのびるでしょうか．いや，のびられるでしょうか．人口が増加する場合，増加する人口に対応して生活空間，工業用地，公共施設や交通用地のための土地面積を増加させなければなりません．これらの用地には，農地それも多くの場合生産性の高い優良農地が転用されます．人口が増加すれば農地は減少するという宿命をもっています．人口増に対応する農地を新たに開拓しようとすると，いままで農耕不適地として放置されてきた土地を利用せざるをえなくなります．そのような土地は生産性が極めて低いことに加えて，その面積は世界的に見てもそれほど多くはありません．すべての人が人間らしく生活できる世界人口を静止人口として，その限界に向かって世界人口を軟着陸させる努力が必要です．

　このような世界的な状況の中で，わが国の食糧自給率（熱量）は40％ぎりぎり（1995年の政府長期見通し）で，先進国の中では異常な低さです．このままにしておいてよいのでしょうか．わが国が，近い将来における世界の食糧事情を理解して，食糧生産にもっと力を入れるならば，自給率を50％以上（10年前の水準）にもどすことは容易でありましょう．また，わが国が，高騰が予想される国際食糧市場に買い手として参入する機会を少しでも減らせば，経済的不利で食糧不足に悩む国への支援ともなるでしょう．

　人口増加のもうひとつの重大問題は，人類の生産・消費活動が増加することによって起こる環境破壊です．すでに，地球の温暖化，オゾン層の破壊，酸性雨，土の流亡・塩類化・砂漠化，熱帯雨林の減少，生物多様性の減少など各種の環境破壊が世界的に進行しつつあります．農業もまた環境破壊の原因として関わりをもっています．世界的視野でみた環境破壊の例として，過度の森林伐採や不用意な耕作技術の導入による土の流亡，乾燥・半乾燥地における不適切な灌漑による塩類集積，家畜の過放牧に起因する砂漠化，家畜の多頭飼育にともなう家畜ふん尿の集中的な発生や農薬・肥料の過剰使用による土と水の汚染などをあげることができます．また，農業生産のために使用するエネルギーは，農業が生産する食物エネルギーを上回っていますが，これは地球の温暖化にも関わりをもっています．

　将来の食糧問題において重要な第3の問題は，肥料資源の寿命です．化学肥料を生産するために化石燃料が使われますし，リン酸質肥料の原料はリン鉱石ですが，これらの資源の寿命もそう長いものではありません．しかし，これらの肥料養分は，家畜ふん尿や人間生活からの廃棄物中に高濃度に含まれて

いるので，これらを農業の現場で使いやすいように肥料化してリサイクル利用すれば，資源の寿命を数十倍にのばすことができます．

　これらを総合して考えると，21世紀における食糧生産体制のあり方として私たちに求められているのは，人類の生存にとって不可欠な食糧生産をいかにして持続性のある安定したシステムとして確立するかという課題です．食糧生産活動が，その源泉であるはずの土そのものを破壊してしまうようなことをせず，環境を汚染することなく，資源を浪費せず，安全で高品質な食糧をさらに生産性を高めながら生産する技術を開発しなければなりません．これは困難な問題ですが，未来世代の生存を保証するただ一つの道です．どうしても達成しなければなりません．

　本年は，日本土壌肥料学会が1927年（昭和2年）に発足してから70周年に当たります．私たちの学会は発足以来，土と植物がもつ機能の解明と食糧生産を確保するための革新的技術開発を目標に，基礎から応用にいたる研究を活発に行ってまいりました．さらに近年では，土や植生のもつ環境保全機能の維持増進にかかわる研究にも力をそそいでおります．このような研究を通して，日本土壌肥料学会は国内において食糧生産と環境保全のために大きな役割を果たすとともに，会員が海外とくに途上国に積極的に進出して，きびしい環境条件の下での食糧増産におおきな貢献をしてまいりました．

　ここに本学会創立70周年を記念して，本学会の中心課題である「次世代にひきつぐ土と食糧」を主題として，持続性のある食糧生産における土と植物がもつ機能の重要性を市民の皆様に理解していただくための書物の出版を企画いたしました．どうか，皆様におかれましては是非ご一読いただき，今後の人類の未来を担う土と植物がもつ多様な機能に理解を深めていただきたく，お願いいたします．

　最後に，この出版を可能にされた株式会社朝倉書店に対して心から感謝の意を表します．

1998年3月

社団法人日本土壌肥料学会
会　長　但　野　利　秋

刊行委員会

委員長	増島　　博 東京農業大学	委　員	三枝　正彦 東北大学
幹　事	安西　徹郎 千葉県農業試験場	委　員	関矢信一郎 ホクレン農業協同組合連合会
幹　事	岩間　秀矩 農業環境技術研究所	委　員	高橋　和彦 静岡県農業試験場
幹　事	嶋田　典司 日本土壌肥料学会	委　員	二見　敬三 全国農業協同組合連合会
幹　事	吉羽　雅昭 東京農業大学	委　員	和田信一郎 九州大学
委　員	浅見　輝男 茨城大学名誉教授		

執　筆　者 (五十音順)

浅野　峯男	愛知県農業総合試験場	高橋　正輝	長野県野菜花き試験場	二見　敬三	全国農業協同組合連合会
足立　健夫	京都府農業総合研究所	但野　利秋	北海道大学	古山　光夫	島根県農業試験場
石黒　哲也	富山県庁	谷本　俊明	広島県立農業技術センター	宝示戸雅之	北海道立根釧農業試験場
逸見　彰男	愛媛大学	提　　義房	富山県農業技術センター	細野　　衛	東京自然史研究機構
井上　克弘	岩手大学	豊田　剛己	名古屋大学	堀川　幸也	高知大学名誉教授
犬伏　和之	千葉大学	中井　　信	農業環境技術研究所	本名　俊正	鳥取大学
伊森　博志	福井県農業試験場	永塚　鎮男	筑波大学名誉教授	前　　忠彦	東北大学
後　　俊孝	広島県農業技術センター	南條　正巳	東北大学	増島　　博	東京農業大学
太田　誠一	森林総合研究所	西尾　　隆	農業環境センター	松本　　聰	東京大学
大塚　紘雄	神戸大学	西宗　　昭	北海道農業試験場	松本　英明	岡山大学
岡崎　正規	東京農工大学	羽賀　清典	畜産試験場	丸本　卓哉	山口大学
小川　吉雄	茨城県農業総合センター	橋本　　均	北海道立中央農業試験場	南沢　　究	東北大学
沖　　和生	岡山県農業試験場	長谷川和久	石川県農業短期大学	宮下　清貴	農業環境技術研究所
尾崎　保夫	農業研究センター	長谷川清善	滋賀県農業試験場	森　　　敏	東京大学
加藤　哲郎	東京都農業試験場	波多野隆介	北海道大学	安田　典夫	三重県伊賀農業センター
北田　敬宇	石川県農業総合研究センター	浜崎　忠雄	国際農林漁業研究センター	山口　紀子	東京農工大学
木村　　武	野菜・茶業試験場	早津　雅仁	静岡大学	山崎　慎一	東北大学
木村　眞人	名古屋大学	日高　　伸	埼玉県農業試験場	山田　一郎	九州農業試験場
久保　研一	熊本県農業研究センター	平田　　滋	和歌山県農業試験場	吉川　重彦	三重県農業技術センター
小﨑　　隆	京都大学	平田　俊昭	山口県農業試験場	吉田　光二	東北農業試験場
斎藤　雅典	草地試験場	平舘俊太郎	農業環境技術研究所	吉永　憲正	高知県農業センター
三枝　正彦	東北大学	福永　明憲	山口県農業試験場	米林　甲陽	京都府立大学
坂上　寛一	東京農工大学	藤井信一郎	鳥取県園芸試験場	米山　忠克	農業研究センター
柴　　英雄	埼玉県美術家協会	藤田耕之輔	広島大学	和田　光史	九州大学名誉教授
関矢信一郎	ホクレン農業協同組合連合会	藤原俊六郎	神奈川県農業総合研究所	渡辺　　毅	福井県農業試験場
高橋　和彦	静岡県農業試験場	藤原　伸介	四国農業試験場	渡辺　弘之	京都大学

(1998年3月現在)

目　　次

I. 人類の文化と土と植物資源

1. 土と人とのかかわり ………………………………………………… 増島　博…2
   (1) はじめに ……………………………………………………………………… 2
   (2) われわれはどのように土を扱ってきたか ………………………………… 3
   (3) 現代社会が土に与えたひずみ ……………………………………………… 4
   (4) 土が与えてくれるもの ……………………………………………………… 4
   (5) 土を守るために ……………………………………………………………… 6
2. 地球規模の環境変動と土 …………………………………………… 松本　聰…8
   (1) 地球環境の創造と保全の立役者 …………………………………………… 8
   (2) 現代の地球環境変動と土の反応 …………………………………………… 10
3. 植物資源と人間 ……………………………………………………… 森　　敏…16
   (1) 環境資源としての植物 ……………………………………………………… 16
   (2) 食糧資源としての植物 ……………………………………………………… 18
   (3) 遺伝子資源としての野生植物 ……………………………………………… 21
   (4) 植物バイオテクノロジーへの期待 ………………………………………… 22

II. 土と植物のサイエンス最前線

1. 土とはなにか ……………………………………………………………………… 28
   (1) 自然物としての土 …………………………………………………… 永塚鎮男…28
   (2) 土はどのようにしてできたか ……………………………………………… 30
   (3) 土はなにからできているか ………………………………………………… 32
   (4) 土と植生 ……………………………………………………………… 太田誠一…36
   (5) 土の鉱物 ……………………………………………………………… 和田光史…40
   (6) 土の中の有機物 ……………………………………………………… 米林甲陽…43
2. 土の基本的なはたらき ………………………………………………………… 47
   (1) 土は植物へ水と空気を送る ……………………………………… 波多野隆介…47
   (2) 土は循環する元素の宿である ………………………… 山崎慎一・南條正巳…51

3. 土の中に住む生物 …………………………………………………………………………56
   (1) 生物多様性の宝庫—土 …………………………………………………宮下清貴…56
   (2) 土の中の窒素肥料工場—根粒菌 ………………………………………南沢　究…57
   (3) 土と植物をつなぐ菌根菌 ………………………………………………斎藤雅典…60
   (4) 土壌病害とバイオテクノロジー ……………………………豊田剛己・木村眞人…61
      ［コラム］抑止土壌 ……………………………………………………木村　武…63
   (5) 環境修復と土壌微生物 …………………………………………………早津雅仁…63
      ［コラム］ダーウィンとミミズ ……………………………………渡辺弘之…64

4. 土と植物 ……………………………………………………………………………………66
   (1) 植物の根の機能 …………………………………………………………米山忠克…66
      ［コラム 1］根が出す機能性物質 ……………………………………米山忠克…68
      ［コラム 2］アルミニウムの毒性 ……………………………………松本英明…69
   (2) 植物の栄養生理 …………………………………………………………藤田耕之輔…69
      ［コラム］植物の生産能を高めるには ………………………………藤田耕之輔…73
   (3) 作物の栄養診断・品質診断 ……………………………………………米山忠克…73

5. 土をつくる ……………………………………………………………………………………76
   (1) よい土とは ………………………………………………………………増島　博…76
   (2) 土の診断と改良 …………………………………………………………橋本　均…78
   (3) 土の保全 …………………………………………………………………谷本俊明…81
      ［コラム］有機農法 ……………………………………………………安田典夫…83

6. 土をささえる資材 ……………………………………………………………………………84
   (1) 水田と畑で違う土の性質と肥料の効き方 ……………………………小川吉雄…84
   (2) 機能をもった肥料とは …………………………………………………日高　伸…87
   (3) 有機資源のリサイクル …………………………………………………藤原俊六郎…90
      ［コラム］火山灰土壌とリン酸 ………………………………………南條正巳…93

7. 土と環境 ……………………………………………………………………………………94
   (1) 汚染された土 ……………………………………………………………羽賀清典…94
   (2) 農業が環境に及ぼす影響 ………………………………………………犬伏和之…96
   (3) 農業生態系と水質浄化 …………………………………………………尾崎保夫…99
      ［コラム 1］いじめられた土—都市土壌 ……………………………岡崎正規…102
      ［コラム 2］水の環境基準とは ………………………………………山口紀子…103

8. 土のいろいろ ………………………………………………………………………………104
   (1) 日本の土 …………………………………………………………………本名俊正…104
   (2) 世界の土 ………………………………………………………中井　信・浜崎忠雄…107
      ［コラム 1］国土のお化粧—テフラ …………………………………井上克弘…112
      ［コラム 2］考古学と土—土地の下に埋没した古墳— ………………細野　衛…113

III. 日本農業の最前線

1. フロンティアから食糧基地へ（北海道） ···116
   (1) 地域環境と農業 ···関矢信一郎···116
   (2) 大規模な畑地 ··西 宗 昭···118
   (3) 北限の稲作 ···関矢信一郎···121
   (4) 草地と畜産 ···宝示戸雅之···124
2. イーハトーブの黒い土（東北） ···127
   (1) 地域環境と農業 ···吉田光二···127
   (2) 水稲多収穫への挑戦 ···前 忠彦···129
   (3) 東北地方の黒ボク土 ···三枝正彦···131
   (4) 賢治がみた土 ··井上克弘···136
3. 首都圏農業のすがた（関東） ···139
   (1) 地域環境と農業 ···西尾 隆···139
   (2) 関東のおもなテフラ ···坂上寛一···141
   (3) 大規模野菜産地の土の管理 ·································高橋正輝···144
   [コラム] 東京は農業県―都市農業 ·····························加藤哲郎···147
4. 雪がつくる農業（北陸） ···148
   (1) 地域環境と農業 ···提 義房···148
   (2) コシヒカリのふるさと―お米の味を決めるもの ·······北田敬宇・伊森博志···151
   (3) 地域を振興させた作物 ·······································153
     1) 福井のウメ ···渡辺 毅···153
     2) 水田に咲いたチューリップの里 ·······················石黒哲也···155
   [コラム] 千枚田, 棚田 ··長谷川和久···156
5. 多彩な生産基盤（東海） ···157
   (1) 地域環境と農業 ···高橋和彦・吉川重彦···157
   (2) 施設園芸の肥培管理 ···浅野峯男···159
   (3) し尿汚泥と浚渫土砂 ···高橋和彦···162
   [コラム] マ ン ボ ···吉川重彦···163
6. 健康な水と土をめざして（近畿） ··165
   (1) 地域環境と農業 ···大塚紘雄・小﨑 隆···165
   (2) 琵琶湖・淀川水系の水質保全と水田農業 ················長谷川清善···169
   (3) 野菜畑の土づくり―有機物の混合・リレー施用 ·······二見敬三···172
   [コラム１] 食べてみたいなぁ, 京の伝統野菜 ················足立健夫···176
   [コラム２] 環境にやさしい土の太陽熱消毒 ···················平田 滋···176

7. マサと砂でつくる農業（中国）……………………………………………………178

 (1) 地域環境と農業 ……………………………………………… 丸本卓哉…178
 (2) 砂丘の農業 …………………………………………………… 藤井信一郎…179
 (3) マサ土造成畑 ………………………………………… 古山光夫・後 俊孝…181
 (4) 中山間農業 …………………………………………… 福永明憲・平田俊昭…183
  ［コラム］水稲不耕起乾田直播栽培 ………………………… 沖 和生…185

8. 高度な土地利用のわざ（中国）…………………………………………………186

 (1) 地域環境と農業 ……………………………………………… 堀川幸也…186
 (2) 施設栽培の土 ………………………………………………… 吉永憲正…188
 (3) 傾斜地農業と果樹園 ………………………………………… 藤原伸介…192
  ［コラム］人工ゼオライト …………………………………… 逸見彰男…195

9. 暖かい風土が生むもの（九州・沖縄）…………………………………………196

 (1) 自然と農業の特徴 …………………………………… 久保研一・山田一郎…196
 (2) 水田園芸──水田で野菜や果物をつくる ………………… 久保研一…199
 (3) 火山と人間がつくる黒ボク土 ……………………………… 山田一郎…201
  ［コラム］南西諸島の赤土流出 ……………………………… 山田一郎…204

参考図書 ……………………………………………………………………………205
索　　引 ……………………………………………………………………………209

I
人類の文化と土と植物資源

1. 土と人とのかかわり

(1) はじめに

　人は陸上生態系の一員であって，生態系をめぐる物質循環のなかで呼吸し，水をのみ，食物を食べて生きている．地球上におけるすべての生物体は有機物でつくられているが，生物には光合成を行う植物のように無機物を吸収して，自分で有機物をつくって自らの体とする独立栄養生物と，動物のようにほかの生物がつくった有機物を食べて生活する従属栄養生物がある．人はもちろん従属栄養で，植物性食品も食べれば動物性食品も食べる．その食料の源は，すべて植物が光合成によってつくり出した有機物である．その植物が生育する培地が土である．われわれ従属栄養生物の食料生産の基盤となっていることが，土の持つ最大の働きである．かつて石油から作られる石油タンパクなるものが宣伝されたことがあったが，これも有機物を他の有機物に変換する手法にすぎず，その材料となる有機物は，遠い過去に土の上に生えていた植物が光合成によってつくったものにほかならない．

　土は風化を受けた岩石や植物遺体を材料にして，気候，地形，そこで生活する生物などがおりなす物理的，化学的，生物的作用の結果として生成した自然物である．土は，われわれの身の回りに存在する大気や水と同様の環境資源である．ただ違うのは，人とのかかわりあいにおいて，大気や水は直接的であるのに，土はどちらかというと間接的である．人は大気中の酸素を呼吸しているが，酸素なしではものの数分とは生きていられない．水の補給なしでは1日から数日内に脱水症状を起こし，死に至る．ところが，土は大気や水のようにそれがなければ，直ちに命を落とすというわけではない．このことが，ときとして土に対するわれわれの認識を甘くした．その影響は，世代間にわたって確実に現れてくる．いままでに，木を切りすぎて土をなくした多くの文明が，やがて滅亡していったたくさんの歴史上の事実がある．古代オリエントからギリシャ，ローマの地中海文明の変遷は1000年前に終焉し，100年前にやっと踏みとどまったのが現代ヨーロッパ文明であり，10年前に踏みとどまったのがアメリカである．

　土は，地球表面を覆う物質の量としては，水に比べてその存在はさほど大きなものではない．陸地は地球表面積の1/3にすぎないし，さらに陸域の1/3は岩石，砂，氷など土以外の物質で覆われている．土の厚さも数センチメートルからたかだか数メートルである．しかし，土の分布は，浅い水域の底から高山の植生限界に及び，土が生成してきた過程とその存在は，地球生態系の存立に大きな意味をもっている．

　地球上で最初に生命が発生したのは，およそ35億年前，海の中であったと考えられている．この段階では陸上には土はまだ存在しない．水の中の生物は，気象変動に比べて水象変動のゆるやかなこと，まだオゾン層のない時代に太陽からの有害紫外線を水が遮断すること，水の流れに伴って新陳代謝できることなどを利用して生活し，進化した．やがて水中の植物が光合成することによって生成した酸素が大気中に集積されると，オゾンが生成し，太陽からの有害な紫外線を大気圏でカットできるようになって，まずマツバランの類が陸上で生育できることになった．いまから4億年前のことである．

　陸に上がった植物は，それまで水を通して行っていた生命活動のうち，とくに光合成や呼吸などのガス交換を要するものは著しく容易になった．しかし，その利点を移動性のない植物が，水域から離れた陸上でも利用するためには，水と養分を

供給してくれる培地が必要になる．ここで，陸上における生物の増殖に伴って風化殻が徐々に作り替えられて生成した土がこの生命維持システムとしての役割を請負うことになった．陸上の生物群集はその生活培地である土を，風化殻を素材として自分自身でつくりながら発展してきたことになる．水中の生態系は環境に対して受動的に成立し，陸上の生態系は土の生成という能動的な働きによって成立したといえる．ここで，生命維持システムとしての土の生成には，長い年月がかかっていることに注意しなければならない．不用意に土を失うことは簡単であるが，その回復には数世代にわたる長い時間が必要になる．

この土を中心とする生命維持システムは，基本的には土の中の元素の存在量，土の多孔質体として水や空気を含む性質，粘性と弾性を合わせ持った挙動，土粒子表面の電気化学的性質などの土の物理化学的構造に由来する働きに依存している．しかし，これらの土の構造と働きは，地形，地質，気候などの土の外部要因と，土を利用する生物群集が土の内部で行う物質・エネルギー循環の内部要因とが共同して働いて形成するものである．地域の気候条件とそこで生成する土の構造によって，生態系の遷移の方向が決定づけられる．

農林業は農林産物を安定して生産するという目的から，土を守って地力を維持増進する手法（「土づくり」とよばれる）をあみ出してきたが，土づくりの目的外の効果として，あとに述べるような土の多面的な働きも維持培養してきた．土は，つねに人の手の届くところにあって，それ自身植物を育てるという再生産能力をもつために，人の営みによって維持管理されてきた環境資源である．今日，周囲を見回すと，樹齢100年をこえる樹木はまだまれではない．はたしてわれわれは100年さきの22世紀にどれだけの土と植物を残せるであろうか．それは，今後われわれがどのように土とつきあっていくかにかかっている．

(2) われわれはどのように土を扱ってきたか

人類は誕生以来，その文化が農耕段階に達するまでは，他の陸上の生物同様，土を基盤とする自然の生態系の中から食料を得て生活してきた．狩猟採集文化の段階である．この段階で人類が土の存在をどの程度意識していたかはわからない．しかし，文化が農耕段階，つまり生態系を管理する段階に達したときから，人は土の生産力を積極的に認識することとなった．まず，人が土から収穫物を通して収奪した物質を再び回復させるために，休閑期間をおく焼畑農業が開発された．焼畑農業では，地力が減耗すると，作物をつくることを止めて自然の生態系の遷移にまかせることによって地力は復元し，再び土の生産力を利用できた．これが「時間的地力集積段階」である．日本の時代区分では縄文時代の後期から晩期である．この段階では，経験的に自然の復元力をこえる略奪的土地利用は行われなかったが，地形的気候的に復元力の期待できる場所は限られており，一定地域内の総生産量は低い限界にあった．

増え続ける人口を養うためには，休閑して自然の復元力に任せるだけの時間や土地の余裕はなくなってくる．地形や労働力の点から，開墾できない周辺の自然地から木の葉や野草をとってきて，緑肥として畑地に投入して地力を維持する固定畑方式に変わる．これが刈敷（かりしき）農業である．基本的には弥生時代以来つい半世紀ほど前まで続けられてきた農業形態である．この段階は，自然の物質循環から人がほしいものを横取りして利用する「面積的地力集積段階」である．これによって，傾斜地や薪炭用林など農耕地とならない土地（刈敷林＝里山）の物質循環の一部を生産に利用することが可能になった．

この段階になると，農村の生産力は向上し，余剰農産物が生産され，社会に分業がおこり，農村から分離した都市の発達を促すことになる．土はその耕作者以外に対して食料を供給する責任をもつこととなり，土の効用は，道義的に生産者がひとりじめできない性格のものになってくる．土の公益性が高まってくる時代である．

この方式では，いく世代にも及ぶ収奪によって刈敷林の地力は低下した．やがて里山は，とくに潜在的な養分供給力の低い花こう岩地帯では，急速にやせた土地にも適応したアカマツ林に変わっていった．それはマツタケを供給したが，そのア

カマツも初期工業の製鉄や製陶のための燃料として切られ、その跡地では激しい土の侵食がおこった.

やがて社会経済システムは都市を中心に発展し、さらに生産の向上が求められるようになると、周辺地からの刈敷だけでなく、肥料や農薬など生産に必要な資材の工業生産が行われるようになる. 今日の「流通経済的地力集積段階」である. この段階では農業も工業同様内部経済である生産性の向上だけを追求し、それまでもっていた農業の外部経済性（環境効果）は、人々に認められないまま低下していった.

(3) 現代社会が土に与えたひずみ

このような一連の農業の発展段階において、土はいつも生産基盤としての働きを発揮してきた. しかし、単位面積当たりの生産量が増えるにつれ、一定の生産増加量を得るために投入しなければならない肥料や農薬の量は増えてくる（報酬逓減の法則という）. 近年の高度工業化社会になると、経済成長の論理から肥料、農薬などの工業製品の多量使用が求められる. そこでは、生産資材を使えば使うだけより高い生産量もたらす培地が理想とされる. そうなると、自然の土では報酬逓減の法則を打ち破ることができず、もっと管理しやすい、自然の土に代わる人工的資材の探索が始まる. 多くの人々は、土を含む生態系のもつ働きは、すべて人工的な管理しやすい資材によって代替が可能であり、そのような資材を使うことによってのみ生産の飛躍的向上が達成されるという錯覚におちいった. 太陽エネルギーだけが制限要因となるような生産性が追求され、伝統的な土をめぐる物質循環は無視され、土の存在そのものが生産の頭打ちを解消するうえでの阻害要因であるとさえ考えられるようになった. 1985年つくば科学万博の目玉となった巨大な水耕トマトはこの論理の象徴であった.

しかし、近代社会において消費される資源は、物質もエネルギーも、化石燃料や金属などの再生産の不可能な資源に偏重し、これがあらゆる面で人の環境に圧力となってはねかえってきている. 21世紀半ばには100億をこえる世界人口を養うためには、これ以上有限の資源に依存することはできない. われわれの生活は、好むと好まざるとにかかわらず、土が支える現世の植生の光合成による太陽エネルギーの固定を中心とする物質循環に頼らざるをえなくなる.

(4) 土が与えてくれるもの
（環境資源としての土の働き）

人が土に依存するのは、食料、繊維、木材などの生活資源を得るためだけではない. 人は生態系の基盤としての土がもつ、もっと多面的な働きにたよって生活している. 環境資源としての土の働きは、生産、環境、文化の3本の軸にあてはめることができる. 具体的にそれらの働きを考えてみよう.

1) みどりを育てる（生産軸）

土は植物の生育の場である. 土は、植物の生育に必要な空気、水、養分、熱の貯蔵庫としての役割をになっている. このためには、土の固相、液相、気相（土の三相という）の割合が適切であること、土の保水性と排水性という相反する性質が適度に備わっていること、植物の要求に応じて養分を根に供給できることが必要になる.

土は雨から雨までの期間、その保水力によって植物が利用できる水分を保つ. また、土は炭素以外の大部分の必須元素を植物に供給する. 土の中の物質は、徐々に土の中の水分に溶解する. 大気からの降下物や肥料のように外部から供給された物質も、土の中の水分に溶解し、それらの一部は土の粒子表面の交換基に一定の平衡条件で吸着される. 植物の根は、このような場から植物が利用できる形態の養分を選択的に吸収している. また、土は植物の根を受け入れて植物体を支える物理的支持体でもある.

土はこれらの植生の要求に応えうる地表面物質である. プランターの中でならともかく、世界14億ヘクタールの農地を土以外の人工物で代替することは不可能である.

2) リサイクルの働き（環境軸）

土の中には微生物・小動物を中心とする独特の生態系がある. これらの生物群集は、物質循環の経路において、光合成を行う緑色植物が生産者で

あるのに対して，分解者としての役割をになっている．陸上の植物はその養分を土からとり，人や動物は直接・間接にその植物が生産した物質を食べて生きている．これらの生活廃棄物や遺体は，最終的には土に戻って，土の中にすむ生物によって分解，無機化され，再び植物の養分となる．この分解過程で有機物の炭素は二酸化炭素となって大気中に拡散し，その一部は植物の光合成によって再び有機物となる．また，一部の分解しにくい有機物は土の中で再合成され，「腐植」とよばれる高分子物質となり，土の構造の安定化に寄与する．さらに，土の中の微生物の分解者としての働きは，分解者自身に障害を与えない（環境容量の）範囲で，残留農薬のような他の生物にとって有害な廃棄物も分解・無害化する．環境が有機廃棄物であふれることがないのは，土に加えられた生体構成元素に対して同化と異化を繰り返す土の生態系がもつ働きがあるからである．

また，その物質変化の過程では，抗生物質のような生物活性をもった有用な物質もつくられる．土は，このような有用物質を人工的に製造する際に使われる微生物や酵素の保存庫でもある．特定の物質を生産するために造られた生物工学的な培養槽は，その生産効率から槽内は均一な系として管理される．しかし，土の中では酸化還元条件，電荷分布，イオン濃度など，その特性のどれをとってみてもきわめて不均一な系であって，これによって土の生態系は多様性を保持しており，土のもつ生物資源の貯蔵庫としての価値を高めている．

3）大気をきれいにする（環境軸）

土の表面積はまるで活性炭のようにきわめて大きく，窒素酸化物，硫黄酸化物，硫化水素，炭化水素などの大気汚染物質を吸着したり，降雨が大気を洗って捕捉した浮遊物質を土にとどめ，大気を浄化している．関東や関西では，自動車の排気ガスを緑地の土に吸着させる施設をもった高速道路もつくられている．最近では，温室効果ガスとして地球温暖化に一役買っているメタンも土に吸着され，分解されることがわかっている．メタンが分解されれば，同じく温室効果ガスである二酸化炭素に変わるが，二酸化炭素の温室効果（熱吸収効率）は，メタンの約1/20にすぎない．土には水田や湿地の土のようにメタンを発生している部分もあるが，全体的にみれば土から発生したメタンを別の土が分解しているとみられる．

4）熱貯蔵庫として働く（環境軸）

水は環境物質としてはとくに比熱が大きく，これによって湖沼や海の沿岸は概して温和な気候を保っている．陸地では，太陽からの入射エネルギーの約半分は地面で熱に変えられるが，多孔質体である土に保持された水が，熱の貯蔵庫としての役目を果たしている．また，土からの水の蒸発やその上に生育する植物の葉からの水分の蒸散は，地上の熱を大気上層に運び，地上の過熱を防いでいるが，これは地球で生成したエントロピーを宇宙空間に捨てる最大のしかけとなっている．土のない，つまり緑のない都市では，気温が周辺よりも高いヒートアイランド現象がおこることはよく知られている．

5）水資源をかん養し洪水を防止する（環境軸）

土に降った雨は，多孔質の土の中に浸透して地表面流出量を減らす．岩石地や舗装された土地の上に降った雨は，その場所に留まることなく低い所へと流れ，川となり，海に流れ去ってしまう．地上に降る雨は，まず土の上に生育した植物の被覆に捕捉され，葉や幹を伝って地表に到達する．一部は地表を流れて川に入るが，一部は土の中の比較的大きな隙間を伝って，重力によって地下に浸透し，地下水となる．また一部は比較的小さな隙間の中で毛管力によって土に保持され，植物に吸収される．浸透した水は地下水として蓄えられ，やがて湧水となって水系をうるおす．土の存在によって降雨後の流出ピークは低く，その到達時間も遅延される．これが（とくに森林や水田の）土がもつ洪水を防止して水資源をかん養する働きである．

6）水をきれいにする（環境軸）

土の物理的，化学的，生物的特性が共同して働くのが，汚れた水を浄化する働きである．多孔質体である土は，通過する水から浮遊物を物理的にろ過・除去する．土はイオン交換能をもっていて，水中の陽イオンを吸着する．湖沼の富栄養化のもととなるリン酸イオンは，とくに黒ボク土に

強く吸着される．BOD成分のような有機質の汚れは土の中の微生物によって分解除去される．とくに人工的な汚水処理施設では除去が困難な窒素（硝酸イオン）は，湿地や水田のような還元的（嫌気的）条件では，土の中にごく普通に存在する脱窒菌（分子状の酸素のない条件で硝酸分子中の酸素を利用して呼吸する菌の総称）によって窒素ガスに還元され大気に戻される（脱窒現象という）．国土全体から廃棄される窒素量から計算すると，日本の河川の平均全窒素濃度は8 ppm程度になるが，現実には一定規模以上の河川では最高でも4 ppm以下におさえられている．これは土の（中の微生物がもっている）脱窒能に負うところが大きいと考えられる．

7) 水の中の生態系を守る（生産軸）

土は陸上の生物を育てるだけでなく，意外なことに水中の生態系に対しても大きな寄与を行っている．沿岸水域の高い生物生産性は，陸域から流入する水の量と質の影響を強く受けている．それをコントロールするのは流入河川流域の植生である．昔から，漁業者は陸上の土地所有者と共同して，大雨のおりに温度が低く濁りのある淡水が一気に沿海に流入しないよう，河川流域の森林を保全してきた．これを「魚付き林」という．最近では，北海道の日本海沿岸で，海底の岩が石灰藻（エゾイシゴロモ）に覆われて，コンブのような大型海藻が生育できない「磯焼け」現象が広がっているという．じつは，陸の森林の腐植土から流出する水には，石灰藻の胞子の発芽を阻害する物質が含まれており，森林の荒廃が磯焼けの拡大に関係しているとみられている．このように，一見土と関係なさそうな水産資源も，土のもつ緑を育てる力によって守られているのである．

8) メタフィジカルな働き（文化軸）

上記のようなフィジカルな多面的働きをもつ土は，人がそれを意識するしないにかかわらず，人の精神活動の基盤として重要な位置を占めてきた．山，水，緑などの自然を見るとき，人はその美しさに心の安らぎを感じるが，ときには自然に対する「恐れ」「怖さ」を強く感じる．これによって自然は神格をもち信仰の対象となる．これが伝統的自然保護の動機であった．しかし，土に対する感情はまた別である．土に接するとき，人びとの心の中には，「豊穣」「母」「生命」「輪廻」などといった概念がそれと結びつき，祖先信仰のもととなった．現代でも都会の人が，経済的，心理的にインパクトを受けた場合，無意識のうちに土にふれる生活への回帰をめざす．これらは，われわれが先祖から受け継いだ情操であり，その根元は，土の多面的な働きを基盤とするわれわれの生活システムにあると考えられる．とくに日本では，地形・地質の複雑さから，土の種類も多様であり，これがその上に発展する植生のタイプを多様なものにし，人口密度の高いこととあいまって，農業の形態としては集約的な農業を発展させ，独特の景観を形成した．その地域の土の影響を強く受けた景観と住民の生活が形成する「風土」は，日本人の感性に大きな影響を与えている．

この土のメタフィジカルな働きについての分析はまだ十分ではなく，その働きを評価する手法もまだ確立されていない．しかし，この働きの背景にあるものは，土のもつ緑を育て，再生産を可能にする物質循環能力が接する人の五感を通して，人の心に与える影響にほかならないので，メタフィジカルな働きに関しても土の物理的，化学的，生物的要素に分解して評価することは可能になると考えられる．

(5) 土を守るために

高度経済成長期の第三次全国総合開発計画（三全総1977～86）までは，資源大量消費型の重工業が基幹産業となり，農林業は縮小した．その後は国際的な競争力の点から，いわゆるハイテク産業中心の開発計画に一転し，四全総（1987～）では，東京一極集中から多極分散型国土を目指すこととなった．これによって，農林地の都市的土地利用への転換は全国規模で促進され，過疎化によって適正管理ができなくなった山間地は，リゾート乱開発の餌食にされ，バブル崩壊後は不良債権として放置されている．

この過程では，往々にしてあやまった土の取り扱いによって，環境に害を与える場面もあった．土が風や水の侵食によって汚染物質と化してしま

表 I-1-1 土の管理方式の発展段階（増島（1991）を補修）

管理段階	時代	生産性	資源の利用度	投入資材・エネルギー	環境保全機能	物質循環の規模・範囲	外的圧力への耐性	自然環境への圧力
時間的地力集積（焼畑農業）	縄文	低	低	低	高	集落規模	弱	低
面積的地力集積（刈敷農業）	弥生～大正	中	多重的	中	中	集落～地域	弱	中
経済的地力集積（集約農業）	明治～現代	高	一過的	高	低	全国～国際	強～弱	高
社会的土壌管理（持続的農業）	近未来	高	多重的	低一部高	高	地域単位の循環再利用	強	低

う問題である．春先の強風で飛ばされた土粒子は，洗濯物を汚し人の目に入る．沖縄の赤土の流出が沿岸のサンゴを死滅させる．これらは植物の被覆が少なくなるような土の管理方式，土の特性と降雨強度の関係を無視した土木工事に原因がある．いずれも目先の経済性だけにとらわれた効率一辺倒のシステムの問題である．

　これまで，土の働きを人が意識して管理してきたのは，農業や林業の生産にかかわる部分に限られていた．さきに述べた土の利用・管理方式の歴史的変遷とその特徴をまとめると表 I-1-1 のようになる．将来の資源問題を考えると，今でも使い捨て型の利用が行われている金属元素，リン，化石燃料などの資源は，いつかは枯渇する．資源価格が上昇したある段階では，これらの枯渇性資源依存から，農林業によって生産される現世の有機物資源に依存する体制に切りかえていかなければならない．土のもつ再生産能力がものをいう時代である．土の適正利用とは，その再生産性をうまく利用するための方法である．これによって土を保全するということは，たんに農林業生産の培地としてだけでなく，上記の3つの軸の総合的働きをもった人の福祉の基盤を保全することになるのである．

　土は大気や水と違って，それ自体は移動性をもたない．土は一カ所に存在し続けることによってその働きを発揮している．したがって，人による土の働きを利用する程度が重くなるほど，人の手によって適正に管理することが他の環境資源にもまして重要になってくる．まずは，土の公益性に対する国民的合意が必要である．そのうえで，環境資源としての土の管理手法が確立されれば，表 I-1-1 の土の管理方式の発展段階区分に，近未来の社会的な土の管理段階をつけ加えることになる．これによってはじめて持続的農業が可能になる．

（増島　博）

2. 地球規模の環境変動と土

(1) 地球環境の創造と保全の立役者

　土がそれ自体の特徴，すなわち，前章に述べたような働きを備えた物質として地球の表層に現れるには，5つの要因がかかわっている．材料，気候，生物，地形および時間である．このうち前4者は地球環境そのものであったり，地球環境を構成する重要な因子であることから，地球環境と土とのかかわりあいを理解するには，これらを独立する系としてみるよりも，地球環境に時のながれが加わってできあがったものの一部が土であると考えたほうがよい．したがって，環境に与える人間活動の影響は，すべて最終的には土の荒廃につながる（図I-2-1）．しかし，地球環境の変動が話題にされる場合には，気候（大気環境）変動が強調され，土との関連で論議されることは少ない．土がその影響を受けてどのように変化し，その結果が地球環境にどのように跳ね返ってくるのかは，世間にはあまり紹介されていない．これにはわけがあって，地球環境変動のなかでも直接人の生活に影響する項目や，その影響が時間的にすみやかに現れるような項目が取り上げられやすいからである．たとえば，地球温暖化によって極地の氷がとけて海面が上昇するというシナリオや，作物生産の気象的制限が緩和されて農地が拡大できるというシナリオは比較的よく取り上げられ，多くの人々の関心をよんでいる．しかし，温暖化が土にどのような影響を及ぼすかという問題になると検討した例も少なくなり，一般の関心もあまり大きくない．地球環境が土に与える影響はそんなに小さなものであろうか．次の例を見れば，決してそうではなく，それによる土から地球環境への跳ね返りの影響の大きいことが理解できよう．

　土は陸上生態系の基盤的要素である．土の中では絶えずいろいろな物質がいろいろに変化しているが，それと同時に土は物質の巨大な貯蔵庫でもある．炭素を例に示そう．土から育った植物は光合成によって大気中の二酸化炭素を吸収して，体内で有機化合物を合成して植物体を作る．その一部は枯死してそのまま土に有機物として加わる．植物体の一部は草食動物に食べられ，肉食動物がそれをまた食べる．それらの排泄物や遺体もまた土に加わる．土の中に入ったこれら有機物は，土壌動物とそれよりはるかに多い数と種類の土壌微生物によって変質，分解され，最終的には二酸化炭素（酸素の乏しい還元状態ではメタン）として大気に戻される．このように，植物による二酸化炭素の有機物としての固定と土壌微生物によるその有機物の分解とは土の中で同時に進行しているので，有機物が土に蓄積するか，しないかは固定と分解のそれぞれの速度と量のバランスによって決定される．一定の土地面積当たり炭素が植物によって固定される量は，光合成を行う植物群落の

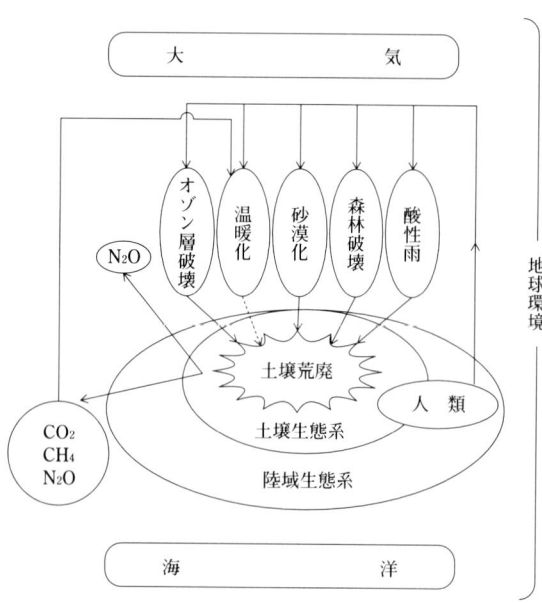

図 I-2-1　地球環境と土壌生態系

状況によって異なるが,一般に気温が高く,降水量の多い熱帯,亜熱帯に分布する植物群落の固定量は寒冷地帯の植物群落のそれよりもはるかに大きい.一方,有機物の分解量は有機物の種類によって大きく異なる.糖やデンプンのように分解されやすいものはいち早く二酸化炭素として大気中に放出されるが,リグニンのようなものは分解速度は遅く,場合によってはさらに分解しにくい腐植のような安定な高分子重合物に再合成される.さらに,分解量は温度によっても,また,好気的環境か嫌気的環境かでも異なる.温度が高くても嫌気的な環境では有機物の分解は著しく制限される.熱帯地域の湿地環境でしばしば認められる厚い泥炭層の存在は,このことを証明している.このように,陸域の多様な環境は,有機物の分解を促進したり,遅らせたりしていて,その機構は固定の場合よりもはるかに複雑である.

それではいったい陸域生態系では炭素はどのように分布し,土はそのなかでどのような役割を果たしているであろうか.IPCC(気候変動に関する政府間パネル)やIGBP(地球圏-生物圏国際共同研究計画)によると,地球全体で生物体に5,600億トン,土壌には15,000億トンの炭素が存在していると推定されており,さらに1年間に土に加えられる有機態炭素と土から二酸化炭素として大気中に放出される量はほぼ同じで,それぞれ500億トンと見積もられている.また,大気中の炭素の量は現在7,500億トンと推定され,しかも,年間30億トンの割合で増加していると推定されている.図I-2-2からわかるように,陸域生態系では土は炭素の巨大な貯蔵庫の役割を果たしていると同時に,全陸域生態系に存在する炭素の量を長い時間の流れの中で,恒常的なバランスと

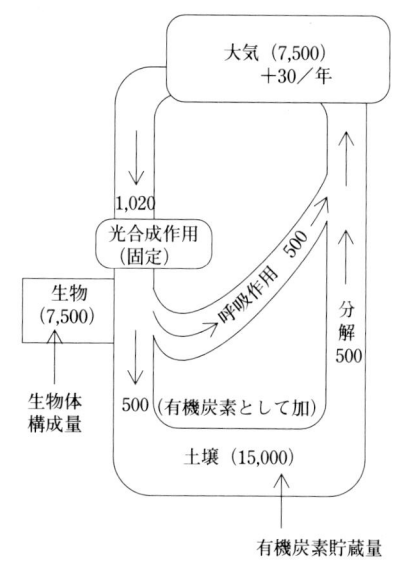

図I-2-2 土壌生態系における炭素の循環
(数字の単位は億トン)

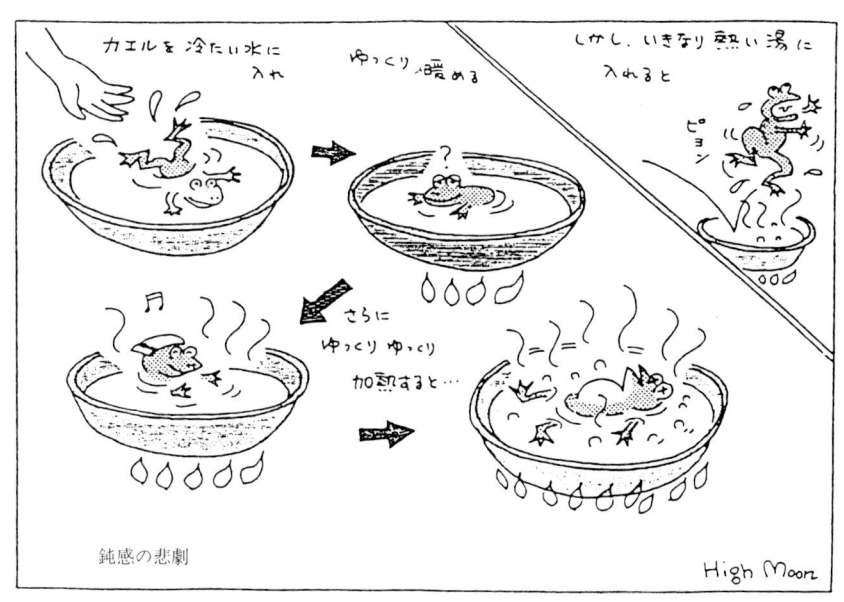

図I-2-3 地球環境問題の性格を地球温暖化を例にすると……(西岡,1994)

して調節し，現在の大気中の二酸化炭素の濃度を維持している立て役者と考えられる．

土が地球環境を形成するうえで，そして形成した後にその恒常性を守るうえで，重大な役目を果たしてきたにもかかわらず，その重大さが認識されないのはなぜだろうか．その一つは，地球規模の物質循環のなかで土が関与する量的スケールがきわめて大きく，それ自体が多少の変動を吸収できる巨大な平衡系を形成しているからと考えられる．しかし，現在進行しつつある地球規模の環境変動がこのまま進行すると，土がもつこの巨大な平衡系に少なからぬ影響が出はじめ，気がついたときには取り返しのつかない危機的状態になることも十分にありうる．これこそがまさに地球環境問題の性格を示している（図I-2-3）．

(2) 現代の地球環境変動と土の反応

① 地球温暖化と土

二酸化炭素，メタン，ハロカーボン（ハロゲン元素と炭素または炭素と水素の化合物の総称で，フロンはその一種），一酸化二窒素（N_2O）などの温室効果ガスの大気中濃度は，1950年代から急速に増大しはじめ，これらによる気候変動が予測されている．とくに，今後経済発展が予想され開発途上国で，二酸化炭素の大気への放出量がさらに増加すると考えられ，1990年の大気中二酸化炭素濃度を基準にすると，2020年には2.5倍にはね上がり，その結果地球の平均気温は2℃前後上昇するという推定もある．現在の大気循環モデルを用いた気候変動の予測では，地球の平均気温の上昇はある程度推定できても，地域的な変動を高い精度で予測することは困難である．したがって，土がどのような影響を受けるかについては，さらに予測がたてにくい．ここでは地球温暖化と土の定性的な関連を述べるにとどめたい．

陸域生態系のなかで土が巨大な物質の貯蔵庫であることはすでに述べた．気温の上昇は地温の上昇をもたらし，それによって土壌生物の活動が活発になり，この貯蔵庫内での分解が促進される．とくに，局地に近いツンドラ地域では，凍土の融解面積が広がって，過湿状態になった土からは，有機物の嫌気分解によるメタンが発生する．ま

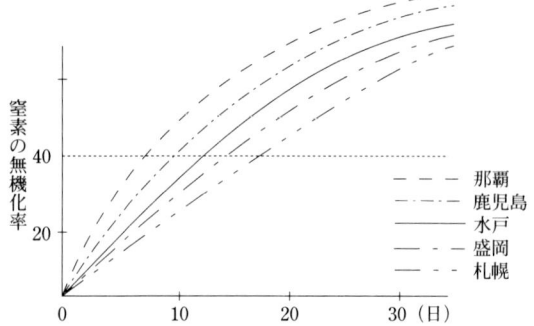

図I-2-4 土壌に施用した下水汚泥中の窒素の無機化率の推定（5月施用）（金野，1986）

た，現在の代表的な優良畑土壌であるモリソル（チェルノーゼム）でも有機物の分解が進行し，その結果，世界の穀倉地帯を誇ってきた地力は減退するであろう．しかし，逆に地温の上昇と有機物の分解促進による大気中二酸化炭素濃度の上昇は，地上および根のバイオマス量を増加させるので，有機物分解の促進は相殺されるという推定も可能である．このほか，地球温暖化は時間降雨強度（1時間内に記録される降水量）に影響を与え，年間降水量に大きな違いはなくても，降るときには土砂降りとなり，降らないときにはまったく降水がないという傾向が強まるという予想も立てられている．この影響で降雨時の強い土壌侵食と過乾による干ばつの危険性が大きくなる．

このように，地球温暖化が土にもたらす影響とその結果が大気に跳ね返っていく影響の予測は定性的な推定の域を脱していない．精度の高いシミュレーションを行うには，土の種類によって影響が大きく異なると考えられるが，土の中の有機物中の窒素の無機化量を推定する金野らの方法は精度を上げる有力な方法の一つと考えられる（図I-2-4）．

② 酸性雨と土

わが国の土に関する既存の膨大な研究結果をもとに作成された「酸性雨の土壌への影響予察図」がすでに公表されている（図I-2-5）．それによれば，全国の土を酸性雨に対して「最強」の抵抗を示す土から最も影響を受けやすい「最弱」まで6段階に区分している．「最弱」と「弱」土壌には砂丘未熟土，火山放出物未熟土，岩屑土，赤黄

色土，泥炭土などが含まれる．これらの土はカルシウムやマグネシウムのような塩基成分に乏しく，また粘土や腐植のようなpH緩衝作用を有する物質が少なく，土層が薄く，ポドゾル化した土が多い．

酸性雨は直接土のpHを低下させ，そのために植物の生育に大きな影響をもたらすこと以外に，土の中のいろいろな物質を溶脱させたり，特定の物質を活性化させる結果，植物や土の中の生物の生育環境を悪化させ，さらには人の生活にも影響を及ぼす．土のpHが5以下になると，土の中の塩基（カルシウム，マグネシウム，カリウム，ナトリウム）の溶脱が進む一方，その他の金属元素，たとえば鉄，マンガン，アルミニウムも活性化し，その一部は溶脱する可能性もある．もともと酸性土壌の分布の多いわが国では，欧米諸国と異なり，土の中のカルシウム含有量が少なく，そのため，河川を含めた陸域環境から摂取できるカルシウム量が少ない．この問題は国民栄養摂取のあり方に深くかかわってくる．アルミニウムについては，火山細屑物を母材とする黒ボク土は国内随所に分布しているが，黒ボク土には非晶質粘土鉱物であるアロフェンならびに反応性に富むアルミニウムが多量に含まれている．これらの物質は初期の反応では酸性雨の中のプロトンと強い吸着反応を示すが，ある程度以上プロトンを吸着すると急速にアルミニウムを溶出するようになる．アルミニウムは植物根に対して強い毒性を有するほか，アルツハイマー病の原因物質にあげられ，アルミニウムを含む水を長期にわたって飲用すると脳に蓄積し，症状が発現するとされている．

以上のように，酸性雨の土への影響は地球温暖化に比べて比較的実態把握ができており，またその発生源も明らかであるので速やかな対策が望まれる．

③ 砂 漠 化

1992年6月に「地球環境サミット」がブラジルで開かれたが，そのとき提出された憲章，アジェンダ21の12章に砂漠化の定義が盛り込まれた．それによると「砂漠化とは乾燥地，半乾燥地，乾燥半湿潤地帯において，気候変化，人間活動などさまざまな要因に起因しておこる土地の劣化（degradation）である」としている．この定義では，砂漠化の原因を特定していないところに他の地球環境問題と同様に，その対応のむずかしさの一面をのぞかせているが，「土の劣化」とは何か，または「土の生産性」とは何かという問題に絞れば砂漠化の起因するところがかなり明確に出てくるように思われる．

図 I-2-5 酸性降下物の土壌への影響予察（環境庁，1983）

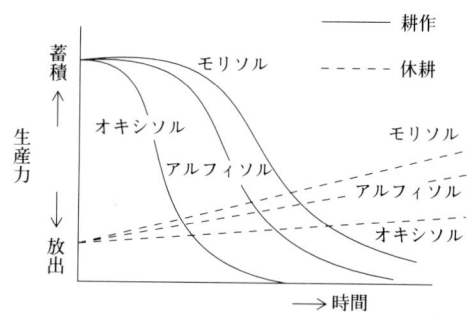

図 I-2-6 自然地力だけで耕作を継続したときの土壌の地力の放出と回復

モリソル：腐植に富む肥よくな草原土壌
アルフィソル：カルシウム，マグネシウムなど塩基に富む森林土壌
オキソル：熱帯地域の鉄・アルミニウム酸化物に富む風化を強く受けた土壌

図 I-2-6 はある土をその土が有している自然の地力だけを頼りに耕作し，生産を継続したときの地力の低下を概念的に示したものである．いま，熱帯，亜熱帯で行われてきた，伝統的な焼畑での生産方式を考えると，焼畑民は平均 15～20 年で焼畑を開始した最初の土地に戻ってくるという．すなわち，土の生産力は休耕によって蓄積し，耕作によって放出するというきわめて明確な原理をそこに見いだすことができる．熱帯・亜熱帯域では 15～20 年で完全に地力が回復するとはいえないまでも，生産性がある程度回復する目安（定量性）をわれわれに提供してくれている．このことから，砂漠化が最も激しいアフリカのサヘル地域の土壌劣化を考察すると以下のように要約される．

1960 年代に相次いでヨーロッパの宗主国から独立を勝ち取ったサヘル地域の国々では，その後一様に人口が増加し，そのため既耕地ではさらなる過耕作が強いられるとともに，多くの不毛の土地が開発された．既耕地土壌を休耕するという期間は植民地時代を含めてまったく行われなかった．フランスの地理学者オーブレビーは植民地時代の 1949 年にすでにこの地域に砂漠化が発生していることを報じている．このことから，独立を勝ち取ったときにはサヘル地域の土地の多くは疲弊に近い状態にあったことが推定され，その後の異常干ばつ，人口圧など気候変動と社会的な影響が，もともと貧弱な植生のため地力回復が遅く弱い土を徹底的に崩壊させ，砂漠化常習地帯と化した．現在この地域は，1970 年代と 1980 年代の 2 度にわたる異常干ばつから脱し，比較的降雨に恵まれるようになり，かつての深刻な砂漠化の進行は一応収まってはいるが，降雨強度が強まっており，せっかくの降水を有効に利用できないまま流してしまっており，早急に総合的な地力回復策が強く求められている．

④ オゾン層の破壊と土

成層圏に形成されているオゾン層は，陸上の生物にとってはきわめて有害な太陽からの紫外線を吸収除去する層で，この層の存在によって地球の陸域で生物の存在が可能になった．しかし，近年クロロフルオロカーボン（CFC）や一酸化二窒素によるオゾン層の破壊の可能性が指摘されるようになり，その後の観測で実際にオゾン層の破壊が予想を上回って進行している事実が明らかになってきた（図 I-2-7）．その結果は，皮膚がんの増加である．成層圏オゾン層の保護のために 1989 年 7 月，モントリオール議定書が発効し，特定フロンの規制が国際的に開始されて，今世紀末までにフロンの消費量を半減することになっている．一方，土から発生する一酸化二窒素によってもオゾン層が破壊されることが指摘されるようになった．一酸化二窒素は，大気中での平均寿命が 100～150 年と長く，安定した気体であるため，地上から成層圏まで時間をかけて移行することができる．成層圏に移行した一酸化二窒素の一部は，原子状の酸素（O）との反応により，一酸化窒素（NO）になり，NO はオゾンから酸素原子 1 個を奪って，自身は二酸化窒素（NO_2）になる．さらに，紫外線の作用でオゾンから遊離した原子状の酸素が NO_2 と反応して NO と酸素（O_2）を生成する．この NO は再びオゾンを分解する．このように，地上からもたらされた一酸化二窒素が出発物質となり，オゾン層の中で NO → NO_2 → NO の循環反応が進行する過程で次々にオゾンの分解がおこり，オゾン層が破壊される．

一酸化二窒素が土から発生するのは，土の中の脱窒と硝化の両方の過程が含まれる．脱窒過程は，嫌気的条件で従属栄養細菌が有機物を酸化しながら硝酸態窒素を気体状の窒素酸化物または窒素に還元する過程（$NO_3 \to NO_2 \to NO \to N_2O \to N_2$）で，終わりから 2 番目のものが一酸化二窒素である．硝化過程は，アンモニウム塩が好気的条件で Nitrosomonus 属の細菌が関与して硝酸塩を生成する過程（$NH_4 \to NH_2OH \to NO_2^- \to NO_3^-$）で 2 番目の NH_2OH（ヒドロキシルアミン）が NO_2^-（亜硝酸）になる間にその一部が一酸化二窒素となって放出される．

一酸化二窒素の土からの放出は一様でなく，土がおかれている環境条件によって異なる．自然状態の森林土壌や草原土壌では，それぞれ年間ヘクタール当たり窒素として 1.2～5.8 g および 1.0～8.0 g の一酸化二窒素が発生しているとする記

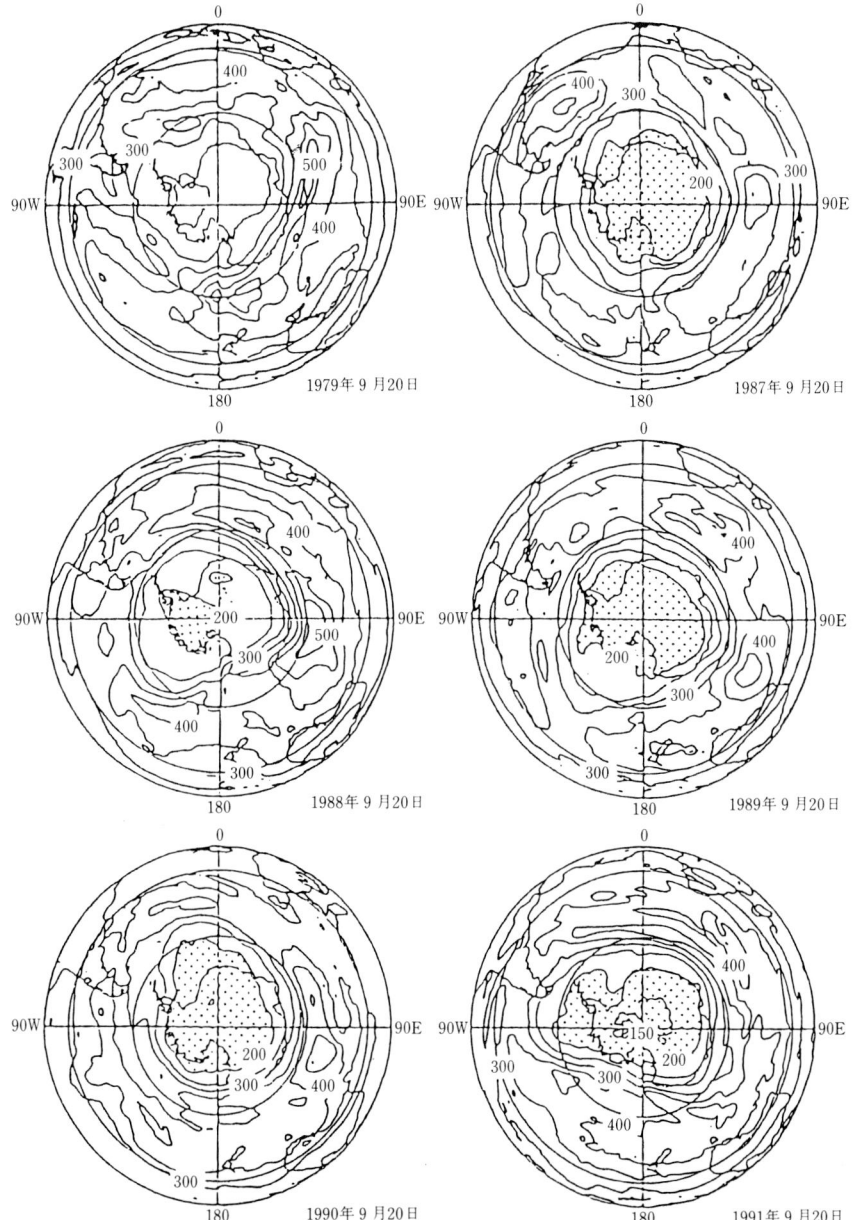

図 I-2-7 ニンバス7号衛星搭載のTOMSによる南極上空のオゾン全量の分布（笹野, 1994）
単位：m atm・cm
網かけ部分は 200 m atm・cm 以下の領域

録がある．窒素肥料がほどこされた農地になると自然土壌の1,000倍もの一酸化二窒素が発生する場合があることが知られている．わが国の畑での測定では，90～600gの値が得られている．だいたい畑では施肥した窒素の1％前後が一酸化二窒素として放出される計算である．

オゾン層破壊による紫外線の増加が土壌生態系に与える影響についてはあまり多くの研究はないが，紫外線のなかでとくに有害な280～320 nmの波長域（UV-B）を土に直接照射したところ，硝化菌の活性に影響を及ぼしたことが報告されている．

⑤ 森林破壊と土

地表面が太陽からの放射をどのくらい反射する

か，その反射率を地表面のアルベドとよぶが，森林は裸地，草地および農耕地のどれよりもアルベドが低いことがわかっている（表I-2-1）．そのため，太陽放射をより多く吸収する．森林に吸収された太陽放射は熱になり，森林の蒸発散によって大気の対流を促進し，水の循環に大きな影響を与える．森林に降った降水は，大気への蒸発散，地下への浸透および地表面流去の3つに分かれるが，地下に浸透した水は岩石の風化を助長し，長い時間をかけて土の中の粘土鉱物の生成に寄与する．一方，樹木からの落ち葉や枯れ枝あるいは木の幹を伝って落ちる雨水に含まれる形で土に供給される有機物は，土の中の生物によって比較的短時間にエネルギー源として利用されるが，分解しにくい有機物は粘土鉱物と結合して，安定な腐植-粘土複合体を形成する（図I-2-8）．落ち葉が積もった下の土にはたくさんの団粒構造が観察されるが，ここでできた団粒は粘土だけでできた団粒に比べて，水をかけても容易に砕けない耐水性をもっている．さらに深く浸透した降水は，樹木の水分補給に寄与することはもちろん，森林の大きな保水機能によって蓄えられ，徐々に水系に供給される．森林が緑のダムといわれるゆえんである．

森林の破壊は，上記の森林と土との関係から容易に考えられるように，重大な土壌破壊を誘発する．森林の皆伐によって生じた裸地は，アルベドを高め，蒸発散が抑制され，樹木からの有機物の供給を絶たれた土は，地温の上昇とともに，微生物による有機物の分解が促進され，土はしだいに無機的となり，土の硬化が進む．土が乾燥と湿潤を繰り返すなかで団粒が形成されても，耐水性をもたないために，雨で土が泥状化したり，地表に粘土の皮膜（クラスト）ができたりして，降水の土への浸透が困難になり，土の保水機能は消失していく．土の泥状化は，土壌侵食を誘発する初期の直接的要因となる．いったん土壌侵食が始まると，肥よくな表土が流失して，植生が急激に後退し，土の物理性（団粒構造による透水性，土の軟らかさ，固相と液相の適当な比率の維持）が悪化し，侵食はいっそう激化する．中国の黄土高原地帯は，かつては，ニレ，アカシアなどから構成された森林地帯が存在したが，その後の徹底した森林破壊によって，年間1平方キロ当たり1,100〜9,900トンという世界最大級の土壌侵食地帯となっている（写真I-2-1）．

以上見てきたように，地球環境の変動が土に与える影響と，いったん影響を受けた土の地球環境への反作用は，比較的早く出現するものから，きわめてゆっくりではあるが確実に進行するものまでさまざまである．また，この章で紹介した地球環境変動の因子は，土に対してそれぞれ独立した

表I-2-1 地表被覆物の違いが蒸発散量およびアルベドに及ぼす影響

	森林	草原	畑	裸地
潜在蒸発散（mm・年）	850	550〜750	550〜750	400〜500
表面アルベド	0.12	0.16〜0.20	0.20	0.35

（Whitmore, 1990を一部改変）

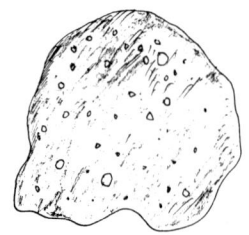
樹林下で形成された土壌団粒．灰黒色を呈し，耐水性を有する．数mm〜10mm程度．無数の細孔がある．

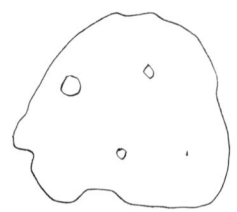
腐植の少ない畑で形成された土壌団粒．水と接触するとすぐに崩壊し，泥状化する．

図I-2-8 性状の異なる2つの土壌団粒

写真I-2-1 大量のレス（黄土）で埋め尽されようとしている黄河支流（中国・黄土高原で）

影響を与えるというよりも，複合的な複雑にからみあった形で影響を与え，一つの影響が引き金となって，他の影響の発現を誘発し加速させる危険にも注意しなければならない．このことは反応が加速度的に進行する以前にいち早く手を打つことの重要性を意味する．とにかく，地球環境変動には素早い影響の見きわめと行動が要求され，手遅れになることは許されない．次世代の生存を保証するために．

（松本　聰）

3. 植物資源と人間

(1) 環境資源としての植物（緑としての森林）

1) なぜ公害が発生したのか

1960年代の池田勇人首相のブレーンであった近代経済学者内田忠夫教授は，筆者が東大教養学部の経済学の授業を受けているときに，「向う十年間で「所得倍増計画」を達成してみせる」と豪語した．そしてその可能性をケインズの経済理論によって説明してくれた．わたくしは，「そんなにうまくいくもんか？」と懐疑的であった．しかし，田中角栄首相の時代になり「列島改造論」が実践されると，その後の経過は，内田教授のいうとおり，日本は最高年次には10％近くの経済成長率を達成し，給料の額面は2倍以上となった．

その一方で，1960年代からは，すさまじい公害が発生した．四日市ぜんそく，光化学スモッグ，水俣病，イタイイタイ病，新幹線騒音公害，カネミ油症，排気ガスによる鉛公害などなどである．同時に，多くの農薬散布事故，医薬品や食品添加物による薬害が発生した．こちらは，現在でもなお毎年のように手をかえ品を変え，繰り返し発生している．医療起源のエイズや，ごみ焼却場からのダイオキシン問題はまさに現在進行形である．

当時の，いくつかの公害問題にボランティアとして関係し，公害裁判において鑑定人として参加してきた筆者が感じてきたことは，「なぜこのようなすさまじい公害が発生してしまったのであろうか？」であった．このことに関して，当時から議論されていたことは，「環境権」のような言葉で表現される「外部経済」が経済理論の中に繰り込まれていないこと，つまり，人間の生存基盤としての環境が財として繰り込まれた環境保全型経済のシステムができあがっていないということであった．

マルクス経済学も，ケインズ経済学も，「自然は所与のものとしてあり，われわれが生活することによって環境に与える負荷は，なんの努力もなしに自然によって修復される」あるいは，「環境は無限の負荷に耐えるものである」そして，「資源・エネルギーは無尽蔵である」という前提に立っていた．マルクス経済学に至っては「生産力の拡大」は常に「善」であった．1989年にベルリンの壁が崩壊して，鉄のカーテンが開かれてみると，社会主義国の中での猛烈な環境破壊が明らかになった．社会主義理論には，「生産力が上がれば人々は豊かになる」という生産力理論はあっても，人間の生存基盤としての地域環境容量には限界があること，ましてや地球規模での資源・エネルギー・環境容量にも限界があることは，知ってか知らずか無視されていた．ソビエトが世界で最初に有人衛星ボストーク1号を打ち上げて，宇宙飛行士ガガーリンが「地球は青かった」といって「有限の地球」を人類で最初に認識して見せたにもかかわらず，その教訓はその後の社会主義理論には反映されなかった．

2) 外部不経済の定量化の試み

マルクス主義経済学，近代経済学のどちらにしても「外部経済」を求めるのは，無い物ねだりであったのかもしれない．売買の対象として物流する「もの」，すなわち金銭授受が伴う計量可能な対象のみによって経済学が成立しているからである．当時のレベルでは環境負荷を定量的に計測し，それを金銭換算することは不可能であった．現在は，世界的に環境権を定量的に金銭換算しようとする動きが活発である．その根拠となる基礎データとして，世界に先駆けて慶応大学産業研究所の吉岡完治教授らは，産業連関表を用いて，ある製品が生産される工程で排出されるCO_2,

NO_x（これらは地球温暖化の原因になる），SO_x などの定量的算出を行っている．その目的は，これらの排出量が大きい製造工程や製品は環境負荷が高いので，このような製品を消費者が買わないような消費行動をする．あるいは，このようなガスの排出に対して環境税をかけて商品の値段を高くさせることによって，消費者の不買を誘導し，企業に製品の製造工程を経済効率ばかりではなく，環境負荷がかからないような工程への改良を促すのである．そのために財1単位（たとえば1トン単位）を生産するための製造工程で放出された CO_2 の量を財の費目別に算出した．吉岡らはこれを用いて，購入した商品ごとの CO_2 放出量を計算して記載する「環境家計簿」を作成し，毎日の消費行動がどのように環境負荷の増大に貢献したのかをチェックすることを提唱している．

3） 感性資源としての緑

われわれの自然環境として重要であると誰もが考えている森林の経済価値は，どのように評価されているか？ 現在は，売買の対象となる木の伐採量のみから評価されている．「現在伐採されつつある森林」以外の「豊かなあるがままの森林」は，まるで無価値のごとくである．森林の持つ水源かん養林としての価値，沿岸漁業への養分供給源（主として可溶性鉄分と考えられる）としての価値，大気浄化能（CO_2 同化，酸素供給，NO_x や SO_x の固定，粉塵吸着），緑陰（温度湿度の調節，香気成分であるフィトンチッドなど）としての価値は正当に評価されているか？ なによりも，森の中を歩いているだけでほっとするリクレーションとしての「緑の価値」はどのように計量化されているか？ 逆に考えて，緑を失うことによってわれわれの精神的肉体的ダメージを回復するために，われわれはいかほどの身銭を切っていることになっているのか？

人々は，何かを求めて，山に登る．山の景観（山の空気や緑そのもの）としての経済価値は，現在はヒマラヤ登山の入山料のような形でしか評価されていない．これとて，労働力としてのポーターの賃金，登山者が残した廃棄物の処理費やヘリコプターのチャーター料などが名目となって徴収されているので，山の景観に対して定価がつけられたわけではない．最近，日本では有名な山の山頂付近にまで自動車道路が造られ，山がすっかり観光地化した．その際，日本では入山料をとっているところはほとんどない．有料道路代，少々高いレストラン代やおみやげ物代は，道路建設費や商品の運搬費などであり，必ずしも，観光客がかき乱した山の景観の維持のために回収されているとは思えない．これらのために必要な費用は，別件で徴収した地方や国の税金からまかなわれていると思われる．

10年前，スコットランドのエディンバラに滞在したとき，市内の中央部のいくつかの区画がうっそうとした緑の公園になっていたが，そこにはフェンスがめぐらしてあり，門には錠前がしてあった．せっかくの緑地をなぜ市民に開放しないのか？ 通りがかりの人に聞くと，ここに入園できるのは鍵を持っている市民に限る，その市民とは会員制の会費のようなものを納めている人，ということであった．けちくさいことをと思った．しかし，そのような制度を敷かざるをえなくなった歴史的理由があったのである．このように積極的な努力をしなければ町の緑の環境は維持できない．緑を守るためには明らかに市民一人一人の自覚と身銭を切ることが必要なのである．この地では，「緑の環境」が市民の生存に必要不可欠な「感性資源」として自覚されざるをえないところまで追い込まれた，数世紀にわたる環境破壊の歴史と，それを修復するための長い論争の歴史があったのである．

先日，浅間山麓にある「滝の白糸」で「森林を大切にしましょう．森林は私たちの大切な資源です．云々」（下線，筆者）という軽井沢市の立て札を見た．ここではどういう資源なのかが書かれていないが，資源という言葉を使って，重要さを意識的に認識してもらいたいという意欲が感じられた．おそらくここでいう資源は，森林浴や森林でくつろぐという「感性資源」としての価値のことをいっているものと思われる．

4） 若者に必修としての「緑の体験学習」を

旧西ドイツでは1年間の兵役に従事することを思想信条上拒否する若者は，ボランティアとしてのフォレストキーパー（森林警備隊）などを志願

することができる．それを志願した学生は，森林土壌学，森林植物学，動物行動学などの基礎的訓練を受ける．これらの機会を与えられることが，若者のその後の人生に，多大な影響を与えている．旧西ドイツでは「緑の党」が1980年代に台頭し，両独統一後の今も，根強い支持を得ている．過去20年にわたって緑の党が提案してきたさまざまな環境政策は，既成政党によってことごとく政策として取り込まれ，法制化されていった．その背景には，このような最も精神的に柔軟な時代の若者のフィールドワークとしてのトレーニングコースがあることも見逃せない．

また，ドイツでは，サラリーマンがジョギングをし，都市の公園で憩い，休日には土に親しもうと家族でクラインガルテン（日曜菜園）に向かう．このような行為は，日本でも定着しつつあるが，これらは，コンクリートとガラスに囲まれた環境で，頭だけで身体を使わないことからくる心身不調の回復作用と見ることができる．現在，日本の学校教育において，クラブ活動としての種々のスポーツが奨励されている．しかし，教科として，自然と親しむ機会は非常に少ない．同じ体を鍛えるならば，体育ばかりでなく，小中高校生には，夏休みなどの一定期間に，日本の森林や農村地帯に入り，植林，枝打ち，下草刈り，田植え，稲刈り，収穫，脱穀などに，一定期間，義務的に従事して汗をかいてもらうことを提案したい．この，実際の体験を通してこそ，地球規模での食糧問題や環境問題に関して，いっそうの理解を深めることができるであろう．日本は，21世紀の食糧危機や環境破壊に向かって驀進している人類をいかに守るべきかの具体的イマジネーションを持つ若人を組織的に育てることを真剣に考える必要がある．

(2) 食糧資源としての植物（作物）

1) 1人当たり耕地面積は減少の一途

急速な人口増のために，世界の1人当たりの耕地面積は，1955年以降減少の一途をたどっている（現在，1人1年当たり3m²の速度で減少している）．1984年をピークにして，世界の1人当たりの穀物生産量もついに減少に転じた．1人当たりの耕地面積が減少していたにもかかわらず，1人当たりの穀物生産量が1984年まで漸増していたのは，ひとえに近代農法の成果であった．化学肥料，農薬，耐肥性品種（多肥条件で栽培しても倒れない品種）の普及により単位面積当たりの生産量が増大し，これが総耕地面積の拡大と相まって，食糧は人口増加率に何とか対応できていたのである．人口が増加する場合は，食糧に対する需要が増加するとともに，食糧生産の基盤である農耕地が必然的に減少する．増加した人口を住まわせるためには新しい都市が必要である．これらの都市は，耕作に適する土地につくられることが多い．平野部都市周辺の優良農地が都市化・工業化の波にさらわれて消失していく．地価の暴騰と彼我（サラリーマンと農民）の収入の格差に嫌気がさし，農民は農業生産の意欲を減退させられている．これは先進国ばかりでなく，中国のような中進国においてむしろその傾向が著しい．さらに過かんがいによる土の高塩類化や，熱帯雨林では焼畑による収奪農法による耕作放棄が進行し，草原では過放牧などによる砂漠化が進行している．今日では少しでも開発可能な土地はすでに耕地化されており，残された劣悪な土地は，よほどの技術投資をしなければ永続的な作物栽培はできない．そのために全耕地面積の増加は1980年で頭打ちになり，現在では減少傾向になった．

2) 近代農法の有効性

世界の2025年における人口構成は，総人口85〜100億人のうちの83％強を開発途上国が占めるという．これらの国での農業生産力の向上は急務の課題である．人口が多く，資金力，技術力のないこれらの国に，食糧を自力で生産させるために最も即効的な方法は，先進国からの援助による近代農業技術の普及である．土壌診断を行って，欠乏した必須元素を化学肥料で補い，とりあえず作物生産を行おうということである．これによって，一時的には生産力の向上が期待できる．しかし，この方法は指導を徹底しないと，わらや地上部を加工したり燃料にしたりして土に還元しないことになるので，土壌有機物をますます減耗する．そのため，土はますます劣化・不毛化する．なぜなら，化学肥料を投与すると，従属栄養

土壌微生物が増殖するために土壌有機物が炭素源として使われ，一部はCO_2として大気中に去っていくので，作物残渣などの有機物を積極的に土に還元しなければ，全体として土壌有機物は減耗する．すると土の団粒構造は破壊され，土は硬くなり，不毛地化する．しかし，この化学肥料で欠乏成分を補給する方法は，一定の管理下で，まず地力（ちりょく）の低下した，やせた土で，作物または緑肥作物などを栽培して，徐々に土壌有機物を富化していく，という対症療法であるという観点をわきまえていれば，それはそれで有効な方法である．それには作物生産をしたのち，「可食部以外は植物体を必ず土に還元すること」などを義務づけるよう，きびしく土を管理することが重要である．

一方，このような近代農業技術を使えない国において，最も高尚であるが，最も低廉な技術は，その土地に適した高収量性の「品種」を提供することである．なぜそれが高尚であるかといえば，その品種そのものが，その土地でのあらゆるストレス環境に適応できる形質を有しているからである．そのような劣悪環境のネガティブ因子（ストレス因子）を近代農法で解決しようとすれば，かんがい施設の導入，病害虫防除のための高価な農薬の散布，栄養欠乏土壌への多量の化学肥料の施肥…などなどの膨大な資金と技術の投入が必要となる．しかし，このような新品種の開発のためには，後に述べるようにまだいくつもの難関をくぐりぬけなければならない．

3) 日本の稲作技術の変遷の意味

図I-3-1〜I-3-5に近代農業技術の典型である日本の水田稲作の技術的変遷を示した．過去30年間一貫して労働生産性と土地生産性（単位面積当たりの収量）の向上を目的にしてきたことがうかがわれる．すなわち，10アール当たりの平均収量は毎年1％ずつ増加し，稲作に費やす総労働時間は毎年2％ずつ減少した（図I-3-1）．水稲生産費のうち，農機具と防除費の総出費に対する割合が増加して（図I-3-2）農家労働力の減少（図I-3-5の全投入労働力の減少）を補っている．

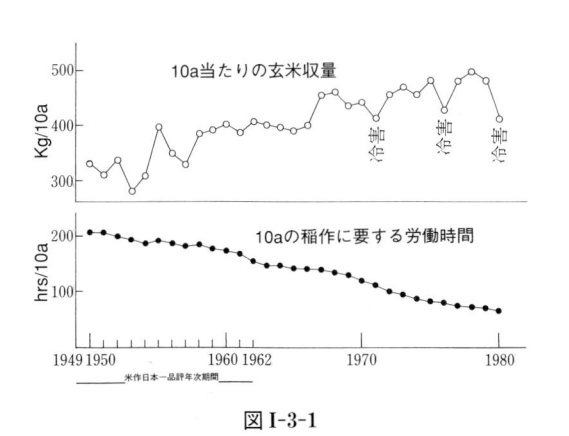

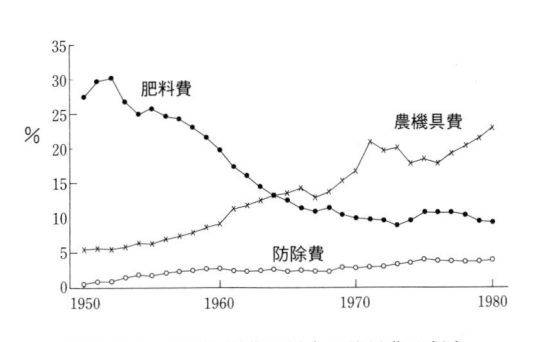

図I-3-1

図I-3-2 水稲生産費に対する諸経費の割合

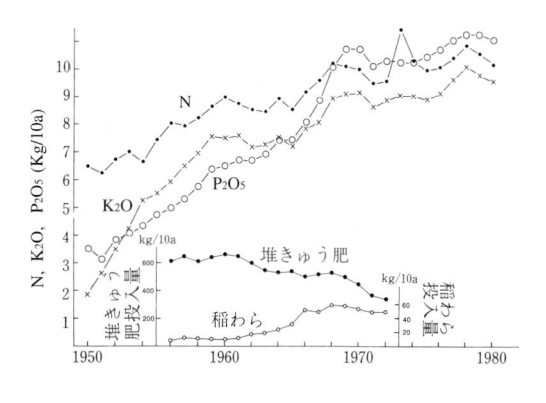

図I-3-3 10aの水稲栽培に要した窒素，リン酸，カリの量

図I-3-4 稲作の資本生産性

図 I-3-5

表 I-3-1　1979年のアメリカにおける農作物の平均収量，最高収量，過去における最高収量（Wittwer, 1986）

食用作物	収量 (t/ha)		
	平均収量	最高収量	過去の最高収量
トウモロコシ	6.9	14.7	22.2
コムギ	2.3	6.9	14.5
ソルガム	4.0	17.8	21.5
バレイショ	31	68	95
サトウキビ	84	140	250

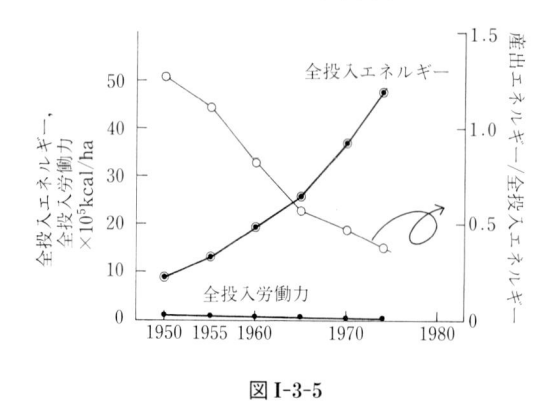

図 I-3-5 では肥料代の支出が相対的に減少しているように見えるが，実は肥料の投入量は窒素，リン酸，カリウムすべての成分において確実に増加している（図 I-3-3）．しかし，農家労働力が減少したため，地力維持のために必要なきゅう堆肥の製造が困難になって，これらの土壌への還元量が確実に減少している（図 I-3-3）．農機具代などの増加にもかかわらず，政府による米の買い上げ価格の上昇率が低下しているので，資本生産性は 1964 年を境にして大幅に低下し，稲作における経済的うまみがなくなっている（図 I-3-4）．全投入労働力は低下するが，稲作に必要な全投入エネルギーは増加の一途をたどり，収穫物として得られるエネルギー量を凌駕するに至っている（産出エネルギー／全投入エネルギーが 0.5 以下となっている）（図 I-3-5）．これは太陽エネルギーを固定するという本来の農業の姿から逸脱した「石油エネルギーづけ稲作」を示している．

4）作物の潜在的能力について—IR-8 の教訓

国際的に，この 30 年の間に起こった農業技術上の象徴的な出来事は，フィリピンにある国際稲研究所（IRRI）が 1960 年代に IR-8 とよばれる高収量の品種を開発したことである．これは基礎的研究からはじめて，高収量を得るために必要な草型を見いだし，高収量のインディカ種の育成に成功したのである．この研究は当時，「緑の革命」とよばれた．しかし，この品種の能力を発揮させるためには，完備されたかんがい施設，適当な施肥と病虫害の防除が前提になる．したがって，これらの農業への投資ができない国では，この品種は受け入れられない運命にあった．結局この品種は予想されたほど爆発的にはのびず，いったん導入されたところでも，再び在来品種にとって代わられた．しかし，この研究で示された水稲の潜在的生産能力は驚異的（10 アール当たり 1.2 トン以上）であった．この研究は，今後，稲作は，やり方次第で現状よりもはるかに高収量を得ることができる，という希望を与えた．参考までに，表 I-3-1 はアメリカでの各種の穀物の 1979 年度の平均収量，その年の最高収量，歴代最高収量を示している．このように，現在の栽培技術は，まだまだ作物が本来もつ能力を十分に引き出していないといえる．過去の最高収量を確保した条件としては，恵まれた天候があったであろう．しかしこの結果から，われわれは天候以外の栽培技術，すなわち高度の土壌管理，施肥，雑草防除，感染防除技術などに代わる技術として，作物自体の環境ストレス抵抗性を強化することにより，まだまだ穀物の育種目標を高いところに設定できるはずであるという希望を抱くことができる．

その土地に適した高収量性の品種の創製がなぜ高尚なのか，のもう一つの理由は，従来の育種技術ではそのようなスーパー作物の作出にまだ成功していないからである．またそのような新しい育種の技法の確立にも成功していない．実は，これこそがすべての植物学研究者の究極の目標といってよい．

5）近代農法の反省

一方，先進国においては，これまでの多収性耐肥性品種に化学肥料を多投する農業技術体系に対して反省の気運が盛り上がっている．そのような農業で必然的に惹起される軟弱作物体に寄生する昆虫や感染菌への多量の繰り返しの農薬投与によ

る防除，労働生産性を高めるための除草剤の常用などが，これらの薬物による人体汚染を進行させてきた．これらの薬物が種々の慢性疾患の原因と懸念され，化学肥料に由来する食品中の多量の硝酸が発がんの原因になりうることも証明されてきた．

日本の消費者は，大量消費用に生産された農産物の味が低下したことを敏感に感じとっている．筆者らが15年前にまとめた日本の研究者らの研究によれば，化学肥料のみで育てた大量生産農産物の食味は悪い場合が多く，栄養価も低いことが示されている．1984年の四訂食品成分表をその19年前の三訂食品成分表と比較すると，野菜の水分含量の増加や，ビタミンCの低下が著しい．作物収量と食品栄養価は逆の関係にある．すなわち特定の品種を用いて栄養価の高いものを作ろうとすると収量が低くなる．逆に栄養価の低いものなら，化学肥料や農薬を用いて高い収量を得ることができる．このように作物生産においては，おおむね「質と量」の二律背反の植物栄養学的法則性が存在することを明らかにした．したがって，一定の量を確保しつつ質の向上をねらう場合には更なる品種改良が必要となる．

これまでの農法が土地生産性と労働生産性を向上させてきたことはまちがいないが，一方でエネルギー生産性と資本生産性を著しく低下させてきたことも事実である（図I-3-1，I-3-4，I-3-5）．そして近代農業そのものが大気圏（NO_x，CH_4，農薬）や水圏（富栄養化，農薬）の汚染源であることが近年明らかになってきた．結局，先進国の近代農業は，工業と同じく，無限のエネルギー，無限の環境容量を前提とした，効率優先の思想で展開されてきたのである．今後は，LISA (Low Input Sustainable Agriculture)に代表される，低（無）農薬，低（無）化学肥料農法の確立が重要な課題になる．

6） 植物の環境適応能力に学ぶ

ここにおいて，「作物そのものの性質が環境ストレス耐性であれば，作物栽培にかかわるさまざまなストレス環境を排除するために投入しなければならない，さまざまな近代農業技術の行使を低減することができるのではないか」という期待が生まれてくる．そのため研究者は，なお一層植物の持つ巧妙な環境適応反応を解明し，その機構の有用技術化を進めなければならない．たとえば，植物は空気中の 0.03％ という希薄な CO_2 を同化して，その植物が生えている土のもつ地力（ちりょく）の上に，工業のレベルから見ればきわめて密度の低い日射エネルギーを用いて，病虫害，雨，風，乾燥，土のアルカリ化，酸性化，塩類過剰などの数々のストレスに耐えて，与えられた条件で最大限（最適解）の成長を維持して，花を開き，実を付け，子孫を残して死んでいく．この，植物の一連のライフサイクルはきわめて低エントロピーの反応である．植物のもつ各種の環境ストレスに対する緩衝能，そして生き残るために適応した能力は驚異的である．植物はその能力を数億年の進化の過程で身につけてきた．その場を動けないために，植物が進化的に獲得してきた，これらのさまざまな環境ストレスに適応するための生体反応は絶妙である．このことに関してこれまでに，植物生態学，植物栄養生理学，植物分子生物学が明らかにした知見はまだまだ微々たるものである．

(3) 遺伝子資源としての野生植物

1） 野生植物の栽培植物化とは

野生の植物が栽培植物化されていく過程は，植物が人間によって隔離された環境で収量性がよいものを選抜していく過程であった．ここで「隔離された環境」という意味は，さまざまな植物にとってのストレス要因を人為的に低下させた環境のことである．すでに述べたように，農業はまず，焼畑や伐採により森林を切り開くことから始まった．最初は自然生態系に近い混植であったであろうが，次第に単一の作物を選抜して栽培し，かんがいをし，耕耘をし，有機物施肥をし，輪作をし，化学肥料を施肥し，農薬を多投し，マルチ栽培をし，ハウス栽培をし，水耕液栽培をし，加温をし（逆に砂漠などでは冷却をし），ついには，コンピュータ制御した，無菌環境下での，化石エネルギーを使った，ハウス内での人工光による周年栽培技術を確立するに至った．

このような環境条件下で選抜された品種は，各

種の環境ストレスに対して非常に弱いものになってしまっている．つまり単位面積当たりの高収量性という指標で作物の遺伝形質を選抜していく過程で，環境ストレス抵抗性の形質をもつ遺伝子を脱落させていったと考えられる．人間に守られた環境以外には適応しにくい性質を，人間によって与えられているので，気候の変化，病害虫，植物間の生存競争にはまったく弱くなっている．今や多くの栽培種は人間が手を加えなければその生存を維持できないほどに弱体化してしまった．

2) 生態系農業

逆に，野生植物には，栽培植物に見られるほど病害虫に弱いものはほとんどない．自然環境のなかでは，そのようなものが淘汰されてきた結果，一般の野生植物は，病虫害に抵抗性をもっていると考えられている．しかし，本当に抵抗性であるというよりも，自然の生育環境では，同一植物種だけが密集して生育していることが少ないので，寄生する菌や昆虫が集中できないにすぎないという場合も多い．自然の生態系のなかでは，食・被食の関係が平衡を保っており，それは，被食される植物種だけを栽培するという栽培条件とはまったく異なっている．

アジア諸国で，現在も広く行われている，数種の作物を混植する農法（インタークロッピングシステム）は，その地域での長い経験から割り出された，収量は少ないが，安定した，見方によっては生態系を高度に利用した栽培技術体系である．最近，この農法に，植物栄養学の面から一定の根拠が見いだされたものがある．キマメは根からピスチジン酸を出す．ほかの植物が吸収できない不溶態の「リン酸鉄」含量の高い土でも，ピスチジン酸が鉄をキレート化するので，化学結合の相手方のリン酸が可溶化して吸収されやすい形になって，キマメ自身はリン酸欠乏にならない．それと同時に，混植しているほかの植物にもリン酸を供給することになると考えられている．また，アルカリ性の土では鉄は不溶態となっていて植物は鉄を吸収できないが，オオムギやライムギなどのイネ科植物は鉄を可溶化するムギネ酸類を根から分泌するので，鉄欠乏になりにくい．さらに，自分自身だけでなく，鉄欠乏感受性の（鉄欠乏にかかりやすい），ある種の双子葉作物を混植すると，この作物の鉄欠乏による黄白化症（クロロシス）が回復する．

しかし，現在の人口急増をささえるためには，まったくの自然生態系にまかせた原始農業に返ることは許されない．高度の技術が作り出した近代農法のよい点を最大限利用し，農薬などを使わない，生態系を破壊しないで，逆にこれを巧妙に利用した農法が，世界中で模索されている．

3) 遺伝子資源の保全は急務

すでに述べたように，伝統的な育種法でも，放射線育種でも，後に述べるような，近年急速に発展しつつある植物バイオテクノロジーの手法を採用するにしても，それに必要な新しい遺伝子資源としての野生植物の蒐集と保全の重要性が認識されてきた．これらの野生種の中から，栽培種に必要な環境ストレス耐性に関係する遺伝子を検索する試みが世界中で進んでいる．この目的のために，遺伝子資源として，野生植物を保護・保存することは火急の課題である．なぜなら，とりわけ現在の遺伝子資源の豊富な地域とされている，熱帯雨林をもつ開発国では，開墾のための移動焼畑や，薪炭燃料を得るためや，先進国のパルプ材の原料のために広域にわたる森林の伐採が行われており，野生種が急速に失われているからである．今世紀末までに種子植物は約5万種が絶滅するか絶滅に瀕していると考えられている．

そこで，1992年のリオデジャネイロでの「地球サミット」で確認された「アジェンダ21」では，第15章において「生物多様性の保全」をうたい，その実行プログラムを提唱している．野生植物を保護・保存することは，ただ単にその種子を採取して保存するということではなく，その野生植物が生存している生態系全体を保存することである．この目的のために，かつて植民地支配により数多くの遺伝子資源を絶滅させてきた先進国の責任とその貢献が大きく期待されている．

(4) 植物バイオテクノロジーへの期待

1) 植物による環境浄化（ファイトレメディエーション）

重金属（Ni, Cd, Zn, Pb, Cr, As, Cu, Hg

など) で汚染した土壌から，重金属を工業的な技術で除くことはほとんど不可能といってよい．土壌のpHが低下すれば，植物による重金属の吸収は増大するが，pHの影響は植物種によって異なる．植物に重金属を多く吸収させるためには，低pHでよく生育し，かつ重金属吸収量の多い植物を探索する必要がある．このような植物の重金属吸収蓄積機構に関係する遺伝子を検索し，それを強化した植物を開発して，それを重金属汚染農地に旺盛に生育させ，土壌の重金属を植物に収奪させるというクリーンアップ作戦がアメリカで展開しようとしている．たとえば，最近，ニッケル集積植物 (*Alyssum*属) の集積機構については，ニッケルがヒスチジンと結合して植物の導管を移行することが明らかにされた．また，すべての植物には，ファイトケラチンやメタロチオネインのような重金属との結合タンパク質が存在し，それが体内の重金属の解毒にも効いているらしいことも明らかになってきた．一方，微生物の重金属蓄積能はかなり高く，高等植物の蓄積能を越えている．したがって，このような微生物の能力を，植物に遺伝子導入することも真剣に検討すべき課題となっている．

2) 耐虫性因子の遺伝子導入の場合

栽培植物は，とくに近代的品種ほど，病害虫に対して弱いものが多い．すでに述べたように，これは単一の植物種だけが保護され，他の動植物をできるだけ排除した農耕環境では，その植物種だけが密集していて，それに寄生する病原菌やそれを好む害虫が繁殖しやすく，病虫害が発生しやすい条件がそろっている上に，近代育種における選抜・検定法自体がそもそも，農薬依存性が高い方法で行われているために，農薬なしでは病虫害に弱い品種を選抜しつづけてきたからである．

農薬を散布しても，害虫が世代交代を繰り返す間に，農薬に対する耐性 (すなわち農薬の分解酵素活性) を獲得し，その効果は薄れていく．そのために今もって種々の農薬が開発されつづけている．同じようなことがバイオテクノロジーの手法にもいえる．BTファクター (バチルス・チューリンギエンシスの生産する鱗翅目の害虫に対する毒物) などの耐虫性因子を植物に遺伝子導入しても，そのBTファクターに対して害虫の方がすぐに耐性 (BTファクターの分解酵素活性) を獲得してしまう可能性がある．これは耐性植物創製のための投資効率の面から開発企業にとっても大きな問題である．昨年からBTファクター導入トウモロコシがアメリカで承認され使用され始めているが，詳しい経過を観察する必要があると思われる．この種子は農業者からすれば，ある日突然の収穫激減という事態を招く危険を秘めている．これまでも，めまぐるしく変異する人間に対する病原菌と，それを撲滅するための抗生物質の開発というイタチごっこが繰り返されてきた．その結果，どんな抗性物質も効かない肺炎菌や結核菌が台頭してきている．エイズウイルスに対する特効薬がなかなか登場しないのも，エイズウイルスが驚異的な早さで変異を繰り返すことがその大きな理由となっている．このように，ウイルスや微生物や昆虫などのライフサイクルは，高等動植物よりもはるかに早いので，毒物に対する突然変異による適応は非常に早い．したがって，病原菌や病害虫などに対して，植物に抵抗性を付与するためには，1耐性因子だけを導入することは得策ではないかもしれない．

BTファクターの場合は，すでに微生物農薬として認可され，有機農業関係者も，これらの死菌をワクチン的に散布していた．もともと，人間にはこれらの毒素に関するリセプター (受容体タンパク質) がないので，人体毒の点ではほとんど問題はないと考えられる．しかし，これから開発され市場に出される遺伝子導入植物では，食用に供する部分に導入遺伝子による産物が存在することになる場合は，一般大衆がそれを受け入れるかどうかの点から，導入すべき遺伝子についてよほど慎重に取り組まねばならない．なぜなら，大衆は，動植物微生物を問わず，長い歴史の過程で人間が食用に供してこなかった「種」から特殊な遺伝子を取ってきて，これを，作物や飼料作物に導入することには感覚的に非常に保守的だからである．

3) PRタンパク質の利用

病原菌に感染したときに，菌が出す化学物質 (エリシターという) に感応して，本来植物の側

が自ら発現している，植物に共通の遺伝子群がいくつか知られている．これらをPRタンパク質（pathogenesis related proteins）という．これらのタンパク質は，その機能が未解明のものもあるが，病原菌やウイルスの増殖，伝搬を抑える作用がある．

これらのタンパク質の遺伝子は，多くの作物（コムギ，トウモロコシ，ヒマワリ，タバコ，バレイショ，トマト，レモン，ダイズなど）から検出されている．したがって，これらの遺伝子のいくつかを同時に導入し，しかも病原菌の感染条件下になったときに，直ちに大量に発現するように遺伝子を改編操作して導入した作物を作出することは重要なテーマである．なぜなら，本来植物由来の遺伝子を植物に導入するのならば，それを食用にしても大衆にとってさして抵抗感のないものと思われるからである．しかも，これらの遺伝子は身近な作物由来である．しかしこの場合にも，遺伝子操作技術上一つの問題がある．ある植物に，その植物と近縁種の，非常に類似性の高い遺伝子を大量発現させようとした場合，遺伝子発現に抑制が働いて，かえって遺伝子が働かなくなる現象が見られることである．したがって，食用酵母など，人類にとってなじみの深い微生物から類似の遺伝子を植物に導入して働かせるなどの試みが盛んになされている．

4) 除草剤抵抗遺伝子導入の思想

上記のBTファクターの場合と比べて，除草剤耐性能力を作物に導入した場合は，同じ遺伝子導入作物から同じ科の雑草へ，この遺伝子が花粉による水平伝搬をすることがナタネで報告されている．とりわけイネ科は近縁種が非常に多いので下手をすると，何年か後には除草剤の効かないイネ科の雑草が蔓延することになるかもしれない．すなわち，農地において栽培作物と同じ科の除草剤が効かない雑草が繁茂する可能性があるので，農家は特定の除草剤をその分解酵素の遺伝子を導入した種子とセットで購入しなければならない．これがもともと農薬会社がねらってきた企業戦略である．この戦略では，除草剤の使用量を軽減しようという思想はないので，農地生態系への環境負荷の減少には貢献しない．このような理由から，除草剤耐性品種の育成は，新農薬を開発するのにかかる資金（日本では，一つの農薬を世に出すためには30億円～100億円の投資が必要と聞いている）を節約して，既存の除草剤の延命策をねらったものであるという意見もある．

しかし，アメリカのような広大な土地で大規模農業をやる場合に，除草剤なしの農業は現実的にはほとんど不可能である．アメリカの有機農業関係者が最も苦心している点が，除草作業である．そこで除草に関して，遺伝子導入の面からのまったく新しいアイディアが望まれている．一方，化学肥料・農薬・機械化を中心とした近代農法を推進するアメリカでは，すでに述べたような理由で，土が保水性と透水性を失い，豪雨や強風による土壌侵食が著しく砂漠化を加速している．そのために逆に，雑草を生かして，土壌流出を防止するという一見相反する技法も補助金によって推奨されている．

5) トランスポーター遺伝子の改編が有効か？

植物の遺伝子工学の目標として収量性の高い品種を創製するということは誰しも考えることである．この目的で，光合成時の二酸化炭素（CO_2）の同化に直接関係している遺伝子を改編して，同化量を増大させようという試みがなされてきた．インプット（CO_2の同化）を増せばアウトプットである収量も増加するであろうという考えに基づいている．しかし，植物がもつ未知のホメオスタシス（生体のバランス維持）能力により，なかなか期待通りにはいかない．

バレイショにおけるショ糖の転流に関係しているシュークローズトランスポーターの遺伝子が複数とられているが，そのいずれの遺伝子発現を抑えても，バレイショの収量は激減することが知られている．逆に，このうち特異的に働くシュークローズトランスポーターを見いだして，それを強化して，遺伝子導入したバレイショでは，能率のいいデンプン蓄積におおいに貢献する可能性がある．これ以外に，近年，いろいろな糖，アミノ酸，各種イオンのトランスポーターが種々の植物から採られてきた．これらのトランスポーター遺伝子を改編して，植物の根からの養分吸収量を増大させたり，体内での転流方向，蓄積部位などを

思うように操作することができる時代が到来している．この方向からのアプローチによって，驚異的な収量性の品種が登場するかもしれない．

6) 農産物の品質を貯蔵中に向上させる技術

農産物の日持ちをよくしようとするためのバイオテクノロジーは，流通業者の利益のために開発された．すでに，遺伝子導入された日持ちのよいトマトがアメリカでは出回っている．ジャガイモが優良な備蓄食品といわれるゆえんは，貯蔵性がよいこと以外に，貯蔵中に，場合によってはビタミンCや糖度が高まるためである．メロンでは，保存中にテクスチャー（物性，歯ざわり）や糖度が向上することはよく知られている．収穫によって土や養分から切り放された作物が，ある種の栄養価を高めるということは魅力的である．

このような果菜類のポストハーベスト（収穫後）の現象は，日本でも精力的に研究されている．現在行われている，果菜の日持ちをよくする（鮮度維持）という消極的観点からばかりでなく，積極的に収穫後の食品の質を向上させる技術が開発されることは，食品を無駄に廃棄させないという効果も生じる．

7) バイオリアクターとしての植物（食べるワクチン）

最近，植物に人間のDNAの一部を組み込んだところ，植物は何の異常も示さず生育したことが報告されている．このように植物は本来遺伝子組み替えに関して驚くべき柔軟性をもっている．そこで植物を食糧として考えるのではなく，バイオリアクター（生体工場）として考える分子農業（モレキュラーファーミング）の思想も現実化してきている．すなわち，組み換え植物を使って，人間にとって有用な医薬品（生理活性物質）を作ろうというのである．エンケファリン（脳のオピオイドペプチド），ヒルジン（ヒルの血液凝固タンパク質），虫歯菌であるストレプトコッカス・ミュータンスに対するモノクローナル抗体，アンジオテンシン転換酵素インヒビターを有する血圧降下作用のあるトマトなどが研究されている．

〔森　敏〕

II

土と植物のサイエンス最前線

1. 土とはなにか

(1) 自然物としての土

　一般に「土」と「土壌」は同じ意味で用いられている場合が多い．広辞苑（1991）の土の項をひいてみると「①土壌のこと」とあり，土壌の項には「①地殻の最表層．地殻表面の母岩が風化・崩壊したものに腐植などが加わり，気候や生物などの作用をうけて生成したもの．作物を育てる土地．つち」とある．しかし，土という言葉から連想されるイメージは人によってさまざまである．ある人は田や畑で農作物が根を張っている地表の部分を考え，またある人は公園や庭の花壇の草木の植わっている地面を思い浮かべ，あるいはデパートの園芸用品売場などでビニール袋に入れて売られている「腐葉土」や「培養土」を連想するであろう．なかには陶器の材料として使われる粘土を思い起こす人もいるだろう．

　それでは一体，現代科学の最前線では「土」をどのように認識しているのだろうか？

1) 土にも顔がある—土壌断面形態

　土とは何か，土と土壌はどう違うのかを知るには，野外に出かけて林地や農地に深さ1〜1.5mの穴（試坑という）を掘り，その垂直な面がどのようにできているかを観察する．この垂直な面は土壌断面あるいは土壌プロフィールとよばれる．つまり土壌の横顔である．この土壌断面を模式的に示したのが図II-1-1である．一般に土壌断面の下には連続した硬い岩石，すなわち基盤岩石があり，その上を岩石の破片や鉱物粒子からなるルーズな物質が覆っている．このルーズな物質が地質学でレゴリス（regolith）とよばれる部分で，広い意味での土に相当する．レゴリスというのはギリシャ語で「被覆」を意味するレゴス＝regosと「岩石」を意味するリソス＝lithosとを組み合わせて造られた術語で「基盤岩石を被覆しているもの」を表している．実はこのレゴリスの上部に厳密な意味での土壌が生成しているのである．

　土壌断面を観察して誰でも最初に気がつくのは色の違いである．通常，地表面から数cm〜数10cmの深さまでは黒っぽい色をしており，その下には褐色ないし赤褐色の部分が続き，さらにその下ではほとんど岩石の破片ばかりからなる部分へと移り変わっている．また森林下では落ち葉や枯れ枝などが厚く地表面を覆っていることがある．さらに注意深く観察すると，黒色の部分は下方の褐色〜赤褐色の部分に比べて植物の根が多く，軟

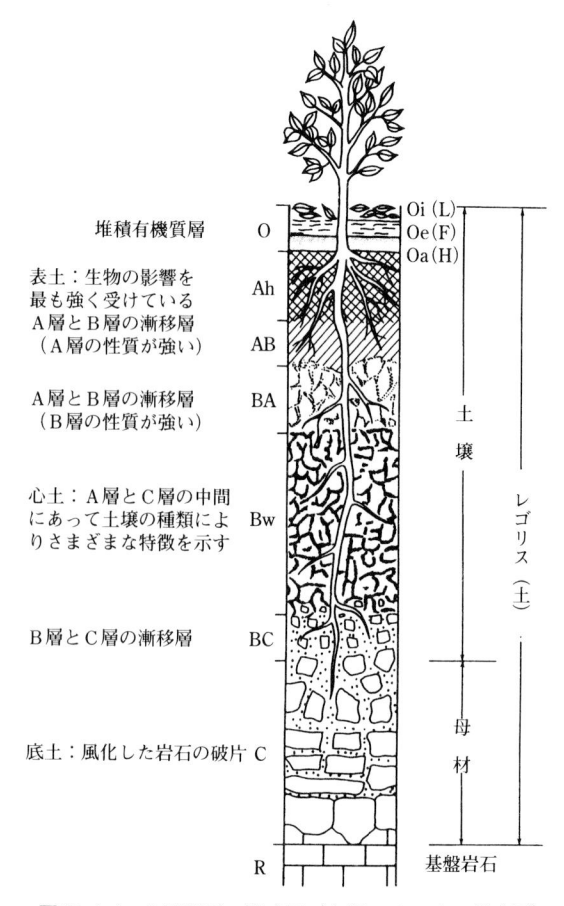

図II-1-1　土壌断面の模式図（永塚，1989を一部変更）

らかくてふわっとしていることなどに気がつく．このように土壌断面は，色・堅さ・手ざわり・根の分布などいろいろ性質の違った，地表面にほぼ平行ないくつかの層の積み重なりからできている．これらの層は地質学的な堆積作用によってできた地層とは異なり，土壌生成作用によって形成されたもので，土壌層位あるいは単に層位とよばれている．

一般に土壌層位は，上から順番にA，B，Cの3つの主層位に分けられる．A層はふつう最表層にあって，生物の影響を最も強く受けている層で，植物や動物遺体などが分解してできた有機物（腐植）の蓄積によって暗色～黒色をしている．表土といわれ，われわれが目にするのはこの部分である．B層はA層とC層の中間にあって両者の中間的な性質を示す部分であり，一般に心土といわれている．C層は風化した岩石の破片からなり，A層やB層ができるもとの材料（母材という）の部分で，ほとんど生物の影響を受けていない．森林下では，最上部に落ち葉や枯れ枝が地表面に堆積してできた堆積有機質層があり，O層とよばれている．厳密な意味での土壌とは，これらのO層，A層，B層の3つの主層位の組合せによって構成されている地表の部分をいうのである．

主層位にはこのほかに，H層（泥炭層），E層（粘土や鉄，アルミニウムが洗脱されて漂白化された層），G層（地下水の影響を受けて強還元的になったC層）などがある．また層位が明瞭に分化していない漸移的な場合には，優勢な主層位を前に置いて，AB，BA，BCのようにして，層位の性格を示す．

こうした主層位の性質は，土壌がおかれた自然環境条件の違い，あるいは農耕などによる人為的影響によって，多種多様である．この様な性質の違いを表すのに，主層位記号のあとにそれぞれの特徴を表す小文字の添字をつけて，Ap（作土層），Ah（腐植の多いA層），Bt（粘土の集積したB層），Bs（鉄やアルミニウムが集積したB層）などとする．

2）土の定義

これまで述べてきたように，土あるいは土壌というのは単なる物質ではなく，動物や植物と同じように一定の形態（土壌断面形態）を備えた自然体なのである．自然体というのは，それを取り巻く環境から区別して分離することのできる独立した存在を示すとともに内部構造を有し，固有な自然法則によって支配される個別性の状態を獲得している自然物である，とヴェルナドスキー（1937）は述べている．

土壌層位の組合せからなる土壌断面形態を初めて明らかにした近代土壌学の父といわれるドクチャエフ（1846-1903）は，土壌を次のように定義している．

「土壌とは，地殻の表層において，岩石・気候・生物・地形ならびに土地の年代といった土壌生成因子の総合的な相互作用によって生成する岩石圏の変化生成物であり，多少とも腐植・水・空気・生きている生物を含み，かつ肥よく度をもった独立の有機-無機自然体である．」

ドクチャエフ以前と以後の土壌観には画期的なちがいがある．たとえば，植物の無機栄養説を展開し，土壌から収穫物として持ち出された全植物養分を土壌中に完全に還元しなければならないという原理を確立した大有機化学者のリービッヒでさえ，「土壌はそこに生活している植物に無機養分を導き与える試験管のようなものである」と述べている．19世紀末までの土壌観では，土壌は「有機物と無機物の単なる混合物で，建造物を乗せたり，植物を支える基盤あるいは植物の生育に必要な養分の貯蔵庫」とみなされていた．そのため現実に行われているいろいろな土壌管理の原理を説明することはできなかった．

ドクチャエフの功績は，土壌は決してその性質が一定不変な静的な存在ではなく，それを取り巻く環境因子との相互作用を通じて常に変化し，進化するダイナミックな存在であることを認識し，地球上に存在する多種多様な土壌の成因と地理的分布の法則性を明らかにした点にある．その結果，土壌の組成や性質が土壌生成因子（環境因子）との関連において研究されるようになり，自然界に見られる土壌の多様性の原因を科学的に解明する道が開かれたのである．

〔永塚鎮男〕

(2) 土はどのようにしてできたか

岩石が変質して土壌ができるまでには風化作用と土壌生成作用という2つの過程が含まれている.

1) 風化作用

風化作用は,地殻の表層にある岩石が風雨にさらされて物理的・化学的に破壊されてルーズな含水物質を生じる作用であり,有機物がほとんど存在しない状況下で進行するのが特徴である.風化作用は物理的風化作用と化学的風化作用に分けられる.風化作用によってできたルーズな含水物質は風化生成物とよばれ,土壌の無機質母材となる.つまり風化作用は土壌の母材を作り出す過程である.

① 物理的風化作用

物理的風化作用は,岩石や鉱物が化学変化を受けることなく,機械的方法によって,より小さい粒子に破壊されていく過程のことで,崩壊作用ともいう.

物理的風化作用には次のようなものがある. a) 岩石が地表に露出すると,それまで上部にかかっていた圧力が除かれて弾性膨張し,その際に節理状の割れ目を生じる(除荷作用). b) 造岩鉱物は種類によって熱膨張係数が異なるため,温度変化が繰り返されるとばらばらになる(温熱変化).こうしてできた割れ目に入った水が凍結すると大きな圧力を生じて岩石が崩壊する(凍結破砕). c) 細粒質岩石では乾湿の繰返しによって多角形の細かい破片に崩壊する(スレーキング). d) 砂漠地方では岩石の割れ目に集積した塩類の結晶成長による圧力で岩石の崩壊がおこる(塩類風化). e) 植物は岩石の割れ目に根を伸長させ,根圧によって岩石を砕くことがある.

② 化学的風化作用

化学的風化作用は,大気中や地表の水およびその中に溶けている物質の作用によって岩石の化学組成が変化する過程で,分解作用ともいわれる.

塩化ナトリウム(NaCl)やセッコウ($CaSO_4・2H_2O$)のような塩類は,水に合えば溶解する.難溶性塩類やケイ酸塩鉱物は水の解離で生じたH^+イオンやOH^-イオンと反応してゆっくりと分解されていく.雨水には大気中の二酸化炭素との反応によって生じた炭酸が含まれており,この酸の作用によって岩石が分解される.還元状態にある鉄(Fe^{2+}),硫黄(S^{2-}),マンガン(Mn^{2+})などのイオンは大気中の酸素によって,それぞれFe^{3+},S^{6+},Mn^{3+}〜Mn^{4+}に酸化される.また,無水鉱物に水分子が結合して水和物ができる.

2) 土壌生成作用

土壌生成作用は,「生物および有機物の存在下において,無機質母材から層位の分化した,一定の形態的特徴を備えた土壌が生成する過程」である.図II-1-2に風化作用と土壌生成作用の関係を模式的に示した.これからわかるように,風化作用は必ずしも土壌生成作用を伴わないが,土壌生成作用は必ず風化作用と相互に関連しながら進行するのである.前に述べた土壌の定義が示すように,土壌生成過程は土壌生成因子の相互作用によって進行し,土壌生成因子には生物が含まれているのであるから,生物が存在しなければ土壌はできないということになる.これが土壌とはなにかを考える場合に忘れてはならない重要なポイントである.たとえば,月の表面は隕石の衝突や温熱変化といった物理的風化作用によってできた玄武岩質の岩石の破片や鉱物粒子からなる細かな物質で覆われているだけで土壌は存在していない.

① 初成土壌生成作用

露出した岩石に最初にすみつくのは,藻類およびこれと共生する窒素固定菌のような独立栄養の微生物である.これと並んで岩石の微細な割れ目には従属栄養の細菌,粘菌類,糸状菌,放線菌などがすみついている.つづいて,肉眼的に認められる最初の移住者は地衣類であり,固着地衣,葉状地衣,樹枝状地衣の順にすみついてくる.地衣類は菌類と藻類の共生体で,藻類は太陽エネルギ

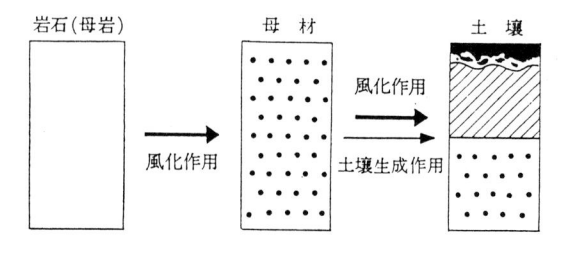

図II-1-2 風化作用と土壌生成作用(大羽・永塚,1988)

一によって光合成を行う一方，菌類は有機酸（地衣酸）を分泌して岩石から無機成分を溶解して体内に取り込んでいる．地衣類の遺体は微生物によって分解され，腐植化して微細な暗色物質となり，微細な鉱物粒子とともに薄い細土層が形成される．これが土壌の萌芽である．これらの細土中には粘土鉱物の生成も認められる．やがてこの薄い細土層にはダニ，トビムシその他の昆虫類がすみはじめる．地衣類のすぐあとには，分解した地衣類の遺体を養分として利用するコケ類の群落が見られるようになる．この段階になると岩石の表面に厚い粗腐植層と多量の細土が集積し，鉱物の変質と粘土の生成が進み，けい藻類の骨格も見られるようになる．こうしてイネ科草本類が生育するのに十分な水分と養分を含んだ環境が形成される．イネ科草本の段階になると土壌動物の構成に大きな変化が起こり，ミミズ，多足類などの大型動物群がダニ，トビムシなどの中型動物群を現存量のうえで大きく上回るようになる．この段階では，土壌動物による植物遺体の摂食，消化，排泄作用，土壌微生物による二次的分解などによって腐植の形成が著しく進行し，腐植層が明瞭となり，A/C型の土壌断面形態が認められるようになる（図II-1-3）．

こうした過程は土壌生成の初期段階で多くの土壌に共通するもので，初成土壌生成作用とよばれている．しかし，その後の土壌発達段階で生じる過程は，寒帯，温帯，熱帯，乾燥地域，湿潤地域，地下水やかんがい水の影響といった土壌の置かれている環境条件の違いによって異なってくる．

② 基礎的土壌生成作用

すべての土壌生成作用は，次のような3つの主要なグループに分けることができる．

1. 無機化合物の崩壊（分解）と同時に生じる新しい化合物の合成．

2. 有機化合物の分解と新たな別の有機化合物ならびに微生物などの生きている生物体の生成．

3. 風化と土壌生成によって生じた種々な生成物が土層から除去されたり，土層内を移動する過程．および大気中や風化殻から種々な化合物が（主として生物学的循環によって）土壌中に持ち込まれる過程．

土壌生成過程にはたくさんの物理的，化学的，生物的な反応が密接に関連しあって進行している．つまりある反応が相対的に強まるとそれに応じてほかの特定の反応が強まったり，反対に弱まったりする．その結果，非常に複雑に見える土壌生成過程の中に，一定の環境条件下では，きまった反応の組合せがおこって，土壌生成過程を一定の方向に導くと考えられている．この物理的，化学的，生物的反応の一定の組合せを基礎的土壌生成作用とよんでいる．表II-1-1は，現在広く認められている主要な基礎的土壌生成作用とその特徴を要約して示したものである．地球表面における土壌生成因子（岩石・気候・生物・地形ならびに土地の年代）の分布は一様ではなく，場所が変わればそこに作用している基礎的土壌生成作用の種類も異なっている．その結果，地域によっていろいろ異なったタイプの土壌が分布することになるのである．

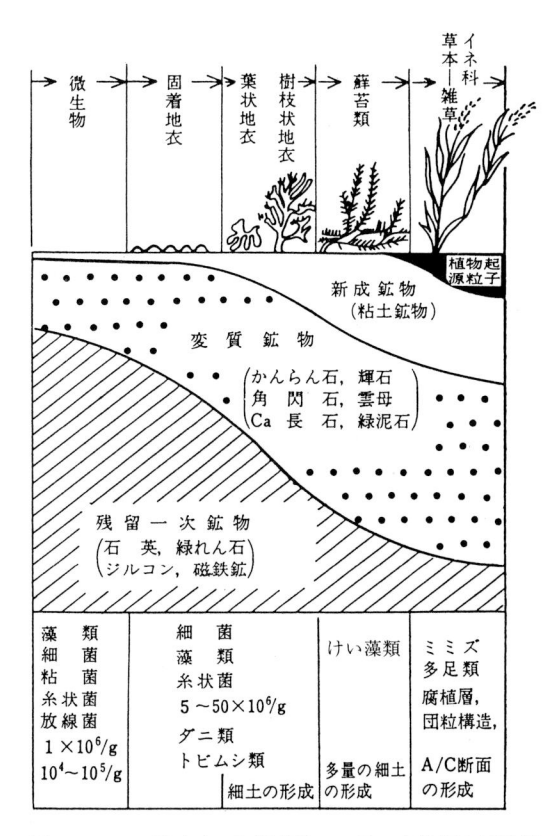

図II-1-3　土壌生成の初期段階における生物相と鉱物相の変化（大羽・永塚，1988）

（永塚鎮男）

表 II-1-1 おもな基礎的土壌生成作用とその特徴（永塚，1989）

基礎的土壌生成作用		特　徴
I. 無機成分の変化を主とするもの	初成土壌生成作用	土壌生成の初期段階で，堅い岩石の表面に最初に住みついた微生物，地衣類，コケ類の働きによって進行する
	土壌熟成作用	水面下の堆積物が干陸化する過程で生じる物理的，化学的，生物的変化
	粘土化作用（シアリット化作用）	土壌中で一次鉱物が分解されて，新たにシリカやアルミナを含む結晶性粘土鉱物や非晶質粘土が生成される
	褐色化作用	一次鉱物から遊離した鉄が酸化鉄の粒子となって土壌中に一様に分布する
	鉄アルミナ富化作用（フェラリット化作用）	高温・多湿な熱帯気候条件下で，塩基類やケイ酸の溶脱が進行し，鉄やアルミニウムの酸化物が残留富化する
II. 有機成分の変化を主とするもの	腐植集積作用	断面上部に落ち葉などが堆積・分解し，腐植化して土壌に暗～黒色味を与える
	泥炭集積作用	水面下において湿生植物の遺体が集積する
III. 無機および有機質土壌生成物の変化と移動を主とするもの	塩類化作用	塩類に富む地下水が毛管上昇して蒸発し，断面内や地表に塩類が沈殿析出する
	石灰集積作用	遊離した石灰と水中の炭酸とが結合して炭酸石灰となって沈殿する
	脱塩化作用	塩類土壌の塩分が抜け始めると炭酸ソーダが優勢となって強アルカリ化し，さらにアルカリが抜けると粘土が分解して，粘土・腐植・R_2O_3 の移動がおこる
	塩基溶脱作用	可溶性塩類や交換性陽イオンが土壌水に溶けて抜けていく過程
	粘土の機械的移動（レシベ化作用）	表層の粘土が分解されずに，そのまま浸透水とともに下層に移動・集積する
	ポドゾル化作用	表層に堆積した有機物の分解によって生じたフルボ酸によって，酸化鉄，アルミナが溶解して下方に移動・集積する
	水成漂白作用	表層から鉄やマンガンが還元溶脱されて，表層が灰白色に漂白される
	グライ化作用	酸素不足のため還元状態となり，第一鉄化合物によって青緑灰色の土層が形成される
	疑似グライ化作用	湿潤還元と乾燥酸化の反復によって，淡灰色の基質と黄褐色の斑鉄や黒褐色のマンガン斑からなる大理石紋様が形成される
	均質化作用	土壌動物による攪拌混合作用

（3） 土はなにからできているか

土壌をつくっている固体・液体・気体の部分はそれぞれ固相・液相・気相といい，あわせて三相とよばれる．固相を構成している成分は無機物と有機物であり，液相は土壌水，気相は土壌空気である．平均的に見ると，排水の良い土壌のA層では全容積の約半分が固相で占められており，残りの半分が固相間のすきま（孔隙）となっている．そのうち比較的小さな孔隙には土壌水が保持されて液相をつくり，大きな孔隙には土壌空気が含まれて気相となっている（図II-1-4）．激しい降雨やかんがいの直後には孔隙の大部分は水で満

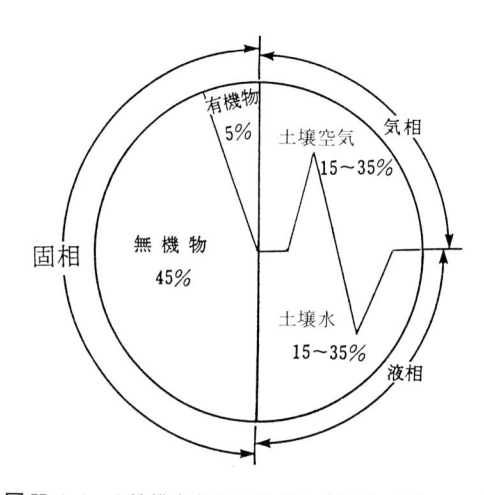

図 II-1-4　土壌構成成分の模式図（大羽・永塚, 1988）

たされているが，排水されたり，植物の根が水を吸い上げたり，地表面から水が蒸発するにつれて液相の部分は徐々に減少し，そのあとへ空気が流入して気相の部分が増えてくる．このように同じ土壌でも液相と気相の割合は常に変化している．

さて，液相（土壌水）と気相（土壌空気）の話は次章に譲るとして，ここでは固相（土壌）を構成している無機成分と有機成分について述べる．

1) 無機成分

土壌に含まれる無機成分の主体は，交換性イオンや土壌溶液に溶けている成分を除いて，大部分は鉱物であり，一次鉱物と二次鉱物に分けられる．

一次鉱物は，石英，長石，雲母のような岩石を造っていた鉱物が物理的風化作用によって細かく砕かれた粒子である．一次鉱物は母岩の種類，風化の程度や堆積様式，養分の潜在的供給能力などを知るために重要であるが，機能的にはあまり活性ではない．

二次鉱物は，一次鉱物が化学的風化作用や土壌生成作用によって変質・溶解・再沈殿してできた鉱物である．二次鉱物には粘土鉱物，遊離酸化物，炭酸塩鉱物などが含まれる．ただし，粘土鉱物のなかには，母岩に含まれていたものがそのまま土壌中に継承されたものもある．二次鉱物は主として土壌の細粒部分に含まれており，きわめて活性で土壌の性質に決定的な影響を及ぼしているものが多い．

一次鉱物と粘土鉱物の説明は次項で触れるので，ここではそのほかの無機成分について述べる．

① 水和酸化物

土壌中には結晶質あるいは結晶化していない非晶質の形態で，ケイ素，アルミニウム，鉄，マンガンの酸化物や水和酸化物が含まれている．タンパク石（$SiO_2 \cdot nH_2O$）は非晶質の二酸化ケイ素の水和物で，土壌溶液から沈殿・分離したものと植物体のケイ化細胞に由来するものがある．後者は植物ケイ酸体またはプラントオパールとよばれ，植物の種類ごとに特有の形態を示すので，過去にどんな植物が生育していたかを推定する重要なてがかりの一つになっている（図II-1-5）．たとえば，ファン型（扇形）のものはヨシ，ササ，ススキなどに由来し，はめ絵パズル型のものはブ

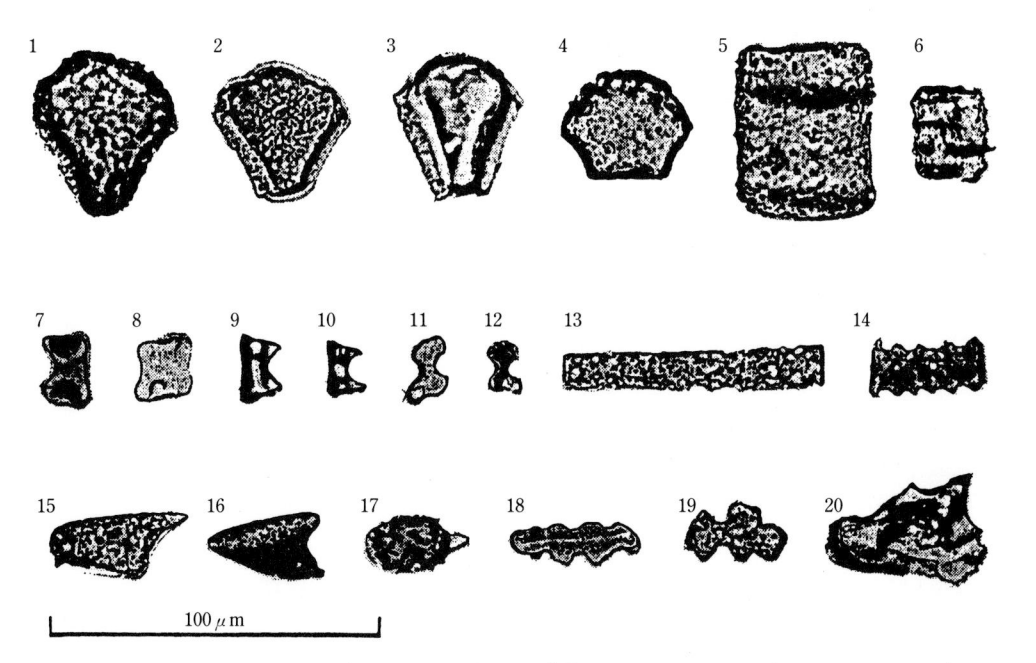

1,2,3,4,5,6:ファン型，7,8,9,10:タケ型，11,12:キビ型，13,14:棒状型，15,16,17:ポイント型，18:ウシノケグサ型，19:はめ絵パズル状（樹木起源），20:ブレイド状（樹木起源　モクレン？）．

図II-1-5　土壌中の植物ケイ酸体（細野　衛氏撮影）（大羽・永塚，1988）

表 II-1-2 おもな遊離鉄化合物の形態

形態および鉱物名		化学式	備考
非晶質	吸着態	Fe^{2+}, Fe^{3+}	
	腐植との結合態	有機無機錯体	
	ケイ酸鉄	Fe_2SiO_4, $FeSiO_3$	
	水酸化鉄	$Fe(OH)_2$, $Fe(OH)_3$	白色, 赤褐色
	含水酸化鉄	$Fe_2O_3 \cdot nH_2O$	赤褐色
結晶質	針鉄鉱（ゲータイト）	$\alpha\text{-}FeO(OH)$	黄褐, 赤褐, 黒褐
	鱗繊石（レピドクロサイト）	$\gamma\text{-}FeO(OH)$	橙色
	赤鉄鉱（ヘマタイト）	$\alpha\text{-}Fe_2O_3$	鮮赤色
	磁赤鉄鉱（マグヘマイト）	$\gamma\text{-}Fe_2O_3$	褐色, 強磁性
	菱鉄鉱（シデライト）	$FeCO_3$	暗灰色
	藍鉄鉱（ビビアナイト）	$Fe_3(PO_4)_2 \cdot 8H_2O$	暗青色
	磁鉄鉱（マグネタイト）	Fe_3O_4	黒色, 強磁性
	フェリハイドライト	$Fe_5HO_8 \cdot 4H_2O$	赤色
	フェロジック水酸化鉄	$Fe_3(OH)_8$	暗オリーブ緑色

* 褐鉄鉱 (limonite) は, 主としてゲータイトからなる微細粒ないし土状の鉄鉱物で一定の組成をもたない.

ナ科樹木に由来するなどである. アルミニウムの水酸化物ではギブサイト ($Al(OH)_3$) は最も広く見いだされる結晶質の鉱物である. 遊離鉄というのは, 土壌中に含まれる非晶質および結晶質の酸化鉄や水酸化鉄の総称であるが, これらは土を褐色, 赤色, 黄色に着色する物質として重要である. 土壌中の鉄の形態とその色を表 II-1-2 に示した. ギブサイトや遊離鉄は, pH の条件によって正あるいは負に帯電し, 陽イオンや陰イオンを交換性イオンとして表面に保持することができる. また, 排水の悪い土壌断面にしばしば見られる紫黒色の斑紋や結核は主として二酸化マンガン (MnO_2) や三二酸化マンガン (Mn_2O_3) からできている.

② リン酸塩, 硫酸塩, 炭酸塩, 塩化物

鉄のリン酸塩であるビビアナイト ($Fe_3(PO_4)_2 \cdot 8H_2O$) は暗青色を呈し, 還元状態の水田土壌などで見いだされることがある. また土壌に固定されたリンは難溶性のストレンジャイト ($Fe(PO_4) \cdot 2H_2O$), バリスカイト ($Al(PO_4) \cdot 2H_2O$), アパタイト ($Ca_5(F, Cl, OH)(PO_4)_3$) に類似した化合物となって存在している. 熱帯のマングローブ地帯などに分布する酸性硫酸塩土壌に見られる特有な黄色はジャロサイト ($KFe_3(SO_4)_2(OH)_6$), ナトロジャロサイト ($NaFe_3(SO_4)_2(OH)_6$), カルフォシデライト ($Fe_3(SO_4)_2(OH)_5 \cdot H_2O$) などによるものである. また乾燥地域の土壌にはセッコウ ($CaSO \cdot 2H_2O$) が含まれている. シデライト ($FeCO_3$) は強い還元状態の土壌中で灰白色の結核として析出することがある. また二次的に析出したカルシウムやマグネシウムの炭酸塩は乾燥ないし半乾燥気候下の土壌中に見いだされ, とくに塩類土壌ではナトリウムやカリウム塩類が土壌中や土壌表面に集積している.

2) 粒径組成と土性

土壌の固相をつくっている無機成分はその大きさ（直径）によってれき（2 mm 以上）, 砂（2〜0.02 mm）, シルト（0.02〜0.002 mm）, 粘土（0.002 mm 以下）に区分され, 砂はさらに粗砂（2〜0.2 mm）と細砂（0.2〜0.02 mm）に細分される. 砂やシルトの部分には石英, 長石, 雲母のような一次鉱物が多く含まれ, 粘土部分には二次鉱物（粘土鉱物）が多く含まれている. 遊離酸化物は砂, シルト, 粘土のいずれの部分にも含まれている.

土の粒径組成のことを土性という. 図 II-1-6 は土性クラスをわかりやすく表示した土性三角図表といわれるもので, 図中の点線で示した例のように, 粘土％の値から砂軸に平行にひいた直線と, 砂％の値からシルト軸に平行にひいた直線との交点が位置する領域の土性名を読み取る. たと

図II-1-6 土性三角図表

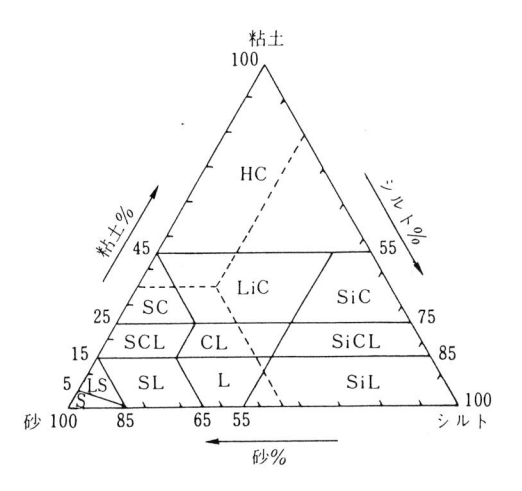

S：砂土, LS：壌質砂土, SL：砂壌土 ……… 粗粒質
L：壌土, SiL：シルト質壌土,
SCL：砂質埴壌土,
CL：埴壌土, SiCL：シルト質埴壌土,
SC：砂質埴土 } ……… 中粒質
LiC：軽埴土, SiC：シルト質埴土,
HC：重埴土 } ……… 細粒質

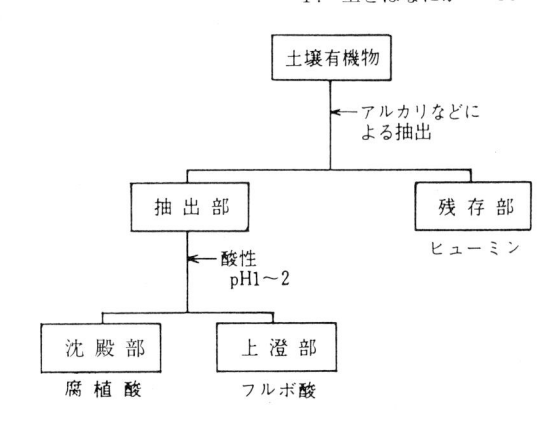

図II-1-7 土壌腐植の区分

えば，われわれが砂土と感じる土壌は85～100％が砂で，粘土が5％以下かつシルトが15％以下のものなのである．

一般に砂の多い粗粒質の土性をもつ土壌では，通気性や透水性はよいが，水分や養分の保持量が少ないのに対して，粘土の多い細粒質の土性をもつ土壌は，水分や養分の保持量は多いが，通気性や透水性が不良で根の発達が悪く，湿るとねばりつき，乾くと固まるといった欠点をもっている．したがって，植物の生育に適した土性は，粘土20～25％，シルト30～35％，砂40～50％の中粒質の土性である．

3) 有機成分

土壌に含まれている有機物は新鮮有機物，腐植，非腐植物質に大別される．

① 新鮮有機物

新鮮有機物には落ち葉や枯れ落ちた枝あるいは枯死した植物の根などが含まれる．新鮮有機物の一部は，これを食べて生きているミミズやダニのような小動物および細菌やカビのような微生物によって分解され，炭酸ガス（CO_2），硫酸（SO_4^{2-}），リン酸（PO_4^{3-}），アンモニア（NH_4^+），硝酸（NO_3^-），水（H_2O）といった簡単な無機化合物に変化していく．この過程は一次的無機化とよばれ比較的速やかに進行する．

② 腐植

新鮮有機物の残りの部分は，やはり生きている生物の働きによって，徐々にコロイドの性質をもった暗色無定形の高分子有機化合物－腐植－に合成されていく．この場合，一次的無機化によって生じた簡単な無機化合物の一部も利用される．この過程は腐植化とよばれ，一次的無機化に比べてゆっくりと進行する．腐植もまた微生物によってゆっくりと分解されて簡単な無機化合物に分解されていく（二次的無機化）．つまり，腐植化というのは，動植物の遺体が土壌中で分解されていく過程で，分解されにくい成分が重合・縮合を繰り返してできた暗色の高分子有機化合物群が腐植である．そして腐植は土壌のA層が黒色を呈する原因となっているばかりでなく，土壌中の窒素やリンの大部分を有機態で貯蔵する役割を果たしている．

土壌を三角フラスコにとり，アルカリ性溶液（水酸化ナトリウム溶液またはピロリン酸ナトリウム溶液）を加え，湯浴中で加温すると全体が黒褐色になってくる．これを遠心分離すると暗赤褐色の上澄液が得られる．この上澄液に硫酸を加えて酸性にすると黒褐色の沈殿が生じ，上澄液は黄色になる．この黒褐色の沈殿部分を腐植酸，黄色の上澄液の部分をフルボ酸，アルカリ性溶液に溶けてこない部分をヒューミンといい（図II-1-7），これらの3つを総称して腐植物質とよんでいる（II 1 (4)参照）．

③ 非腐植物質

これには生物的に合成されるほとんどすべての有機物が含まれ，炭水化物，タンパク質，ペプチド，アミノ酸，脂質，樹脂，有機酸，有機リン化合物などの有機化学的に既知の物質からなっている．これらは微生物によって容易に分解されるため，寿命は短い．

④ 腐植—粘土複合体

土壌の最も特徴的な性質は，これまで述べてきた一次鉱物，粘土鉱物，遊離酸化物，腐植などの構成成分が単にばらばらに混ざり合っているのではなく，お互いに結びつき合って腐植粘土複合体または有機・無機複合体とよばれる集合体を形成しているという点にある．腐植粘土複合体は，次章で述べられるように，土のいろいろな性質や土の基本的な働きに関係してきわめて重要な役割を果たしている．いいかえれば，土壌を他の自然物から区別される独立の自然体ならしめている土壌固有の成分は腐植粘土複合体であるということができる．

〔永塚鎮男〕

(4) 土と植生

1) 気候が決める土と植生

植生は，気候や土地など環境条件の影響下で特有の種類組成と相観をもった植物群落として成立している．砂漠―ステップ―サバンナ―森林という地球上の植物帯は気候の乾湿に対応した植生の地理的配置である．わが国は降水量が蒸発散量を上回る湿潤気候に属するため森林が極性相をなし，国土の約7割が森林によって覆われている．このように降水に恵まれたわが国では，降水量の多少に影響された森林の違いは認められず，主に温度条件の違いに対応して組成や相観を異にする森林が北から南へ，また高地から低地へと帯状に分布している．

すなわち，水平的には北から南へ向かって北海道のエゾマツ，トドマツを主とする亜寒帯の常緑針葉樹林，冷温帯のブナ，ミズナラに代表される落葉広葉樹林，暖温帯のシイ，カシを主とする照葉樹林，西南諸島のアコウ，ガジュマルなどの亜熱帯林などがその基本的なものである．また垂直的にも図II-1-8に示すように，水平分布を再現した形で亜高山帯，山地帯，低山帯にそれぞれ，

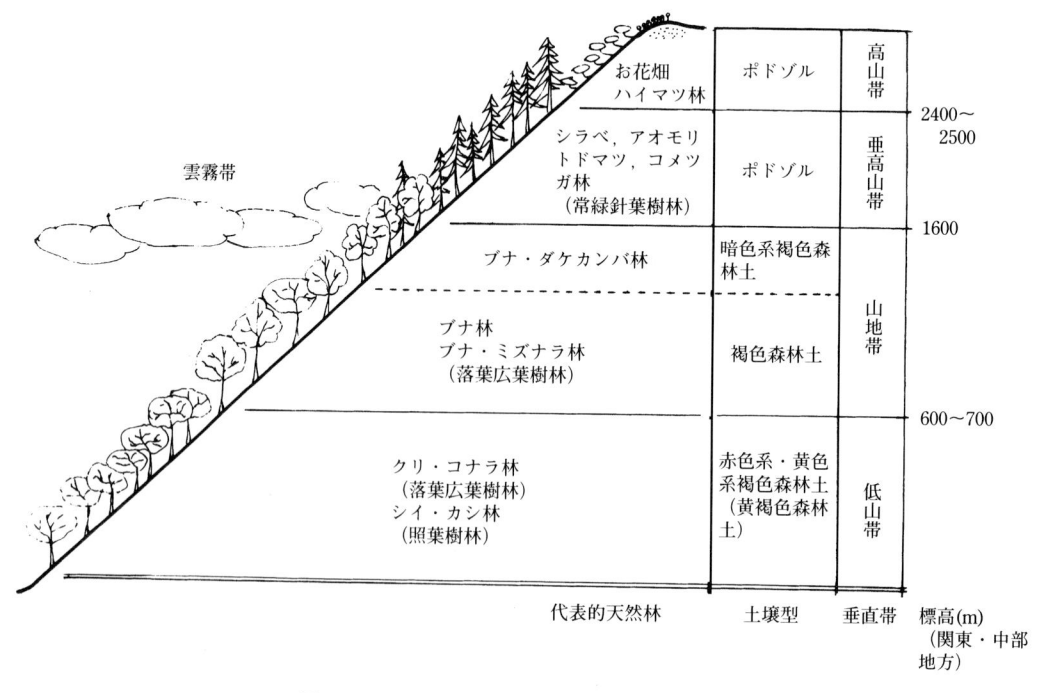

図II-1-8 森林土壌と天然林の垂直的分布模式図

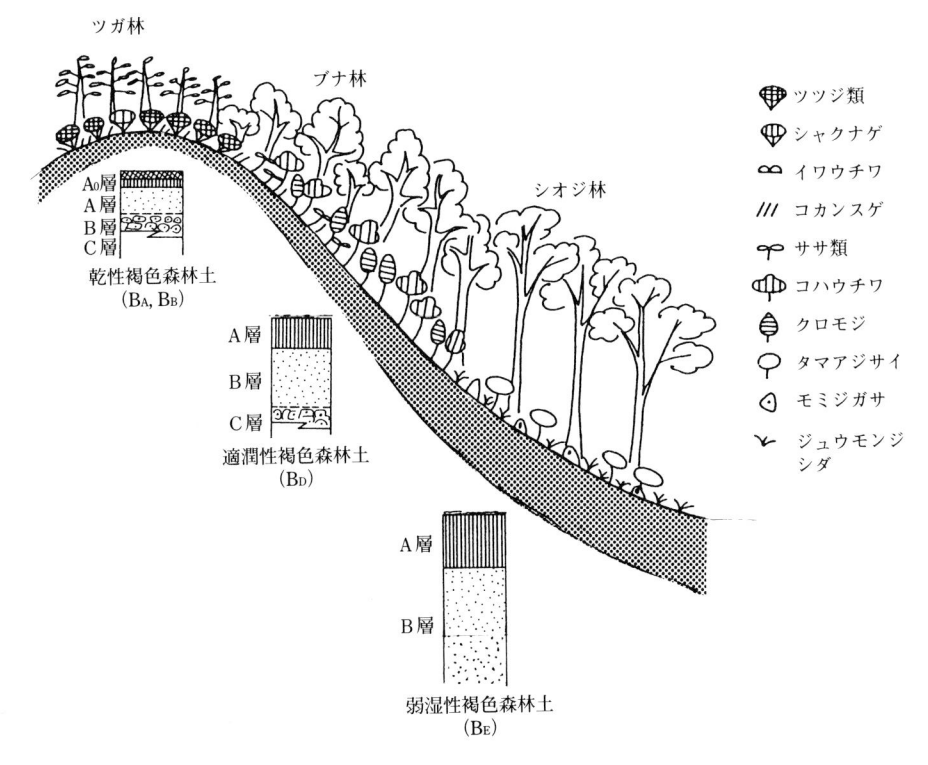

図 II-1-9　秩父山地落葉広葉樹林帯の森林と土壌
（宮川，1990）

常緑針葉樹林，落葉広葉樹林，照葉樹林が規則的に分布している．ただし，中部日本の亜高山帯の常緑針葉樹林は北海道のエゾマツ，トドマツ林と相観を同じくしているが主な構成種はシラベ，アオモリトドマツ，コメツガであり組成的には異なっている．また，低山帯では西南日本の照葉樹林に対し，中部以東ではクリ，コナラなどの落葉広葉樹林が自然植生をなしている．

土もまた植生と同じように，温度帯に対応して帯状に分布し異なった土壌帯を形成しており（II1(2)参照），森林帯と土壌帯との間にはきわめて密接な関係が存在している．常緑針葉樹林の分布とポドゾルの分布はほぼ一致しているし，東北地方から中部地方にかけてのブナ帯は褐色森林土の分布域と重なっている．また褐色森林土ポドゾル分布域の境界のブナ・ダケカンバ林には，雲霧帯の影響下で生成したと考えられる暗色系褐色森林土の分布が見られる．シイ・カシ林ではブナ帯の褐色森林土に比べ下層（B層）が明るい黄色もしくは赤みを帯びた土壌（黄色系・赤色系褐色森林土あるいは黄褐色森林土）が主体となり，西南諸島では赤・黄色土が主要な位置を占めるにいたる．このように，わが国では土の種類と植生の分布は低山帯から高山帯まで，それぞれの気候に対応して垂直的に変化しながら規則的に配列している（図II-1-9）．

2）地形が決める土と植生

一方，それぞれの垂直帯のなかには必ず地形の起伏があり，傾斜面に沿った水と土の動きによって異なった土壌環境がつくられている．地表に到達した雨水は斜面の下方に向かって移動し，土の粒子もまた斜面下方に移動しやすいため，尾根やこれに近い場所では土は乾燥しやすく一般に土層も浅くなる．一方，斜面の中腹，下部，沢沿いの土では水や土の粒子が斜面上部から供給されるためにこの順に湿潤な環境となり，土層も厚くなる．たとえば，わが国で最も広い分布域をもつ森林土壌である褐色森林土は，図II-1-9に例示するように水分環境の違いによって，乾性（二つの型がある）から，弱乾性，適潤性，弱湿性，湿性

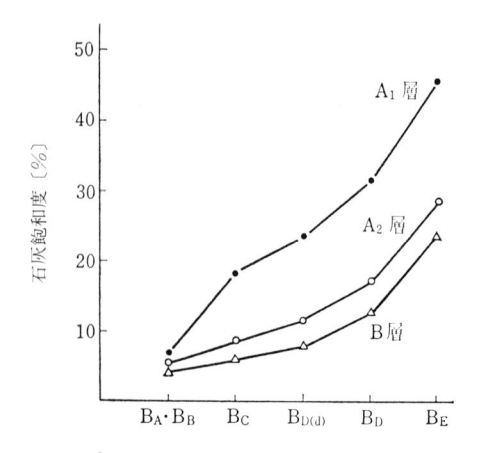

図 II-1-10　土壌型と石灰飽和度（真下，1981）

の6土壌型に区分され，それぞれ尾根から斜面を経て谷面低地にかけ地形にそって規則的に配列している．これらの土壌型は，表層土の化学性の点でも，乾性から湿性に移行するにつれ，pHの上昇，交換性カルシウムやマグネシウムの増加，より順調な有機物分解（C/N比の低下）などが認められ，肥よく度が上昇してゆく（図II-1-10）．たとえば，スギは乾性土壌から弱湿性土壌にかけて明らかに成長がよくなる（図II-1-11）．

このように地形は局所的な環境の形成者として土壌生成に参加し，この地形に沿った土の違いは植物の分布に強い影響を及ぼし，局所的な土壌環境に応じた森林群落が成立し，しばしば地形—土—植生の密接な対応関係が認められる．

図II-1-9の秩父山地の天然林の例のように，太平洋側では一般に，尾根の乾性土壌には乾燥に強いツガが，山腹の適潤性土壌にはブナが，山脚部の弱湿性土壌には湿潤立地を好むシオジあるいはサワグルミ，トチノキなどがそれぞれ規則的に分布している．さらにこれら高木の下に生える林床植物もツツジ類からジュウモンジシダまで，乾燥に対する耐性，養・水分に対する要求度，通気・透水性の必要程度など，それぞれに固有の立地選択性に応じて分布し，地形を介して土と林床群落との間に密接な関係を見せる．このように植物は一定の土壌環境条件に強く結びついて分布するため，その分布からその場所の環境条件を知ることが可能である．こうした環境を指標する植物

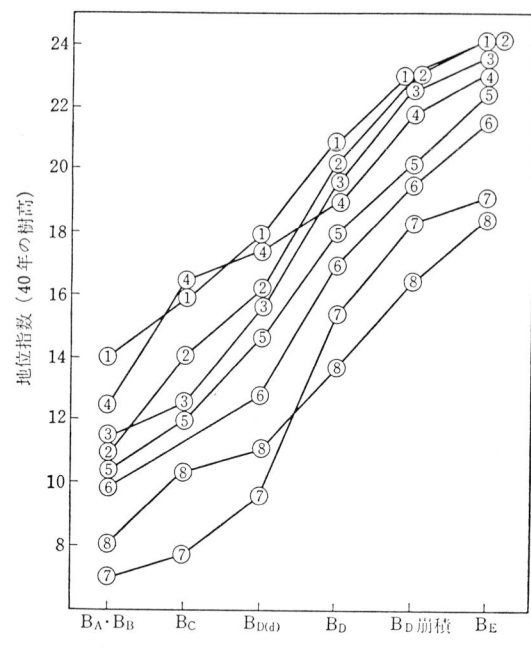

① 奈良県　吉野　　⑤ 新潟県　北部
② 大分県　日田　　⑥ 秋田県　北部
③ 秩父天竜　　　　⑦ 伊豆箱根
④ 高知県　四国山地　⑧ 佐賀県　背振など

図 II-1-11　地域別土壌型とスギの成長（真下，1981）

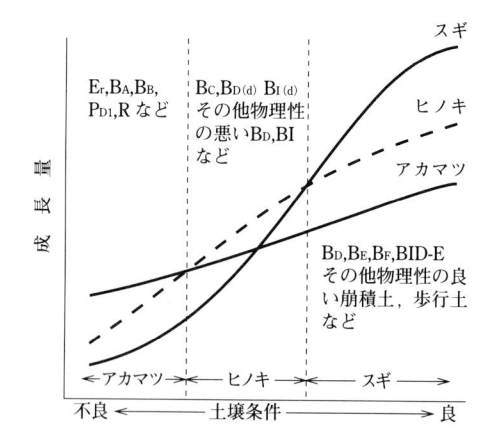

図 II-1-12　土壌条件と主要樹種の生長模式図
（真下，1981）

を指標植物とよび，その分布から立地条件とその広がりを推定することは土壌調査においてよく行われる．とくに，ツツジ類を主とした尾根の林床群落や山脚部のタマアジサイ，ジュウモンジシダの林床群落などは，二次林や人工林でもそれぞれの土と結びついて出現する．

一方，林業では経済的な理由から農業ほど施肥

や土壌改良など集約的な管理を行うことはできない．したがって，その土に適した樹種を選択して造林することで最大限の生産を引き出すことが重要となる．「適地適木」である．図II-1-12に示すように，生産効率と土の条件だけに着目すれば，わが国の多くの地域では，土の条件の良い適潤性ないし弱湿性土壌には最も成長量の大きいスギを，中程度の弱乾性土壌にはヒノキを，条件の劣悪な乾性土壌にはアカマツを造林するのが得策であり，随所でこうした斜面に沿った樹種の植え分けを見ることができる．これは，土と植生の対応関係を木材生産に応用した例である．

3) 植生が土を変える

土の発達には植生の関与が不可欠であり，植物群落が遷移するのと並行して土も発達・変化していく．図II-1-13は，北米大陸の氷河が後退した跡での植生遷移と土の発達の関係を調べた例である．まず植物群落は，急速に侵入したチョウノスケソウ属の仲間や，スギナ，ヤナギ属の群落が，24年ほどでハンノキ属の低木林に，55年ほどでハンノキとハコヤナギ属の混交林に，90年後にはハンノキが消えベイトウヒの林に，そして250年後にはトウヒ—ベイツガ林へと遷移していく．これと並行して土も有機物の混じった層（A層）が発達し，地表の堆積腐植層も厚さを増していき，やがてポドゾル性土壌に変化していく．

このように土の発達と植生遷移は密接に関係しているが，とくにポドゾルは植物が土を積極的に変えてしまう極端な例である．ポドゾルは一般に針葉樹が優占する寒冷な気候条件下で，地表に厚く堆積した分解不良の落葉の層から雨水で浸出された有機酸によって表層土の中の鉄やアルミニウムが洗い出されることでできると考えられており，白く脱色した表層土と下層の鉄や有機物が集積した層を特徴としている．わが国でもヒバ，ヒノキ，コウヤマキ，ツガなどの針葉樹林でポドゾルができやすいことが知られ，これらが分解しにくい落葉を厚く堆積することで土をポドゾル化すると考えられている．このような特定の樹種が土をポドゾル化する例は，外国でも，たとえばアガチスという針葉樹で知られており，ニュージーランドや通常の条件下ではポドゾル化の起こらない湿潤熱帯アジアでもこの樹木によるポドゾル化を見ることができる．

さらに，人間が植生の改変を通じて土を変えてしまう場合もある．わが国の火山山麓や台地上には，比較的厚く一様に黒色のA層と，その下にA層とは明瞭に区画される明褐色のB層をもつ，いわゆる黒色土（黒ボク土）が分布している．前述の褐色森林土が森林下で生成された土であるのに対し，この黒色土はおもに火山灰を母材にススキやササなどイネ科草原環境の下で生成された土

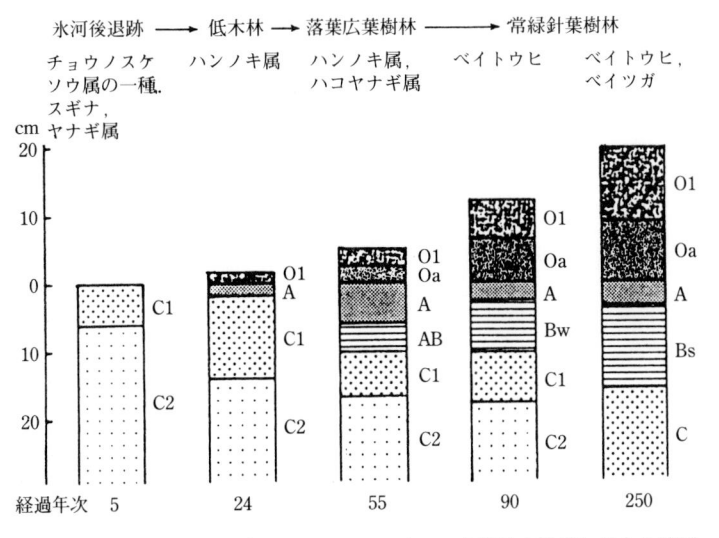

図II-1-13 アラスカ，グレーシャー・ベイの一次遷移の進行に伴う土壌断面の発達（Ugolini, 1987より改変）（田村，1990）

であることが明らかになっている．しかし，わが国の気候条件下では草原が長い年月にわたって安定植生となることは考えられず，黒色土の生成には森林破壊と火入れを伴った採草や放牧などの人間活動が縄文時代に拡大したことと深いかかわりがあると考えられており，事実，縄文遺跡の密度が高い地域と黒色土の分布域が重なることがわかっている（III 2 (3) 参照）．

ここで見たように，土と植生の関係は不可分である．土は気候，母材，地形そして時として人間活動の影響を強く受けながら，植生とともに発達・変化し，その結果として陸域には植物にとってのさまざまな生存環境が形作られている．土の多様さはその発達要因の多様さの結果にほかならないが，生物の多様性はその土の多様さによって支えられているのである．

（太田誠一）

(5) 土の鉱物

1) 土の鉱物の成因

土は鉱物によって構成される岩石を素材として生成し，侵食・運搬・堆積の過程を経て再び岩石にかわる（図 II-1-14）．したがって，土の鉱物はその成因の上で岩石を構成する鉱物と密接な関係をもち，土の鉱物の生成・変化は自然界で見られる鉱物の生成・変化の循環の重要な一環をなしている．

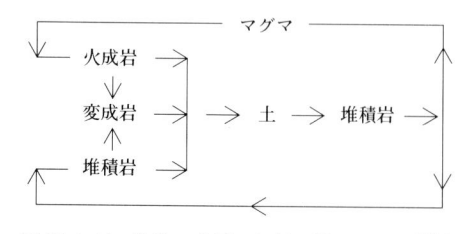

図 II-1-14 鉱物の成因から見た岩石と土の関係

岩石の風化は，地表またはその近くで水，空気，熱，光，さらには生物の作用が加わるなかで進む．風化によって岩石は次第に細かく壊れ，岩石を構成する鉱物は溶解あるいは変化するが，風化の強弱に応じて，その一部あるいは大部分はそのまま土の鉱物となる．一方，鉱物から溶解した化学成分が反応することによって，土が生成する地表の環境で安定な，新しい鉱物が誕生する．こ の新生鉱物は電子顕微鏡で初めて見えるような微小な粒子で，湿った土の粘り，粘性のもととなることから粘土鉱物とよばれる．

高温で溶融したマグマに由来する火成岩には粘土鉱物は存在しない．したがって，粘土鉱物の生成は火成岩から生じる土ではとりわけ重要な意味をもち，風化せずに残ったマグマ起源の鉱物と新しく生じた粘土鉱物が，火成岩に由来する土の構成鉱物となる．マグマ起源の鉱物は，その風化，溶解によって，植物の生育に必要あるいは有用な多くの無機元素の供給源となる．

土の鉱物は土の侵食，堆積を経て堆積岩に引き継がれ，そこで，堆積環境に応じて変化する．堆積岩，変成岩に由来する土では，これらの岩石が含むマグマ起源の鉱物，粘土鉱物，また堆積岩の種類によっては生物遺体，化学的沈殿によって生じた炭酸塩，硫酸塩，塩化物鉱物などが引き継がれ，さらに新しい土の生成過程で変化・残留したものがその構成鉱物となる．数百年から数万年に及ぶ土の生成，風化の過程を経ている土のマグマ起源の鉱物と粘土鉱物は，いずれも人為の影響を受けることの少ない，土の最も安定な構成成分である．しかし，両鉱物の性質と働きはその成因によって大きく異なる．

2) マグマ起源の土の鉱物

鉱物の風化は粒子が分割されて小さくなると加速的に進むことから，土に残るマグマ起源の鉱物の大部分は，土の粒子としては比較的大きいれき（直径 2 mm 以上），砂およびシルト粒子（径 2〜0.002 mm）として存在し，「土の構造」をつくる骨組み粒子の役目を果たしている．

マグマ起源の土の鉱物の理解には，火成岩の構成鉱物についての知識が有用である．表 II-1-3 に示すように，火成岩は化学組成上の主成分であるケイ酸（SiO_2）含量の多少によって酸性岩，中性岩，塩基性岩に，また，その生成部位によって深成岩，半深成岩，火山岩に分類される．火成岩の生成部位はマグマの冷却速度を通じて晶出する鉱物粒子の大きさに影響し，火成岩に由来する土の鉱物粒子の大きさは，火山岩＜半深成岩＜深成岩の順に大きくなる．火成岩を構成する主要鉱物はマグネシウム，鉄を含み，暗色を呈する有色

鉱物と，この両元素を含まない淡色の無色鉱物に大別され，その組合せで火成岩の化学組成が定まる．鉱物の風化に対する抵抗力は粒子の大きいものが小さいものより大きく，また，鉱物の種類ではかんらん石＜輝石，黒雲母＜斜長石，角閃石＜正長石，白雲母＜石英の順に大きくなる．したがって，母岩となる火成岩の種類と風化の程度がわかれば，風化による化学成分の放出，その土のマグマ起源鉱物の種類，さらには生成する粘土鉱物の種類について推測することができる．なお，日本のような火山国で重要な土の母材の一つとなる火山灰は，マグマの急冷によって生じた非晶質の火山ガラスを主体とし，粒子の細かいことから，その風化は固結した岩石に比べ速やかで，火山灰土には特異な粘土鉱物が生成する．

3） 土の粘土鉱物

異なる鉱物から構成される岩石を素材とし，異なる気候，植生の下で生成する土では粘土鉱物もまた土によって異なる．また，一つの土でも，いくつかの種類の粘土鉱物が存在する（表II-1-4）．わが国の海成堆積岩や火山灰に由来する土は，土の「若さ」を反映して，その粘土鉱物組成には母材の影響が認められる．しかし，河川成堆積岩，火成岩に由来する土では，その主要粘土鉱物には母岩，さらには土の種類による際立った特徴は認められない．これは，わが国の気候が湿潤で，雨水による溶脱が激しいことが，粘土鉱物の生成・変化に大きく影響していることを示している．

粘土鉱物は化学的にはケイ酸塩鉱物と酸化物・水酸化物鉱物に大別される．土の粘土の主体をなすのはケイ酸塩鉱物であるが，鉄，アルミニウム，マンガンの酸化物・水酸化物あるいはケイ素の酸化物（シリカ）鉱物も副成分，時に主成分鉱物の一つとなる．とくに酸化鉄・水酸化鉄鉱物は

表II-1-3 火成岩の分類，構成鉱物，および色

	化学組成（SiO₂含量）		
	高い ←――――――――→ 低い		
	酸性岩	中性岩	塩基性岩
生成様式			
深成岩	花こう岩	閃緑岩	はんれい岩
半深成岩	石英斑岩	ひん岩	輝緑岩
火山岩	流紋岩	安山岩	玄武岩
構成鉱物	石英，正長石，斜長石，黒雲母，角閃石	斜長石，黒雲母，輝石，角閃石	斜長石，輝石，かんらん石
色	淡色 ←――――――――→ 暗色		

表II-1-4 日本の土の主要粘土鉱物組成

土の種類	母岩・母材	主要粘土鉱物組成
グライ土，灰色低地土，赤黄色土，褐色森林土	堆積岩（海成）	スメクタイト，イライト，あるいはスメクタイト，カオリン鉱物*
グライ土，灰色低地土，褐色低地土，赤黄色土，褐色森林土	堆積岩（河川成）	カオリン鉱物*，バーミキュライト，時にイライト
赤黄色土，褐色森林土	火成岩（酸性岩）	カオリン鉱物*，バーミキュライト，時にイライト，ギブサイト**
赤黄色土，褐色森林土	火成岩（塩基性岩）	カオリン鉱物*，バーミキュライト，ヘマタイト，あるいはゲータイト，時に緑泥石，スメクタイト
黒ボク土***	火山灰	a) アロフェン，イモゴライト，b) ハロイサイト，c) ギブサイト**，d) バーミキュライト，e) スメクタイト，f) オパールンシリカ

＊カオリナイト，あるいはハロイサイト，またはその両者．
＊＊アルミニウムの水酸化物鉱物．
＊＊＊黒ボク土の粘土鉱物組成は層位，火山灰の化学組成，風成じん混入の有無，土壌化の進行程度によってa)～f)あるいはその組合せとなる．

表 II-1-5　おもなケイ酸塩粘土鉱物の構造，粒子の形状，比表面積，表面電荷

粘土鉱物	構造	粒子の形状	比表面積	表面電荷（量）・発現様式
カオリナイト	1:1, 非和水型	薄板〜板状	+	負（+）・一定＞変異
ハロイサイト	1:1, 非和水〜和水型	管状，球状	+〜+++	負（+〜++）・一定＞変異
スメクタイト	2:1, 和水型	薄膜状	+++	負（+++）・一定＞＞変異
バーミキュライト	2:1, 和水型	薄板〜板状	+++	負（+++）・一定＞＞変異
イライト（雲母）	2:1, 非和水型	薄板〜板状	+	負（+）・一定＞＞変異
緑泥石	2:1, 非和水型	薄板〜板状	+	負（+）・一定＞＞変異
イモゴライト	準晶質，和水型	繊維状	+++	正，負（+）・変異
アロフェン	準晶質，和水型	不定形粒状	+++	正，負（+）〜負（++）・変異

普遍的に存在し，ヘマタイト，ゲータイトの微細結晶はそれぞれ赤色，黄色〜褐色を呈する土の主要着色成分となる．また，これらは天然の接着剤として，腐植とともに砂，シルト，ケイ酸塩粘土鉱物粒子を結合して耐水性の集合体をつくり，土に水と空気をたくわえ植物に供給する「土の構造」づくりで重要な働きをする．

表 II-1-5 に示したように，土の粘土の主体をなすケイ酸塩粘土鉱物には，いろいろの種類がある．これらの鉱物は光学顕微鏡でもその形状を見ることはできないが，1920 年から 30 年代にかけて，その多くが結晶性であることが X 線回折現象の観察によって明らかにされた．結晶性粘土鉱物は層状の構造，原子配列をもつ層状ケイ酸塩鉱物である．その構造はケイ素，アルミニウム，鉄，マグネシウムの各陽イオンと酸素，水酸陰イオンが規則的に二次元に結合してつくる超薄シートが単位層となり，その積み重ねによって組み立てられる．この単位層を構成するイオンの組成と構造の組立は，鉱物の種類によって異なる．単位層は厚さ 0.7 nm（1 nm＝100 万分の 1 mm）のもの（1:1 型）と 1 nm のもの（2:1 型）の 2 種類がある．単位層の層面の広がりを示す辺の長さは，数百 nm から数千 nm 程度である．このような超薄ケイ酸塩シートが数枚ないし 100 枚程度重なり，鉱物の種類によって薄膜，板状，あるいは湾曲して管，球状の結晶をつくる．

一方，ケイ酸塩粘土鉱物には準晶質鉱物とよばれるものもある．準晶質鉱物では，結晶性の層状鉱物の単位層に似た厚さをもつ超薄ケイ酸アルミニウムシートが湾曲して，管あるいは中空球の構造単位となり，これが不規則に集合して鉱物粒子を形づくる．管状の構造単位をもつイモゴライトでは，直径 2 nm，長さ 1,000 から数 1,000 nm の管が集合・配列して繊維状を呈する．中空球の構造をもつアロフェンでは，3〜5 nm 径の中空球が集合して不定形粒子として存在する．表 II-1-4 に示したように，両鉱物は黒ボク土に見いだされ，その構造，性質は黒ボク土が他の土とは際だって異なる特徴を示す主要因の一つとなっている．

4) 粘土鉱物の働き

土の粘土鉱物，とくにケイ酸塩粘土鉱物は，土で起こるイオン交換，さまざまの物質の吸着反応，あるいは土の粘性，可塑性の発現に重要な役割を演じている．これらの反応や現象は，いずれも水を仲立ちに，粘土表面に現れる電荷によるイオンの保持，あるいは粘土粒子の形状や表面電荷が関係する粒子相互の付着，「絡合い」の結果としておこる．コロイドとよばれる微細粒子は，共通の特徴として，大きな比表面積をもつ．1 g の粘土粒子は 10〜50 m² という大きな表面を保有している．さらにケイ酸塩粘土鉱物では，種類によっては，結晶内部の単位層間や準晶質鉱物の構造単位の集合・配列間に水が入ることができ，それによって水と接触できる表面の広がりは，粘土 1 g 当たり 800〜1,000 m² と飛躍的に大きくなる．このように同じ粘土鉱物でも，結晶あるいは粒子内部に水が入るものとそうでないものとでは，その表面の広がりとこれに基づいた働きに大きな差

がある．前者を和水型，後者を非和水型とよんで区別する（表II-1-5）．和水は粘性，可塑性の発現に関係する．また，スメクタイトのような和水型粘土鉱物では，その単位層間に多量の水が入って結晶が膨らむ性質があり，これを含む土では，地盤が不安定で地滑りの原因ともなる．

土の重要なイオン交換体である粘土鉱物は，水に接触できる表面に，周囲の水に溶解しているイオンと交換可能な交換性イオンを保持する．交換性陽イオン，陰イオンはそれぞれケイ酸塩粘土鉱物を構成する超薄ケイ酸塩シートの表面に生ずる負電荷，正電荷で保持される．また，リン酸イオンのような特定の陰イオンは，超薄ケイ酸塩シートの末端を構成する特定の水酸イオンと置き換わり，交換性でない形で，選択的に強く吸着される．粘土鉱物の構造とイオン交換の研究によって，いろいろな鉱物の陽イオン・陰イオンを交換・保持する能力（イオン交換容量），その源となる正負電荷の量，発現の様式やメカニズム，粘土鉱物がイオン交換体として示すイオン選択現象などの詳細が明らかにされている．

粘土鉱物が異なるイオンを異なる強度で保持するイオン選択現象は，イオンの形で行われるさまざまな植物・微生物養分の保持，供給，また，イオンの形で土に入る重金属や農薬による土の汚染，除去に関係する．さらに水素イオン，アルミニウムイオンの選択保持は，土の中の水への両イオンの放出，または水からの取込みを通じて，土の酸性の強弱を定め，また，酸性雨のような酸性物質による土の酸性化に影響する．

風化に安定な微細コロイド粒子として，土の粘土鉱物がその表面にさまざまな物質を吸着し，保持し，また放出する性質は，自然界の物質循環の中で，また，農作物や林木への養分供給，水や大気の浄化にきわめて大きな役割を果たしている．

〔和田光史〕

(6) 土の中の有機物

1) 有機物の主体は腐植物質

土の中で生成した有機物は腐植物質とよばれ，土壌有機物の大部分を占めている．このほか植物成分や微生物の生産する多糖類，タンパク質，ペプチド，脂質，有機酸などの非腐植物質も含まれるが，土の中の微生物によって容易に分解されるため，存在量は少ない．

腐植物質は暗褐色で高分子有機酸の混合物である．枯れた植物が土の中で微生物による分解を受け，植物成分のリグニンやタンニンが分解されてできるフェノール化合物やキノン類などが重合して合成されると考えられており，腐植酸，フルボ酸，ヒューミンとよばれる物質群からなっている（図II-1-15）．いずれも高分子有機酸の混合物であり，カルボキシル基（$-COOH$），カルボニル基（$=CO$），メトキシル基（$-OCH_3$），水酸基（$-OH$）などの官能基を含み，カルボキシル基が多いことが特徴である．また，ベンゼン，アンスラセン，ナフタレンなどの芳香環が含まれるが，芳香環が発達し，官能基が多いほど，腐植物質の色が黒くなると考えられている．

腐植物質は通常，水には溶けない，それは土の無機成分に吸着して安定化しているからである．粘土に腐植物質が吸着したものを腐植-粘土複合体とよび，電子顕微鏡で観察すると，1:1型粘土鉱物の表面全体に腐植物質が吸着していることがわかる（図II-1-16）．また，2:1型粘土鉱物の場合は，超薄ケイ酸塩シート間に腐植物質が侵入吸着していることもX線回折で認められてい

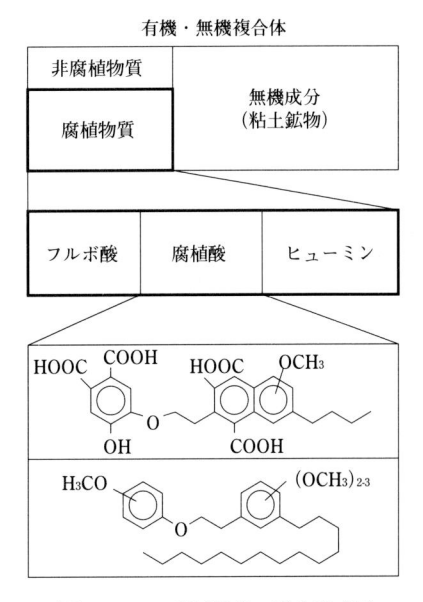

図II-1-15 腐植物質の構成模式図

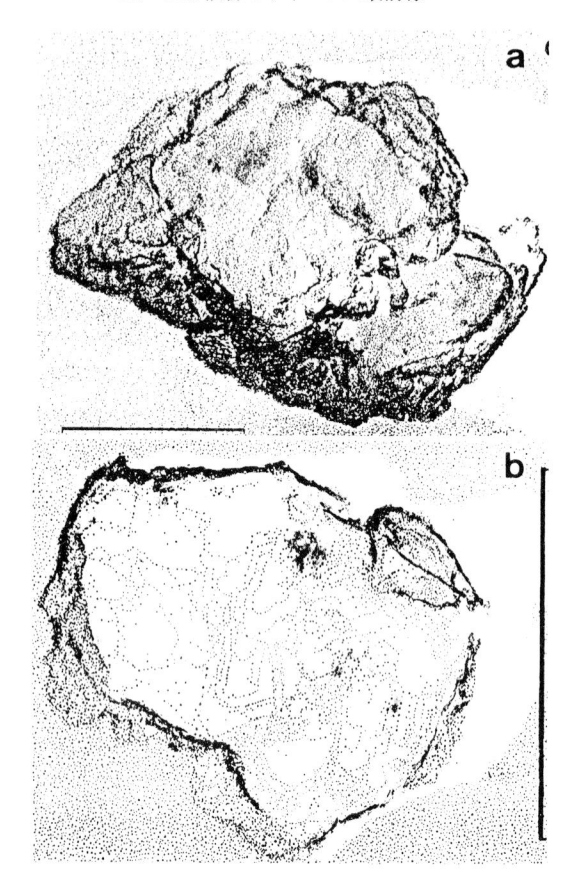

図 II-1-16　a：土壌中の腐植・粘土複合体の表面（黒点は真空蒸着した金粒子），b：腐植を除去した粘土表面（金粒子の配列は結晶成長の痕跡；成長層の先端を表す）（米林，1976）

図 II-1-17　褐色森林土の粒径別画分に吸着している腐植物質の性質

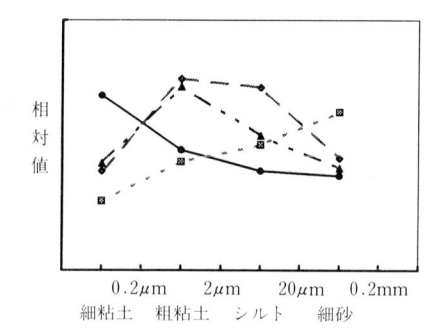

●：腐植吸着量，▲：腐植酸のカルボキシル基，◆：腐植酸の黒色度，■：腐植のC/N比

る．これらの吸着機構については，腐植物質も粘土鉱物も負に荷電しているため，両者の間に鉄やアルミニウムなどの多価陽イオンが入って引きつけたり，強く結合して吸着していると考えられている．

　土を粒径別に分画して腐植物質の性質を調べると，粘土部分には腐植物質が濃縮して吸着しており，とくに2〜0.2ミクロンの粗粘土には黒色度が強く，カルボキシル基の多い腐植酸が吸着している（図II-1-17）．0.2ミクロン以下の細粘土に吸着している腐植酸の黒色度は低く，C/N比も低いため，微生物遺体が混入していると考えられている．これらは，粗粘土に吸着した腐植物質には微生物分解されにくい部分が多いことを意味している．森林土壌の粗粘土に吸着した腐植物質の^{14}C年代測定例では，2500年（今から2500年前には生きている植物体であった炭素という意味）と報告されている．

　一方，地上の植物から落葉などが常に供給されるため，腐植物質はこれらの植物遺体から作られる部分が加わりながら，徐々に微生物によって分解される．そのため，腐植物質の集積量と化学的性質は，地温，土壌水分，地上植生，粘土含量などに依存して，その土壌生態系に応じた平衡状態にある．このように腐植物質はきわめて多様な物質の混合物として存在している．

2）腐植物質の正体

　無機成分と複合体をつくって水に溶けない形となっている腐植物質は，アルカリやキレート剤を用いれば抽出できる．抽出液のpHを1以下にして沈殿する部分を腐植酸とよび，沈殿しない部分をフルボ酸とよぶが，土によってそれらの性質は著しく異なっている．腐植酸の色は茶褐色のものから黒色のものまであり，吸光度を測って黒色度によって分類される．黒ボク土の腐植酸は最も黒色度が高い．

　有機物の構造解析に使われる^{13}C-NMR（核磁気共鳴）分光器を用いると，有機物を構成する芳香族炭素，脂肪族炭素，カルボキシル基炭素，多糖類炭素などの存在割合を知ることができる．土壌腐植酸の多くは芳香族炭素の存在割合が25〜45％であるが，埋没黒ボク土では70％に達することもある．泥炭や水田土壌では多糖類やメトキシル基が多くなり，褐色森林土では脂肪族炭素が40％に達することもある．フルボ酸の芳香族炭素は少なく10〜26％である．また，腐植

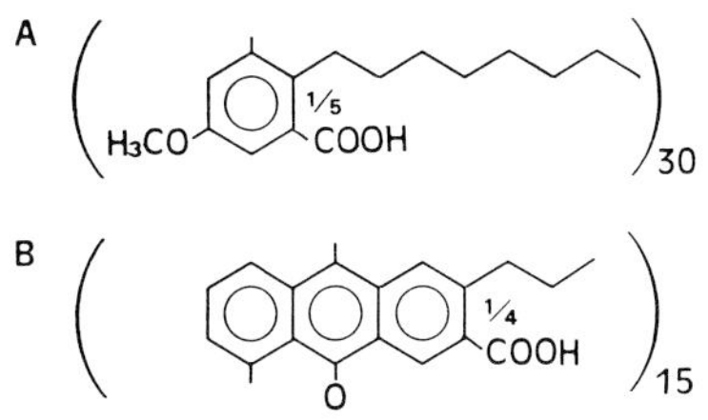

図 II-1-18 土壌腐植酸の平均化学構造モデル（米林，1990）
A：沖積水田土壌，B：黒ボク土壌

物質の分子量を測定すると，数百から数十万までの非常に幅広い分子量分布を示すが，平均で腐植酸は1,500〜9,000，フルボ酸は800〜1,500である．

これらの結果をもとに，平均化学構造モデルが提案されている．たとえば，沖積水田土壌の腐植酸では縮合環数が1〜2環で脂肪族鎖の長いユニットが約30個ランダムに連結した形，黒ボク土の場合は縮合環数が2〜4環で脂肪族鎖の短いユニットが約15個ランダムにつながった形が，それぞれ推定されている（図II-1-18）．しかし，この構造モデルは統計的構造解析による平均像である．なお，最近の電算機プログラムによる平均化学構造の推定でもこれと矛盾しない結果が得られている．今後，より精密な構造モデルが導かれるであろう．

また，精製した腐植酸やフルボ酸といえども，依然として多様な高分子有機酸の混合物である．そこで，さらに腐植酸やフルボ酸をできるだけ化学的性質の類似した成分に分画して，その組成を調べることが行われている．最近，疎水性樹脂を用いる分画法によって，芳香環が発達し側鎖が短く，カルボキシル基やフェノール性水酸基に富んだ成分と，芳香環が発達せず，長い側鎖をもち脂肪族性に富んだ成分に分離する方法が開発された．この方法によって，黒ボク土と一部の石灰質土壌の腐植酸は，芳香環の発達したカルボキシル基の多い成分の占める割合が非常に高く，湖底堆積物などの底泥の腐植酸は，長い脂肪族側鎖をもつ成分の存在割合が高いことが明らかにされた．

3) 腐植物質の働き

腐植物質には養分保持，植物生育促進，団粒形成などの働きがある．腐植物質の養分保持としての働きは土壌の生産性を高めるうえでも重要で，多量に含まれるカルボキシル基は普通の土壌のpHでは解離して（$-COO^-$），植物の養分となるカリウム，カルシウム，マグネシウムなどの各種カチオンを交換吸着することができる．このように腐植物質は粘土鉱物とともに，土壌の陽イオン交換容量の一部をになっている．

腐植物質には植物の根系を発達させる働きがあることが古くから知られているが，その生理活性物質はまだ見つかっていない．しかし，イネの幼植物試験によれば，沖積水田土壌の腐植酸はイネの根の成長を促進するとともに，マグネシウムをよく吸収させることから，腐植物質によって根の表面のイオン吸収特性が変わると考えられる．

また，腐植物質や微生物のつくる粘液物質が，粘土・シルト・砂などに吸着し，これらを接着して団粒構造を生成する．団粒は有機物の多い微生物活動の活発な土に多く，団粒の外の隙間で土の透水性を高め，団粒内部に水を吸着して保水性を高める．

このほか，腐植物質は金属イオンと錯体を形成して強く結合する．たとえば，フルボ酸錯体の安定度は，キレート試薬と金属イオン錯体の安定度序列にほぼ従うことが知られており，とくに，鉄，アルミニウム，銅との結合力が強い．熱帯泥炭土壌で作物の鉄欠乏や銅欠乏がおこりやすいのは，鉄や銅の含有量が低いうえに，その大部分が腐植物質と錯体を形成し，イオンとして存在しない形になっているからである．一方，酸性土壌で作物にとって毒性の強い交換性アルミニウム（Al^{3+}）が多く溶出しても，腐植物質が多ければ，Al腐植複合体が形成されて，Al^{3+}の活性が失われるため，作物は正常に生育できる．

4) 非腐植物質

土の中の非腐植物質としては，多糖類や含窒素化合物が主要な成分であり，容易に微生物に分解されてアンモニア態窒素を放出し地力窒素の給源となる，いわゆる易分解性有機物とよばれる部分が含まれているが，腐植物質と分別して抽出することはむずかしい．しかし，土を加熱して熱水に溶解してくる単糖（多糖が分解したもの）の量と窒素の無機化量の間には相関が認められる．これは熱水可溶性糖類が微生物のエネルギー源となる

ことを示しており，熱水可溶性糖から易分解性有機物量を評価することも考えられている．

多糖類には植物起源と微生物起源のものがあり，その多くは腐植物質と結合したり粘土鉱物と複合体をつくっている．これらの多糖類は酸加水分解によって単糖に分解され，構成糖の組成が詳しく調べられている．しかし，単糖の組成から多糖類の起源を植物由来と微生物由来に区分することは非常に困難である．

5） 農耕地に必要な有機物の施用

以上見てきたように，土の中の有機物は植物を育てるのに必要な多くの機能をもっている．有機物が分解しやすい畑土壌では，堆肥などの有機物資材を投入して，土の中の有機物量を維持することが"土づくり"の基本とされている．土に添加された有機物資材は，長時間をかけて腐植物質に変化し，その機能を発揮することになる．しかし，有機物資材は土の中の腐植物質と異なり，微生物によって分解されやすいため，その性質を見きわめて施用しなければならない．たとえば，生わらなどの C/N 比（炭素含量を窒素含量で割ったもの）の高い資材をそのまま土に加えると，微生物が土の中の無機窒素を取り込んでしまい，植物は窒素を吸収できなくなるので，堆肥化して C/N 比を低くした熟成堆肥を用いる必要がある．また，堆きゅう肥の場合は塩濃度が高まりすぎないように注意すべきであり，バーク堆肥などの木質系資材では植物生育に有害な成分を除くため，十分熟成したものを使うことが肝要となる．

〔米林甲陽〕

2. 土の基本的なはたらき

(1) 土は植物へ水と空気を送る

土の中に伸びた植物の根は、地上部を支えるとともに、水と養分を吸収している．また同時に、植物の根は呼吸しており、土の中の空隙を通した適度な酸素の供給を必要としている．こうした植物生育に必要な要求を土が満たすことができるのは、土が粘土から礫までさまざまな大きさの粒子の集合体であり、かつ、多孔質体であるからである．

1) 土の構造

土は、岩石粒子が単に細かく破砕された集合ではなく、さまざまな粒径の岩石由来の粒子に加えて、風化過程で生成した微細な粘土粒子と、生物遺体の有機物から生成した腐植物質が加わってつくられている．土の中の無機粒子は、0.002 mm以下の粘土、0.002 mmから0.02 mmのシルト、0.02 mmから0.2 mmの細砂、0.2 mmから2 mmの粗砂に区分される．また、土は、さまざまな大きさの粒子の間にできるさまざまな大きさと形の孔隙により水を保持したり、排水した孔隙に空気を保持している．

土の体積のおよそ40～80％は孔隙である．全孔隙の量やどのような大きさの孔隙が多いかは、骨格となる砂やシルトの含量や、団粒構造とよばれる二次・三次の土粒子の集合体の発達程度により異なっている．砂質土は粗い孔隙が多く、排水は良いが保水に劣る．逆に粘質土は細かい孔隙が多く、保水能は高いが、排水は悪く、土壌空気が不足する．自然植生下にある土の表層では、生物の作用により、団粒構造が発達している．団粒構造が発達すると、図II-2-1のように、粒団の間の粗孔隙が排水を促し、空気を通すようになる．他方、粒団の内部の細孔隙や、粒団と粒団の接点の部分は水を保持するようになる．つまり、自然の植生は土の構造の発達を促し、固相と液相と気相の3相のバランスを改善し、自らの生育に適した状態に整えていく．

団粒構造をもつ表層に比べて、下層は腐植も少なく、堅く、未熟な姿を見せる場合が多い．しかし、下層の土壌構造は、根が伸び養水分を吸収し、植物を支え、また、排水を促すためにきわめて重要な役割を果たしている．厚さ15 cm程度の表土に保持される水量は、普通、植物の生育に必要な水量の1週間分もなく、下層土に根をおろさなければ安定した水供給は確保できない．また、下層土の排水能が劣ると、根はしばしば酸素不足に見舞われることになる．

下層土の構造もまた植物の根により形成される．下層に伸びた根が水分を吸収すると、その部位の土は乾燥収縮し、割れ目が生じやすくなる．その割れ目に再び根が伸び、乾燥と収縮が繰り返されて、割れ目は発達していく．同時に、表土からの浸透水は、割れ目に流れ込み、浸透水に懸濁した粘土粒子や水溶性有機物が割れ目の壁面に徐々にたまり、その壁を安定にする．このようにして、当初、堅く構造のない下層土には、5 cmから15 cm角ほどの大きな土塊と、割れ目状の粗孔隙からなる構造が発達していく．図II-2-2に示したように、表層では縦横に連続した粗孔隙が有機物を含む小さな粒団を取り囲み、下層にいくにつれて粒団は大きくなり、縦方向へ発達した

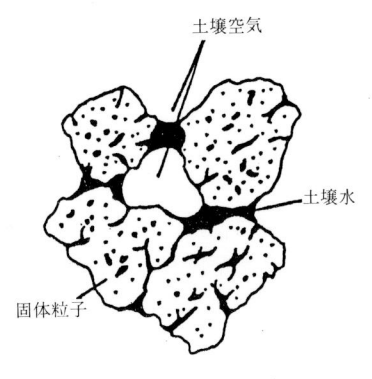

図II-2-1 団粒構造

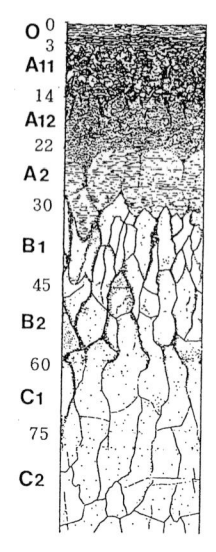

図 II-2-2　土壌構造の深さ方向の異方性
ポドゾル性褐色森林土の例．表層から下層へ団粒状—亜角塊状—角塊状—角柱状構造と変化する．

粗孔隙が見られるようになる．

2） 保水のしくみ

　構造が発達した土では，粒団の内外に，さまざまな大きさの孔隙が生じている．雨水やかんがい水が土の表面から与えられると，水は土の中の孔隙内に浸入する．孔径の大きな粗孔隙に入った水は重力によって下方に流れ，より細かい毛管孔隙に入った水には，重力に抗して孔隙内に凹型のメニスカスをつくって水を保持しようとする毛管力が上向きに作用する．多量降雨の後，排水がほぼ停止して土が保持できる水分量をほ場容水量とよんでいる．ほ場容水量より乾燥側では，土壌水は毛管力により保持されており，こうした毛管水を取り出すためには，メニスカスによる毛管力以上の吸引力が必要となる．

　このように土の保水力は，毛管孔隙が水を吸引する圧力により生じている．ここで下端を水面に接した土の柱を考えてみると，水は初め乾いた土の毛管力により吸い上げられ，最終的には下方に働く重力と釣り合った平衡状態に達する．そのとき，土柱の水分含量は水面に近いほど多くなる分布を示し，土柱の各部分においては，水が保持されている場所と水面までの落差に比例する位置エネルギーを打ち消すように毛管力による負圧が作用している．言い替えれば，毛管力による負圧

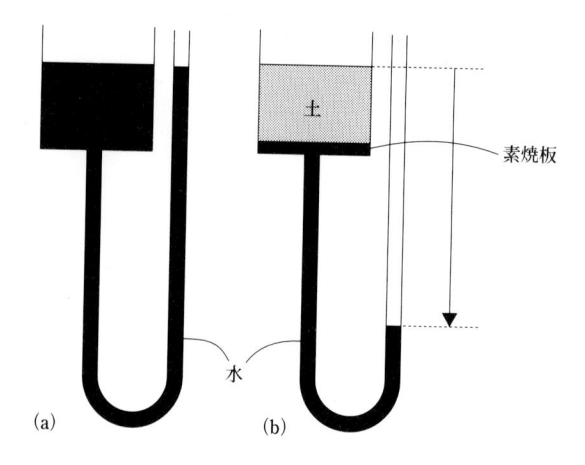

図 II-2-3　自由水（a）と土壌水（b）のエネルギーレベル

は，水の位置エネルギー（＝水ポテンシャル）を低下させて，落差に伴う位置エネルギーを打ち消していることになる．このような毛管保持水の水ポテンシャルの低下は，土粒子の配列（マトリックス）がつくった孔隙により生じるので，マトリックポテンシャルとよんでいる．

　図 II-2-3(b) は，素焼き板を介して釣り合う水柱の落差により，土壌水のマトリックポテンシャルを測定しているものである．すなわち，自由水（a）と比較して水柱の低下した落差分が，土の毛管力による吸引圧であり，ポテンシャル低下量を示している．

　以上は毛管のメニスカスによる土の保水であるが，蒸発や根の吸収により土壌水分が少なくなると，土粒子表面には分子間力やクーロン力により強く吸着された水が残るようになり，吸着力による水ポテンシャルの低下が卓越してくる．これは吸湿水とよばれ，孔隙内の土壌空気の水蒸気圧と平衡している．吸湿水の保水の様式と，毛管水の保水の様式は異なるように見えるが，吸湿水も毛管水と同様に，土粒子マトリックスの影響を受けているので，連続してマトリックポテンシャルとよんでいる．

　マトリックポテンシャルの表示には，毛管上昇をイメージした水柱の高さを用いることも，また Pa（パスカル）のような圧力単位を用いることもできる．例えば，地下水面から 30 cm 毛管上昇した位置のマトリックポテンシャルは，水柱で換算すると -30 cm，圧に換算すると -2.9 kPa

となる．地下水面から 1 m 上の位置のマトリックポテンシャルは，-100 cm（-9.8 kPa），乾燥が進んだ吸湿水のマトリックポテンシャルは -275 m（$-2,700$ kPa）にも達する．しかし，実際には 275 m などというような高さの毛管上昇はおこりえない．理論的には毛管上昇は 1 気圧に釣り合う 10.32 m まで可能とされるが，この高さですら実際の土では認めがたい．土の保水の様式は，どこまでが毛管力，どこからが吸着とは明確に区分できずに連続的に推移しており，マトリックポテンシャルは個々の保水の様式と関係なく，土壌水の状態を表現できるところに大きな利点がある．

3) 植物根と土壌水と土壌空気

植物の根は，土粒子間に毛管力で保持されている水を，吸引して吸収する．土の水分が少なくなると，土の毛管力は強まるので，植物は，体内の吸引力を強めて水を吸収しようとする．この植物による水の吸引力は，細胞の膨圧と浸透圧により生じている．膨圧は植物の体形を維持する役割があるように，外側に膨れ出そうとする正の圧力であり，他方，浸透圧は細胞内部に水を吸い込もうとする負の圧力である．両者の差が水を吸収する吸引圧となる．それ故，植物に十分に水が吸収されると，膨圧は高まり，吸引圧は 0 に近づき，他方，細胞から水が失われると，吸引圧は大きくなってより水を吸収しようとするが，それが満たされない場合は，膨圧は下がり光合成など細胞の機能も低下する．水分の保持と植物への供給は，最も重要な土の機能の一つである．

もう一つ土の重要な機能は，植物根の呼吸の保証である．土壌空気から酸素が供給され，根や土壌微生物などの呼吸によって生じた二酸化炭素は拡散により大気へと放出されている．湿地の植物や水稲では，根皮層細胞が壊れてできた通気組織をもっているが，多くの陸生植物では，土壌空気中の酸素濃度が低下するにつれて，水吸収など機能が低下する．このように土による空気と水の保持は，根の機能を強く規定している．

4) 水分恒数と水分保持曲線

ほ場容水量やしおれ点あるいは塑性限界のように，農業上および土工上で特別の意味をもつ土壌水分量を水分恒数とよんでいる．土の水分含量の変化は，植物の水利用性のみならず，土の固さや粘りなどさまざまな特性を変化させることから，それら特性の変換点や限界点を指標として土壌水を分類したり，耕耘や土工作業などを行う目安としている．

土壌水の区分は，土粒子への保水の様式からは，吸湿水，毛管水，重力によって流動する重力水に分類される．他方，植物の水利用性の観点からは，重力排水が終わったときのほ場容水量，植物がしおれて枯死するときの永久しおれ点を基準に，排水されてしまう重力水，植物が利用できる有効水，土に強く保持され植物が吸収できない無効水に区分される．

おもな水分恒数とマトリックポテンシャル（ϕ）の関係は以下のとおりである．

最大容水量：土が水で完全に飽和した水分保持量で，$\phi = 0$ kPa に相当する．

ほ場容水量：降雨後 24 時間排水したときの水分保持量で，$\phi = -3 \sim -10$ kPa に相当する．最大容水量とほ場容水量の間の土壌水が重力水となる．重力水が流下する孔隙が粗孔隙であり，排水性と通気性に大きく関連している．

永久しおれ点：植物がしおれて枯死する水分量で，普通作物では $\phi = -1,500$ kPa に相当する．ほ場容水量から永久しおれ点までを有効水分容量という．

吸湿係数：温度 20℃，湿度 98% の空気と平衡した水分量で，$\phi = -2,700$ kPa に相当する．ほ場容水量から吸湿係数までの水はほぼ毛管張力により保持され，毛管水となっている．それ以上の水は吸湿水とされる．

風乾土水分：風通しのよい日陰の大気と平衡にした水分量で，$\phi = -30,000$ kPa ほどに相当する．

なお，105℃で乾燥させた土を絶乾土といい，土壌水分含量はほとんど 0 となっている．ただし，計算では $\phi = -700,000$ kPa に相当する力で吸着されているごくわずかな水分を含んでいる．

以上の指標から，マトリックポテンシャルと土壌水状態の関係が規定されると，マトリックポテンシャルと土壌水分含量の関係，すなわち水分保

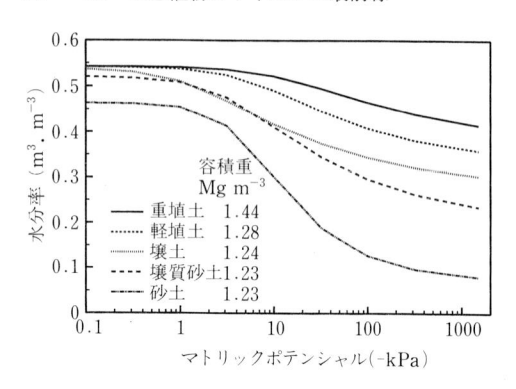

図 II-2-4 土性の異なる低地土の水分保持曲線

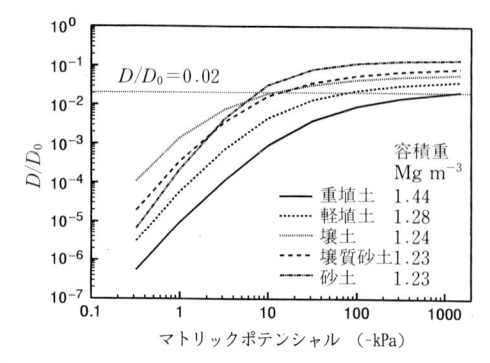

図 II-2-5 土性の異なる低地土の相対ガス拡散係数（D/D_0）曲線
$D/D_0 < 0.02$ でガス交換は悪くなる．

持曲線を描くことにより，個々の土の水分保持特性が明らかにされ，同時に，ほ場で測定した土壌水分がどのような状態であるのかを把握することができる．

図 II-2-4 に水分保持曲線の例を示す．この図から，粘土含量が高まるにつれて，同じマトリックポテンシャルにおいても水分含量は高く，保水力が強くなるが，微細な孔隙が多く，永久しおれ点（$-1,500\,kPa$）の含水量も高くなっており，むしろ有効水分量は少なくなっていることがわかる．逆に粗い砂が主体の砂土では，粗孔隙が多く，ほ場容水量の水分含量がすでに少なく，有効水分量も著しく少なくなる．

5） 根の伸びと土の物理性

土の中への根の伸びは，土壌空気中の酸素濃度と土の硬さに影響されている．土壌空気中の酸素濃度が低下すると，根の呼吸が低下して水や養分の吸収が抑えられ，根の成長も停止する．土壌空気中の酸素濃度を低下させないためには，根の呼吸や微生物代謝で生じた CO_2 などのガスがスムーズに大気へ放出され，大気からは新たな酸素が土壌空気に引き込まれなければならない．このガス交換は拡散によって生じている．CO_2 を例に見ると，大気中の CO_2 濃度は現在 360 ppmv ほどであるが，土の中は深さ 5 cm でも 500～2,500 ppmv の高濃度が認められており，下層にいくほど高まり，深さ 1 m では 5,000～20,000 ppmv に達している．拡散は濃度の高い所から濃度の低い場所へ向う物質移動であり，CO_2 は高濃度の土の中から大気へとつねに放出されている．酸素は CO_2 とは逆に，土の中では大気より低濃度となっており，大気から土の中に拡散吸収されている．

ガスの拡散速度は，大気と土の間の濃度差に比例し，その比例係数はガス拡散係数とよばれる．ガス拡散係数は土の気相率（空気率）に比例することが知られており，大気中の自由拡散係数 D_0 と土壌中の拡散係数 D の比 D/D_0（相対ガス拡散係数）が，土の特性値として整理されている．すなわち，相対拡散係数 D/D_0 が 0.02 以上の場合，土中への酸素の供給は十分で根は酸素不足にはならない．その場合の気相率は，土の種類によって若干異なるものの 10～15％ である．気相率は，水分率と補間関係にあり，土が水で満たされると，気相率は 0 となる．図 II-2-5 は，先に見たマトリックポテンシャルと水分率の関係を気相率に置き換え，その気相率を D/D_0 に読み替えたものである．土の粒径組成が異なれば同じ気相率が得られる水ポテンシャルが著しく異なり，粘土含量が高まるにつれ，植物が水吸収可能な領域の水分範囲での D/D_0 値は低くなり，植物は酸素不足におちいりやすい．

一方，根の伸長は，土の中に酸素が不足していなくても，土が硬ければ阻害される．多くの畑作物では，土壌調査で標準的に使われている山中式土壌硬度計による読み値が 18 mm（硬度 0.5 MPa）以上となると，根の伸びが抑制され始め，24 mm（1.2 MPa）以上で伸長が止まることが知られている．土壌硬度は土の容積重（容積当たりの乾土重）と土壌水分状態により変動し，土が乾燥しマトリックポテンシャルが低下すると土は硬

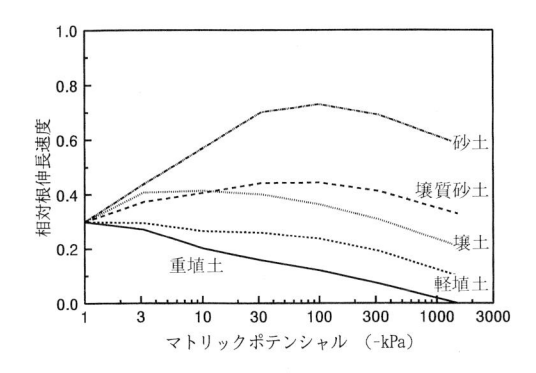

図 II-2-6 土性の異なる低地土の予測相対根伸長速度曲線

くなるが，その程度は体積水分率が大きく，容積重の大きな土ほど大きくなる傾向が明らかにされている．

図 II-2-6 には，上記に基づいて，土の水分ポテンシャルの変化に伴う土の酸素の供給性と硬度の変化から，相対根伸長速度を土壌タイプ別に予測した例を示した．図 II-2-6 の結果からは，粘土含量が高い土ほど根は伸びにくく，砂土や砂壌土では，マトリックポテンシャルが $-30 \sim -100$ kPa の水分環境で根が最も伸びやすく，それより水分が多いと酸素不足で，それより水分が少ないと硬さが増して根の伸びが悪くなると予測される．

農地においては，大型機械による土の圧縮や，不適切な耕耘による練り返しにより，下層に続く粗孔隙が閉鎖されると，根の伸びは著しく悪くなり，排水も悪くなる．作土層に水がたまりやすくなると，普通の畑作物の根はまったく伸長できないこともある．また，物理性の低下は侵食による土の劣化を招くこともある．持続的な土壌管理に物理性の視点が大切である．

（波多野隆介）

(2) 土は循環する元素の宿である

1) 土の元素組成から何がわかるか

土の元素組成を分析しようとする動機は，かつては，植物養分の供給源としての基本的ポテンシャル（元素含量の多少≠有効態養分の多少，ではあるが）の解明や，土の材料である岩石との元素組成の違い，すなわち風化作用による各元素の溶脱損失や残存集積による組成変化から，土の基本的な性質を明らかにしようとするものであった．しかし，現在では，土を人間活動によるさまざまな汚染から守るために，これまでの視点からは分析対象に含まれなかった超微量元素まで，系統的・網羅的に分析し，監視していく必要があるとされている．特に，近年のハイテク産業の発展は，人類が地殻から資源として取り出す元素の種類と量を著しく増大させつつあり，それらの多くは必然的に使用後に環境に放出される．最近の著しい分析技術の進歩は，自然界に存在するほとんど全ての元素はもとより，人工の放射性元素まで土中に見いだされることを明らかにしている．

土に含まれる量がパーセントレベルである，いわゆる多量元素とよばれている元素を原子番号順に列挙すると，水素（有機物，水酸化物および水），炭素（有機物および炭酸塩），窒素（有機物），酸素（有機物，水酸化物，水，炭酸塩），ナトリウム，マグネシウム，アルミニウム，ケイ素，リン，硫黄，カリウム，カルシウム，チタン，マンガンおよび鉄の 15 元素である．一部の水溶性塩類を多く含む例外的な試料を除いて，大部分の土ではこれら元素の含量は 100 % に達する．

表 II-2-1 には，土の原料ともいえる岩石の平均組成とともに，土の平均化学組成を示す．この

表 II-2-1 岩石および土壌の平均化学組成（%）

成分	岩石 (1)	岩石 (2)	土壌 (1)	土壌 (2)
SiO_2	59.1	59.8	51.00	61.20
Al_2O_3	15.3	15.5	17.53	21.47
Fe_2O_3	7.3	7.39	7.30	8.90
TiO_2	1.0	1.01	0.89	1.09
MnO	0.1	0.10	0.12	0.15
CaO	5.1	5.16	1.43	1.78
MgO	3.5	3.54	1.72	2.14
K_2O	3.1	3.14	1.23	1.46
Na_2O	3.8	3.84	1.30	1.56
P_2O_5	0.3	0.30	0.17	0.22
灼熱損量	1.24	—	17.35	—

数値は岩石，土壌ともに（1）は現物中の重量パーセント，（2）は灼熱損量以外の成分の合計を 100 % とした場合の割合を示す．なお，土壌試料では炭素，窒素は灼熱損量中に含まれる．

表では，全ての元素が酸化物の形で表示されているが，これは古典的な化学分析法では，各元素が最終的に酸化物の形として分離・秤量されたことに由来するもので，土の中ではそれらは粘土や一次鉱物など高次の結晶構造で存在したり，水を含んだ酸化物など多様な形態で存在している．

表II-2-1を見ると，土では灼熱損失量（強熱減量）が大幅に増大していることがわかる．この灼熱損失量は，試料を酸化的雰囲気で，1,000℃前後に加熱したときに見られる重量減であり，その中身は水（吸着水と結合水，さらには水酸化物の加熱による脱水）および有機物である．これは土が，高温高圧のもとで生成した岩石を材料として，常温常圧下で生物と水の存在下で生成（風化）したことを示している．なお，土では灼熱損失量が多いことから，成分含量の岩石中のそれとの比較は，灼熱損失量を差し引いた値を100％として換算したカラム（2）の数値を用いて行うと理解しやすい．

カラム（2）を見ると，ケイ素，アルミニウム，鉄は明らかに土のほうが含量が高く，これらの元素は，地表の環境条件下において，耐風化性の強い化合物を生成することがわかる．同様にチタンやマンガンも耐風化性の化合物をつくることが知られているが，この表では明確ではない．対照的にアルカリ土類元素（カルシウム，マグネシウム），アルカリ金属元素（カリウム，ナトリウム）は土で大幅に含量が低下しており，これら元素は風化の過程で容易に溶脱されることが理解される．

一方，微量元素（通常mg/kgの単位で表す）および超微量元素（1mg/kg以下の元素）に関しては，一部の植物の生育に必須あるいは害作用を及ぼす元素ならびに環境汚染に関連の深い限られた数の元素（ホウ素，クロム，亜鉛，銅，ヒ素，モリブデン，カドミウム，水銀，鉛など）を除いては，データの蓄積はきわめて少ない．しかし，土の中で，広くは環境中でのこれら元素の挙動を理解するには，直接関係する元素のみを対象としていただけでは，互いに交錯する多数の関連因子が存在するため十分に自的を達成できない．今後の土の元素組成に関する研究はすべての元素

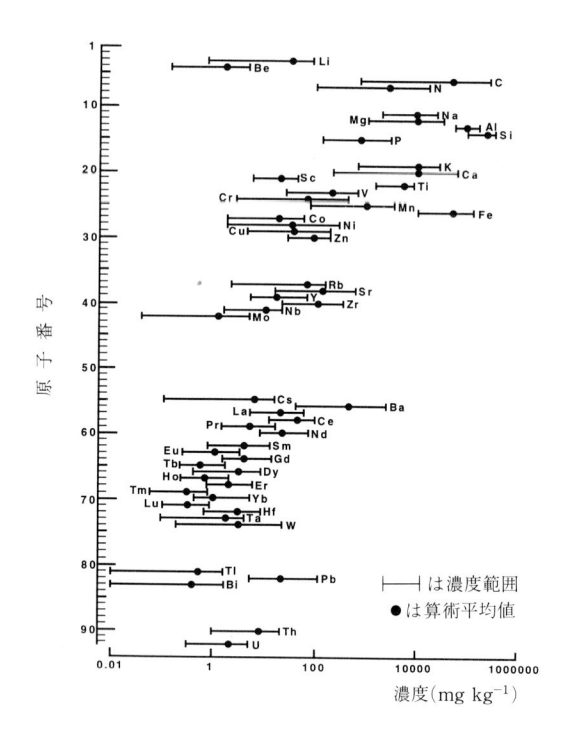

図II-2-7　土の中に存在する元素の濃度

を対象に系統的に進める必要がある．

図II-2-7に日本の土350点余りを分析して得られた元素の濃度範囲とその平均値を原子番号順に整理した．図で空白となっている部分は信頼できるデータがまだ得られていない元素群であり，代表的な例ではハロゲン族元素（フッ素，塩素，臭素，ヨウ素），希ガス元素（ヘリウム，ネオン，アルゴン，クリプトン，キセノン），白金族元素（ルテチウム，ロジウム，パラジウム，レニウム，オスミウム，白金）などである．こうして数多くの元素を一括して表示することで次のようなことが見えてくる．①多量元素は原子番号が小さい部分に集中している．②それより原子番号が大きくなるにつれて濃度が低くなる（ただし鉛，トリウム，ウランは例外）．③多くの元素でその濃度範囲がきわめて広い．④算術平均が対数スケールで示した濃度範囲の中央あるいは中央よりも多少高い位置にあり，正規分布はしていない．⑤原子番号が偶数の元素はその両端の奇数番号の元素よりも濃度が高くなっている例が随所に認められる．

2）土の化学的な働き

土の中では一次鉱物（岩石を構成している鉱

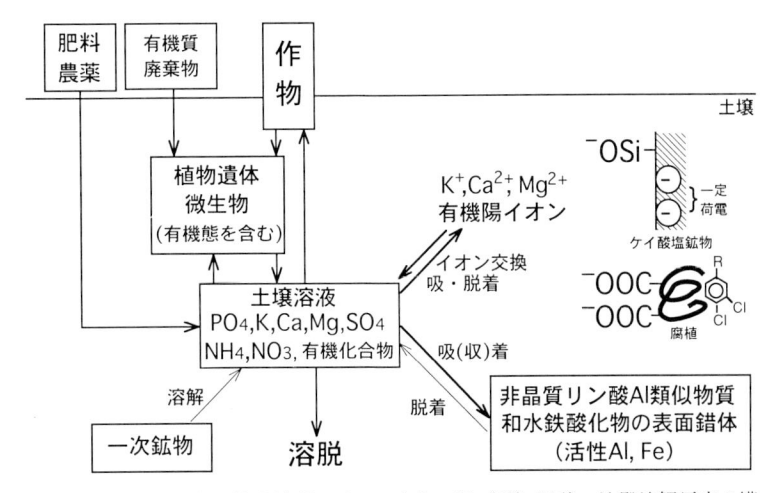

図 II-2-8 畑土壌中の物質循環とイオン交換，収（吸）脱着，沈殿溶解反応の模式図
イオン種の詳細は省略して表示した．水田土壌ではさらに酸化還元反応が加わる．

物）や粘土鉱物および酸化物などの無機成分に腐植など有機物が加わって固相を形成している．そして，土の固相，水（液相），空気（気相）の3相の間や土の中の生物との間では，さまざまな物質のやりとりと化学変化がおこっている．その中で重要な反応は，有機物の分解反応，窒素の形態変化，イオン交換反応，イオンや有機化合物の吸（収）着・脱着反応，沈殿溶解反応である（図II-2-8）．さらに湿地や水田では酸化還元反応が加わっている．有機物分解・窒素の形態変化および酸化還元などの反応では，微生物がおもな役割を果たしているが，イオン交換やイオン・有機化合物の吸着反応では，土の固相表面とその近傍が中心場となっている．ここでは，おもに土の固相に関係する化学反応について見てみよう．

① 土のイオン交換反応

植物の根は土の中の水（土壌溶液という）に溶けている養分を吸収するが，これらの養分はプラスあるいはマイナスに帯電したイオンとして存在している．プラスに帯電した陽イオンで養分となるものは，カルシウムやカリウムおよびアンモニウムイオンなどがあり，マイナスに帯電した陰イオンでは硝酸イオンやリン酸イオンがある．これらのイオンは水溶液中にあって，もし土にこうしたイオンを保持する働きがなければ，水が移動すればそれに伴って流れ去ったり，根により溶存イオンが吸収され終わると直ちに養分不足をきたす

ことになる．

土の中でイオン交換機能を果たしているのは，粘土鉱物や腐植および鉄酸化物など，いずれも微小で莫大な比表面積を持っているコロイド粒子である．これら微小粒子の表面には，負荷電を帯びている部分（イオン交換座）があり，それにより陽イオンが保持されている．このイオン交換座には2種類のものがある．一つは結晶性粘土鉱物のケイ酸塩層中の金属の置換（同形置換）により発生する負電荷で，液相のpHや塩濃度の影響を受けないので一定荷電といわれる．もう一つは腐植のカルボキシル基（$-COOH \rightarrow -COO^- + H^+$）の解離や粘土鉱物表面のシラノール基（$\equiv Si-OH$）の解離による負荷電で（図II-2-8），その量は液相のpHや塩濃度の影響を受けることから変異荷電とよばれ，pHが下がるほど減少する．

土には通常のpH範囲において，正荷電を発現しているものもある．それは，腐植含量が少なく，アロフェンや鉄酸化物に富む下層土に見られる．しかし腐植含量が多く，また，リン酸が施用されている表土では正荷電はほとんど発現しない．

通常，土のコロイド粒子表面の負荷電交換座に保持されている陽イオンは，純粋な水を加えてもほとんど溶出されず，また，土のイオン交換座には，土壌溶液中のイオン存在量の約20倍の陽イオンが保持されている．こうして，土は雨による

養分の溶脱を抑え，また，養分を徐々に溶液中に供給したり，肥料などが加えられたときにイオン濃度の急増を緩和するなど，根や種子の生育を保障する働きを行っている．

農耕地では，土のおもな交換性イオンは Ca^{2+}，Mg^{2+}，K^+ であり，その当量比は約 7：2：1 が作物の生育からみて望ましいとされる．これは作物の陽イオンの吸収が各イオンの存在比の影響を受けるためである．たとえば，牛糞尿の施用量が多い畑や草地では，K^+ が土壌中に多く蓄積しており，その土壌溶液中の陽イオン組成は K^+ が優先状態となり，植物はカリウムを多量吸収する一方で，マグネシウムやカルシウムの吸収不足となることがしばしば生じている．したがって，K^+ の過剰を防止し，Ca^{2+} や Mg^{2+} を多く保持させる土の管理が望ましい．

また，雨の多いわが国では，乾燥地帯の土のように，土のイオン交換容量を超えてイオンが集積することは自然ではおこらないが，ハウス栽培など施設内の土では，しばしば見られるようになっている．こうした塩類集積土では，土壌溶液の濃度が上昇して根に障害を生じたり，あるいは，土の分析値ではある養分は十分に含まれているのに，作物はそれを吸収しにくいなどの異常が生じている．これらは土の緩衝容量を超える過剰な養分施用によって引きおこされたものである．

土のイオン交換基に保持されるイオンには，通常はごく微量であるが Cu^{2+}，Zn^{2+}，Cd^{2+}，Pb^{2+} などの重金属イオンがある．還元条件では Fe^{2+}，Mn^{2+} なども交換性イオンとして挙動する．重金属イオンの多くは変異荷電に対して親和性が高く，その度合は Pb^{2+}，Cu^{2+} でとくに大きい．これら重金属イオンは土に蓄積されやすく，汚染かんがい水や下水汚泥によって農地に持ち込まれると徐々に土中に蓄積し，作物や人畜に有害なレベルとなる可能性がある．汚染された土から重金属を除去することはかなり困難であり，汚染を未然に防ぐことが肝要である．

雨水は薄い炭酸水であり，雨が多ければ土は微酸性の水で洗われることになる．そのため，自然状態では土の交換性陽イオンはプロトンに置き換わる方向にある．近ごろのように酸性雨（薄い硫酸イオンを含む）が多くなるとその傾向はいっそう助長される．変異荷電にプロトンが保持されるとイオン交換基は非解離状態になり，また，一定荷電にプロトンが保持されるとその状態は不安定で，粘土鉱物の一部からアルミニウムイオンが溶出し，一定荷電の大部分はアルミニウムイオンで占められるようになる．このような状態が酸性土である．酸性土では交換性アルミニウムイオンの一部が解離，加水分解して，あるいは交換座のプロトンの一部が解離して 4～5.5 の低い pH を示す．また，土の中には pH 3.5 以下の極端に低い pH を示すものがまれにあるが，これらは上記の溶脱による酸性化機構とは異なり，過去に湖底や海底で生成した硫化物を含む土層が地表面近くに出て，酸化されて生成する硫酸による酸性化である．

酸性土壌の問題は，単に pH が低いというだけではなく，作物養分の多くが欠乏し，交換性アルミニウムという多くの作物に有害な成分を含むことである．結晶性粘土鉱物に富む土の中には pH 5 前後でも 2 cmol(+) kg^{-1} 以上の交換性アルミニウムを含み，作物にアルミニウム過剰障害を発生させるものもある．

② 吸（収）着・脱着反応

作物の必須多量元素のなかでリン酸イオンは最も強く土に収着される．この反応は作物へのリン酸供給には不利に作用し，とくにリン酸収着力の大きい黒ボク土では，かつてはその低位生産性の最大の要因とされていたものである．わが国の農耕地土壌は弱酸性条件にあり，この条件でリン酸イオンと反応する主要な土壌成分は，アロフェン，イモゴライト，アルミニウム-腐植複合体，アルミニウム水酸化物など活性アルミニウムとよばれる成分と，フェリハイドライト，ゲータイトなどの活性鉄とよばれる成分である．現在では，ほとんどの農耕地土壌には，作物にリン酸欠乏を生じないようにリン酸資材が十分に施用されているが，施用されたリン酸の大部分は活性アルミニウムや鉄と反応して作土にとどまっている．世界のリン資源は石油より寿命が短いといわれている．リン酸の利用率向上と作土に蓄積されたリン酸のリサイクル技術が必要といわれるゆえんであ

る．

　農薬や生物の代謝産物など有機化合物の土による吸着は，それがイオンか否か，あるいは極性の大小などの特性と土の組成に依存する．陽イオン性の有機化合物は粘土鉱物の負荷電に吸着されやすい．極性の小さい有機化合物は腐植含量の高い土に吸着されやすい．粘土と腐植の両者に富む土は有機イオン，極性の小さい有機化合物の両者をよく吸着する．

③　酸化還元反応

　水田では春にたん水され，夏にかけて地温が上がってくると嫌気性微生物の活動により，作土層は還元状態になる．還元の影響で化学形態の変化するおもな物質は硝酸イオン，マンガン酸化物，和水鉄酸化物，硫酸イオンなどである．まず，硝酸イオンが窒素ガスに還元され脱窒する．次いで土壌溶液中のMn^{2+}，Fe^{2+}濃度が上昇し，表面水型水田では鉄，マンガンが溶脱する．硫酸イオンは硫黄イオンに還元され各種の硫化物が生成する．水田では，たん水により還元が進むと，土のpHの上昇やリン酸の有効化，有害な重金属の不溶化などイネの生育に有利な状況がつくられる一方，Fe^{2+}の溶脱が進み，硫酸イオンから硫化水素が生成するといった障害要因も生じる（秋落ち現象）．しかし，イネの根は地上部から酸素の供給を受けて根の周囲の土を酸化的に保ち，Fe^{2+}を酸化沈殿させ，また，硫化水素は鉄と反応して硫化鉄となって不溶化することから通常は害にならない．

〔山崎慎一・南條正巳〕

3. 土の中に住む生物

(1) 生物多様性の宝庫—土

1) 微生物は高等生物よりもはるかに多様である

土の中には細菌や糸状菌，原生動物，それにミミズやトビムシなどの小動物といった，さまざまな生物が生息している．その中で，物質循環において決定的な役割を果たしているのが細菌を中心とした微生物である．

細菌は大きさは 1 μm 程度で，形態的にはほとんど楕円形か丸形で，動物や植物など，多彩な形態を示す高等生物と比べるとずっと単純，均一であることから，細菌は生物界の中で限られたごく小さなグループにすぎないと長い間考えられていた．肉眼では見えない細菌の分類や同定はコッホやパスツールの時代から微生物学者にとってつねに大きな悩みであり，細菌では進化の道筋，即ち系統関係を知ることは不可能と考えられていた．それを解決したのが，特定の遺伝子の塩基配列の比較から進化の過程を知るという方法である．そしてすべての生物がもっている細胞のタンパク質合成器官であるリボソームを構成している RNA（リボソーム RNA）の塩基配列の比較から，地球上の生物はまったく予想外の道筋で進化してきたことが明らかになった．

すなわち，地球上の生物は，共通の祖先（生命の起源）から出発してまず2つに分かれ，そのうちの一つがさらに2つに分岐して，現在の生物界は大きく3つのグループ（ドメインという）に分かれている．その3つのドメインのうちの2つまでを細菌が占め，一つは真性細菌，もう一つは古細菌とよばれている．残りの一つが動物や植物が属する真核生物であるが，動物，植物とも全体で見ると進化の多数の枝分れの中の一つにすぎず，真核生物のドメインも大部分を糸状菌や原生動物などの微生物が占めている（図 II-3-1）．

このように，大きさ，形態とも変化の乏しい細菌が地球上の生物の多様性の大多数を占めている

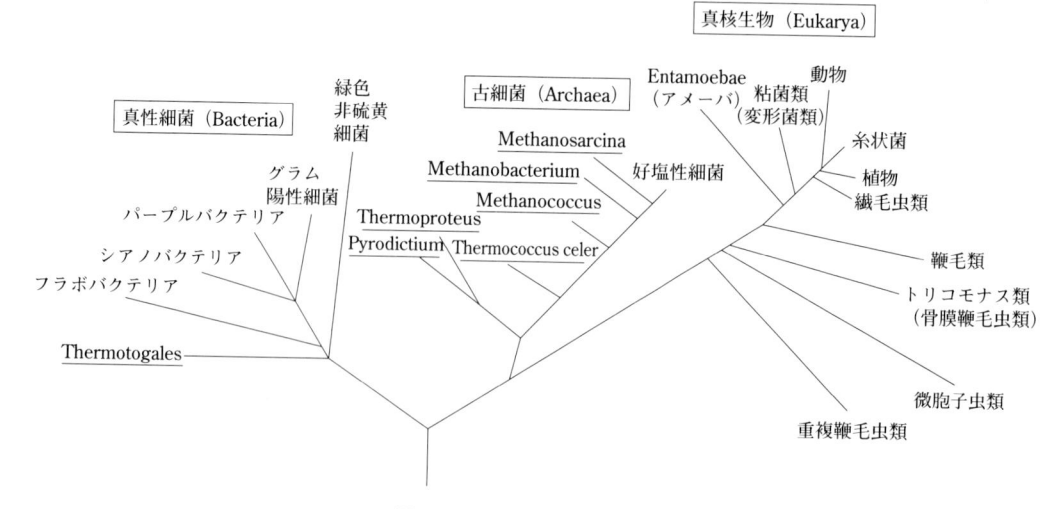

図 II-3-1 生物進化の系統樹
枝もとの地球上に最初に現れた生物から出発し，現在の種々の生物に進化した経路を示す．生物は真性細菌，古細菌，真核生物の3つのドメインに大きく分けられる．

ということは，大きな驚きである．地球が誕生したのは46億年前，生命はそれよりも10億年ほど遅れて誕生したと考えられている．その後の40億年近い膨大な年月をかけて，微生物は地球環境を形成し，地球環境は微生物の進化や分化を促してきた．したがって，微生物の示す大きな多様性は，地球環境と微生物の共進化の過程であることを考えれば当然であるともいえよう．

2）土の中の微生物の多様性

それでは，土の中には実際にどれほどの種類の細菌が生息しているのであろうか．1グラムの土の中には億単位の数の細菌と，重さにして細菌と同程度かそれ以上の糸状菌が生息しているが，土の中の微生物の多様性を知ることは従来は困難であった．しかし，この問題は，DNAを使った方法により解決が図られている．生物の多様性は一般的には種の多様性で表される．細菌は交配がないために種の定義はむずかしいが，全DNAの相同性により遺伝的な近縁関係を知り，便宜的に種を定義することができる．また，土の中の細菌を培養することなく菌体から直接DNAを分離することで，培養できない細菌についても評価が可能になる．こうして土からDNAを抽出し，多様性を解析した結果，1グラムの土の中には数千から1万という，多様な種の細菌が生息していることが判明している．土の中にこれほどまでに多種類の細菌が生息している原因は，1グラムの土でも微視的に見ると物理的・化学的環境が変化に富んで多様なことと，土の中の微生物の生息場所はそれぞれが隔離されているために優先種が生まれにくく，地理的にそれぞれの固有の遺伝型が発達しているため（エンデミズム）と考えられる．土は生物の遺伝的多様性を生み出し，それを保存している場でもある．

土の中の微生物の遺伝的多様性や機能の実体を知ることは，微生物と地球環境の共進化の過程を知ることでもある．このことは，微生物のもつそうした能力を最大限引き出し利用するためばかりでなく，地球環境の将来を予測することにもつながるといえよう．

（宮下清貴）

(2) 土の中の窒素肥料工場—根粒菌

ダイズ，エンドウ，インゲンなどのマメ科植物の根を見ると数mmの大きさのさまざまな形の根粒が観察できる．この根粒には根粒菌とよばれる特定の土壌細菌が感染し，化学的に不活性な大気中の窒素（N_2）をアンモニアに活発に変換—すなわち窒素固定—を行っている．窒素固定の能力は細菌や放線菌の一部に限られており，植物にはそのような能力は見られない．一般的に化合態窒素の供給は植物の生育の制限因子になっており，21世紀初頭におこるであろう深刻な食糧危機の克服に共生窒素固定能の有効利用が期待されている．

1）根粒—根粒菌とマメ科植物の巧妙な細胞内共生系

まず，身近なマメ科植物の根粒を観察してみよう．畑のダイズ，エンドウ，ソラマメなどの作物や空地や河原に自生しているクローバー，カラスノエンドウ，ツルマメ（野生ダイズ）には，多数の根粒がついている．カッターで切ると，図II-3-2のように赤い中心部分と白い皮の部分があるはずである．赤い色は，レグヘモグロビンというタンパク質の色で，光学顕微鏡で見ると，根粒菌と植物間の物質のやり取りを司る維管束系が，赤い感染領域を包み込むように走っている．感染領域は共生状態の根粒菌（根粒バクテロイド）を多数詰め込んだ感染植物細胞からなっており，膜に包まれた根粒バクテロイドが植物細胞に多数詰まっている．

2）太陽エネルギーを利用した効率のよい窒素肥料工場

窒素肥料は作物栽培において欠くことのできないものである．その原料のアンモニアは，図II-3-3のように，大気中の窒素ガスと水素ガスを高温高圧のもとで反応させることによって製造され，多量の石油エネルギーを消費する．一方，生物の行う窒素固定は，鉄とモリブデンを含んだ窒素固定酵素ニトロゲナーゼによって常温常圧のもとで植物の獲得した光エネルギーを用いて行われる．宿主植物の光合成産物はショ糖の形で根粒に到達し，さらにリンゴ酸などの有機酸になって，

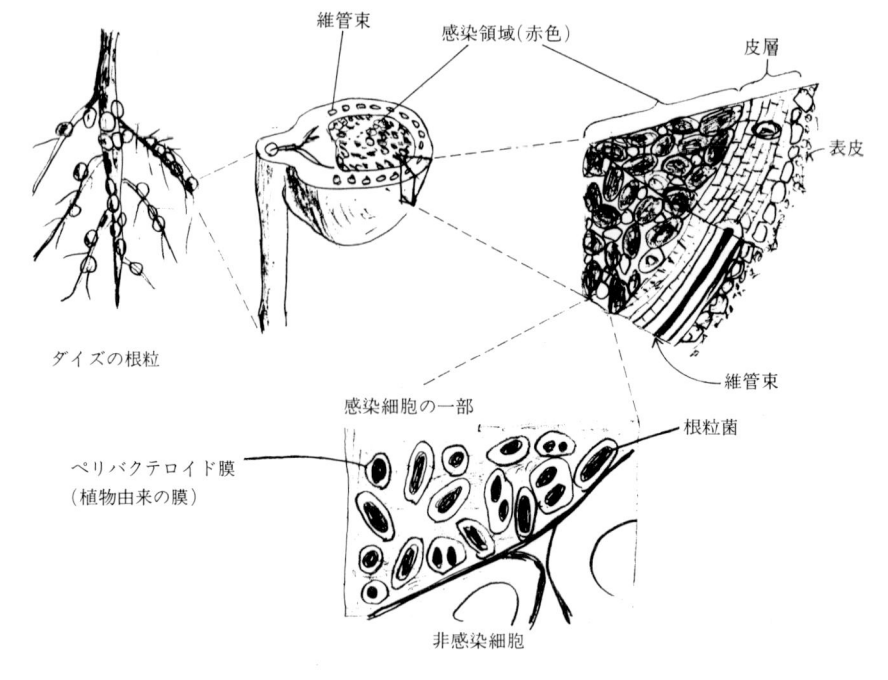

図 II-3-2　根粒の形態観察

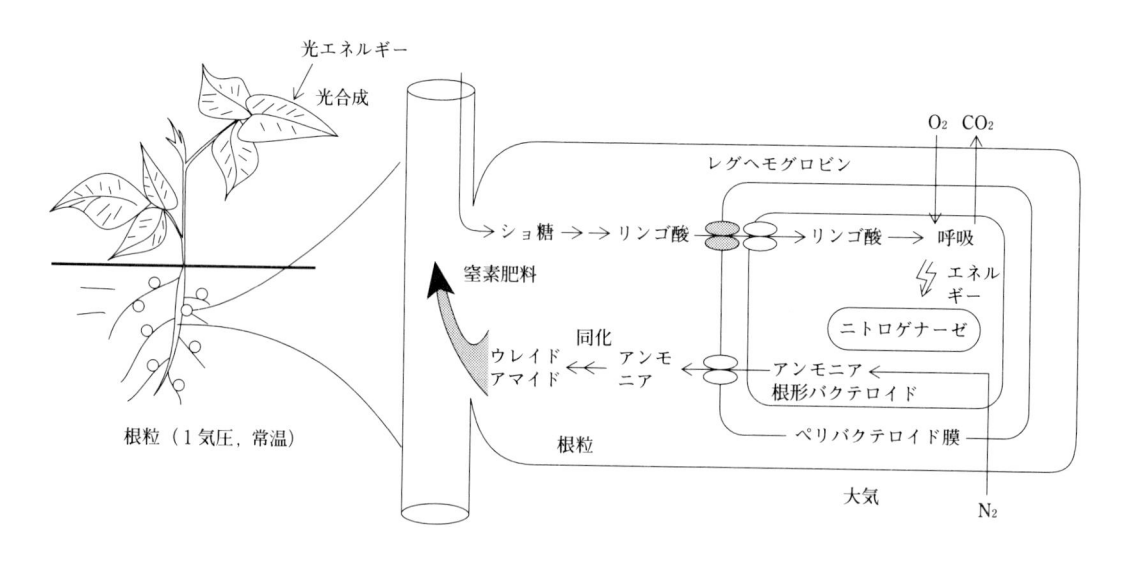

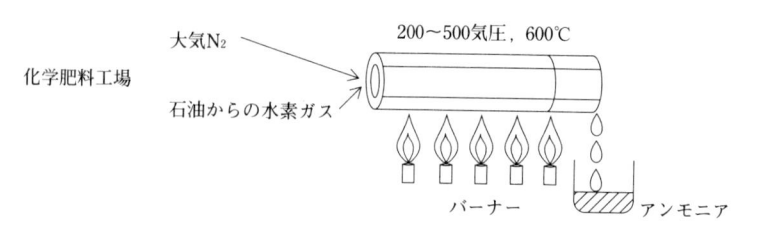

図 II-3-3　工業的窒素固定と根粒による生物的窒素固定の比較

根粒バクテロイドに与えられる．また，生産されたアンモニアは植物細胞でただちに窒素の輸送に適した形態に同化され維管束の篩管を通じて植物体に配分される．また，レグヘモグロビンは酸素に弱いニトロゲナーゼを守りながら十分な酸素呼吸を保障している．根粒菌と宿主植物からなる根粒はまさに効率的に窒素固定を行うためのさまざまな華麗な仕組みを持った器官なのである．

3) 根粒菌はマメ科植物の根にどのように根粒をつくるのか

それでは，巧妙な根粒はどのように形成されるのであろうか．また，根粒菌は次節の菌根菌と比較して宿主特異性が高いがそれはなぜであろう．栽培マメ科植物の根粒形成の実態は図II-3-4のようで，根粒菌の初期感染や相互認識には，フラボノイドやリポキチンオリゴサッカライドが信号物質として働いていることが明らかとなっている．しかし，根粒形成は複数の相互シグナル交換とそれにともなう両パートナー遺伝子発現が関与した複雑な過程の連続であることがわかってきており，全容の解明には時間が必要である．

4) 根粒菌とマメ科植物の進化の謎

マメ科植物は，約9千万年前に出現した約650属，2万種に及ぶ大きなグループである．しかし，マメ科植物は初めから根粒菌との共生関係をもっていたわけでなく，マメ科植物の進化途上で根粒菌との共生の起源は3回存在したのではないかと推定されている．おそらく最初は寄生的な細菌感染であったものが，その細菌が窒素固定能を持ち，さらに両パートナーの間でいろいろな試行錯誤の結果，現在の共生窒素固定系が成立したものと考えられる．その結果，互いに生存に有利になり，さらに試行錯誤と選択（進化）が加速されたのではないだろうか．しかし，なぜマメ科植物のみに根粒菌による窒素固定共生系が出現したのかはいまだに謎である．

5) 共生窒素固定の研究の悲願—食糧危機克服への貢献

共生現象は植物と微生物の遺伝子制御の相互作用が組み合わさったたいへん複雑な過程なので，非マメ科植物にその能力を与えることは困難であると一時期考えられていた．しかし，最近，タバコやイネにも根粒形成に関与する一連のノジュリン遺伝子の存在が認められ，共生窒素固定系の分子生物学研究も植物と根粒菌側から精力的に行われている．基礎研究の進展によっては，近い将来，イネ科植物に共生窒素固定能をもつ根粒を形成することが可能になろう．当面は，植物根内外

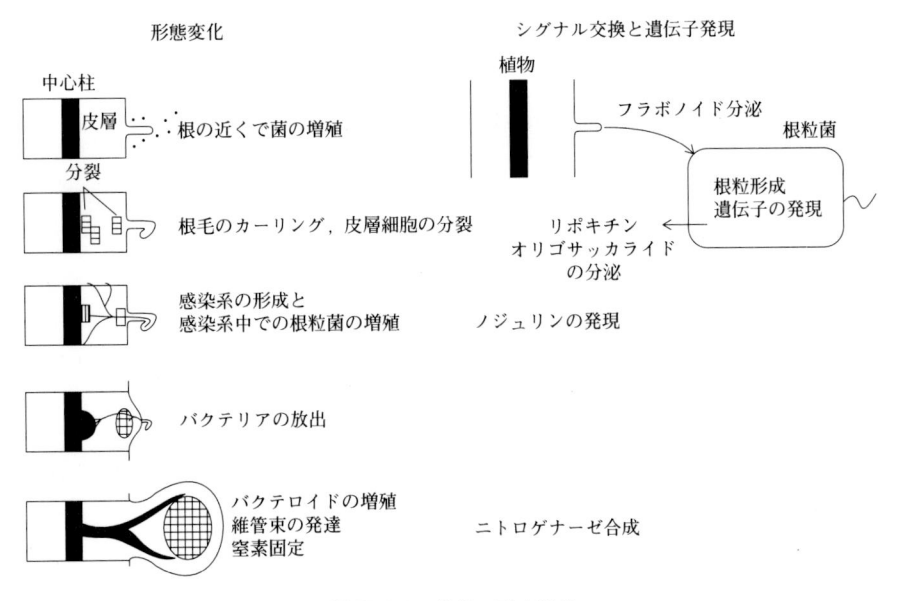

図II-3-4 根粒の形成過程

の窒素固定菌の利用や輪作・間作などの耕種的な側面からの対応が共生窒素固定の有効利用のために必要であろう．

（南沢　究）

(3) 土と植物をつなぐ菌根菌

植物の根を掘り出すと，細かな根のまわりに土がたくさん付着してくる．これは，細かい根が土の粒子にからみあっているとともに，根の中に共生的に生息している菌根菌というカビ（菌類のこと．糸状菌ともよぶ）の仲間がその菌糸を根の外側に伸ばして，土の粒子にからみあっているからである．菌類が植物の根の中に入り込んで植物と共生を営んでいるとき，その根のことを菌根 (mycorrhiza マイコライザ) とよび，菌根を形成するカビ（菌類）のことを菌根菌とよんでいる．陸上に何万種類とある植物種の大部分には，このような菌根が形成されていると考えられている．

菌根はその形態から，大きく外生菌根と内生菌根に分けられる．外生菌根は菌糸が植物の根のまわりをマット状に覆っているもので，あたかも根が変形したように見える．外生菌根は主に樹木に形成され，マツタケやハツタケなどのキノコをつくる菌類の多くは外生菌根菌である．一方，内生菌根の場合，根は通常の根と全く変わらないが，菌糸は外生菌根菌の場合と異なり，根の細胞の内部まで侵入している．内生菌根菌には，ランやツツジにしか共生をしない特殊な菌根菌も存在するが，最も一般的なのはVA菌根菌とよばれるものである．この菌根菌は，ほとんどの草本類および一部の樹木の根に見いだすことができる．

植物の地上部で光合成された炭素栄養分は，地下部へ移行し，そこで根の中あるいは外側に共生している菌根菌によって吸収利用される．一方，菌根菌は菌糸を広く根の外側の土の中へ伸ばし，

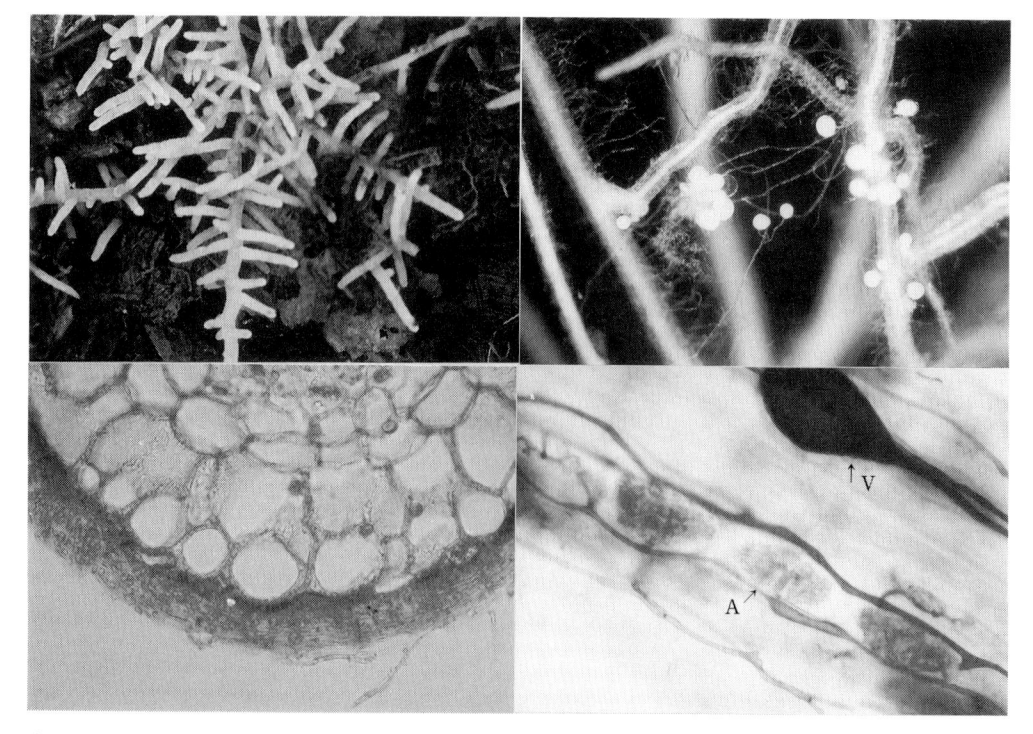

写真 II-3-1 土と植物をつなぐ共生微生物-菌根菌．（左上）ダケカンバの外生菌根，（左下）アカマツの外生菌根（根の断面．根の外表面が菌糸で覆われている），（右上）ススキの根に感染しているVA菌根菌（根から土壌中へ伸長した菌糸に多数の胞子が形成されている），（右下）根内のVA菌根菌菌糸（袋のような嚢状体（V）と根の細胞の中に侵入している細かく分岐した菌糸・樹枝状体（A））

土の中の養分を吸収し、それを植物へと供給する．菌根菌と植物はこうした養分の授受を通して持ちつ持たれつの共生の関係にある．

菌根菌の多くは、植物と共生して増殖を行い、胞子などの形で子孫を残していく．そのため、菌単独で増殖するための能力が低くなっているものが多い．たとえば、マツタケ菌は、マツの根と共生をしないと、胞子をつける子実体であるマツタケを形成できない．また、VA菌根菌の場合は、宿主と共生した条件でしか胞子を形成することができず、菌を単独で試験管やフラスコの中で培養することはできない．一方、植物の方でも、たとえばランはラン型菌根とよばれる特殊な内生菌根を形成しないと、種子の発芽を正常に行うことができない．

樹木に共生している外生菌根菌は、森林土壌中の窒素やリンなどの養分を菌糸から吸収し、宿主である樹木へ供給している．また、VA菌根菌は、主にリンを土の中から吸収し、それを植物へ供給している．VA菌根菌によるリンの吸収作用は、栄養分としてのリン酸の乏しい土においてとくに重要であり、VA菌根菌は、植物のリン吸収促進を通して生態系のリン循環にも大きな役割を果たしている．

さらに、VA菌根菌や外生菌根菌には、ある種の土壌病害や乾燥ストレスに対する植物の抵抗性を高めたり、根の伸長を促進したりする作用が知られている．野菜などの育苗段階でVA菌根菌を接種することによって、リン酸肥料の節減や健全な苗作りが可能になるため、こうした目的のためのVA菌根菌資材が実用化され、市販されている．また、外生菌根菌を接種することによる健全な苗木づくりは諸外国で実用化されている．わが国では、マツタケ菌を接種することによって、マツタケを生産する試みなどが研究されている．雲仙普賢岳などの火山の爆発によって生じた荒廃地、あるいは砂漠化によって荒廃した地域を、緑化したり植林したりする際に、VA菌根菌や外生菌根菌を利用する試みも行われている．

陸上に植物が現れた約4億年前頃の陸上植物の化石には、現在のVA菌根菌に似た菌根菌の共生していた跡が残っている．このことは、菌根菌と植物が、4億年の長い地球の歴史を通じて、ともに進化をしてきたことを示している．現在地球上に存在する多種多様な植物の大部分は、その根に菌根菌という微生物を共生させ、その助けを借りて、土の養分を吸収しているのである．まさに、菌根菌は、土と植物の間をつなぐことによって、地球上の植物の生存を支えているのである．

〔斎藤雅典〕

(4) 土壌病害とバイオテクノロジー

現代の集約的な農業においては、土壌病害による食糧生産の損失は避けられない状況にあり、その被害をいかに最小限にくい止めるかに英知を結集する必要がある．土壌病害の発生には土壌微生物の働きが大きく影響しており、土壌微生物の働きにより土壌病害の発生を抑制しようとする試みは生物防除（バイオコントロール）とよばれる．ではいったい、どのような微生物あるいはどのような微生物の働きを利用して病害発生を抑制するのであろうか？

一般に、微生物の活性が高く、その種類が多様な場合、微生物的緩衝力が強く、病害発生が少なくなると考えられている．また、病原菌が存在しても発病がきわめて少ない発病抑止土壌とよばれる土が知られており、その発病抑止機構の一端が明らかにされつつある．それによると、発病抑止土壌では感染に至るまでの病原菌の行動が抑制されており、それには特定の微生物種あるいは微生物群集が関与している．たとえば、アメリカの抑止土壌においては、蛍光性シュードモナスが発病を抑止しており、他方、神奈川県三浦の抑止土壌では特定の微生物種ではなく、微生物群集の働きが抑止力になっていると考えられている．こういった拮抗菌を用いて土壌病害を防除しようとする生物防除は、近年の無農薬あるいは減農薬への努力から、世界的に注目を集めている．

これまで、こうした生物防除の試みはポット試験段階では成功しているが、実際の農業現場での成功例はきわめて少ない．その原因は、拮抗菌が野外の土の中で十分に働きえないためである．

拮抗菌の働きとしては、①養分あるいは（感染のための）場所に対する病原菌との競合、②シデ

ロソォア（鉄のキレート剤），抗生物質生産などによる化学物質を介した病原菌の抑制，③寄生による直接的な病原菌の抑制，が知られている．また，病原菌には全く作用しないものの，植物体に抵抗性を誘導し，病害を抑制する場合もある．①の場合，病原菌と同じ種に属する非病原菌が有望であり，実際に非病原性のフザリウム菌，リゾクトニア菌を用いた病原菌の制御が試みられている．土壌病害の場合，感染の場は根面であり，拮抗菌をいかにして根圏・根面へ定着させるかが重要である．②の場合，シデロフォアないし抗生物質を土の中で生産することがなによりも重要で，それには拮抗菌が環境中で活性を維持し，増殖することが必須である．③では，寄生するために，拮抗菌が病原菌に環境中で出会うこと，つまり環境中での住み場所が同じであることが必須となる．

ある微生物の土の中での生育場所を決定している遺伝子，環境中での活性の維持，あるいは増殖を支配する遺伝子の解明は，現状ではバイオテクノロジーをもってしてもなお困難な課題である．それに対し，抗生物質生産の遺伝子については，すでにフェナジン，2,4-ジニトロフロログルシノール，ピロールニトリンなどの生産遺伝子が単離されている．以上の知見を統合すると，病原菌と同一の土の部位に生育する微生物をまず取得し，バイオテクノロジーを利用して，抗生物質生産能などを賦与することが最も確実な方策と考えられる．

われわれはこのような観点から，写真II-3-2に示すようなダイコン萎黄病菌の厚膜胞子上で増殖するシュードモナス属の細菌に，糸状菌の溶菌酵素であるキチナーゼを導入し，厚膜胞子を溶菌させることに成功した．

自然環境下で拮抗菌を安定に働かせるためには，拮抗菌の土の中での生態に関する情報が不可欠である．土壌病害では感染の場は植物根面であり，拮抗菌の植物根圏・根面への定着能力を明らかにする必要がある．どのような遺伝的形質が根面定着に必要なのか，また，どのような環境条件が根面定着にどのように影響するのかである．最近，これらの分野にもバイオテクノロジーが適用され，成果が生まれつつある．

拮抗菌を用いて生物防除を達成するには，図II-3-5に示すように，その微生物が，①拮抗能を有していること，②土に定着すること，③土の

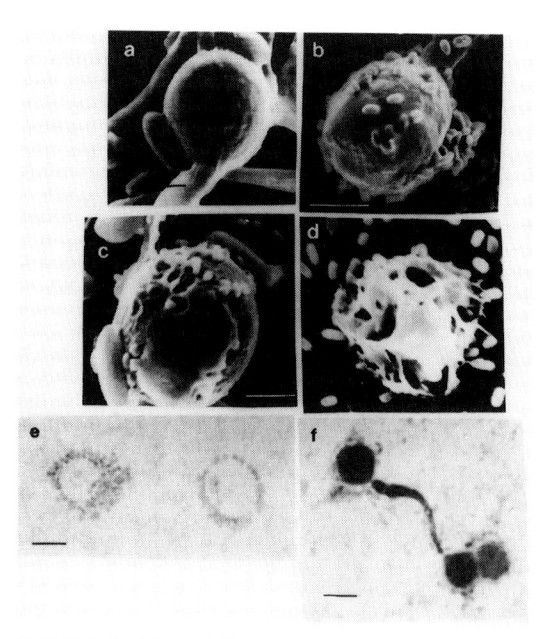

写真II-3-2 遺伝子組換えによりキチナーゼ遺伝子を導入した厚膜胞子付着菌（*Pseudomonas stutzeri*）によるダイコン萎黄病菌（*Fusarium oxysporum* f. sp. *raphani*）の溶菌（a-d, 走査型電子顕微鏡写真；e, f, 光学顕微鏡写真；bar=5μm）．
a) 付着菌のいない厚膜胞子．
b) 親株が付着した厚膜胞子．
c, d) 組換え株が付着した厚膜胞子．
e) 組換え株が付着した厚膜胞子．
f) 親株が付着した厚膜胞子．

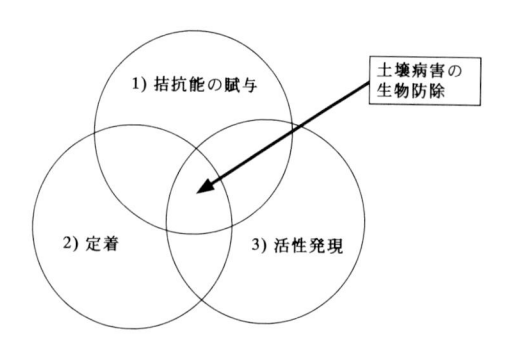

図II-3-5 拮抗菌を用いた生物防除の達成へのハードル

中で活性発現することの3つが必要不可欠である．①に関してはバイオテクノロジーによりどんな土壌微生物にでも拮抗能の賦与が可能となり，②，③に関しても近い将来明らかにされ，拮抗菌による病害防除が作物生産に大きく寄与すると期待される．

（豊田剛已・木村眞人）

[コラム]

抑止土壌

一般に林野などの自然土壌では病害の発生はきわめて小規模であるが，これを耕地化すると土壌病害の発生が拡大する傾向がある．ところが，土壌病害の発生が予測される環境にありながら病害が発生しないか，発生してもきわめて少ない土がある．こうした土は抑止土壌，発病抑止土壌あるいは抑止型土壌（suppressive soil）とよばれ，土に特定の病原菌がすみ着かないか，すみ着いても発病が抑制されるなどの現象を示すことが知られている．

関東地方では，神奈川県三浦半島の黒ボク土がフザリウム菌によるダイコン萎黄病の抑止土壌として知られている．一方，夏キャベツの大規模産地である群馬県嬬恋村の黄褐色下層土は根こぶ病の抑止土壌であるといわれ，もともと表層にあった黒ボク土が畑を造成する際に地形補正のために除かれて，黄褐色下層土が表層に露出しているほ場では連作してもほとんど発病しない．

抑止土壌における発病抑止能は，気象条件や土の管理によって生ずるものではなく，土に固有の性質によるものと推定されている．これまでの研究において土の鉱物組成，土壌腐植，土壌微生物の視点から発病抑止のメカニズムが検討され，粘土鉱物による病原菌胞子の発芽阻害や吸着，あるいは拮抗微生物の関与などが報告されているが，詳細については未解明の部分も多い．

抑止土壌は持続的な栽培を可能にする貴重な土壌資源である．その発病抑止能を活用することによって防除薬剤投入量の低減化を図ることは環境保全に配慮した農業を推進する立場からも期待される．

（木村　武）

（5）環境修復と土壌微生物

現在，世界で使用されている化学物質は7万種類とも10万種類ともいわれている．化学物質の多くは環境中に放出され，一部深刻な環境汚染を引きおこしている．一方，自然界の物質循環において微生物は分解者の中心として機能しており，自然界で生成したほとんどの物質を分解する能力をもっている．これらの微生物の中には人間の作り出した化学物質（図II-3-6）にも作用するものがある．たとえば，現在使用されている農薬は散布後土に移行し，大部分が土の中の微生物により分解される．人間は経験的に農薬の残留防止に微生物の分解能力を利用してきたともいえる．このような化学物質に対する微生物の分解能力を利用して化学物質によって汚染された環境を修復する技術が実用化され始めている．これがバイオレメディエーションとよばれている技術である．

塩素系化学物質や重金属，窒素，リンなどの汚染物質に作用し，分解あるいは解毒，除去する能力をもつ微生物が土から数多く分離されている．これまでに実際に環境修復の対象となった化学物質は石油系炭化水素（ベンゼンなど），塩素系有機物（PCB，農薬など），工業用溶剤（トリクロロエチレンなど）などで，これらで汚染された土や地下水系の修復にバイオレメディエーションが利用されている．一方，下水処理では環境の富栄養化をもたらす窒素やリンの除去に微生物が利用

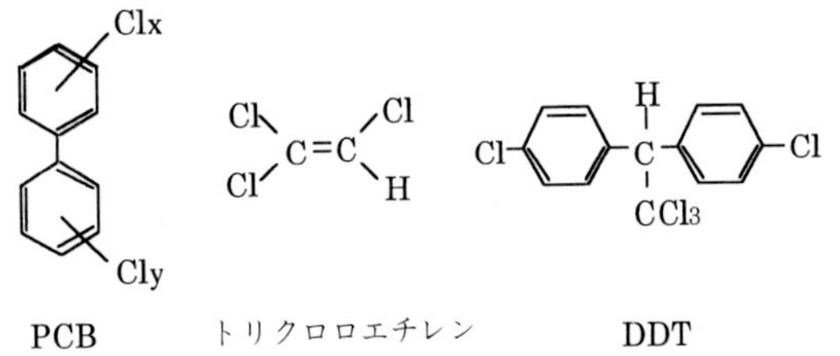

図II-3-6　代表的な汚染化学物質

PCB：絶縁性に優れコンデンサーやトランスに使用されていた．現在は生産中止．
トリクロロエチレン：半導体工場で使われる化学溶剤．地下水汚染が各地で認められている．
DDT：難分解性の殺虫剤．動物体内に蓄積する．1971年に使用禁止．

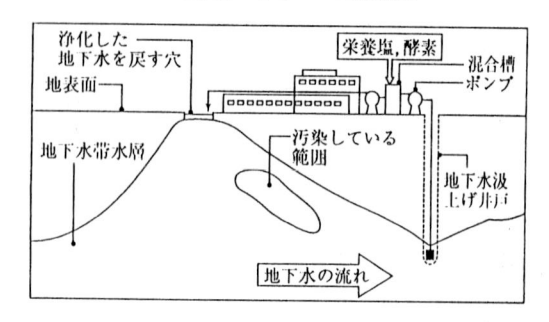

図 II-3-7　*In situ* 処理法（原位置処理法）の模式図　地下水を利用した浄化処理（OECD 資料より引用）.

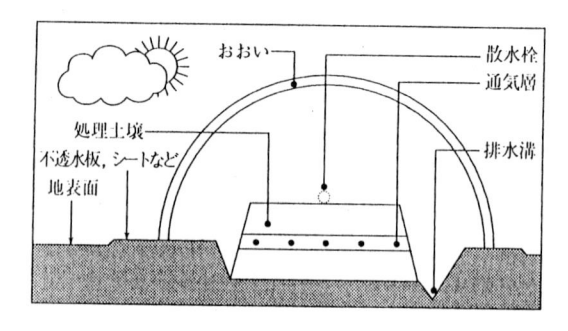

図 II-3-8　*Ex situ* 処理法の模式図　ランドファーミングによる汚染土壌の処理例（OECD 資料より引用）.

されており，硝化菌と脱窒菌を利用した窒素除去技術や活性汚泥中のポリリン酸蓄積細菌によるリン酸の除去法が実用化されている．また微生物の中には重金属を酸化・還元反応により無毒化したり気化，不溶化する能力をもつものや重金属を吸着蓄積するものもある．これらの微生物を利用した重金属汚染の除去技術の実用化も間近である．

バイオレメディエーションには汚染場所で汚染物質を分解する *In situ* 処理法（原位置処理法）と汚染土を処理場に移動させ汚染除去を行う *Ex situ* 処理法がある．また，微生物の利用方法には汚染場所に存在する微生物を栄養分の添加や通気により活性化し汚染物質を分解させる biostimulation という方法と汚染物質を分解する能力をもつ微生物を汚染現場に接種する bioaugmentation という方法がある．*In situ* 処理法による代表的な汚染除去の例を図 II-3-7 に示した．汚染箇所は地下深くの地下水脈中にあり従来の技術では汚染の除去が困難である．このような状況下でバイオレメディエーションは威力を発揮する．地下水を汲み上げてこれに通気し栄養分を加え，汚染箇所に戻してそこに存在する微生物を活性化し汚染物質を分解させる．この方法によると汚染現場を攪乱せずに浄化を行うことができる．

一方，*Ex situ* 処理法では土を固体のまま処理する方法と土に水を加えスラリーにして容器中で攪拌するバイオリアクター法がある．図 II-3-8 に示した *Ex situ* 処理法は石油で汚染された土によく使われるランドファーミングとよばれる方法である．この方法では汚染土を施設に移動し通気や栄養分の補給を行い，土の中の微生物を活性化する．場合によっては汚染物質を分解する微生物を添加する．この方法は通気や栄養物の制御がしやすく，比較的早く汚染物質の分解を進めることができる．

微生物の汚染物質分解のメカニズムは遺伝子や酵素のレベルまで検討されている．遺伝子工学やタンパク質工学を活用してこれまで分解が困難とされていた汚染物質を分解する能力を微生物に付与することも可能になりつつある．化学物質は現在の人間の生活レベルを維持するために不可欠なものが多い．化学物質と人間そして自然が共存するために，バイオレメディエーションという新しい技術を通じて土壌微生物の多様な能力が活用され始めている．

（早津雅仁）

[コラム]

ダーウィンとミミズ

チャールズ・ダーウィンといえば，誰もが「種の起源」の著者，進化論の提唱者と知っている．実は，ダーウィンは死の前年（1881 年）に「The formation of vegetable mould through the action of worms with observations on their habits」を著しているミミズ研究のパイオニア，それもミミズの土壌耕耘量を推定した最初の人でもある．

ダーウィンはミミズの土壌耕耘量を 2 つの方法で確かめた．まず，牧草地に石炭殻や石灰を撒き，これが

自然に埋まっていく様子を観察した．すなわち，石炭殻を撒いたところを 29 年後に掘ったのである．石炭殻は 17.8 cm の深さのところに層として残っていた．1 年間に 0.6 cm ずつ沈んだことになる．ミミズが食べた土を糞塊（cast）として，この石炭殻の上に持ち上げたと結論したのである．

もう 1 つは地表に出されるミミズの糞塊を回収する方法である．英国で 1 平方ヤードの区画で，1 年間，地表に出される糞を回収してもらったところ，1 平方メートル当たり 1.9 kg と 4.0 kg にもなったと書いている．ミミズが食べた土をすべて糞塊として地表に出しているとは限らないので，これは「最低でも」ということになる．いずれにしろ，ミミズの土壌耕耘量が数値として示された最初のデータなのである．これは敷きつめると，毎年 0.3 cm と 0.6 cm の深さになり，長い年月を考えれば決して無視できる値ではない．

ダーウィンは「鋤は人類が発明したものの中で，最も古く，最も価値あるものの一つである．しかし，実をいえば，人類が出現するはるか以前から，土地はミミズによってきちんと耕されつづけている」と述べている．土壌動物・ミミズの働きを十分に知っていたということだが，現在，畑の土の中にはミミズはいない．

（渡辺弘之）

4. 土と植物

(1) 植物の根の機能

1) 根部と葉部の機能分化

高等植物は，自然の環境の中で，大気からCO_2を吸収して同化する葉部と，土壌から水や養分を吸収する根部とで構成される．葉部での光合成，呼吸，タンパク質や核酸の代謝，そして二次代謝の反応で必要となる元素のうち炭素，酸素以外の栄養元素の大部分は根部で獲得される．

ほ場に栽培された植物でも水耕栽培された植物でも，培地の養分（たとえば，窒素やリン酸）の供給量が高まると，生育は茎葉部で優先的に進み，あたかも光合成量をより高めるようになる．一方，CO_2濃度の上昇のように光合成量が増える条件下に植物がおかれると，光合成産物は，根部へ多く分配され，より養水分の吸収量が促進される方向に生育が進む．逆に培地の養水分量が減少し，吸収量が減った情報で，根部の生長速度は，葉部のそれにまさるようになる．

このように，植物の生長にとって，根部の養水分吸収活性は重要であるが，根部にも吸収した養分と水分を植物の成分とするための同化代謝機能が備わっている．根で吸収された硝酸は，植物のタンパク質の素材であるアミノ酸に還元同化される．しかし，根の生長に必要なアミノ酸のうち根部での硝酸の還元同化に由来するものは一部であり，大部分は葉で作られたものである．すなわち，硝酸は根から吸収された後，いったん葉に移され，そこでアミノ酸に変わり，その後，光合成でつくられた糖とともに，篩管を通り根部に分配され，根の生長に伴うタンパク質合成の基質になる．図II-4-1の窒素の吸収と代謝で見るように養水分を吸収する根部と他の器官は，植物の生長や生産にあたって機能を分化している．

植物が必要とする養水分を根でどのように獲得するかは，植物の生存戦略として重要である．表層土が乾燥すれば，より深い下層土に展開する根によって水を吸収する．養分も土壌水に溶解した溶質が吸収される．窒素の場合，土壌有機物が分解され，アミノ酸や硝酸などの低分子で水に溶けた形で吸収される．土の中のリン酸の大部分はカルシウム，鉄またはアルミニウムと結合している．水に溶け出すわずかなリン酸イオン（HPO_4^{2-}）が根に吸収される．土壌水とともに硝酸やカリウムは移動し，根に接近するが，リン酸の場合，土に固定されやすいために，根のごく近く（1～2 mm）で，水に溶け出したものが吸収される．植物は水と接する根の表面積を広くするために根の量を増やす．さらにナタネやマメ科

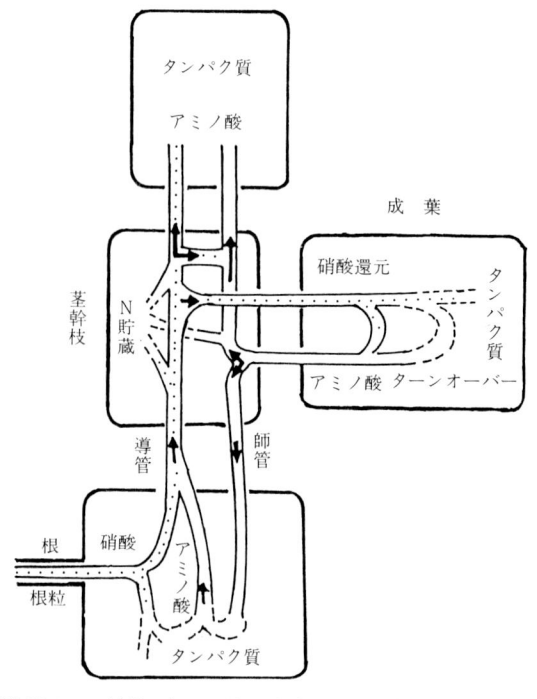

図 II-4-1 植物の根における窒素の獲得と各器官における代謝と転流の概念図

植物には，根からプロトン（H^+）や有機酸（クエン酸，リンゴ酸）を放出して，土壌水の酸性化によって，リン酸の溶出をはかって，リン酸の吸収量を増大する特異な戦略をもつものがある．微量元素のうち鉄は，アルカリ性土壌では酸化第二鉄となって水への溶解は少ない．このような土では植物は，根表面で溶解性の高い第一鉄に還元する還元酵素活性を増大したり，イネ科植物では，3価の鉄とキレート結合して溶解するムギネ酸などのシデロフォアを放出することにより，鉄の吸収を促進する戦略をとっている．高い塩類濃度，酸性やアルカリ性，乾燥や過湿土壌条件下での植物の生存や養分吸収でも根の機能は重要である．

根には，養水分の吸収のほか，植物を支持する機能，サイトカイニンやアブサイシン酸など植物ホルモンを生成する機能などがあり，これらも植物の生存に重要である．しかしこれらの根の機能をほ場において定量的に解析することは，今後の課題となっている．

2) 養分吸収の分子生物学—トランスポーターとシグナル

図II-4-2に示すように，根における養分吸収は酵素反応に似ている．養分の濃度に対応する親和性をもった吸収反応により低濃度養分の土壌溶液からエネルギーを使って細胞内に養分を濃縮しながら吸収している．この養分吸収をになうトランスポーターの遺伝子やそれにコードされたタンパク質が高等植物から単離されている．窒素栄養で重要な硝酸イオントランスポーター遺伝子はその構造から12か所に膜貫通領域があり，膜に存在するタンパク質と考えられた．

アンモニアトランスポーターは，窒素固定をするダイズ根粒のペリバクテロイド膜で発見されたものであり，窒素固定で生成されたアンモニウムイオン（NH_4^+）をバクテロイドから植物細胞に移行するチャンネルとなっているとみられる．実験植物シロイヌナズナでは，アミノ酸のトランスポーター遺伝子も確認され，いずれも膜貫通の構造をもつとされる．リン酸と硫酸の吸収もそれぞれ特異的であり，低濃度で吸収できる高親和性のシステムと高濃度で働く低親和性のシステムが知られている．シロイヌナズナからは，リン酸高親和性のトランスポーター遺伝子が，スタイロサントスの根やダイズの根粒からは硫酸高親和性のトランスポーター遺伝子の存在が確認されている．カチオンでは，カリウムイオンのトランスポーター遺伝子がシロイヌナズナとコムギの根で確認されている．カリウムトランスポーターは，膜タンパク質でカリウムイオンとプロトン（水素イオン）の共吸収に関与するイオンチャンネルと考えられている．養分のみならずスクロースなどの代謝産物の膜を介した移動をになうトランスポーターの実態が明らかになってきた．

分子生物学は，養分吸収や代謝の制御の分子レベル，遺伝子発現制御，タンパク質の活性制御の解明にも大きな手段となろうとしている．図II-4-3に示すように，植物「栄養」の機能には，今までに明らかにされた基質，材料としての機能に加えて，養分吸収と代謝など生理活性や分化生長や形態変化などを制御する「シグナル」としての機能がある．生理活性や分化を支配するのは核や葉緑体の遺伝子にある遺伝情報であるが，これが発現するプロセスに栄養，光，濃度，環境の機能性物質など環境因子が制御のシグナルとなっている．

植物は硝酸を吸収し同化するため，硝酸が与えられると，硝酸トランスポーター，硝酸還元酵素，亜硝酸還元酵素の活性が誘導される．シグナ

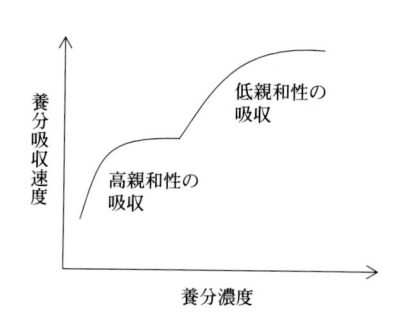

図II-4-2 培地の養分濃度と根による養分吸収速度の関係

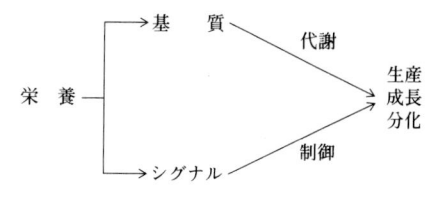

図II-4-3 「栄養」の基質機能とシグナル機能

ルとなる硝酸によって、これらのタンパク質の遺伝子の発現が活性化され、シグナルとなる硝酸がなくなったり、同化産物のグルタミンの集積によって、これらのタンパク質の活性は制御される。シグナルとなる硝酸は植物体に多量にある貯蔵性硝酸でなく、すぐに同化の基質となる代謝性硝酸であり、遺伝子発現に連動する特異的な硝酸が考えられる。

また、植物は低濃度のリン酸を吸収するリン酸トランスポーターをもっている。培地のリン酸がさらに欠乏すると、リン酸トランスポーターはより誘導され、植物体内でリン酸再利用のためのホスファターゼ活性を増大したり、根から培地にホスファターゼや有機酸を放出して培地のリン酸可給性を高めるよう反応する。また、植物は培地の鉄可給性を高めるために、根からムギネ酸やアルファフランなど鉄をキレートとして溶かす物質を出すことが知られている。イネ科植物を鉄欠乏状態におくと数日のうちに根でメチオニンからムギネ酸の生合成が始まるが、鉄の添加で合成は止まる。このように「リン酸欠乏」や「鉄欠乏」のシグナルによって、根の中に特異なタンパク質が誘導され、養分獲得の適応が強化され、逆に「十分なリン酸」「十分な鉄」によって、このシステムは停止する。

多くの作物で、培地からのリン酸や窒素の供給が減ると相対的に茎葉部よりも根部の生長が促進されること、逆に茎葉部の光合成活性が大気汚染などにより低下すると茎葉部のバイオマスの比率が高まることが知られている。イモ類やウリ類では、低窒素供給は塊根の形成や花芽分化を促進し、逆に窒素過剰は茎葉を繁茂させ、いわゆる「つるぼけ」になる。イネでは、幼穂形成や開花期に低温にあうと、不受精・不稔となる。冷害である。この不受精・不稔は、茎葉部の窒素含有率が高くなると促進され、他の無機成分（とくにリン酸）含有率が高くなると少なくなる。このように植物の環境や内部の養分の「欠乏」や「過剰」のシグナルがホルモン、代謝物質、情報伝達物質に翻訳されて形態形成・分化の制御にかかわる遺伝子の発現に何らかの影響を及ぼしているものと考えられる。

（米山忠克）

[コラム１]

根が出す機能性物質

植物がおかれた土の養水分の環境はいつも最適とは限らない。また、一緒に生えている他の植物や微生物と養水分の取り合いになることもある。このような状況を感知した植物は根からいろいろな物質を放出して、共存したり対抗したりしている。

根の細胞からの分泌物は、一次代謝産物のアミノ酸、糖、有機酸そしてホスファターゼなどの酵素、さらに根細胞の離脱物などが根の近くに放出され、そこに住む微生物などの生存をささえている。このほかに特異な機能をもつ物質も放出される。これらの物質によって他の生物とくに植物の発芽や生育を抑制する作用を、アレロパシー（他感作用）という。そのとき放出する他感物質としては、セイダカアワダチソウが出すDME（デヒドロマトリカリアエステル）、ムクナの出すDPA（デヒドロフェニールアラニン）、エンバクの出すスコポレチンなどが知られている。

吸収できるリン酸の少ない土壌で、ナタネ、アルファルファなどの根は有機酸を、キマメはピシヂン酸を放出して土壌のリン酸の溶出を促進するとされる。アルカリ性土壌では鉄は難溶性の酸化第二鉄になっており、植物は吸収できない。ここで生存するため、双子葉植物とイネ科以外の単子葉植物では鉄キレート作用のあるフェノール物質、有機酸、鉄還元を促進するリボフラビンを根から出しており、イネ科植物では鉄キレート作用の強いムギネ酸を出している。しかし根から放出されたこれらの物質が、土壌中で、実際に有意の作用をしているのか直接証明された例はほとんどない。これら機能性物質の土の中での動態と機能発現の定量的評価は今後の重要な研究課題である。

（米山忠克）

[コラム2]

アルミニウムの毒性

　アルミニウムがアルツハイマー病の原因ではないかと疑われ出したのは，1976年であるが，その後あまり積極的な情報は伝えられていない．しかし，植物に対してアルミニウムが毒性をもつことはずっと以前から明らかにされている．土が酸性になると土の中のアルミニウムは陽イオンとして溶解し植物に吸収され，とくに根の先端部分に集まる．根の先端に近い部位は分裂している細胞や，伸長している細胞を含み，ここがやられると，養水分の吸収が抑えられ，生長できない．酸性土壌で植物がうまく育たないのはアルミニウムの毒性によるところが大きいと考えられている（マンガンの毒性による場合もある）．アルミニウムが細胞のどの部分に結合し，どのようなメカニズムで根の機能が失われるかなどについてはまだはっきりしていない．

　植物の種類によってアルミニウムの毒性に対する抵抗性に差があることが知られている．チャ，アジサイやシャクナゲはアルミニウム抵抗性の代表である．アルミニウム抵抗性にはアルミニウムを根圏において無毒化する排除機構と体内において無毒化する耐性機構の2通りがある．どちらの場合も，アルミニウムは根から分泌されたり，細胞内に蓄えているシュウ酸やクエン酸，リンゴ酸などの有機酸とキレート結合して無毒化されることが知られている．したがって，植物の有機酸合成能，分泌能の違いが抵抗性の一因と考えられる．さらにアルミニウムと結合することによって細胞の核，膜，壁などの働きが抑えられると考えられており，アルミニウムストレス下でこれら細胞器官の機能を高めることが，アルミニウム抵抗性の植物を育成する上で重要であると考えられている．

（松本英明）

(2) 植物の栄養生理

1) 光合成

　光合成は作物体の90％を占める光合成産物を生産する植物の最も重要な機能である．作物の生産性は光合成活性に強く支配されるが，光合成は葉の栄養状態と密接に関係する．とくに，窒素は光合成との関連が強いため，光合成と施肥窒素反応との関係がさかんに調べられてきた．一方，光合成は，光合成能力，代謝機構の違いなどによってC_3型（イネ，コムギなど）またはC_4型（トウモロコシなど）およびCAM型（サボテン，パイナップルなど）と遺伝的にはっきり区別されている．

　光合成は葉緑体において行われ，光エネルギーをクロロフィルなどで吸収し，化学エネルギー（ATP）や還元物質（NADPH）に変える明反応と，これらを使ってCO_2を還元し有機化する暗反応の2つの機構から成り立っている．C_3型，C_4型などの違いはおもに暗反応の代謝機構の違いによっており，CAM型はC_4型と代謝機構は類似しているが夜間にCO_2を吸収し固定する点で異なる．光合成能力はC_4型でC_3型の約2倍と高く，これらよりもCAM型で著しく低い．

① C_3型光合成

　C_3型では，CO_2の還元は葉肉細胞にある葉緑体内のカルビン回路で行われる．すなわち，気孔から吸収したCO_2を光合成を司る主要な酵素であるリブロース二リン酸カルボキシラーゼ/オキシゲナーゼ（Rubisco）の触媒によってリブロース二リン酸へ取り込み，炭素3個の化合物である3-ホスホグリセリン酸を生成する（図II-4-4）．そして，葉緑体外の細胞質へ移動し，そこでショ糖に合成される．

　C_3型の光合成能は植物種の違いや葉の栄養状

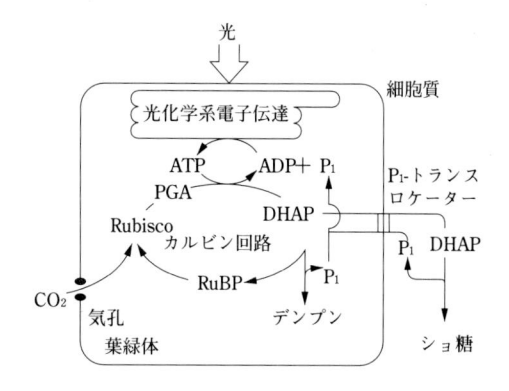

図II-4-4　C_3光合成の略図（牧野ら，1997，一部改変）
PAG：グリセリン三リン酸，DHAP：デヒドロキシアセトンリン酸．

態などによって異なる．イネの葉の光合成能は Rubisco の量によってきまるのに対し，ダイズの葉では，気孔からの CO_2 取り込み速度（気孔伝導度）や Rubisco 含量とも低いため光合成速度がイネよりも低い．一方，イネの葉では，窒素栄養状態がよくなると，Rubisco は十分となりむしろ葉緑体の外で行われるショ糖合成能が光合成のスピードを決める．

② C_4 型光合成

C_4 型では，通道組織を取り囲む細胞（維管束鞘細胞）にカルビン回路を備え，その回路の前段階として葉肉細胞に C_4 回路をもつ点で C_3 型とは異なる．C_4 型では，気孔から吸収した CO_2 を葉内の水分に重炭酸イオン（HCO_3^-）として溶かし，HCO_3^- はホスホエノールピルビン酸カルボキシラーゼ（PEPCase）によってホスホエノールピルビン酸（PEP）へ取り込まれ，炭素 4 個のオキザロ酢酸を生成する．C_4 回路は CO_2 の固定力が強く，C_4 型は C_3 型よりも光合成能が高い．

C_4 型の光合成能も葉の栄養状態によって変動する．C_4 型光合成は窒素栄養に感度よく応答し，C_3 型に比べて窒素利用効率が高い．C_4 型では，窒素栄養状態がよくなるとその情報が遺伝子へ伝達され，遺伝子発現が活発になって光合成酵素の生成が促進される．

2) 窒素栄養

普通，土の中には植物に必要な無機養分が含まれており，その量は作物が高い収量を上げるのに必要な量より多い．しかし，窒素，リン酸，カリウムなどは不足するため，現在の作物栽培においては，これらを含む肥料を使用して生産の増大を図っている．ここでは，植物の光合成および生産能を最も強く支配する窒素について述べる．一般に，窒素が不足すると，葉が小さく，緑色が薄く，光合成能が低く，植物体は小さい．窒素の施用量が増大するに伴い，葉の面積は拡大し，その緑色は増し，光合成が盛んになり生長が促進される．

植物は吸収した窒素をどのようにして利用しているのであろうか．肥料として与えた窒素はおもにアンモニアまたは硝酸態の形で根から吸収される．アンモニアは根でアミノ酸となって地上部へ転流する．一方，硝酸の多くはそのまま根から葉へ転流し，そこで還元・同化され，さらに各種アミノ酸へ転換された後，植物体のいろいろな部分へいく．すなわち，硝酸はまず，葉の細胞質で硝酸還元酵素（NR）により亜硝酸に還元される（図 II-4-5）．さらに，亜硝酸は葉緑体内へ取り込まれた後，亜硝酸還元酵素（NiR）によりアンモニアへ還元され，グルタミン合成酵素（GS）によりグルタミンへ取り込まれ，さらにグルタミン酸合成酵素（GOGAT）によってグルタミン酸となり，アミノ基転移反応により各種のアミノ酸へ変換される．この一連の硝酸の利用は最初の段階で働く NR 活性によって全体のスピードが決定される．葉の NR 活性は，暗所では急速に低下し，光を当てると上昇する．すなわち，光を遮ると NR 酵素へ無機リン酸とある種のタンパク質が結合し活性が低下するのに対し，光照射によってこれらが離脱すると活性が再び上昇する．

さて，植物は窒素をどのようにして再利用するのであろうか．たとえば，イネ葉が老化すると，その葉における酵素などのタンパク質は分解し，グルタミンとなって若い生長中の葉へ再転流し，そこで葉の生育や光合成などを行うための酵素として作り替えられ利用される．一方，若い生長中の葉は通道組織を転流してきたグルタミンを受け取り，グルタミン酸へ変換する．

このように，植物は光エネルギーを有効に活用しアミノ酸などの化合物に変えタンパク質として生命の維持や生長に利用し，やがて葉が老化すると，その役割を終えたタンパク質は分解され，生長の盛んな若い葉などへ転流し，有効に再利用されるのである．

3) 物質の転流―ソースとシンクの関係

タンポポやセルリーの茎を切断すると，白い液が切り口から出てくるのを観察した経験を持つ方も多いであろう．これが，葉から転流してきた師管液である．師管液だけを取り出して分析することはなかなかむずかしい．ウンカはイネにとまって師管液を吸う害虫である．そこでイネに付着したウンカの口吻をレーザー光で切断し，その切口から溢出する純度の高い師管液を採取し，それに

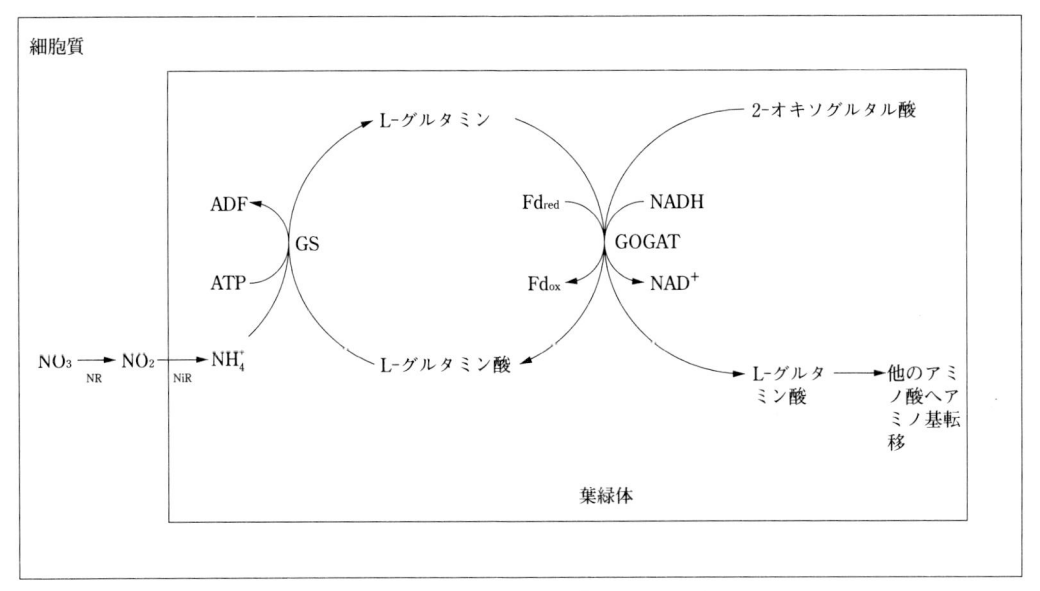

図 II-4-5 硝酸還元および GS/GOGAT サイクル
NR：硝酸還元酵素，NiR：亜硝酸還元酵素，GS：グルタミン合成酵素，GOGAT：グルタミン酸合成酵素，Fd：フェレドキシン（Fd_{red}：還元型，Fd_{ox}：酸化型）．

含まれる微量な成分を分析した．その結果によると，イネ師管液にはショ糖が最も多いが，150種以上に及ぶタンパク質も含まれている．さらに，葉に光が当たったという情報がソースである葉から師管を通じて果実やイモなどのシンクの部分に伝達されているとも考えられるようになった．

葉で光合成された糖類は，まず葉肉細胞などから細胞の外（アポプラスト）へ放出された後，特殊なタンパク質であるトランスポーターを通過し伴細胞へ取り込まれ，さらに師管を転流してシンクへ至る（図 II-4-6）．このソースとシンクの関係には次の2つの側面がある．ソースの光合成能が高いと転流速度が高まりシンクの生長が盛んになり，シンクによる師管からのスクロースの取り去りが活発になると，師管中のスクロースの濃度落差が大きくなり，転流が盛んになって葉の光合成能は高まる．ところが，多くの作物について光合成産物の転流状態を調べてみると，ソース能よりもシンク能が光合成産物を転流させる主要な駆動力となる場合が多いことがわかった．しかし，どのようにして光合成産物の転流速度が調節されるかは，まだ明らかにされていない．

4） 植物の生産能

植物の生産能は葉の光合成に加えて，個体を構成する器官の相互の関係や窒素などの栄養状態によって支配される．ここでは，まず器官相互の関係について述べてみよう．ソースとシンクの関係は，両者の着生位置などの植物の構造に由来する要素と両者の能力の相対的な強さによって強く影響を受ける．

植物は多数のソース葉と数個以上のシンク（収穫器官）から構成されており，ソースとシンクの関係は植物種間で著しい多様性を示している．一般に，特定の位置に着生する葉が収穫器官の生産にとくに貢献することがわかっている．光合成産物の転流状態からみて，とくに密接に関連する一群のソースとシンクとをソース・シンク単位とすると，植物は種固有のソース・シンク単位構造を形成している．第1の型は，イネ，コムギなどで見られ，植物体の1か所に着生したシンクと，それに近接した数枚の葉が1単位を構成し，根は下位に着生した葉と1単位を形成する．第2の型は，マメ類，トマトなどで見られ，ある1個の花房（シンク）と近接した数枚の葉とから形成されるソース・シンク単位が，1本の植物体では積み木を重ねたように連鎖形をなしている．第3の型は，植物体全体が1単位からなり，バレイショ，カンショなどの根菜類がこの例である．たとえ

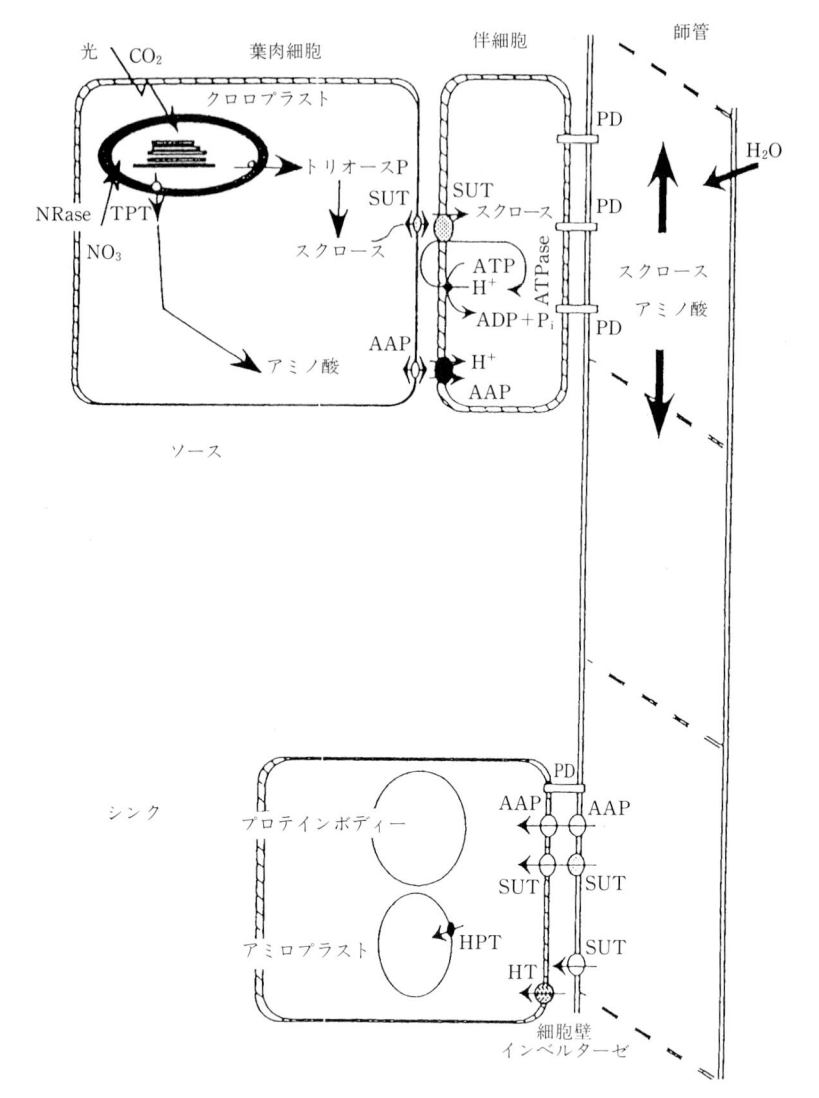

図 II-4-6 光合成産物および窒素化合物のソースからシンクへの転流・集積過程
(Frommer, W. B., Sonnewald, U., 1995, 一部改変)
NRase：硝酸還元酵素，SUT：スクローストランスポーター，AAP：アミノ酸トランスポーター，PD：プラズモデスマータ，HT：ヘキソーストランスポーター，HPT：ヘキソース-Pトランスポーター，TPT：トリオースリン酸トランスローケーター

ば，バレイショでは，地下部で肥大する塊茎が強力なシンクとなり，地上部のすべての葉がソースとして働く．

作物は多量の施肥を行い，一定の土地面積に多数の個体を生育させた群落状態で栽培される．イネでは，上位葉は穂とソース・シンク単位を構成し，十分な光を受け，窒素などの養分も供給され，他の葉に比べて葉の生理状態は良好に保たれる．これに対し，下位葉は根とソース・シンク単位を構成しエネルギーを光合成産物として根へ供給する．しかし，群落条件下では上位葉の陰になるため下位葉の受光量が減少し，光合成能が低下するため，根へのエネルギーの供給が減少し，その養分吸収能が低下する．その結果，個体全体で養分欠乏が起こり，下位葉では窒素の再転流が促進されるため，さらに光合成能が低下するといった悪循環を繰り返し，生産能が低下する．穂に着生するもみ数が多くシンク能の大きい超多収イネ

品種では，下位葉の光合成産物までも穂へ奪い取られるため，根へのエネルギーの供給状態はさらに悪化しがちである．

5) 植物と環境汚染

植物の葉は大気と，根は土壌や水，無機養分などと接している．そのため，葉は大気汚染源であるCO_2，メタンなどの地球温暖化ガスや窒素酸化物や硫黄酸化物などの人体に有害なガス類と直接にかかわり合っている．植物は，これらのガスを吸収し大気汚染の浄化を行っている．2つの例を示す．大気中のCO_2濃度は上昇し続けており，このCO_2の濃度上昇は，植物の光合成，とくに地上植物の79％を占めるC_3型植物の光合成に直接影響を与え，地上植物の生態系や農業生産にも影響を及ぼす可能性が予測される．一般にCO_2濃度が上昇すると，C_3型植物の光合成量は増大し生育が促進されるが，C_4型植物ではこのような光合成の上昇は起こらない．しかし，数週間から数か月と長期間，C_3型植物を高CO_2環境下にさらすと，最初に見られた光合成量の上昇は徐々に減少し，やがては消失してしまうケースが多いという．この原因は，まだ完全に明らかにされてはいないが，たとえば，高CO_2濃度下で長期間にわたって生育したイネでは，葉から窒素が減少し，光合成に関与するいろいろなタンパク質が一斉に消失するためであるという．

一方，植物は人体に有害なガスである窒素酸化物を吸収し利用する．すなわち，植物は二酸化窒素（NO_2）を葉の気孔から取り込み，これを根から吸収した硝酸と同様に代謝して利用することが発見されている．その後，NO_2吸収能力は植物種間で大きく異なり，その一因として葉内へ取り込んだNO_2の代謝能力の違いなどが明らかにされ，さらに遺伝子組み替えなどの分子生物学的手法によってNO_2吸収能力を強化する試みがなされている．これらの成果は，植物がただ単に大気汚染ガスの害に耐えるのではなく，これらを栄養源として利用する能力も潜在的に備えていることを示している．

〔藤田耕之輔〕

［コラム］

植物の生産能を高めるには

現在の大気CO_2濃度下ではC_3型光合成はRubisco活性によって律速される場合が多いことはすでに述べた．しかし，高CO_2下では，Rubiscoよりも電子伝達系の機能低下あるいは葉緑体におけるATPの生成に不可欠な無機リンの不足によって光合成は律速される．すなわち，高CO_2下ではRubiscoは過剰であり，Rubiscoを構成する窒素を節減できる可能性がある．人工的に作ったRubiscoの生成能の低い植物体では，光合成能は高CO_2濃度下でやや高まることがわかった．つまり，将来予測される高CO_2濃度に適合した作物種をつくれば，窒素肥料の節減によって肥料製造に伴うCO_2の大気への放出をも削減できるということになる．

分子生物学的手法を導入し，光合成で生成された糖類の転流やシンク能の改変も試みられている．たとえば，バレイショ塊茎のデンプン合成のカギとなる酵素の遺伝子の発現を抑制すると，塊茎のデンプン濃度が低下し，シンク能が低下するのに対し，その遺伝子の発現を高めると，デンプン濃度が上昇し，シンク能は増大するという．このような手法は，ソース能やシンク能を人為的に調節した生産能の高い植物品種を育成するための重要な手段となりつつある．

〔藤田耕之輔〕

---

(3) 作物の栄養診断・品質診断

1) 土の富栄養化と生理障害

近頃，大きく重点がおかれるようになった野菜，果樹，花卉の生産では，多量の化学肥料と有機物が連年施用され，植物の多量必須元素のリン，カルシウム，カリウム，マグネシウムが集積し，従来の欠乏—適域をはるかに超えて，適域—過剰域に達している．微量栄養元素も量的には土壌中に十分存在するようになっている．今日では，作物の栄養に問題がある生理障害は，土の中に栄養元素が不足しているのではなく，富栄養土壌における養分代謝のアンバランスや多量養分の過剰による微量元素の見かけの欠乏（すなわち，

微量元素の含有率は十分であるが，不活性の状況になっている）であることが多い．2つの例について見よう．

ハウスキュウリで，果実が生長する時期に下位葉から上位葉に向かって黄白化する生理障害がある．果実周辺の葉の黄白化で光合成が低下し，果実の発達が著しく妨げられる．障害葉を分析すると，健全葉に比べてカルシウム，マグネシウム，リンの含有率が高く，窒素とカリウムの含有率は低かった．とくにカルシウムは，葉の乾物 1 kg 当たり 100～130 g もあった．土壌中に蓄積されたカルシウムは硝酸イオンにより可溶化され，吸収され，下位葉に多量に集積，硝酸は還元同化され，他に転流されたが，葉ではカルシウムが炭素塩として残留したと考えられる．土へのカルシウムの蓄積は土壌溶液をアルカリ化し，マンガンやカリウムなどの吸収を阻害する．

リン酸が富化した土で栽培されたダイズは，葉は色が薄く，丸まってしおれてしまう．ダイズ葉では，リンの含有率が乾物 1 kg 当たり 10 g を超えていた．葉から鉄，亜鉛，マンガンを 0.2 モル塩酸（ほとんどすべての金属が抽出される）と 1 ミリモル MES 緩衝液（水溶性の微量元素が抽出される）で抽出すると，障害葉では，水溶性の金属が非常に少なく，欠乏域にあった．リン酸富化土壌では，過剰のリン酸により，鉄，亜鉛，マンガンが不溶化され，植物が吸収できないと考えられる．このような見かけの微量元素の不足は土壌中でも，また吸収された後の作物体内でも生じる．

2) 作物生体液によるリアルタイム栄養診断

作物養分の吸収，移動，活性（機能）の発現はつねに水を介して行われる．すなわち，培地溶液→導管液→組織液→師管液と水は動き，作物生体液での活性（おもに細胞質，葉緑体で）と貯蔵（おもに液胞）のため養分の供給もこのパスを通じてなされる．このような作物の栄養状態は葉色などの外観と通導管液や器官の汁液を分析すればわかる．従来の葉分析のように，乾燥後分解して，全分析するのに比べて，生体液の直接分析は，①作物の生のしかもリアルタイムの情報を与える，②乾燥試料の全分析で行う分解操作がいらず，生体液を適当に希釈すればよい，③無機態成分のみならず，各種有機態成分，生理活性物質，浸透圧や pH の情報も得られるなどの利点がある．2つの例をあげる．

大気中の窒素を固定する根粒をもつマメ科植物のうち，ダイズやインゲンは，その固定した窒素をウレイド（アラントインとアラントイン酸）の形態で，根粒から植物体に移行する．一方，根が吸収した窒素は，硝酸やアスパラギンの形態で導管を通って地上部に移行する．茎の根部に近い基部で切断し，そこからの分泌液（導管液）を得て，そのウレイド窒素の濃度を測定すれば，マメが獲得する窒素のうち，窒素固定の割合をリアルタイムで知ることができる．キュウリやトマトの葉柄の汁液中の硝酸やリン酸の濃度の測定によって，施肥すべきか否かのリアルタイム診断が可能である．キュウリの場合，14～16節の本葉または側枝第1葉の葉柄を 2 cm 前後に切断し，ニンニク絞り器で圧搾して，汁液を得る．汁液を適度に希釈して，小型反射式光度計などで硝酸濃度を比色定量する．これを診断基準値と比べて，施肥の必要性を判断する（牧野・前，1994）．

3) 作物の品質制御と診断

今日，農産物に求められる「品質」には色や形などの外観，糖・ビタミン・シュウ酸・硝酸などの内容成分，食品の健康的効果として機能性や安全性，そして収穫後の保存性や加工適性がある．これらの「品質」に影響する要因として，品種，作期，作型，そして養水分など栽培管理があげられる．ここでは，施肥などによる養水分管理と野菜の品質成分形成の関係を見よう．

人が野菜から摂取するビタミンは C，A，E，K である．ホウレンソウ，コマツナの葉のビタミン C（アスコルビン酸）含有率は 100 g 当たり 70～120 mg と高い．果菜ではピーマン，イチゴの含有率が高い．根菜類では，葉は葉菜同様高いが，おもな食用部分の根は葉の 1/2～1/3 である．植物のアスコルビン酸は，グルコースから生成される．葉や果実のアスコルビン酸の集積は光で促進される．アスコルビン酸含有率は生育が緩やかで，窒素が過剰になく，糖が集積する条件や，マグネシウム欠乏や紫外線の照射など細胞に過酸化

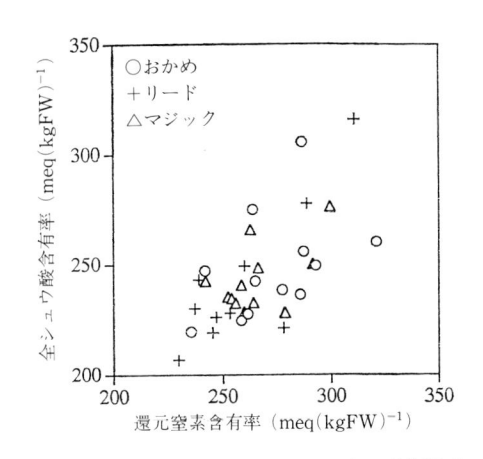

図 II-4-7 ホウレンソウ3品種における硝酸還元で生成した還元態窒素とシュウ酸の関係
(榊原・杉山, 1994)

物が集積しこれを消去するアスコルビン酸が必要になる条件で集積する.

ところで, ホウレンソウにはシュウ酸が多いことが知られている. ほかにショウガやミツバなどにも100g当たり300〜1,000 mg のシュウ酸が集積する. 植物細胞での代謝により生成されたシュウ酸は, おもに液胞に集積される. シュウ酸の生成は硝酸の還元と深く関連している.

作物が吸収した硝酸は硝酸還元酵素および亜硝酸還元酵素によりアンモニアになる. このとき, 1モルの硝酸還元で約2モルの OH^- が放出される. 次にアンモニアはグルタミン合成酵素により, アミドに同化され, このとき H^+ が放出される. しかし, 植物体に未還元の多量の硝酸 (100g当たり100〜1,000 mg) が集積されることがある.

硝酸を人間が摂食した場合, 硝酸の一部は微生物により毒性のある亜硝酸になり, さらにアミン化合物と反応して微量で発がん性をもつ N-ニトロソ化合物が生成する. しかし後者の反応はアスコルビン酸により抑制 (亜硝酸を還元分解) される. このため食物としては低硝酸, 高アスコルビン酸のものが望ましい.

硝酸還元で放出された OH^- により, 細胞はアルカリ化することになる. これを中和するのは中性の糖や CO_2 から生成する有機酸である. その代表がリンゴ酸とシュウ酸である. 時には炭酸イオンも寄与する. ホウレンソウではシュウ酸が OH^- の中和に使われる. このため図 II-4-7 に示すように硝酸で育てたホウレンソウでは還元された硝酸量とシュウ酸量は定量的に相関している. ホウレンソウをアンモニアを含む培地で栽培すると, 硝酸で育てた場合よりもシュウ酸生成は少なくなる. これはアンモニアの同化では OH^- が生成することはなく, シュウ酸を必要としないからである.

(米山忠克)

5. 土をつくる

(1) よい土とは

1) 土の理想像

　よい土とはどんな土だろうか．それは理想の土であろう．理想の物質，たとえば物理化学で理想気体といえば，圧力と体積が確実に反比例する気体のことで，現実には完全にその法則に従う気体は存在しない．しかし，それを想定しないことには，理解は進まない．理想の土もそんなものではなかろうか，ここまでの4つの章から，ある程度，土の理想像を想定することはできる．植物の根に必要な水と空気が供給でき，植物の養分となる元素を植物がうまく吸える形で保持しており，有害物がまぎれこんできても植物が吸えないくらい強く抱え込んでしまい，植物に役に立つ微生物がたくさん住んでおり，植物に病気をおこさせるような生物を食い尽くしてしまい，雨にも風にも負けない．そんな土にわたしはお目にかかりたい．しかし，この土の理想像「地力の高い土」を追求するのが「土づくり」である．

　「地力」はちりょくと読む，じりきというと力士の基礎体力のことになってしまう．言葉の意味は，土が本来的にもつ作物生産力ということである．しかし，地力は決して固定的なものではない．土の存在がそれほど強固なものでないことは，すでにⅠ編で述べた．土はつねに成分の溶脱や有害物質の集積による地力低下，構造破壊，侵食崩壊による土そのものの喪失の危険にさらされている．人間が土を適切に管理しない限り，地力は維持できない．この努力が土づくりである．

2) システムとしての土

　システム工学の分野でシステムとよばれるものは，複数の要素からなり，その要素間には互いに関連性があって，かつシステム全体としての目的をもつものとされている．この点では土はまさにシステムである．風化殻上の物理的，化学的，生物的要素群の相互作用の結果として，土が形成され，その土がもつ機能が植物の一次生産を通じて人類の生存に寄与している．また，物理的，化学的，生物的各要素群はそれぞれサブシステムとして構成され，土もまた気象システムや生態系システムとともに物質エネルギー循環システムのサブシステムとして位置づけられる．このように地球環境は階層構造をもっている．

　生物圏では生産者である植物が生産した有機物を消費者が分解して，エネルギーを得ている．この過程で二酸化炭素，水および熱を発生する．いまや人類は陸上で最大最強の消費者である．二酸化炭素と水は再び生産者によって太陽エネルギーを利用して有機物として同化される．熱力学の法則が示すとおり，このどの過程でもエントロピーは増大する．地球上にエントロピーがたまって，熱力学でいう「熱的死」を迎えないのは，そのエントロピーが動物では水の代謝，植物では蒸散による体の冷却，水蒸気の上昇，大気上層での凝縮による放熱の順序で宇宙空間に捨てられるからである．基本的には植生がプロモーターとなっているこの炭素サイクルが地球上の水の循環とリンクすることによって地球環境の恒常性が保たれている．その植生（の蒸散作用）を支えるのが土である（図Ⅱ-5-1）．

　一方，人間は種々の土地利用活動を行っている．農業だけでなく，二次，三次産業による土地利用もある．社会システムが高度化すれば，土地利用の多様化は進む（農村地帯の混住化，都市化など）．これによって生産のための用地の減少，景観悪化，廃棄物による土壌汚染などのもろもろのインパクトが発生する．

　「グリーンピース」という環境保護団体の名前が象徴的に示しているように，世間の環境をまも

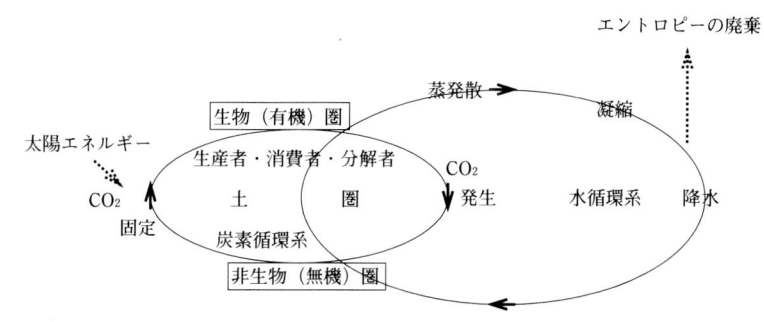

図 II-5-1　土をめぐる物質循環と水循環のリンク
自然界の循環系では，炭素循環と水循環がリンクすることによって，発生したエントロピーを宇宙空間に廃棄して，システムの恒常性を保っている．

る運動の多くは，植生保全をその中心にすえている．このこと自体まちがいではないが，ここまで土の破壊が進んでしまった現代では，まず土の保全，土づくりが必要となる．植生保全は土づくりの目的であると同時に，手段でもある．また，植生は土の環境が理想に近いかどうかの指標ともなる．土と植生は一体のものとしてとらえなければならない．

3) 土に対するインパクト

土に加えられるインパクトには，自然的なものと人為的なものがある．土の崩壊侵食は自然の気象要因や地殻変動の結果としても現れる．肥よくな沖積地の形成はその恩恵の部分でもある．しかし，今日問題なのは，人為的インパクトがきわめて強くなったことである．かつて人類が土の機能に過度に依存した結果，土を破壊してしまった例は山ほどある．古代，メソポタミアでのかんがいによる塩類の集積，レバノンスギの伐採による土壌侵食，中世，ヨーロッパの過放牧による植生の荒廃，近代，アメリカの単作地帯の土壌侵食などなどである．わが国では，製鉄燃料や寺院建設のための森林伐採が大規模な土壌侵食を招いた例が知られている．また，封建時代の領主たちは，早生種を栽培して一日も早く収穫して戦乱にそなえることと，耕地の拡大によって年貢を増やすことに熱心であった．そのため，かなり無理な農地開発が行われ，水害が多発した．これに手を焼いた徳川幕府は，寛文6年（1666年）乱開発を規制する法律「山川掟」（やまかわおきて）を公布している．ここでは土（土砂）と植生（草木）はみごとに一体のものとしてとらえられている．

　　　　山　川　掟
一，近年は草木之根迄掘取候故，風雨之時分，川筋之土砂流出，水行滞候之間，自今以後，草木之根掘取候儀，可為停止事．
一，川上左右之山方木立無之所々ハ，当春より木苗を植付，土砂不流落様可仕事．
一，従前々之川筋川原等に，新規之田畑起之候儀，或竹木葭萱を仕立，新規之築出いたし，迫川筋申間敷事．
　附，山中焼畑新規に仕間敷事．
右条々，堅可相守之，来年御検使被遣，掟之趣違背無之哉，可為見分之旨，御代官中え可相触者也．

寛文六年丙午二月二日
　　　　　　　　　　　老中署名

4) 土づくりの道

足尾銅山による土壌汚染や沖縄の赤土の流出のようなドラスティックなインパクトは，だれが見ても，人類の資源利用は，やり方しだいで環境破壊の側面をもってしまうことがわかる．しかし，資源利用が使い捨て方式に偏ってきたことによるジワジワと広がるタイプの環境破壊（地球温暖化や環境ホルモンのような問題）は，人類に慢性的ダメージを与える．使い捨て社会はつねに有害廃棄物のたれ流しと隣合せである．いま，われわれは，すべての資源は有限であることを率直に認めて，そのうえで土がもつ基本的な働きである土の再生産機能にたよる社会システムを再構築しなけ

ればならない．

ここまでの論議でおわかりになったと思うが，「土づくり」とは土を創造することではなく，人間が酷使した土を人間環境として最善の状態に修復し，維持することなのである．土の理想像はつかめても，土そのものには持続性はない．これを次世代に引き継いでいく努力が必要である．

（増島 博）

(2) 土の診断と改良

1) 土の診断とは

土の診断とは作物の収量・品質の向上，農作業のやりやすさ，施肥量の軽減などを目的として，水田や畑の性質を調査し，改良法（処方箋）を示すために行われる．こうした診断には，人間でいえば定期健康診断に当たる一般的養分状態の診断（予防診断），養分の欠乏か過剰による作物の生育障害に対する診断（対策診断），むだのない施肥を行うための施肥設計診断などがある．これらは化学性に関する診断であり，土の硬さ，粘性，水持ち，水はけなど農地の基本的性質に関する診断は物理性診断で，土地改良事業計画などによく使われる．このほか，土の中の微生物や病害虫などを対象とする生物性診断もあるが，専門的な調査を必要とし，あるいは診断の基準が明確でなく，緊急を要する場合以外はあまり行われない．

2) どのような手順で診断は行われるか

一般的には，農地や作物生育状況の聞取り調査→土壌調査・現場測定→土や作物の分析→診断・処方箋（改良対策）の提示，となる．作物の生育障害の診断においては，分析以外に現地での栽培や肥培管理などについての聞取りがとくに重要である．

最初の調査は農協，農業改良普及センター，農

水稲土壌診断票

【農協用】　作成年月日 98/01/13

農協コード	農協名	氏名	農家コード	ほ場番号	採取年月日
0607	南幌町	橋本 一太郎	0	1	97/10/31

土壌の種類	水田の乾湿	復元田	施肥法	作付予定品種
沖積土	半湿田		全層＋側条施肥	きらら397

分析結果

基本分析項目	基準値	測定値	判定	基本分析項目	基準値	測定値	判定
pH (H₂O)	5.5 ～ 6.0	5.8	適正	窒素		—	
りん酸 (P₂O₅)	10 ～ 19	8.6	やや少ない	微量要素分析項目	基準値	測定値	判定
加里 (K₂O)	16 ～ 30	21.8	適正	遊離酸化鉄(Fe₂O₃)	1.5		
苦土 (MgO)	25 ～ 45	91.8	多い	マンガン (Mn)	100 ～ 1000		
石灰 (CaO)	150 ～ 300	226.4	適正	塩基関連項目	基準値	測定値	判定
腐植	—	4.3	含む	塩基飽和度	40 ～ 60	67.6	やや高い
りん酸吸収係数	—	1138.0	中程度	苦土・加里比	2 ～ 7	9.8	高い
塩基交換容量	—	19.3	中程度	石灰・苦土比	3 ～ 6	1.7	低い
けい酸 (SiO₂)	16 ～	10.3	やや少ない	(仮比重)		0.90	

改良項目	りん酸		苦土	けい酸
土づくり肥料・資材	・ようりん　18.9（　2.8）		・水マグ	・ケイカル
別施用量(kg/10a)	※・苦土重焼りん　10.8（　0.5）		〔　〕	120～180
	・ダブリン　10.8（　0.8）		・硫マグ	
(作土の深さ10cm)	・重焼りん2号　10.8		〔　〕	

- りん酸，苦土質資材の施用量は，土壌診断基準値の下限域を目標として算出．
- （　）は施用した場合の苦土施用量．
- 〔　〕は苦土重焼りんの苦土含量を評価した施用量．

図 II-5-2　パソコンによる診断票の例

業試験場などの経験ある職員が行うことが多い．通常は土壌調査が行われる．約1mの深さまで穴を掘り，その断面の土の色や硬さ，水の通りやすさ，作物の根の伸び方などを観察する．物理性の診断はこの段階でかなりのことがわかる．さらに必要があれば化学性分析のための土を採取し，分析を行う．土を乾燥，粉砕した後，各種の分析機器を使って植物養分や有害物などを測定する．

これらの調査，分析結果は土壌別，作物別に設定されている「診断基準値あるいは改良目標値」にあてはめて，現状の土が良いか悪いかを判定し，その結果に基づいて「処方箋」が作成される．化学性診断で，最近はパソコンを利用した診断が一般的になっている．図II-5-2に示した水稲土壌診断票はその例で，リン酸基準値は土100 g当たり10〜19 mgであるが，分析値は8.6 mgとやや少なく，改良項目ではようりん（リン酸資材）を10アール当たり18.9 kg施用する処方箋が示されている．

3）診断基準値とは

健康診断の結果を診断票についている基準値と比較して一喜一憂された経験をお持ちの方は多いであろう．土壌診断にも基準値がある．表II-5-1，II-5-2に基準値と改良目標の例を示した．これらは各都道府県により若干異なるが，たとえば，水田を野菜畑として利用する際には，土のpHやリン酸を畑の基準値まで上げる必要があることがわかる．また，物理性に関しては，目標値としてある程度幅をもたせてあり，たとえば望ましい土性（土の粒子の粗さ）や透水性についての値が示されている．

これらの基準値や目標値は，各地の普及・研究機関，大学などによる長年の調査・研究の成果に基づいて決められている．とくに，農水省と全都道府県が1960年代から共同で行っている「土壌保全対策事業」の果たす役割は非常に大きく，調査分析法の開発，啓蒙のほかに，全国の土の種類とその性質，それらと作物生育とのかかわり，各種養分の土の中での挙動などについての膨大な成

表 II-5-1　化学性の土壌診断基準値（北海道の例，一部の項目のみ抜粋）

項目	水田	普通畑	野菜畑	草地	樹園地
土壌酸度（pH）	5.5〜6.0	5.5〜6.5*	6.0〜6.5	5.5〜6.5	5.5〜6.0*
リン酸（mg/100 g）	10以上	10〜30	15〜30*	10以上*	10〜20
石灰（CaO）(mg/100 g)	80〜400*	80〜600*	100〜450*	150〜800*	200〜350*
苦土（MgO）(mg/100 g)	25以上	25〜45	20〜50*	10〜50*	25〜40*
カリ（K$_2$O）(mg/100 g)	15〜30	15〜30	15〜35*	15〜50*	15〜30*
ホウ素（ppm）			0.5〜1.0		0.8

注）＊印は土壌の種類あるいは作物の種類によりさらに細かく設定されている．
（「土壌および作物栄養の診断基準」，平成元年5月，農水省北海道農試，北海道立農試，北海道農政部より）

表 II-5-2　物理性の改良目標（北海道の例，一部の項目のみ抜粋）

項目	水田	畑地
土性	砂壌土（SL）-埴壌土（CL）	砂壌土（SL）-埴壌土（CL）
作土深（cm）	15〜20	20〜30
礫含量（重量%）	5％未満（小礫以上）	5％未満（小礫以上）
心土の硬さ（mm）	18〜20（山中式硬度計）	16〜20（山中式硬度計）
透水性（cm/秒）	10^{-4}〜10^{-5}	10^{-3}〜10^{-4}
地下水位（cm）	60以下	60以下

（「土層改良計画指針（案）」，平成8年4月，北海道農政部より）

4）土の改良はどのように行われるか

診断により「処方箋」が示され，それに基づいて土壌改良が行われる．先に述べたように，化学性と物理性ではその改良方法がかなり異なる．前者の場合は，不足する養分を肥料で補給する，過剰養分についてはその肥料の量を減らす，などが具体的対策となり，実行も比較的容易である．物理性の場合は，粘性，水はけなど，農家個々の営農の範囲での改良は困難である．土層改良事業などの大規模事業の中で行われることが多い．

いくつかの実例を示そう．

① 養分不足に対する不足養分の補給

たとえば微量要素の「ホウ素」はダイコン畑などでは不足することがあり，その場合は生育障害程度や土の中のホウ素含量を確認した後，ホウ素を含む肥料を施用することで対応する．

② 養分過剰に対応した施肥量の減量

たとえばリン酸は，作物が吸い残した分は土中に蓄積する性質があり，土壌分析値は基準値を超えることが多い．過剰による生育障害は出にくいが，不必要なリン酸の施用は肥料代のむだとなり，また環境負荷の面からも望ましくない．土の中のリン酸含量に応じてリン酸の施肥量を減らすようにする．

③ 環境負荷への軽減

作物生育にとって最も重要な養分である窒素は一方で，水を汚染する物質でもある．窒素施肥量を極力減らすことが最近の土壌診断の大きな課題である．堆きゅう肥などの有機物あるいは土の中の有機物から出る，作物が吸収可能な窒素の量を予測することで，施肥する窒素量を減らすことができる．

④ 客土による表土の土性改良

粘性が強い土には客土が効果的で，土性の違う砂質の土や火山灰を混ぜると耕起作業が楽になり，土の水持ち（保水性）や通気性が改善され，作物の出芽がよくなる．

⑤ 排水性の改良

地下水位が高い土や粘性が強い土は，水はけ（排水性）が悪く，作物の生育は不良となり，農作業がやりにくい．この場合は土木工事によって明きょや暗きょを整備して排水改良を図るのが基本である．農家個々の対応では溝きりや弾丸暗きょ（土の中にモグラの穴のような水の通り路をつくる工法）などによって排水促進が行われている．

5）土の診断，改良の今後の方向

全国的な土の化学性や物理性の実態把握は農業

表 II-5-3　農地の表土の化学性の実態と推移（土壌保全対策事業，北海道の集計分より一部を抜粋）

地 目	年 次	pH	陽イオン交換容量 (meq/100 g)	全炭素 (%)	カルシウム (CaO) (mg/100 g)	マグネシウム (MgO) (mg/100 g)	カリウム (K$_2$O) (mg/100 g)	リン酸 (P$_2$O$_5$) (mg/100 g)
水 田	'59〜75 年	5.4	23.4	4.4	239	59	19	33
	'79〜82 年	5.5	22.7	3.2	252	67	21	46
	'84〜87 年	5.5	20.4	3.2	253	75	22	60
	'89〜92 年	5.5	22.0	3.1	239	65	33	69
普通畑	'59〜75 年	5.6	24.9	5.2	297	32	29	8
	'79〜82 年	5.7	26.0	4.8	310	38	41	23
	'84〜87 年	5.7	22.4	4.4	295	45	54	24
	'89〜92 年	5.7	24.2	4.2	275	40	48	29
野菜畑	'59〜75 年	5.8	19.8	2.4	354	52	27	28
	'79〜82 年	6.0	21.2	2.2	361	65	44	90
	'84〜87 年	6.0	20.0	2.2	345	69	51	86
	'89〜92 年	5.7	19.7	2.0	308	66	46	90

注1） '59〜75 年は地力保全基本調査，'79 年以降は土壌環境基礎調査による．
注2） 普通畑はムギ，マメ，イモ，テンサイなどの畑地を，野菜畑はタマネギ，ニンジン，カボチャ，キャベツなどの畑地をさす．

生産のみならず，環境保全，国土保全の面からも重要である．そのために，現在も多くの調査が行われている．表II-5-3には前述の土壌保全対策事業で明らかにされたおもな項目についての調査結果を示した．近年の多肥による集約的な農業を反映して，以前に比べてリン酸が蓄積されつつあること，土の中の有機物の多少を示す全炭素含量が低下していること，などがわかる．

診断の目的は戦後の「食糧増産」から「農産物の品質の向上」へ，さらに現在では「環境保全」と「高齢化への対応」が重要視されており，今後ともこの方向で進むものと思われる．

(橋本　均)

(3) 土の保全

土が失われる土壌侵食が，多くの文明をも侵食してしまったことはすでに述べた．土壌侵食には，水（雨）の作用による水食と風の作用による風食がある（だから浸食でなく侵食を使う）．いずれの場合も肥よくな表土が削り取られるため，作物の生育が悪くなり，極端な場合は農地として使えなくなってしまう．ここでは，土壌侵食の発生要因と対策について考えてみよう．

1) 水食発生の要因

水食はおもに畑地において発生する．日本は，傾斜地が多く，多雨であるため，水食の危険性が大きい．水食は次のようにしておこる．雨滴が地面をたたくと，土の粒子が分散して泥状になって土の表面を覆ってしまう（土膜という）．このため土中への雨水の浸入が妨げられ，地表を水が流れ出す．この地表を流れる水（表面流去水）が表土を洗い流してしまうのである．水食は，その侵食状態により，地表面がほぼ一様に削り取られる「シート（面）侵食」，シート侵食に加えて浅い溝状に侵食される「リル（細流）侵食」，それがさらに谷状に深く侵食される「ガリ侵食」に分けられる（写真II-5-1）．このような大規模な侵食も，もとはわずか厚さ数mmの土膜の生成なのである．

水食は雨により発生するが（急激な雪解けで発生することもある），雨の性質のうち，雨滴のエネルギーすなわち雨の強さの影響が大きい．加えて，水食の発生は，畑地の傾斜とその長さ，土の性質，作付体系および栽培管理などに影響される．表面流去水の発生する限界の雨の強さ（降雨強度＝10分間降雨量mm）は2〜3mmで，降雨強度4mm以上の雨が多いほど表面流去水により流出する土の量が多くなる．

傾斜が急で，斜面が長いほど表面流去水量が増加し，流速が早くなるため流去土量が多くなる．傾斜・斜面長の違いと流去土量の関係を図II-5-3に示す．斜面長が同じ場合（10m）は，傾斜の急なほど流去土量が多く，傾斜5度に比べて15度では流去土量が5倍以上，約140t/haもの土が流れてしまう．また，傾斜が同じ場合（10度）

写真II-5-1 大豆畑におけるガリ侵食の発生（広島県世羅町，1985）

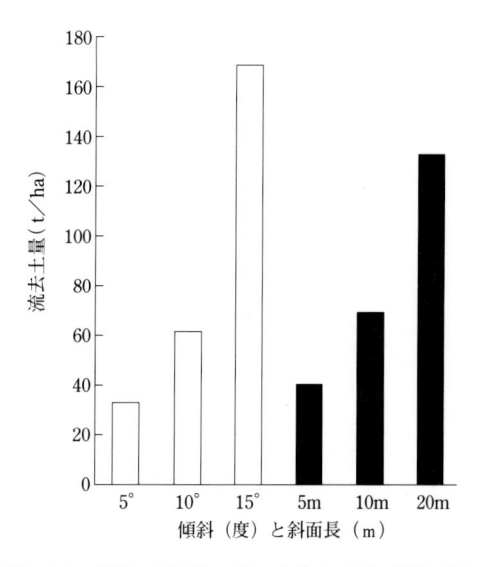

図II-5-3 傾斜，斜面長の違いと流去土量の関係（1985）
裸地状態，土壌：中粗粒褐色森林土

には，斜面長が長いほど流去土量が多く，斜面長5mに比べて20mでは流去土量は3倍以上になる．土の物理的性質の面から水食の受けやすさをみると，土中へ水がしみ込む早さと容量を示す指標である浸潤能や飽和透水係数，それと雨滴の衝撃に対する土粒子の分散性と水による土粒子の運搬のされやすさ（粒子と粒子の連結力の強弱）で計ることができる．これらの性質は，土の種類により異なるため，土により水食の受けやすさが違うが，マサ土（花こう岩風化土壌）や黒ボク土（火山灰土壌）は水食を受けやすい．

このような水食の発生しやすい地域では，雨の量と強度，地形（傾斜），土の性質（種類），栽培管理などのデータから，畑地における水食発生の危険性を予測することができる．その危険度を表した地図が作られており，対策を講じる際の参考にされている．

2）水食の防止対策

水食を防止するためには雨滴の衝撃を弱めて，土粒子の分散を防ぐとともに，表面流去水の発生を抑えることが必要である．水食の防止対策には次のようなものがある．

① 地表面の被覆

作物を栽培して地表面を被覆すれば，雨滴が土粒子をたたくことを防ぐことができる．作物を栽培する場合には，雨の多い梅雨時や台風が多い9月頃に畑地を裸地状態にしない作付体系にする必要がある．稲わらや麦わらなどで地表面を覆うマルチ処理は雨滴の衝撃を弱め，水分の保持力を増加させ，表面流去水の流速を弱める効果がある．図II-5-4に示すように斜面に沿った上下方向のうねのタバコ畑において，うね間を稲わらで完全に被覆することによって流去土量は裸地状態の約1/20になった．

② 斜面の管理

急傾斜地ではテラス（段々畑）状に畑地を造成して，傾斜を平坦あるいは緩傾斜にすることにより水食を防ぐ．テラス状の畑地ではのり面の保護がないと激しい水食を受ける（写真II-5-2）．のり面にはラブグラス，ケンタッキーフェスクなどの根の緊ぱく力の強い牧草を植えて被覆する．傾斜に沿った山成り形式の畑地の場合には，うねの方向を斜面に沿った上下方向ではなく，等高線方向とする．作業の関係から，等高線うねが困難な場合でも上下うねの間に等高線方向に排水路を兼用した通路をつくることによって，水食を軽減することができる．また，うね間に部分的に稲わらの束を置くだけでも流去土量を抑えることができる（図II-5-4）．さらに，排水路や沈砂池を整備して，河川に土が流れ出さないようにすることも水環境をまもる上で必要である．

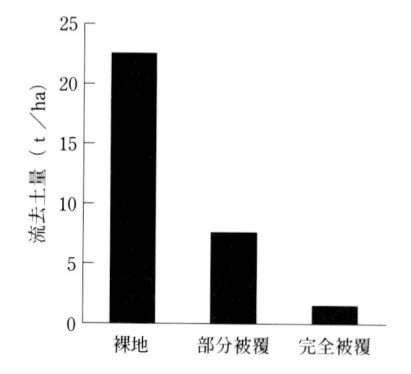

図II-5-4 畑地のうね間被覆と流去土量の関係（1982）
土壌：細粒黄色土，造成相
傾斜6度，斜面長25m
完全被覆：うね間を稲わらで完全に覆う．
部分被覆：斜面上端より10m，20mの位置に稲わら束（7kg）を置く．

写真II-5-2 テラス状畑地ののり面侵食
（広島県因島市，1985）

③ 土の改良

雨滴の衝撃による土粒子の分散を防ぐためには，有機物やポリビニールアルコール系の土壌改良材を施用して，雨滴の衝撃に強い耐水性団粒を形成させることである．団粒が形成されて，雨水が土中へ浸透しやすくなれば，表面流去水量は少なくなる．

3) 風食の発生要因と対策

風食は乾燥している地域で発生しやすい．アメリカでは，乾燥地帯に農地が広がっていった結果，1930年代に大干ばつとともに大規模な風食が発生した．これ以後，土壌侵食の防止につとめているが，現在でもまだ克服されていない．一方，日本の太平洋側では，冬に乾燥した気候となり，季節風が吹いて，風食が起こる．軽い黒ボク土が分布している関東や北海道の畑作地帯で風食の発生がみられる．また，もともと砂丘は風で動くものであるが，海岸砂地地帯は風食の激しい地帯で，とくに河口付近が著しい．春先に空が黄色になる黄じんは，中国黄土高原で発生した風食によるもので，遠くハワイまで到達している．

① 風食の発生要因

土は乾燥しているほど飛ばされやすい．乾燥した黒ボク土では，地上1mの高さでの風速が4～5 m/secから土の移動が始まる．このため，晴天が続き，気温が高く，土の表面が乾燥してくると風食を受けやすい．土の物理的性質としては，比重が小さく，乾くと粒子と粒子がばらばらになりやすい土ほど風食を受けやすい．

② 風食の防止対策

対策としては，a) 防風林，防風垣の設置，b) 裸地状態とならないような作付体系，c) 地表面の被覆，d) 乾燥時のかん水，e) ベントナイトなどの粘土や有機物の施用による土の凝集力の強化などがある．

(谷本俊明)

[コラム]

有機農法

今日，有機農産物が注目されている．農水省による有機農産物の基準では「化学合成農薬および化学肥料を原則として使用しない栽培法によって，3年以上を経過し，堆肥などによる土づくりを行ったほ場において収穫されたもの」と定義されている．

有機農法を長く実践している農家では，病害虫の防除とともに土づくりを重視しており，良質な有機質肥料を農家自身で作成している事例が多い．油かす，骨粉，魚かすなどに米ぬか，山土，もみがらなどを配合し，適度な水分を加えて十分に発酵させたいわゆる「ぼかし肥」を用いている．ぼかし肥は，一般に窒素成分は1～2％程度とかなり低いものが多い．そのため，有機農法実践ほ場の土は有機物や有機質肥料が多量に連用されており，有機物が蓄積し，団粒構造の発達や保肥力の向上による土壌環境の改善が大きい．また，農薬を使用しないことと相まって土の中の生物相は豊富になる．

有機農法は，生産者にとっては，多くの労力とコストを要するが，消費者にとっては，安全な食物を入手でき，環境に優しい農業の進展に貢献するメリットがある．有機農産物については，食味に優れ，日持ち性がよく，ビタミンやミネラルが多いという声が多いが，公的な試験研究からは答えを出すには至っていない．

(安田典夫)

6. 土をささえる資材

(1) 水田と畑で違う土の性質と肥料の効き方

1) 水田と畑の構造的な違い

水田は、イネが水生植物であることを巧みに生かしてつくられた、水をためること（たん水）ができる農地である。たん水は自然の気象条件や地形に任せて行われる場合もあるが、理想的な水田は、栽培上必要なときに必要なだけ水をため、排水もできる構造でなければならない。そのため、図Ⅱ-6-1に示すように、水田には水をためるための平坦な底と縁がある。底に当たる部分はすき床層とよばれ、代かきによって浮遊した土粒子が水とともに降下浸透して作土下の孔隙を埋めた、硬く締まった透水の悪い層である。この層は機械や作業する人がズブズブともぐってしまわないための支持層の役割も果たす。縁の部分はけい畔（あぜ）とよばれ、水の横浸透を防ぐ役目をしている。さらに、水を引くための用水路（パイプラインの場合もある）や、余った水を排水する排水路が設けられている。

これに対して畑は、林地を開墾した焼畑農業から出発したように、特別な構造はもたない。畑の条件としては、降雨後迅速に排水ができて、土壌侵食の少ない緩い傾斜地が理想的である。平坦な低地では排水溝を掘るか、客土によって農地面をかさあげする。

2) 畑にはない水田のメカニズム

水田の土と畑の土では、さわった感じや見た感じが異なる。畑の土は黒褐色や褐色をしていて、湿り気があり、ふかふかしている。これは土が水と空気を含んでいて、土壌三相といわれる気相、液相、固相の割合がほぼ均等にバランスしているためである。

水田ではたん水してイネを栽培するので、気相部分が水で満たされた酸素の少ない土になる。大気中には酸素は21％も存在するが、水中では飽和状態でも酸素は8 ppmしかない。このような条件下では、土の中の微生物の活動が好気性菌から嫌気性菌へと変化し、土は還元化する。この還元状態は、土の色の変化から見てとることができる。土の中に多量にある鉄は、畑状態では3価の鉄として存在し、酸素と結合して赤色をしている。還元状態になると3価の鉄は2価鉄になり、このため土の色が青灰色や緑灰色を呈するようになる。2価鉄は水の動きに伴って移動する。排水後の乾いた水田の土には、根の跡や亀裂に沿って入り込んだ空気によって2価鉄は再び酸化されるので、管状や膜状の褐色の酸化鉄の斑紋が見られる。

① 水田と畑で違う窒素の動き

水田と畑の土の化学的な違いを、最も特徴的な窒素の動態を例に、図Ⅱ-6-2と図Ⅱ-6-3に示す。畑の土は常に大気とのガス交換が行われ、酸素も十分にあり酸化的である。畑ではアンモニア態（NH_4-N）の形で施肥された肥料窒素は、好気性菌である硝酸化成菌の作用を受けて、短期間に硝酸態窒素（NO_3-N）に変化する（硝酸化成作用）。堆肥や家畜ふんなどの有機態で施用した場合でも、微生物の作用を受けて分解され、いっ

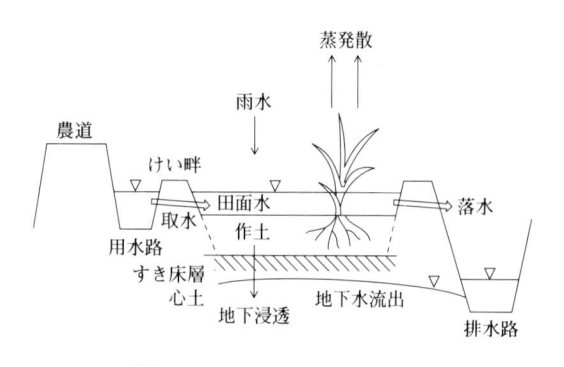

図Ⅱ-6-1 水田の構造と水の流れ

たんはアンモニア態窒素になるが，最終的には硝酸態窒素にまで変化する．このように畑では，無機態窒素の大部分は硝酸態として存在している．硝酸イオン（NO_3^-）はマイナスイオンであり，土粒子の表面もマイナスに荷電されているため，土にはほとんど吸着されず，降雨があると土壌浸透水に溶解して下層へと移行し，一部は地下水にまで流出する．

ところが水田では，作土の最上部に数mm〜1cmの薄い酸化層ができるが，その下部は酸素の少ない還元層となっている．肥料窒素（おもにアンモニア態）や有機物から無機化したアンモニア態窒素は，プラスのアンモニウムイオン（NH_4^+）であり，還元状態では安定していて，土に吸着されやすい．しかし，かんがい水から流入した窒素や肥料窒素の一部は最上部の酸化層で酸化されて硝酸態に変わる．これが還元層へ移行すると，嫌気性の微生物である脱窒菌の作用を受けて窒素ガス（N_2）となり，空気中へ放出される（脱窒作用）．畑でも団粒内，あるいは地下水の高いところでの脱窒は認められるが，水田に比べればその量は少ない．

② 還元状態がもたらす土の変化

わが国は降水量が多く，畑の土は塩基類が溶脱して酸性になりやすい．畑では常に石灰資材を投入して，土のpHを中性付近に保つよう努力がはらわれている．しかし，水田の土は還元化することで3価の鉄が2価に変わり水素イオン濃度を下げるため，土のpHは中性に近づく．

畑では，リン酸は水に不溶性のリン酸鉄やリン酸アルミニウムの形で存在している．還元状態になると，リン酸鉄は水に溶けやすい2価の鉄イオンとリン酸イオンになり，作物に吸収されやすくなる．また，pHの上昇もリン酸を有効化する．

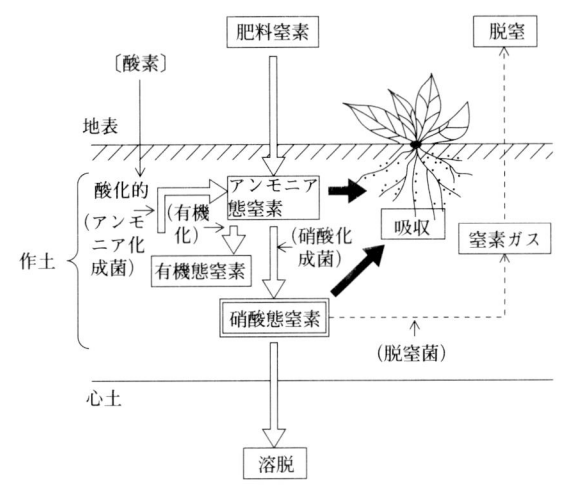

図II-6-2　畑における窒素の動態

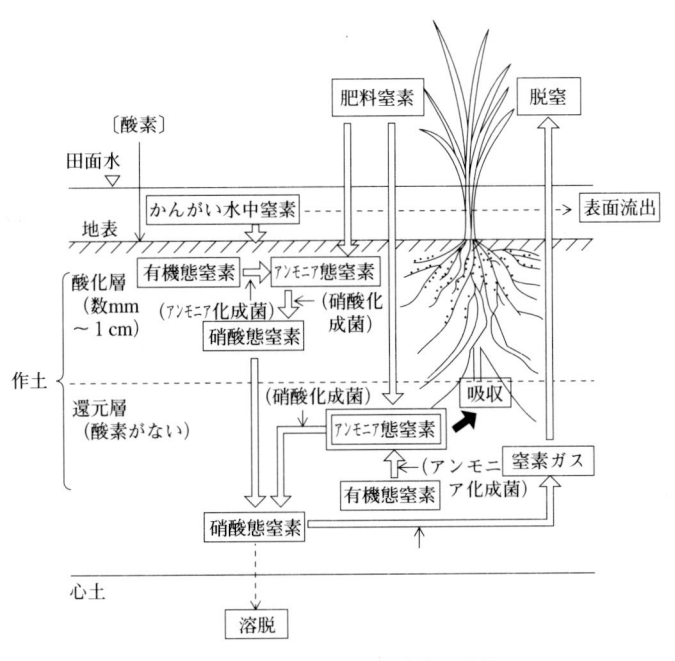

図II-6-3　水田における窒素の動態

酸化的な状態では有機物は速やかに分解されるが，還元状態ではそれが緩慢で，有機物の消耗が抑制される．そのため，分解に伴い放出された窒素などは，イネに有効に利用される．

③ たん水することによる栽培上の利点

水田ではかんがい水からの養分の供給が多量にある．かんがい水量を1,500 mmと仮定した場合，一般的なかんがい水の水質から，イネ栽培期間中のヘクタール当たりの養分供給量（kg）は，窒素22.5，リン0.2，カリウム20.7，カルシウム163.0，マグネシウム30.5，ナトリウム131.0，硫黄64.0，塩素95.2である．また，田面水中に存在するらん藻類は窒素施肥がない場合，空気中の窒素を取り込み，アミノ酸やアミドのような化合物にして窒素を固定する．熱帯の水田ではこの作用が大きく，窒素を固定する藻類が寄生するアカウキクサを水田で繁殖させて窒素肥料にする試みもある．

畑では2〜3年で連作障害（いや地現象）が発生して収量は低下するが，水田では連作が可能であり，収量も安定している．アジアでは1,000年以上続いている水田もたくさんある．これはたん水することにより，有害生物の種類と数が少なくなることや，土にたまる有害な物質が洗い流されるためと考えられている．

3) 水田と畑で違う肥料の効き方

窒素の施肥量に対するコムギとイネの収量を比較すると，ヨーロッパのコムギはヘクタール当たり332 kgの施肥量で約5.5 Mgの収量があり，21人を扶養できる．わが国のイネはわずか100 kgの施肥量で約5.0 Mgの収量があり，19人を扶養できる．このことは，食糧生産における水田の生産力の大きさを物語っている．

古くから「稲は地力でとれ，麦は肥料でとれ」といわれているように，水田ではかんがい水からの養分の供給もあるが，前述したようにたん水することにより土が還元化して，有効化する養分も多い．イネは無肥料で栽培しても，通常の80％近い収量を得ることができる．これに比べ畑では，有機物の消耗が激しく，土からの養分の供給量も少ないため，無肥料では低い収量しか得られず，肥料に依存する割合が高い．

イネと各種畑作物の三要素に対する反応の違いを図II-6-4に示す．これは，適正に施肥した場合の収量（100）に対する，窒素，リン酸，カリをそれぞれ欠いて栽培したときの収量指数である．イネは，無窒素では75であるが，無リン酸では97，無カリでは93の収量が得られる．コムギの場合は，無窒素では45，無リン酸69，無カリ72と収量の低下が著しい．さらに，ホウレンソウをはじめとしてハクサイ，カボチャ，キャベツなどの野菜類は，無窒素では収穫皆無に等しい．これは，作物の種類により吸肥特性や肥料に対する反応が異なることもあるが，基本的には土の性質によるところが大きい．

（小川吉雄）

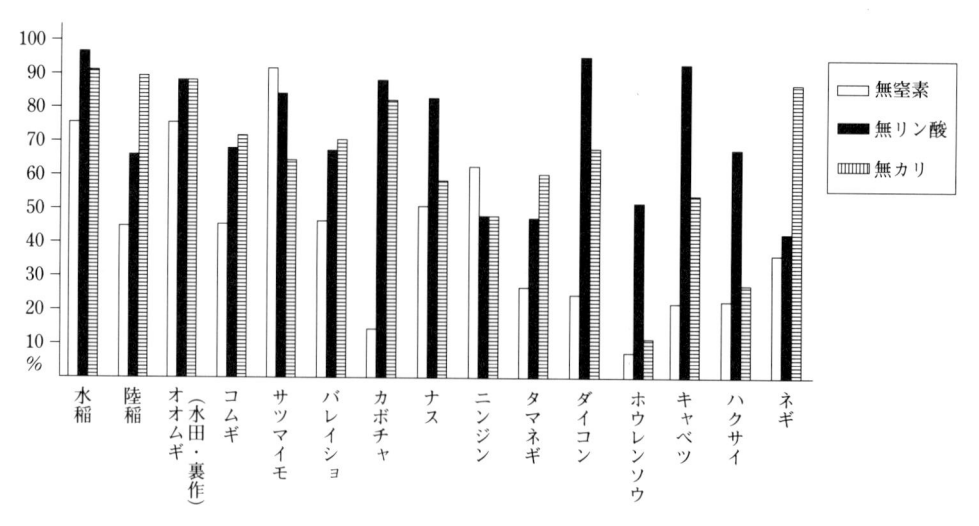

図II-6-4 肥料成分が欠けた場合の収量指数（三要素を100とする）（全農資料より）

(2) 機能をもった肥料とは

1) 肥料とは何か

言林には「肥料とは土地の生産力を維持増進し，植物の生長を促進させるために，耕土に施す栄養物質」とある．人が生き，活動するためには水以外に食物を必要とするように，作物の生育に欠くことのできない作物の食べ物，つまり，作物の食べ物とは作物の生育に必要な栄養素のことである．

江戸時代の農書によれば地の力を肥えしめる，地味を肥やすものなどと書かれている．地力を高めるために田畑に施用するものとあり，今日の肥料の定義とほぼ同じである．当時は「こやし」という言葉が用いられ，肥料という文字は明治維新後に生まれた．こやしの文字は，糞，糞養，肥培，肥しなどの種々の文字が使われている．紀元前1世紀半頃に書かれた中国の最古の農書「氾勝之書」にも糞，肥とあり糞，肥は土壌に養分を供給する言葉として使われている．わが国の肥料の起源は中国の農書の影響を受けていることは確かである．16世紀のヨーロッパの農書にも山野の草木や灰を土壌に施すことによって，作物が土から奪い去った養分を再び土に返すことができ，これは肥料（manure）として働くとある．

長い間，農家の肥料源は農家が自ら調達できるきゅう肥や野草（刈敷）などの有機物やこれらの灰などであった．作物を燃やすと炭素，水素，酸素，窒素からできている大部分の有機物は燃え，わずかに残った灰の中にはリン，カリウム，カルシウム，マグネシウム，硫黄，鉄，マンガン，モリブデン，亜鉛，銅，ホウ素などの約30以上の元素が含まれている．この15元素が作物に必要な食べ物である．このうち，炭素，酸素は空気から，水素は水から供給される．窒素，リン，カリウムは土壌からの供給が少なく，作物の生育には多量に必要なことから，肥料の三要素とよばれる．この三要素とカルシウム，硫黄，マグネシウム，鉄は作物の吸収量が多く，多量要素とよばれる．これに対して，植物の要求量が少ないために少しの施用でも足りるマンガン，モリブデン，ホウ素，亜鉛，銅は微量要素とよばれる．これらの元素（植物の食べ物）を多く含むものを畑や水田に施用する，あるいは直接作物に与える資材が肥料である．そして，土壌の養分状態や化学的性質に応じて，あるいは作物の種類や栄養要求量に応じて，必要な元素を必要な時期に与える技術が施肥法である．

19世紀の半ば頃から20世紀の初めにかけて，化学肥料の生産が始まる以前の肥料源は川底の土やふん肥，灰，青草，落葉，海藻，ナタネかす，しょうゆかす，魚肥などが使われていた．しかし，肥料源は土地の地理的事情によって異なり，また入山権や占有関係から肥料を自給することは困難であった．

18世紀半ば頃に始まった産業革命後に，リン鉱石やカリ鉱石など肥料鉱物資源に依存した施肥農法が始まった．20世紀に入ると化学工業の発展によって，石油エネルギーと鉱物資源から化学肥料の供給が始まった．今日，多種多様の肥料が出回っている．肥料の種類は含まれる成分や原料，製造方法によってさまざまで，その形状には粒状，粉状，固形，液体があり，用途によって使い分けられている．

化学的組成によって無機化合物の形態で含有されている化学肥料（無機質肥料）と肥料成分が有機化合物の形態で含有する有機質肥料に分けられる．化学肥料は空気中の窒素，リン鉱石，カリ鉱石など天然資源を原料として作られ，成分濃度も高く，運搬や貯蔵など，農家にとっても使いやすいので多く使用されている．肥料成分を一つだけ含む単肥（窒素肥料，リン酸肥料，カリ肥料）や窒素，リン酸，カリウムの三要素を2成分以上含む複合肥料がある．単肥を混ぜ合わせた配合肥料（2種類以上の単肥か，または単肥に目的に応じて微量要素資材などを混ぜ合わせる）は早くから製造され使用されている．一般には，肥料原料に化学的処理を加え，三要素のうち2成分以上を含む化成肥料や3成分の含量が30％以上の高度化成肥料がよく使われている．戦後の飛躍的な食糧増産には化学肥料工業からの供給と，これを効率よく施用する施肥技術の進歩が貢献した．しかし，上述した化学肥料は作物に必要な養分を補給したり，土壌に化学的反応を起こす無機質の資材

であり，これ以外には特別な機能はない．

一方，有機質の肥料としては，数種の無機質・有機質肥料に山土を混ぜて発酵させた肥料（ぼかし肥料）がある．古くから農家の自家製肥料として使用してきた．最近は有機農産物に対する関心が高まり，なたね油かすや魚かす，骨粉など肥料成分の含量が比較的高く品質が安定した有機質肥料や堆肥や家畜ふんなど自給有機質肥料が増加している．また，これから21世紀初頭にかけて食糧・資源・環境問題が表面化することは確実で，21世紀は廃棄物を再資源化して利用する循環共生の社会システムが望まれている．そこでは身近に発生する汚泥や都市ごみを肥料資源として再生利用する農法が定着するであろう．

2) 効き方に工夫のある肥料

これら有機質肥料の機能は窒素成分などの肥料的効果のほかに，①土壌の保水性や通気性を改善する物理的効果，②腐植物質による化学的効果，③アミノ酸などの有機質肥料の構成成分が作物に与える生理的効果，④有用微生物の増加と微生物の分泌物質による生育促進などの微生物的効果が知られている．以前から，有機質や土壌中の有機物には微量金属元素とキレートを形成して植物に吸われやすくしたり，作物の根の発達を促進させる生理活性をもった物質が含まれていることが知られていた．その一つに，土壌中で生成される生理活性物質として腐植酸物質があり，これを添加した腐植酸肥料がある．

有機質肥料を土壌に施用すると，それを基質として増殖するさまざまな微生物に影響を与える．土壌中で微生物によって生成される植物ホルモンは発根促進や根伸長促進の作用がある．このように有機物や堆肥中には根の発達に関与する根伸長促進物質が含まれ，土壌微生物によって生理活性物質が生成されることは確かである．有機質肥料は化成肥料にない多くの機能をもつが，作物の生育や土壌微生物に与える効果はまだ十分に解明されていない．有機質肥料は化学肥料に比べると，運搬や施肥労力を必要とし，有機質肥料資源の大部分を海外に依存している現状では有機質肥料を安定的に供給するには不安がある．

化学肥料の大部分は水に溶けやすい速効性の肥料で，肥効が現れやすい反面，一度に多量に施用すると濃度障害が発生したり，多くが植物に吸収されずに雨などで流出して川や地下水を汚染（おもに窒素化合物）する原因となる．有機質肥料に

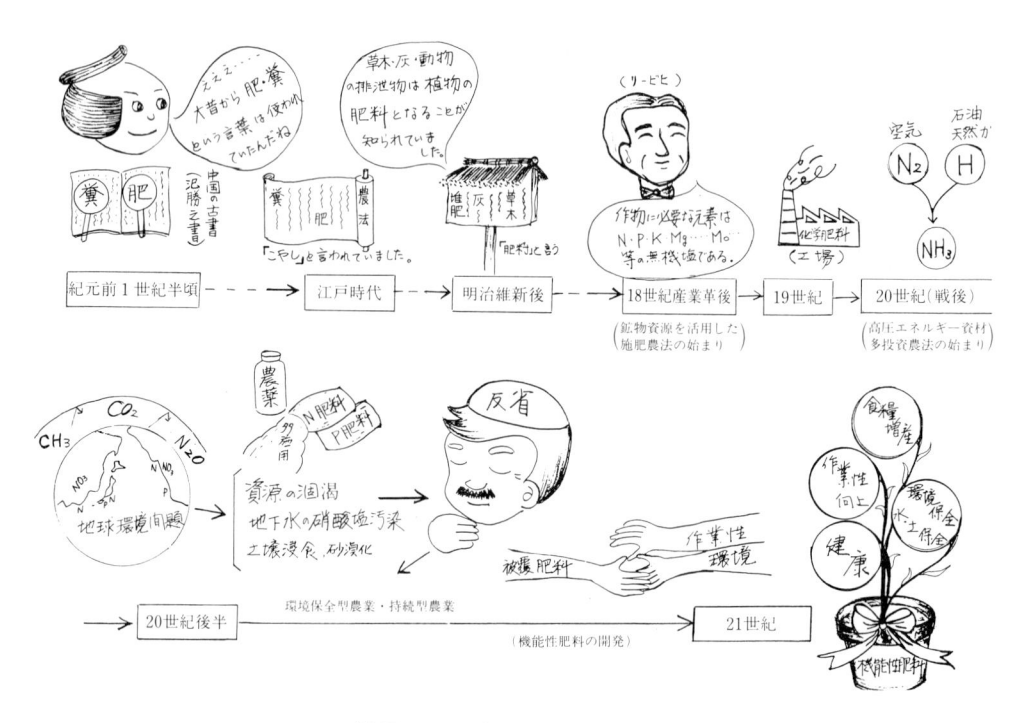

図 II-6-5　肥料の移り変りと展望

含まれる大部分の窒素は有機態の窒素である．有機態の窒素は土壌微生物によって分解されたのち，無機化してから吸収されるために肥効がゆっくりしている．そこで，窒素を化学的な反応で水に溶けにくい化合物（IB, CDU, ウレアホルムなど）に変えた緩効性窒素肥料がある．肥料そのものが水に難溶性であったり，いったん微生物によって分解されるため，長期にわたって養分が少しずつ溶け出したりする．また，石灰窒素の主成分であるシアナミドや微量に含まれるジシアンジアミドは微生物の活動に影響を与えアンモニアの硝酸への変化を遅らせる（硝酸化成抑制）効果があり，このほかに微生物活動を阻害する薬剤が数種開発され，これら薬剤を混合した硝酸化成抑制材入り肥料がある．いずれも機能を持った肥料である．

このほかに機能を持った肥料には，①作物の必要とする養分を必要な時期に供給する機能すなわち成分の溶出を調節できる機能，②作物の生育を調節できる機能，③環境にやさしく，農作業の省力化が期待できる副次的機能をもった肥料がある．今後に期待される機能性肥料として，肥料の溶出また微生物による分解過程で生成する生理活性作用や肥料の鉱物や被覆材が保水機能や土壌改良効果を表す肥料，有機物の分解促進や有害成分の分解を促す微生物資材入り肥料，作物の養分欠乏・過剰症を生理的に回避できる肥料，人の健康・生体調節機能を付加した肥料などの開発が望まれる．

今日，肥料に農薬や植物成長調整剤を添加した高付加価値肥料が開発されている．とくに目ざましい技術革新は，水溶性の肥料表面を物理的に被覆して溶出をコントロールする肥効調節型肥料の開発である．肥効調節型肥料は施肥技術が長年の目標としてきた肥料成分の飛躍的な利用率向上を実現した．これによって施肥量を削減でき，河川

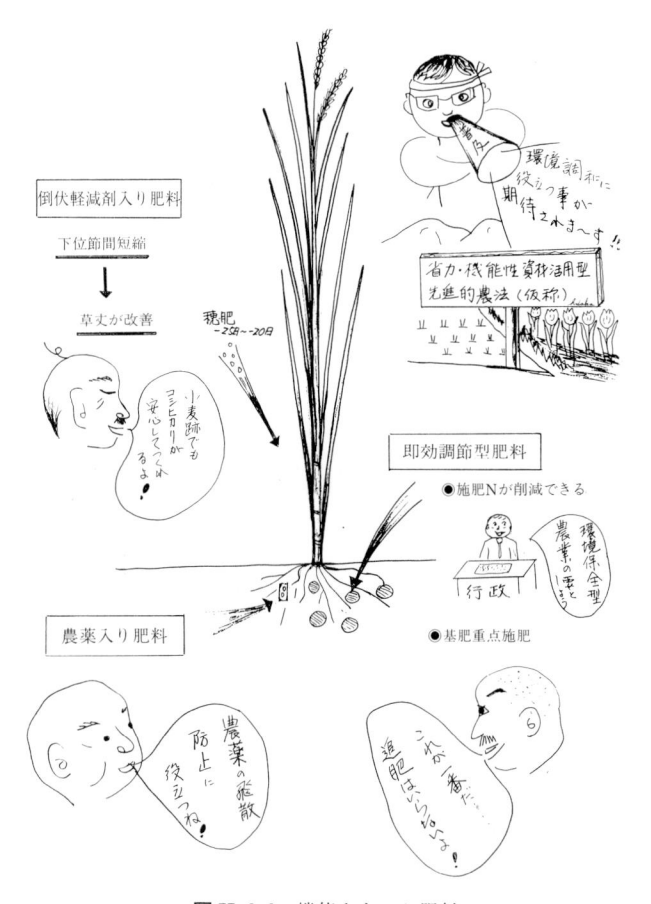

図 II-6-6 機能をもった肥料

の富栄養化防止，地下水の硝酸汚染防止対策など環境保全型農業の要（かなめ）として期待されている．また，農業者の高齢化が進む中，省力化技術の開発が求められている．高付加価値肥料が農家の労力削減と作業性の向上に貢献できることは確かである．

（日髙　伸）

（3）　有機資源のリサイクル

1）　リサイクル農業への転換

世界人口の増加に伴い食料生産の増大が不可欠である．しかし，資源には限りがあり，世界の食料生産は大きな増大を期待できなくなっている．人口の増加に伴って，1人当たりの資源量は減少してゆく．さらに，人口の増大に経済成長が加わると，資源の消費や環境の破壊は加速度的に進行してゆくと考えられる．今後，現在の生活水準を維持し，環境の破壊を防ぐためには，限られた資源を大切にするリサイクル型社会の確立が不可欠である．

農業は，生産活動の中で最も太陽エネルギーを有効に利用する産業であり，家畜ふんや収穫くずのような有機性廃棄物を肥料として有効活用してきたリサイクル型の産業であった．しかし，各種産業の発達と都市圏への人口集中により有機性廃棄物の発生源と農業は分離され，生産から生じる廃棄物は集中大量処理されるようになり，環境への影響が懸念される事態を引き起こした．また，農業も高生産かつ省力化，低コスト化を追求するため化石エネルギー利用が増大し，かつてのようなリサイクル型の展開は困難になっている．

今の社会における物質の流れと，リサイクル農業における物質の流れを図II-6-7に示した．作物の栄養は肥料として与えられ，土の上で栽培された農作物は，直接あるいは間接に食糧となる．その過程で生じる廃棄物は焼却または埋め立てられ，農耕地に帰ることがない．これでは農業生産が進むにつれ環境にかかるストレスが増大するばかりである．とりわけ，食料の大部分を海外に依存するわが国では，この傾向はいっそう深刻である．これを解決するためには，廃棄物を有効に利用するリサイクル技術を確立し，有機性廃棄物を

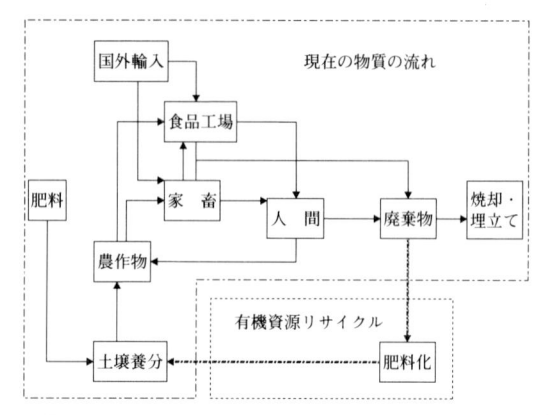

図II-6-7　現在の農業における物質の流れと資源リサイクル農業における物質の流れ

堆肥や肥料として利用する農業生産システムの確立が不可欠である．

2）　有機性廃棄物の活用

われわれが生活するのに伴い，直接的あるいは間接的に数多くの廃棄物が排出されている．わが国で1年間に最終処分すべき廃棄物は1.3億Mgにも及ぶが，これは1人当たり1Mgに相当する．この廃棄物の中には，家畜ふん尿や汚泥類など農業生産に役立つ有機性廃棄物が60％近くを占めている．

リサイクル型農業確立のためには生産，消費活動で発生する「廃棄物」をいかに少ないエネルギーで有効に資源化するかが重要なポイントとなる．リサイクルには，廃棄物を再利用または加工後原料として再利用する場合と，化学的または生物的処理を加えて資源化する場合がある．有機資源を農業利用する場合は，後者の区分となるが，省エネルギー型の資源化のためには，微生物活動を利用した堆肥化処理が望ましい技術である．

農業生産に利用可能な有機物資源は図II-6-8のようなものが考えられる．これらの多くは廃棄物として処理されているものであり，処理を加え形態を変えることにより資源として生まれ変わらせることができるため，「未利用有機資源」とよばれている．これらの中で，産業系および生活系未利用有機資源には重金属などの問題を含むものもあるが，農林水産系の資源は利用上で問題になるものはほとんどない．

今後，これら資材について有効利用する技術開発をすすめ，地域にある有機資源を有効に活用す

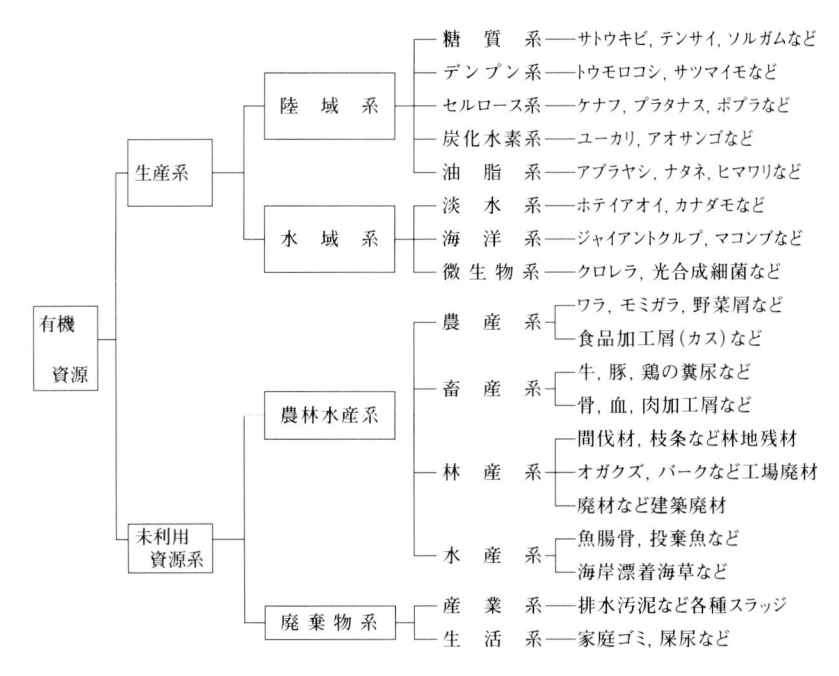

```
有機資源 ─┬─ 生産系 ─┬─ 陸域系 ─┬─ 糖質系 ──── サトウキビ、テンサイ、ソルガムなど
          │         │         ├─ デンプン系 ── トウモロコシ、サツマイモなど
          │         │         ├─ セルロース系 ─ ケナフ、プラタナス、ポプラなど
          │         │         ├─ 炭化水素系 ── ユーカリ、アオサンゴなど
          │         │         └─ 油脂系 ───── アブラヤシ、ナタネ、ヒマワリなど
          │         └─ 水域系 ─┬─ 淡水系 ──── ホテイアオイ、カナダモなど
          │                   ├─ 海洋系 ──── ジャイアントクルプ、マコンブなど
          │                   └─ 微生物系 ── クロレラ、光合成細菌など
          └─ 未利用 ─┬─ 農林水産系 ─┬─ 農産系 ─┬─ ワラ、モミガラ、野菜屑など
             資源系  │             │         └─ 食品加工屑(カス)など
                    │             ├─ 畜産系 ─┬─ 牛、豚、鶏の糞尿など
                    │             │         └─ 骨、血、肉加工屑など
                    │             ├─ 林産系 ─┬─ 間伐材、枝条など林地残材
                    │             │         ├─ オガクズ、バークなど工場廃材
                    │             │         └─ 廃材など建築廃材
                    │             └─ 水産系 ─┬─ 魚腸骨、投棄魚など
                    │                       └─ 海岸漂着海草など
                    └─ 廃棄物系 ─┬─ 産業系 ── 排水汚泥など各種スラッジ
                                └─ 生活系 ── 家庭ゴミ、屎尿など
```

図 II-6-8 有機質資源となりうる物質（新燃料油研究開発調査報告書1992より作成）

ることが必要である．有機性廃棄物の利活用については，「農地は捨て場ではない」という反論が時として行われることがある．これは，廃棄物を排出する側の論理で農耕地利用が行われた場合におこるものであり，過去，幾多の失敗事例があった．今後は，使用する側（農業生産者）に立った有機性廃棄物の利活用を推進してゆく姿勢が必要で，いつまでも被害者意識でいては事態は進展しない．

3) 有機性廃棄物の活用技術

① 家畜ふん尿

家畜ふん尿は農業生産を支えてきた重要な資材であるが，今では農業と畜産は別々に行われており，発生地域と利用地域がちがうので，十分な利活用が行われていない．家畜ふん尿は，ウシ，ブタ，ニワトリを合計すると年間9,000万Mg排出され，これに含まれる肥料成分は，窒素68万Mg，リン酸45万Mg，カリ55万Mgと計算される．この量は，現在国内で使用されている化学肥料の成分量にほぼ匹敵する膨大な量であり，有効利用は不可欠である．

② 食品工業廃棄物

食品産業廃棄物は，もともと農業あるいは畜産業，水産業由来のものであり，肥料として質の高い有機物が含まれていることが多く，有望な資材である．しかし，ごく一部の資材しか肥料化されていない．利用可能な資材としては，次のようなものがある．

おから（豆腐かす）は，年間約74万Mg発生する．かつては食料や飼料として有効利用されていたが，現在では廃棄物として処理され，一部は焼却処分されている．窒素成分が多く含まれ，木質のような炭素率の高い資材と混合することにより良質の堆肥にすることができる．また，罐飲料の増加に伴い生産量が増加している．コーヒーかすやチャかすは，年間約60万Mg発生する．肥料効果はあまり期待できないが，脱臭効果が高く，窒素含量の高い資材と混合するには最適な資材である．

そのほか，ジュース製造から出る果汁の絞りかす（約50万Mg），畜産加工廃棄物（約50万Mg），ビールかす（約90万Mg），焼酎かす（約33万Mg），サトウキビかす（約37万Mg）など，いろいろな食品かすがある．これらの一部は有機肥料になっているものもあるが，それぞれの資材の特徴を生かしてうまく組み合わせれば良質の有機肥料や堆肥に生まれ変わらせることができる．窒素が多いが悪臭が発生しやすいおからと脱

臭効果の高いコーヒーかすを混合して良質の堆肥を製造した事例もある．

③ 家庭から出る生ごみ

各家庭から出るごみの約25％が厨芥類（生ごみ）であり，1戸の家庭から，平均500g程度の生ごみが排出されている．この有効利用の歴史は古く，1930年イタリアで大規模な都市ごみの堆肥化が始まり，1931年にはフランスでコンポストプラントが使用されている．しかし，現在，地方自治体で堆肥化に取り組んでいるところは少ないが，戸外設置型のプラスチック容器（コンポスター）の購入に補助を行っている自治体は多い．また，近年，家庭内に設置する生ごみ処理装置（消滅型や乾燥型）が発売されているが，価格や臭気，分解物の処理にまだまだ問題がある．さらに，事業所規模の堆肥化装置も開発されているが，同様の問題が多く，あまり普及していない．生ごみは，肥料成分がバランスよく含まれている．また，毎日排出され，その量も多いため，今後の重要な資源となると考えられる．

④ 植物性廃棄物

都市の中の街路樹や公園の植木は意外に多く，全国的には200万Mg以上になると推測される．せん定は夏せん定と冬せん定の2回に分けて行われ，夏せん定は新梢が多く柔らかく葉も多いのでそのままでも堆肥化しやすいが，冬せん定は枝が多く，葉があっても針葉樹が多いために堆肥化しにくく，家畜ふんなどの窒素源を添加する必要がある．ほかに，間伐材や工事などによって伐採される樹木を含めると莫大な量になる．また，作物栽培残滓である野菜屑は，都市近郊において問題になっており，有効利用技術開発が望まれる．

⑤ 汚泥類

汚泥類は，生活に伴う下水汚泥，し尿汚泥のほかに食品工場関係の汚泥や化学工場関係の汚泥がある．最も量が多く（約240万Mg）処理が問題

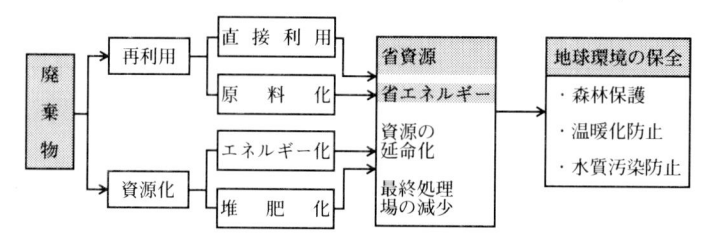

図 II-6-9　廃棄物のリサイクルが環境に及ぼす効果

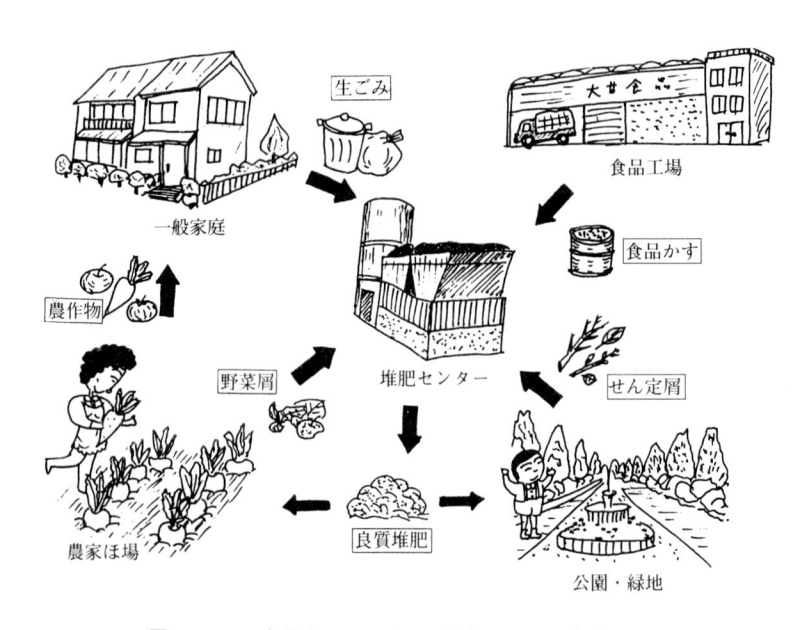

図 II-6-10　有機資源リサイクル社会における物質の流れ

になるのは下水汚泥である．汚泥は処理により生汚泥，活性汚泥，消化汚泥などに分けることができるが，重金属含量や石灰含量が高いという欠点がある．すでに汚泥コンポストとして肥料化されているものもあるが，有効利用率は低い．有効利用については今後も検討が必要である．

4) 資源リサイクルで環境保全

未利用資源としては，ここに示したもの以外に数多くの資材がある．その資材によって成分や有機物の特性が異なり，数種の資材を組み合わせることにより，現在あるものよりも成分バランスの優れた資材を製造することも可能である．

資源リサイクル農業が環境保全に及ぼす影響を図II-6-9に示した．21世紀は，環境を保全する農業の展開が必要であるが，そのためには資源リサイクルが中心にならなければならない．とはいえ，わが国の現状は，農作物や家畜の飼料の多くを輸入にたよっており，完全な意味での国内リサイクルは完結しない．このためには，農作物の国内自給率を高めるとともに，農作物の輸出国に，有機性廃棄物で製造した肥料を輸出し，地球規模でのリサイクルを行うことが必要である．

また，従来の家畜ふん尿とは異なる有機物の土壌施用により，土壌中の微生物相に影響を及ぼし，連作障害のない栽培体系をつくり上げることが可能となるかもしれない．その一環として，おからなどの未利用資源を用いて，土壌病害抑止微生物を積極的に増殖させる高機能堆肥製造の試みも行われている．

最後に未利用資源活用によるリサイクルのイメージを図II-6-10に示した．家庭や公共施設，農園から出される有機性廃棄物を堆肥化し，農耕地や緑地に還元する資源リサイクル社会の実現は，都市と農業が共存するには不可欠である．これは決して新しい課題ではなく，19世紀後半に活動したドイツの農芸化学者リービッヒは，次のような言葉を残している．

「植物と動物の間には基本的元素が循環している．都市と農村の分離は，人間と土地との間の，この循環系の破壊を招き，土地を消耗させる．」

〈藤原俊六郎〉

[コラム]

火山灰土壌とリン酸

火山灰土壌（黒ボク土）は土壌改良の成果が最も大きかった土壌の一つである．火山灰土壌はおもに台地，丘陵地に分布し，その真っ黒い腐植の集積した表層は一見肥よくに見える．しかし，作物栽培にはいろいろと問題があった．その問題は主として化学的なもので，リン酸欠乏，酸性障害，塩基類および微量要素の欠乏などである．

リン酸欠乏はわが国の成熟した火山灰土壌に共通の問題である．リン酸欠乏のおもな原因は，この土に大量に含まれている反応性の高いアルミニウムによる．この土の全リン含量はリン酸欠乏のあまり問題とならない低地土に比べればむしろ多い．一般に火山灰にはアパタイト（$Ca_5(PO_4)_3F$, Cl, OH）がP_2O_5として0.1～0.3%程度（時にはそれ以上）含まれる．それにもかかわらずリン酸欠乏になる原因は，火山灰の風化が進むにつれてあまり溶けやすくないアパタイトも徐々に溶解し，リン酸イオンは火山ガラスから生成した反応性の高いアルミニウムと反応して難溶化するためである．

火山灰土壌のリン酸欠乏はリン酸資材の多投により改良された．そのほかの問題点も研究と対策が進み，現在では多くの畑作物生産に利用されている．このように改良された作土の全P_2O_5含量は0.5～1%程度に増加している．そのおもな形態は非晶質リン酸アルミニウム類似物質であるが，その一部は作物に利用可能である．将来の食糧不足やリン資源の枯渇が懸念される中で，改良された火山灰土壌は食糧生産の貴重な資源である．

〈南條正巳〉

7. 土 と 環 境

(1) 汚染された土

土に帰る，という表現をよく見かける．土に帰ったものは多少なりとも土に負担（しばしば負荷とよばれる）を与える．しかし，それら負荷に対する土の許容力は大きいので，それを知った人類は実に多くのものを土に還元してきた．ときには，利益を追うに急なあまり，土に許容力のないものまで土に捨てた．その代表例が土の重金属汚染である．

1) 重金属やヒ素による土の汚染

① 渡良瀬川鉱毒事件―銅による汚染

栃木県の足尾銅山に端を発する渡良瀬川鉱毒事件は，広く群馬，栃木，茨城県に及び，歴史も古く，公害の原点といわれる．明治時代の衆議院議員田中正造が農民とともにおこした反対運動でも有名である．古在由直は1892年の論文で，群馬，栃木両県の1,650 haの作物被害の原因が，足尾銅山排水の銅と硫酸であることを発表し，重金属汚染による農業被害をはじめて科学的に明らかにした．古在は，排水や土壌中の銅の正確な測定を行っている．近代的な分析機械のなかった当時としては，画期的な偉業である．

② 神通川流域汚染―カドミウムによる汚染

富山県の神通川流域に発生したイタイイタイ病の原因は，神岡鉱山から神通川に排出されたカドミウムであることが，1960年代に吉岡金市，荻野 昇，小林 純らによって明らかにされた．イタイイタイ病は水俣病，新潟水俣病，四日市公害とともに4大公害裁判として争われ，企業の責任が強く問われた．1968年，厚生省の委託で日本公衆衛生協会の研究班が調べたところ，神通川扇状地の土中のカドミウム濃度とイタイイタイ病の有病率との間に密接な対応関係のあることが判明した．有病率が20％を越した地域では土中のカドミウム濃度が3 mg/kg以上にもなっていた（汚染のない土では0.4 mg/kg程度である）．

③ 土呂久鉱毒事件―ヒ素による汚染

宮崎県の土呂久に亜ヒ酸を製造する九州屈指の鉱山があった．亜ヒ酸を製造する過程で発生する廃棄物や排煙にはヒ素が含まれ，被害は土の汚染だけでなく，マメ類などの農作物の不作，シイタケの無発生，ミツバチの全滅，さらに牛馬や人間の身体をむしばむまでに及んだ．1963年に斉藤文次が鉱山下流の五箇瀬川流域の水田の土を分析したところ，水田の深さ0〜10 cmで自然状態の存在量の100倍以上の亜ヒ酸が含まれていた．1973年に土呂久鉱毒は，水俣病，イタイイタイ病，新潟水俣病に次いで第4の公害病に認定された．

④ まだまだある汚染された土

有害汚染物質にはたくさんの種類があるが，今のところ法律（土壌汚染防止法）で指定されているのは，カドミウム，銅，ヒ素の3つである．1997年現在，決められた濃度（基準値）以上の特定有害金属が検出された農用地面積は7,140 haに及び，わが国の農用地約500万haの0.14％にあたる．そのうち4,950 haはすでに対策事業が行われている（表II-7-1）．

このなかでは，カドミウムによる汚染地域が圧倒的に多く，面積割合で約93％を占める．日本産のコメの中のカドミウム濃度（49.55〜141 ng/g），ならびに日本人の1日当たりのカドミウム摂取量（24〜81 μg）は，諸外国に比べて著しく高い．食品衛生法で定めている玄米中のカドミウム濃度基準値1 mg/kgが適切かどうか，論議のあるところである．じつは日本は，カドミウムを使った製品（たとえば充電式の電池など）の生産では世界一なのである．汚染のリスクはいたるところにある．

表 II-7-1 農用地土壌汚染対策の進捗状況
(上段：面積，下段：地域数)　　　(平成9年10月31日現在)

特定有害物質	①基準値以上検出地域	②指定地域	③対策計画策定地域	④対策事業完了地域	⑤指定解除地域	⑥未解除地域	⑦対策事業未完了地域	⑧対策計画未策定地域	⑨県単独事業等完了地域	⑩未指定地域
カドミウム	6,610 ha (92)	6,110 ha (57)	6,030 ha (57)	4,810 ha (57)	3,640 ha (41)	1,170 ha (23)	1,220 ha (18)	90 ha (1)	320 ha (34)	180 ha (18)
銅	1,430 ha 37	1,250 ha 13	1,250 ha 13	1,200 ha (13)	1,140 ha 12	60 ha 2	50 ha (2)	— ha	60 ha 16	120 ha 8
ヒ素	390 ha (14)	160 ha (7)	160 ha 7	160 ha 7	80 ha 5	80 ha 2	— ha —	— ha	90 ha (2)	140 ha (6)
計 面積	7,140 ha	6,260 ha	6,180 ha	4,950 ha	3,720 ha	1,230 ha	1,230 ha	90 ha	460 ha	420 ha
計 地域数	(129)	(66)	(66)	(66)	(48)	(25)	(19)	(1)	(49)	(31)

注)（1）「基準値以上検出地域」は，平成8年度までの細密調査などの結果による．
　（2）各，縦の欄の面積，地域数を加算したものが，合計欄のそれと一致しないのは，重複汚染があるためである．
　（3）横の欄の地域を加算したものが，合計および「基準値以上検出地域」と一致しないのは，分割指定した地域および部分解除した地域などがあるためである．（　）の地域数は重複があるものである．
　（4）「対策計画策定地域の事業完了」および「県単独事業等完了地域」には，他用途転用面積を含む．
　（5）「対策計画策定地域の事業完了」は，国の助成に係る対策事業の面工事が完了している（平成9年度末完了予定を含む）地域である．

表 II-7-2 各種コンポストの重金属含有量 (単位：mg/kg 乾物)

	下水汚泥コンポスト	都市ごみコンポスト	牛ふん堆肥	豚ふん堆肥	鶏ふん堆肥
Cd	0.61〜5.9	0.42〜1.52	0.1〜0.54	0.05〜2.1	0.4〜2.8
Hg	0.31〜4.9	0.05〜1.07	0.01〜0.21	0.005〜0.13	nd〜0.06
As	0.6〜24.4	0.54〜2.15	0.07〜0.1	0.1〜1.6	0.3〜2.2
Cu	108〜380	18.7〜127	12.8〜46.4	50.1〜639.5	30〜60
Zn	350〜3,300	71.6〜350	49〜189	56.5〜1,564	300〜500
Pb	15〜122	3.35〜45.6	0.79〜13.9	0.5〜18.2	tr

nd：検出限界以下，tr：痕跡．

　土の汚染防止のためには，土を汚染させないような事前のチェックと，継続的な土のモニタリングが必要である．農用地の土の汚染実態調査は，1971年度（昭和46年度）から実施されている．
　もちろん，汚染の未然防止が第一であるという観点から，水質，大気（粉塵），廃棄物，鉱山などに関係する法律によって事前の規制措置がとられている．しかし，現行の土壌汚染防止法は，イネに対する被害に限定しているので，畑ではどのくらい土の汚染があるのか，また，この三元素以外による汚染はどうなっているのかは，研究者の努力による個別のケースについての研究があるだけで，組織的調査の体制はできていない．

2) 廃棄物の利用による土の汚染

　廃棄物のリサイクルが重視され，土への有機物施用が見直される時代を迎えた．汚泥類，家畜ふん尿，生ごみなどの有機廃棄物を，コンポスト化（堆肥化）して農業利用する流れが大きくなっている．しかし，これら資材には重金属が含まれていることがあり（表II-7-2），施用に当たっては

重金属の土への蓄積に注意する必要がある．

① 下水汚泥

下水汚泥は下水道の普及に伴い排出量が増加し，肥料もしくは有機質の土壌改良資材として農業に利用する気運が高まった．下水汚泥には，有機物と窒素などの肥料成分が含まれている反面，さまざまな重金属も含まれており，汚泥を連年施用した場合の土への蓄積が問題となる．環境庁は1984年に，土中にこれ以上に蓄積してはいけない亜鉛の濃度を 120 mg/kg と定めている．これはとくに亜鉛が問題だからというわけではない．重金属の中では亜鉛はむしろ毒性が低い方である．亜鉛は比較的測定が容易で，亜鉛がたくさん含まれていれば他の重金属も多い，という傾向から亜鉛を重金属の代表としたわけである．

重金属類はカルシウムやカリウムのような金属元素に比べると土の下層への溶脱が遅い．つまり土に集積しやすい．下水汚泥を年々施用しつづけると土中の亜鉛はどのように増加するであろうか？　いままでの汚泥の連用試験結果から，おおざっぱにいって，亜鉛含有量 1,000 mg/kg の汚泥を毎年乾物で 1 t/10 a の割合で施用したとき，作土層の亜鉛濃度は，10年以上の連用で，120 mg/kg の水準を超える．

② 家畜ふん尿

家畜ふん尿は，かつては堆肥の材料として活用された．近年では 1 年間に約 9,000 万 t という膨大な量が排出されている．この量は，産業廃棄物の総量の約 20 % を占め，汚泥類に次いで 2 番目に多い．畜産農家 1 戸当たりの家畜飼養数の増加などに伴い，畜産農家だけでは使いきれなくなってしまった．これからは，家畜ふん堆肥は耕種農家も含めた地域全体としてリサイクルを考えることが重要である．

しかし，豚ふん中には銅と亜鉛，鶏ふん中には亜鉛が多く含まれている（表 II-7-2）．その原因は銅や亜鉛を飼料に添加すると肉の付き方がよくなるといわれていることにある．飼料への重金属の添加は最低限におさえるように改め，安全な堆肥を生産しなければならない．

有機性廃棄物を農業利用する場合，まず，廃棄物中に重金属などの汚染物質ができる限り混入しないようにすることが重要であり，次には，土への蓄積量を事前に見積もって土の汚染がないようにする必要がある．一度汚染してしまった土の再生が非常に困難なことを，われわれは歴史の教訓として十分すぎるほど学んでいる．

（羽賀清典）

(2) 農業が環境に及ぼす影響

1) 温室効果ガス

土は生きている，といわれるが，事実，土は大気から酸素を吸収し，土の表面からは絶えず二酸化炭素を放出している．これはおもに土の微生物の働きによるものである．近年，二酸化炭素の大気中濃度が上昇し，世界中で問題になっている．なぜならば，二酸化炭素やメタン，亜酸化窒素などが，地球からの赤外放射を妨げ，熱を吸収し宇宙の果てに逃がさないようにする温室効果ガスであり，それらの濃度上昇によって地球の温暖化が引きおこされると予想されているためである（図 II-7-1）．二酸化炭素濃度の増加のおもな原因は化石燃料の消費や熱帯林の破壊であり，土はむしろ有機物を多く含む炭素の貯蔵庫として機能している．土の中の炭素の総量は大気中の 2 倍にも及ぶと試算されている．森林生態系は，地上部の樹幹部ばかりでなく土にも多くの有機炭素を蓄えている．ここで注目したいのは，人類誕生のはるか以前から，「土の有機物の一部は微生物によって分解されて二酸化炭素ガスに変わって大気に放出

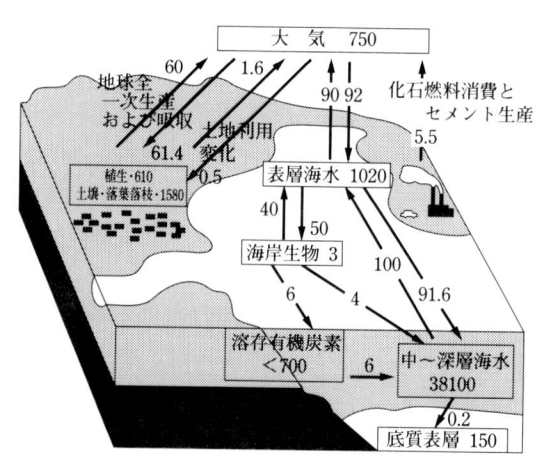

図 II-7-1　地球上における炭素の現存量と年間循環量（ギガ（10^9）トン）

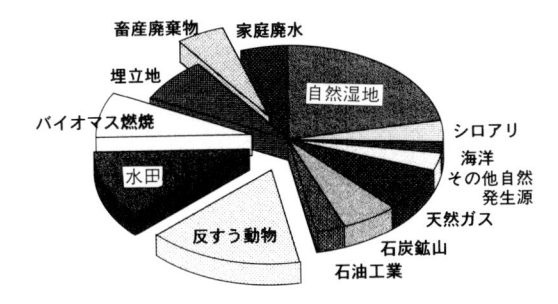

図 II-7-2　地球全体でのメタンガス発生源

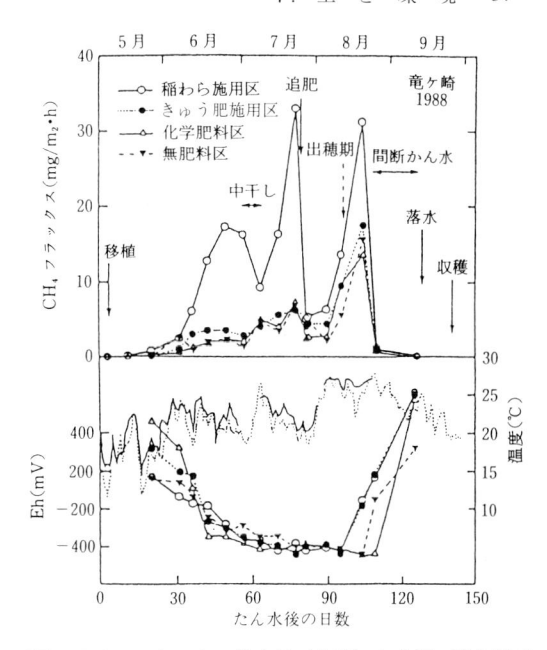

図 II-7-3　メタンガス放出量（上段）と土壌の酸化還元電位（Eh）・地温（下段）の季節変化
（Yagi and Minami, 1990）

され，さらに植物の光合成作用によって固定され，再び土に還り蓄積される」という自然の炭素循環が成立していたことである．しかし，土は森林破壊や耕地改廃などの人間活動の前では，きわめて脆い存在であることを忘れてはならない．

ところで酸素がないような土壌環境，たとえば水をたたえ大気と遮断された水田や湿地では，上述とは別の，酸素を必要としない微生物（嫌気性細菌）が有機物を分解しメタンガスを発生させる．メタンガスの大気中濃度は 1.7 ppmv 前後と微量であるが，近年の濃度上昇速度は二酸化炭素の倍近くであり，また 1 分子当たりでは二酸化炭素の 20～30 倍も強力な温室効果を発揮する．水田ではイネの茎にある通気組織を経由して，大部分のメタンが大気中へ放出される．世界の水田（その 9 割はアジア地域に集中）からのメタン放出量はおよそ 60 Tg（6,000 万トン）であり，すべてのメタン放出量の約 12 ％ と推定され，他の温室効果ガスに比べ農業の関与するところが大きい（図 II-7-2）．

水田でメタン発生のもとになる物質は，水田に加えられた有機質肥料と水稲の根に由来する有機物，および土自体の有機物が考えられる．新鮮な生わらを施用するとメタン放出量が著しく増加するが，よく腐熟した稲わら堆肥を施用してもさほど増えない．また，中干し（夏期，一時的に田を乾かす作業）や間断かんがい（断続的にかんがいを行うこと）をするとメタン放出量は激減する（図 II-7-3）．したがって，水田における有機質肥料や水の管理を適切に行えば，生産性を低下させることなくメタン放出量を削減することが可能である．

一方，土にはメタン酸化細菌という微生物がいて，生成したメタンの一部を酸化したり，大気中のメタンを吸収していることが知られている．森林や草地土壌では，それがしばしば観測されている．ところが，畑では窒素肥料の施用によってこのメタン酸化が抑制されることが見いだされた．

水田以外にも，自然湿地から 115 Tg，廃棄物の埋立地からも 30 Tg のメタンが放出されている．また，ウシなど反すう動物やシロアリなどの消化器官内でもメタン発酵がおこり，世界中ではそれぞれ約 80, 20 Tg が，さらに，畜産廃棄物からも 25 Tg 程度のメタンが発生しており，それらの発生量削減対策も急務となっている．

2） オゾン層破壊ガス

農地に施用した窒素肥料の一部は，おもに微生物の働きで窒素（N_2）ガスあるいは一酸化二窒素（N_2O）ガスとして大気中に放出される．水田では，肥料窒素の数割は脱窒作用（硝酸態窒素の窒素ガスへの還元反応）により窒素ガスとして散逸していることがすでに明らかにされていたが，亜酸化窒素ガスはほとんど出ない．畑でも一酸化二窒素ガスは施肥量に比べればごく微量なので，発生機構の解明も遅れ，以前はあまり問題視されていなかった．ところが，最近，施肥後や降

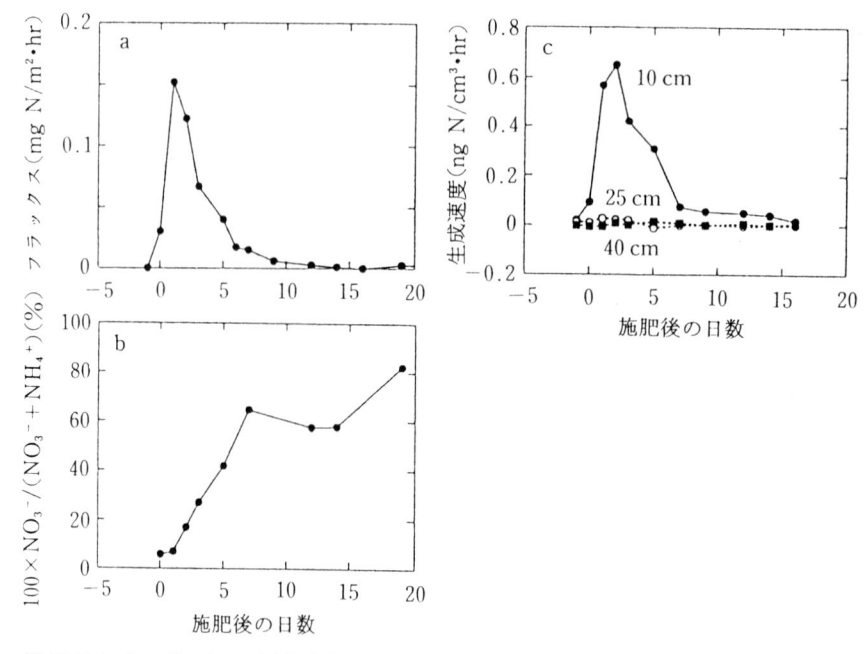

図 II-7-4　畑ほ場からの亜酸化窒素ガス放出量と土壌中の無機態窒素の経時変化（Yoh, 1997）
　　　　a：チャンバー法により測定した N_2O フラックス
　　　　b：土壌中の無機態窒素に占める NO_3 の割合
　　　　c：拡散モデルにより推定した土壌中での N_2O 生成速度

雨直後の畑から，硝化作用（アンモニア態窒素，NH_4^+-N，の硝酸態窒素への酸化反応）に伴い亜酸化窒素ガスが大気へ放出されていることが確認された（図 II-7-4）．さらに一酸化窒素（NO）ガスがほぼ同時に放出されることも見いだされた．

亜酸化窒素は上述の温室効果ガスであると同時に，成層圏のオゾン層を破壊する働きももっている．大気中で比較的安定であるが，その平均濃度 0.3 ppmv が近年しだいに上昇している．また，施肥された農耕地以外に，海洋や熱帯土壌・湿地林などからも発生している（図 II-7-5）．また，一酸化窒素は対流圏オゾン（温室効果ガスの一つ）をつくり出すとともに酸性雨の原因物質の一つでもある．

オゾン層破壊物質としては，フロンなどのCFC（クロロフルオロカーボン）化合物がよく知られており，人為的な合成化合物であるため，その国際的使用規制もすでに始められている．一方，亜酸化窒素や一酸化窒素は生物起源の割合が高く，その発生源の推定や削減のための研究が進められている．

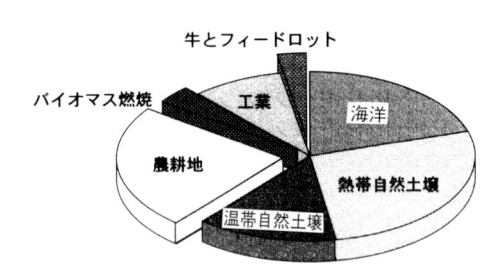

図 II-7-5　地球全体での亜酸化窒素ガス発生源

3） 農薬汚染

作物が健全に育ち食卓に上るまでに，現在，多種多様な農薬が使用されている．時に，その高い生物毒性のゆえに，微量でも生態系に悪影響を及ぼし，広域に汚染を引きおこすことがある．

土に直接散布される農薬ばかりでなく，作物体に散布された農薬も雨水や大気を経由して土に移行する．土壌中では分解が遅く，また土の粒子に吸着され長期間残留することがある．その一方で，土壌微生物によって農薬が分解され，無毒化する例も報告されている．たとえば，γ-BHC（γ-ヘキサクロロシクロヘキサン）は水田では比較的速やかに分解されるが，畑での残留性が問題となっていた．ところがγ-BHCを長期にわた

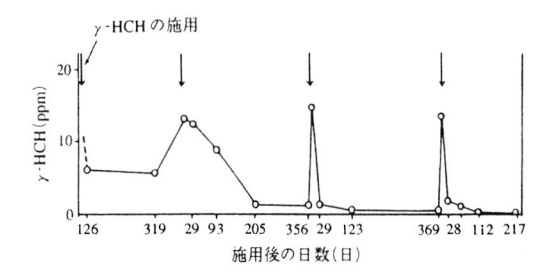

図 II-7-6 γ-HCH（BHC）連用試験区における γ-HCH の消失（Senoo ら，1990）

って毎年散布した畑では，散布後の消失速度がしだいに高まり（図 II-7-6），土壌中からこの農薬を分解する細菌が見いだされた．このような微生物は 2,4-D をはじめ多くの農薬に関して報告されている．

しかし，すべての農薬でこうした微生物の活躍を期待できるわけではなく，逆に微生物の分解能力が高くなりすぎ，本来の農薬の目的を達成できなくなる例もある．さらに，分解されても完全に無毒化されず，分解の中間産物が思いがけない副作用を引きおこす可能性もある．このように，農業における農薬の利用については，他の合成薬剤とともに慎重に対処しなくてはならない．

現在，先進国では比較的分解されやすく，低毒性の農薬が一般に使用されている．これは分解性や高等動物に対する毒性を詳しく検討して，きびしい使用基準が設けられてきたためである．しかし，環境への影響評価はまだ十分でないと指摘されている．また，消費者の無農薬，低農薬食品へのこだわりも強く．合成薬剤にたよらず，生物を活用した防除技術の確立も進められている．

4) 多肥による環境影響

近代農業では安定的多収や高品質を目指して，肥料を大量に投入することがある．なかでも窒素は最も増産効果を期待でき，またチャ，緑黄色野菜などの品質向上に不可欠な肥料成分である．しかし過剰な施用によって，農地外への栄養塩の流出による水系の富栄養化，地下水の硝酸汚染，あるいは土の塩類化などさまざまな問題がおこっている．さらに，多肥による生態系破壊，上述の温室効果ガスによる地球温暖化やオゾン層破壊など，真剣に対処する必要がある．そのためには生態系が処理しうる施肥量と施肥方法の遵守，作物吸収パターンに合致した緩効性肥料や硝化抑制剤などの使用の検討を進めていかなくてはならない．

（犬伏和之）

(3) 農業生態系と水質浄化

高度経済成長期以前のわが国の農山村では，人ぷん尿のかなりのものは肥料として使われていた．人ぷん尿にとどまらず，農家の日々の生産・生活から出される廃棄物は貴重な資源としてリサイクルされていた．しかも，農山村の外から持ち込まれる化学肥料や農薬の使用量もさほど多いものではなく，それらは農山村の生態系がもっている自然の浄化能力（しばしば環境容量とよばれる）を超えることは少なかった．その結果，山紫水明はまもられてきた．しかし，近年の農業の集約化などにより環境への負担の程度＝負荷量は増大し，農山村の水環境の悪化がずいぶん目につくようになった．

1) 農業生態系の水質浄化機能

水田を例に，農業生態系の水質浄化機能について考えてみよう．微生物の作用により水田で有機物が分解されるとアンモニア態窒素（NH_4-N）や無機態リン（PO_4-P）が生成する．この過程は，有機物に着目すれば浄化になるが，富栄養化の原因物質である NH_4-N や PO_4-P 濃度が増加するので真の浄化とはいえない．

生成した NH_4^+-N が亜硝酸菌と硝化菌の働きにより硝酸態窒素（NO_3-N）に酸化され，さらに，脱窒菌により窒素ガスに完全に変換されれば，窒素については浄化といえよう．しかし，この硝化・脱窒過程で，温室効果ガスの一酸化二窒素（N_2O）が発生すれば，水は浄化されても大気は汚染されることになる．また，かんがい水が水田土壌中を浸透する過程で，PO_4-P は土に吸着・蓄積され浸透水は浄化される．PO_4-P のような成分の土への蓄積は，適正な範囲なら問題にはならない．しかし，それが PO_4-P でなく重金属であれば，土は汚染され，持続的な農業生産を営む上で問題となる．したがって，今後は，農業生態系の水質浄化機能を，単一の汚濁物質の減少量や除去速度で評価するだけでなく，それぞれの

2) 森林の水質浄化機能

森林に降った雨は，木の葉や幹を伝って地面に達し，土の中のさまざまな大きさの孔隙内をゆっくり下降し，難透水性の下層土に達すると斜面に沿ってゆるやかに流れ，地表に出て渓流となる．一部はさらに下層に浸透し地下水をかん養する．これによって，森林は，洪水防止機能，水資源かん養機能などとともに水質浄化機能を有することとなる．

図II-7-7には，滋賀県若女谷における降水と渓流に流出した水の溶存物質の濃度変化を示した．森林生態系内を降水が移流する間に，降水中の窒素，リンは，土に吸着されたり樹木の養分として吸収利用され，その濃度は低下する．一方，岩石の風化により供給されるカリウム（K^+），カルシウム（Ca^{2+}）およびマグネシウム（Mg^{2+}）の濃度は，降水より流出水の方が高くなる．年間の収支を見ると，窒素，リンは，降水からの負荷量よりも渓流への流出量の方が少なく，森林を通過する間に浄化される場合が多いが，K^+やCa^{2+}は森林を通過する間に増えることが多い．しかし，森林が皆伐されると樹木の養分吸収能はなくなり，林床にたまった有機物の分解が始まって，窒素，リンの流出量が著しく増大することが知られている．

3) 水田の窒素浄化機能

水田は，さまざまな環境保全機能をもっているが，ここでは，湖沼の富栄養化の原因物質である窒素の浄化機能について図II-7-8をもとに考えてみよう．水田へのインプットとしては，肥料，かんがい水，降水，藻類による窒素固定があり，

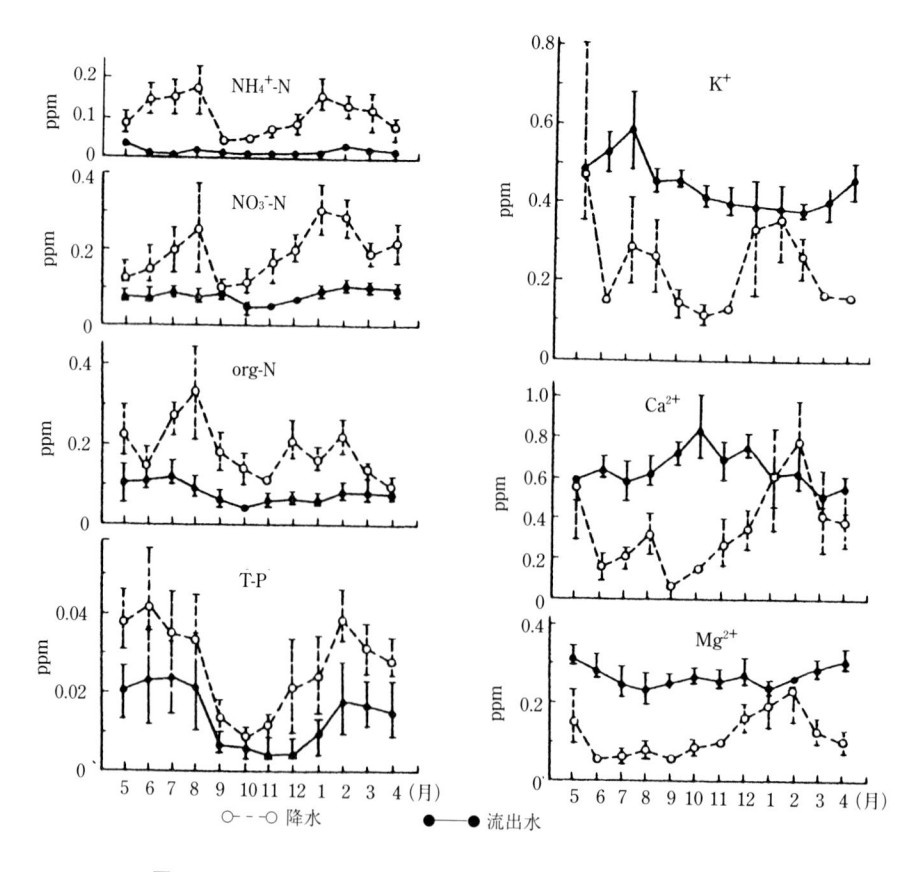

図II-7-7 降水と森林流出水の栄養塩類濃度の月変化（岩坪，1983）
7年間の平均，$n=7$．
縦線は平均値の標準誤差．

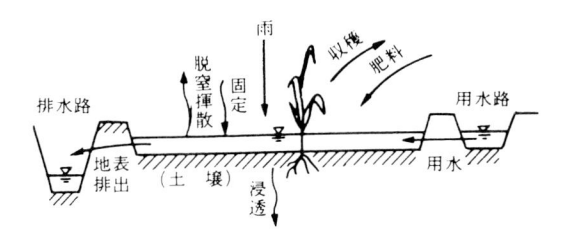

図 II-7-8 水田における窒素収支の模式図（田渕・高村，1985）
インプット：肥料＋固定＋雨＋用水
アウトプット：収穫物＋脱窒＋浸透＋地表排出

アウトプットとしては，収穫，表面流出，浸透，脱窒がある．流出量（浸透＋表面流出）と流入量（かんがい水＋降水）の差は，差引排出負荷量といわれる．この差引排出負荷量がマイナスのときは，水田は水質浄化に寄与しており，反対に，プラスのときは，汚濁物質の排出源となっていることを示している．近年，水田の窒素浄化機能がたいへん大きいことが多くの調査例からわかってきている．たとえば，休耕田に高濃度の NO_3-N を含む畑地湧水を年間かんがいして，NO_3-N 浄化機能の経年変化を調査した結果によると，休耕田1ha当たり約1,000kgの窒素が除去できることがわかった．このような高い NO_3-N 除去機能が何年持続するか興味深い．このほかの調査事例でも，水田に流入した NO_3-N の大部分が水田表層土（1～3cm）で脱窒・除去されることが明らかにされている．このように，水田や湿地は，高い NO_3-N 浄化機能を有するので，今後，この機能を農山村地域の水質改善に有効に活用することが期待される．台地上の野菜畑，茶園などから NO_3-N 濃度の高い湧水が低地の水田に湧出するような地域では，農耕地からの窒素負荷を削減するため，畑→水田という連鎖系をうまく利用して，生産と環境保全を両立させる手法が可能であろう．

4) 水生植物・湿地などの水質浄化機能

水生植物を用いた水質浄化法は，近年，親水機能の向上にも役立つ省エネルギー的な浄化法として注目されている．おもな機能は，①植物の根による養分の吸収機能，②根や茎による懸濁物質の吸着・ろ過機能，③根や茎に付着した生物群による有機物の分解機能，④地上部から根圏への酸素供給による有機物の分解，窒素の硝化・脱窒機能の促進などであり，問題点としては，⑤工学的な浄化法に比べると広い敷地面積が必要なことである．

図 II-7-9 は，ゼオライトなどのろ材の上に各種の植物を植えた浄化水路を用い，生活排水の合併浄化槽から出てきた水の高度処理を行った結果である．水路流出水の全窒素濃度は，植物の生育が旺盛な夏期には，雨水より低いレベルにまで低下したが，冬期は，植物の生長が遅く，流出水の全窒素濃度は上昇した．この流出水を導いている養魚池では，メダカ，ドジョウ，キンギョなどが繁殖し，ヤゴやカエルが棲み着き，自然のため池に近い生態系ができ上がっている．この浄化水路

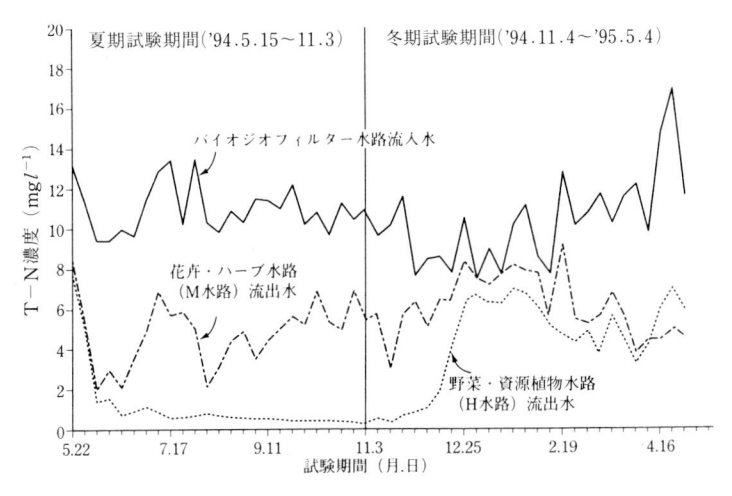

図 II-7-9 有用植物栽植水路の窒素浄化機能の年間変動（尾崎ら，1996）

写真 II-7-1 水路に栽植した各種有用植物の生育状況
（1994 年 7 月撮影）
（左）野菜・資源植物水路：手前からモロヘイヤ，バジル，ケナフ，パピルスなど
（右）花卉・ハーブ水路：手前からペチュニア，インパチエンス，マリーゴールドなど

を実際に設置した家庭では，収穫したシュンギク，モロヘイヤ，エンサイ，トマト（写真 II-7-1）などを食用に供し，合成洗剤や漂白剤の使用を自粛するなど生活様式全般について見直しがすすめられている．

最近，身近な水辺環境の水質改善を図る運動が，各地で始まっているが，今後，このような資源循環・環境保全のための住民参加の取り組みが，いっそう広がることを期待したい．

5）生態系の環境保全機能とエコテクノロジー

生態系の環境保全機能を有効に利用する技術をエコテクノロジーとよんでいる．このエコテクノロジーは，生態系の多様性を維持しながら，自然浄化機能を高める技術であり，21 世紀に向けて自然と人間の共生を可能にする新たな総合技術として注目されている．生産と生活の場が共存する農山村地域では，生産―消費―廃棄―再利用を地域内で完結させることができる．もはや生産と環境は対立する概念ではありえない．緑豊かで潤いのある農山村を再構築するため，農業生態系の機能を活用し，地域資源を生かした環境保全的な地域管理計画を策定し，地域住民の合意のもとにできるだけ早く実施に移すことが期待される．

（尾崎保夫）

［コラム1］

いじめられた土―都市土壌

都市の土は，便利さ，快適さを求めるわれわれのわがままのために痛みつけられている．「都市生態系」の重要な構成要素である都市土壌は，いまや「人間活動の影響がきわめて強い都市環境下で生成した乾燥化，アルカリ（塩類）化した土で，多くの場合，大気汚染物質などでも汚染されている土壌」と定義できる．

都市域に熱の塊が停滞して覆いかぶさり，あたかも熱の島を形成したかのような現象（ヒートアイランド現象）が発生して，都市域の気温は，100 年前よりも 1℃ ほど上昇しているとみられる．気温の上昇は，都市の中にわずかに顔を出している都市土壌の表面から水を奪い，乾燥化させる．

人間活動の増大は，大量の大気汚染物質を発生させた．大気汚染物質が大気中で変化して生成した酸性降下物（たとえば酸性雨）は，コンクリートからカルシウムなどを溶かし出し，土の表層に集積させてアルカリ（塩類）化を引きおこす．大気汚染物質には酸性物質ばかりでなく，重金属，多環芳香族炭化水素（PAH）など，毒性の強い物質が含まれ，これらが都市土壌に吸着，蓄積する．このような物質は，都市土壌中に生育する微生物群集に影響をあたえ，都市環境に適応した微生物群を集積している．こうして，都市土壌はわれわれのわがままに痛めつけられながらも，したたかに生き抜いている．

（岡崎正規）

[コラム 2]

土の環境基準とは

　土の環境基準（表 II-7-3）は，人の健康を保護し生活環境を保全するために，現在 25 種類の物質について定められている．土の中の汚染物質はおもに水と食物を通して人の体内に取り込まれる．土の環境基準もこの 2 つの経路を考慮して制定されている．水を通して人体に取り込まれる汚染物質量を知るために，土の 10 倍量の水で溶出される物質量（検液中の濃度）についての基準を定めた．作物を通して人体に取り込まれる汚染物質量を知るために，農用地では水で抽出される物質量のほかに，0.1 mol/l の塩酸溶液によって土から抽出された銅の量，1 mol/l の塩酸溶液によって抽出されたヒ素の量，生産された玄米中のカドミウム濃度についても基準が定められている．

表 II-7-3　土壌の汚染に係る環境基準について

物質	基準値*	物質	基準値*
カドミウム	≦0.01 mg/l	四塩化炭素	≦0.002 mg/l
	<1 mg/kg 玄米（農用地）	1,2-ジクロロエタン	≦0.004 mg/l
全シアン	n.d.**	1,1-ジクロロエチレン	≦0.02 mg/l
有機リン	n.d.**	シス-1,2-ジクロロエチレン	≦0.04 mg/l
鉛	≦0.01 mg/l	1,1,1-トリクロロエタン	≦1 mg/l
六価クロム	≦0.05 mg/l	1,1,2-トリクロロエタン	≦0.006 mg/l
ヒ素	≦0.01 mg/l,	トリクロロエチレン	≦0.03 mg/l
	<15 mg/kg 土壌（田）	テトラクロロエチレン	≦0.01 mg/l
総水銀	≦0.0005 mg/l	1,3-ジクロロプロペン	≦0.002 mg/l
アルキル水銀	n.d.**	チウラム	≦0.006 mg/l
PCB	n.d.**	シマジン	≦0.003 mg/l
銅	<125 mg/kg 土壌（田）	チオベンカルブ	≦0.02 mg/l
ジクロロメタン	≦0.02 mg/l	ベンゼン	≦0.01 mg/l
		セレン	≦0.01 mg/l

　　* 土の 10 倍量の水で抽出される物質量（検液中の濃度）について示した．
　　** 検出されないこと．

　一度汚染された土から汚染物質を除去することはとてもむずかしい．汚染の早期発見とその対策のためにも土の健康状態の判断基準としての環境基準は不可欠である．土の汚染による被害には，汚染物質の存在量だけではなく土の性質によっても大きく左右される．汚染物質を強く保持しておく能力が強い土では，作物や水への影響は現れにくい．現在の環境基準で問題ないと判断されても，被害が発現する危険が潜んでいるかもしれない．汚染物質が多様になる一方，低濃度広範囲での汚染が問題となりつつある．汚染の可能性と進行度にあわせて環境基準もより適切なものへと進化していく必要があるだろう．

（山口紀子）

8. 土のいろいろ

(1) 日本の土

　日本の大部分の地域は中緯度湿潤気候に属し，年間を通して雨が多く，湿度が高く，四季が明瞭である．植生の極相は森林であり，北から常緑針葉樹林，冷温帯落葉広葉樹林，暖温帯常緑広葉樹林を経て南では亜熱帯常緑広葉樹林になる（図II-8-1）．また，地殻変動帯に属しているために岩質も多様であり，山岳地帯も広く，地形も複雑で，河川も急流であり，とくに全国各地に分布する140余の火山は，火山灰など主要な土壌母材の噴出源である．また島国のため，高い山から海岸までの距離が短く，山地斜面が雨に削られ，低地へ堆積するため，時間的に未熟な土が多い．このような国土環境によって，日本の土は，面積的には広くはないが，世界的に見ても特徴的な土が多い（図II-8-2，II-8-3）．

1) ポドゾル

　ポドゾルは世界的に冷涼・湿潤な気候下に広く分布する土である．わが国では，おもに本州や北海道の亜高山帯や高山帯の針葉樹林あるいはシャクナゲなどの植生下で，日中でも霧がかかるような冷涼で多湿な条件下に発達している．中国・四国地方の高山でもヒバやシャクナゲの植生下で局所的に見られる．平地ではわずかに北海道北部のオホーツク沿岸の砂丘地帯に見られる．分布面積は国土の約3％程度を占めるのみで，ほとんどは国立公園などの山岳地帯の森林下に見られる．

　土壌表層には，コケや落葉からなる粗腐植層が厚く堆積しており，この多量の有機物から生成される有機酸（おもにフルボ酸）が，その下の土層の塩基や鉄・アルミニウムを溶解し，さらにその下の層に移動して集積する．そのためにケイ酸だけが残った特徴的な真っ白な溶脱層と，鉄やアルミニウム・腐植が集積した褐色の集積層ができ，全体として強い酸性の土となる．土の母材としては，花こう岩や砂のように透水性が良く，しかも酸性の岩質でとくに発達しやすい．尾瀬の至仏山のように，超塩基性岩であるかんらん岩が母岩であっても，ハイマツなどの下ではポドゾルが発達している．長い間には気候・植生の影響が徐々に土の断面に現れることを示す例である．

2) 褐色森林土

　褐色森林土はポドゾルよりも標高の低い冷温帯の落葉広葉樹林下に発達する．わが国では沖縄を除く山岳地帯に広く分布していて，国土面積の約51％を占める．土壌表層には広葉樹の落葉層があり，窒素やカルシウムなどの養分に富み，微生物によってすばやく分解される．そのため，ポド

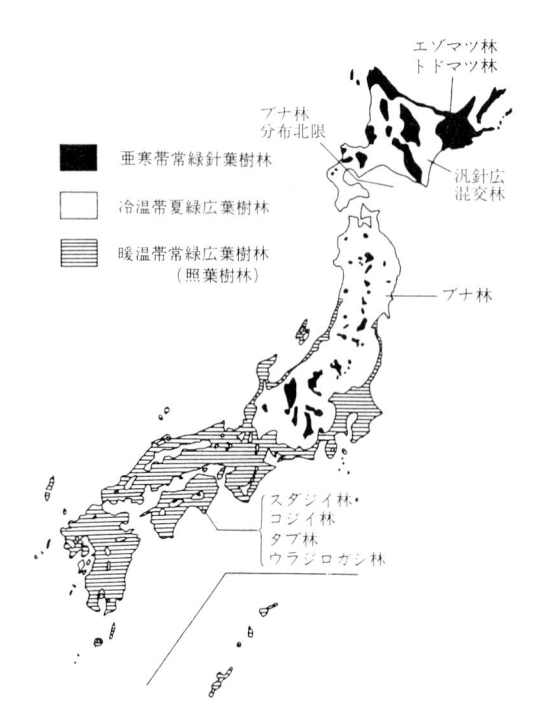

図II-8-1　わが国の植生の垂直分布 (a) と水平分布 (b)
（福嶋, 1992）
環境土壌学（朝倉書店）p. 93

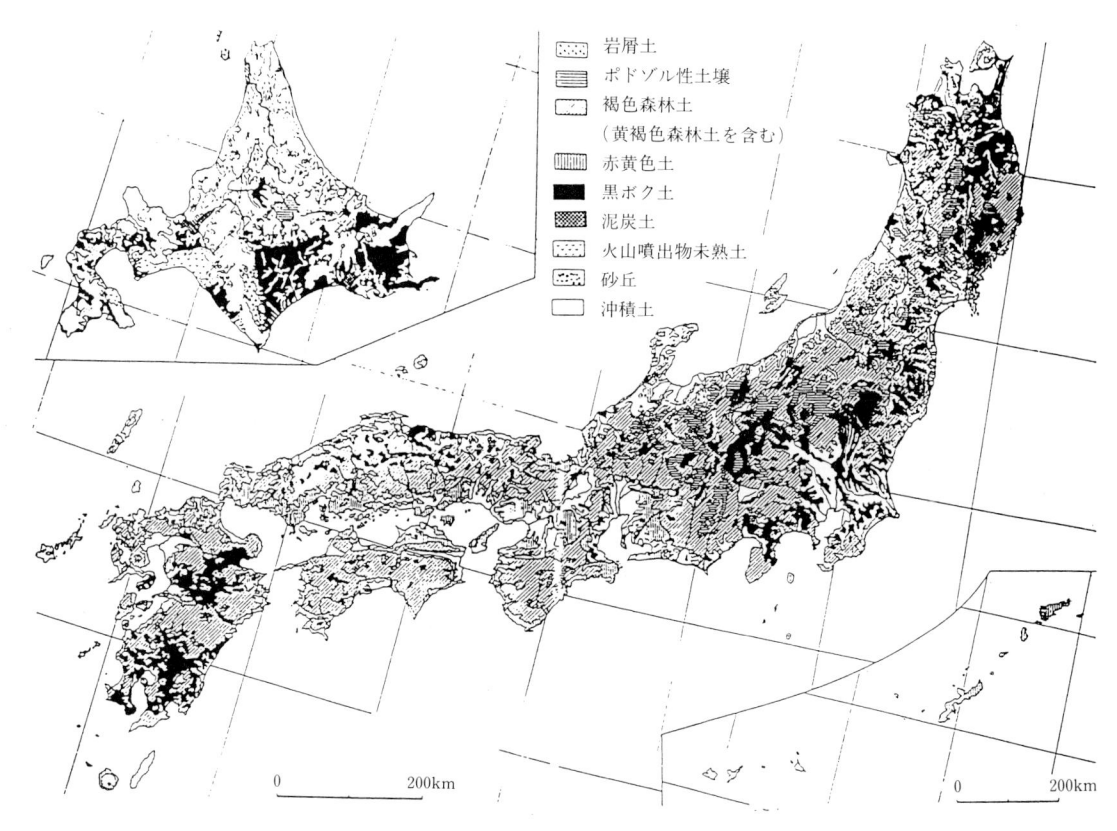

図 II-8-2　日本の土壌（森林立地懇話会，1972[2]）を一部改変）
環境土壌学（朝倉書店）p. 92

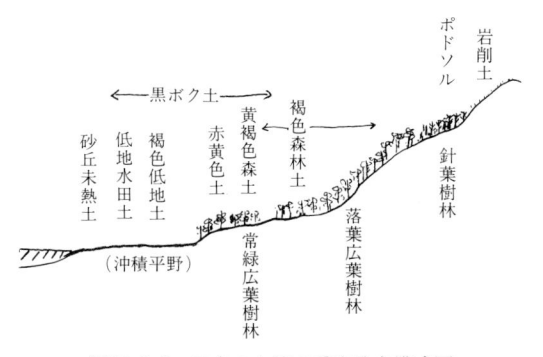

図 II-8-3　日本の土壌の垂直分布模式図

ゾルのように大量のフルボ酸は生成されないのでポドゾル化は進まない．暗褐色のA層と褐色のB層からなり，全体的に酸性を示している．A層ではミミズやヤスデのような土壌動物の活動によって団粒構造が発達し，腐植と粘土は程よく混りあっている．A層とB層の境目はさほど明瞭ではない．

3) 黄褐色森林土

この土壌の断面は，B層が明るい黄色がかった土色である．わが国の東海地方から南西地方の山麓の丘陵地帯や尾根に分布している．人間活動の影響を最も強く受けている土壌の一つである．暖帯照葉樹林下に分布し，その自然植生はシイ類，カシ類である．果樹園，チャ畑，野菜畑などとして利用されたり，集落や市街地に変えられてきている．

4) 赤黄色土

表層には少量の腐植を含む薄い層があり，カルシウムやカリウムなどの陽イオンは溶脱して，土は強酸性（pH 4〜5）になっている．ケイ酸もやや溶脱されており，鉄とアルミニウムの酸化物が残って，赤色あるいは黄色を示している．

赤黄色土は西南日本の暖温帯の常緑広葉樹林下に広く分布するとともに，東北や北海道，北陸，山陰などにも更新世の間氷期の湿潤亜熱帯気候条件下で形成された古土壌として分布している．

赤黄色土はわが国の面積の約10％を占め，西南日本の暖温帯では果樹園，チャ畑，野菜畑とし

て利用されている．沖縄や小笠原の亜熱帯条件下ではパイナップルやサトウキビの畑として利用されている．強酸性を好むパイナップルには適しているが，一般作物を生育させるためには，石灰の施与が必要である．

5) 黒ボク土

「黒く」て，「ぼくぼく」するというのが命名の由来である．黒ボク土は一般に火山灰を母材として，黒色の厚い腐植層をもつ土である．密度が軽く，非晶質の粘土を主体とする土であり，世界的に見てもきわめて特徴的な土である．水田土壌とともに日本での研究が非常に進んでいる．おもに北海道，東北，関東，九州の火山地帯の丘陵や，山地の緩やかな傾斜地に広く分布している．日本の面積の約16.4％を占め，このうち約68％が耕地として利用されている．

有機物含量が高く団粒構造が発達しているため，土の中の孔隙の占める割合は高く，70％以上に及ぶことが多い．黒色の腐植は腐植化度（重縮合度）の高い腐植酸を主体としている．また粘土鉱物はアロフェンやイモゴライトをはじめとする準晶質粘土や非晶質粘土が主体である．

この真っ黒な厚い腐植層の生成にはいくつかの要因が考えられている．一つの要因は火山灰の風化過程で生成される活性なアルミニウムの多量な存在である．この活性のアルミニウムは，腐植と結合して，微生物に分解されにくい非常に安定な有機-無機複合体を形成している．もう一つは，ススキに代表される草本植生の大量の有機物の供給である．ススキの地上部の年間の乾物重は28 t/haにも及ぶとされ，地下部の根の量とあわせて，黒色の原因である有機物の給源として最も重要なものと考えられている．このことは黒ボク土に含まれる植物ケイ酸体の種類と量からも確認されている．湿潤な気候で，植生の極相が森林であるわが国において，ススキなどの草原が長い年月維持され，土壌化作用にまで影響及ぼすには，火入れなどの人為的な要因が大きく関与しているものと推定されている．たいていの畑や草地の表土には，植物体の焼け残りの炭がたくさん含まれている．

また黒ボク土は非常に多孔質で，よく発達した団粒構造をもっているために，耕作しやすく，また，ほどよい透水性と高い水分保持性を兼ね備えている．このように物理的には優れた長所があるが，化学的には酸性であること，リン酸を固定して不溶化し，植物による吸収を妨げ，リン酸欠乏を起こすことなど農業利用の面ではいくつかの問題をもっている．これは活性の非晶質アルミニウムの働きによるものであるが，これまでの多くの研究によって，現在では施肥法・改良法などの技術が十分に発達してきており，生産性の高い土に変わってきている．

また黒ボク土には，土壌母材や生成条件によって，粘土鉱物の主体が非晶質粘土であるアロフェンやイモゴライトでなく，結晶性の粘土鉱物（例えばアルミニウム・バーミキュライト）を主体とし，強酸性の土がある．これらの土は非アロフェン質黒ボク土とよばれ，日本各地に広く分布している．黒ボク土と非アロフェン質黒ボク土は，作物栽培管理の面でも大きな違いがある．

6) 低地水田土（水田土壌）

一般にいわれる水田土壌である．自然堤防や扇状地に典型的に発達しており，水を引き，かんがいすることによって水田として発達した土で，比較的排水良好な土である．水田土は人間の手によって作られた土であるといえる．イネの生育期間中は，水面下にあるため，土は還元状態（嫌気的）になるが，このことが畑の土とさまざまな点で大きな違いをもたらしている．酸化状態（好気的）の畑では連作すると特定の微生物の大量増殖で病害が発生するが，還元状態の水田ではこのような微生物の増殖が押さえられるために，長期的に連作が可能である．また，かんがい水により養分がもたらされること，あるいは田面水に繁殖する藻類によって窒素が固定されること，土のpHが上昇すること，リン酸が可給態に変わることなど生産の面で多くの利点があげられる．

水田土壌として利用されている土には，低地水田土のほかに，地下水位の高低，排水の良・不良により，灰色低地土，グライ低地土などがある．

7) 褐色低地土

自然堤防，扇状地などの排水がよく，地下水位の低い地帯に分布する．表層にはグライ層はな

く，土色は褐色から黄褐色を示している．沖積平野の中のわずかに高い地域にあり，一般に野菜畑や果樹園，あるいは集落，住宅地として利用されている．

8）泥炭土，黒泥土

おもに湿性植物の遺体で構成される土である．多量の湿性植物が分解しないまま堆積したもので，有機物の占める割合が高い，北海道や東北などの湿性冷温帯気候下で生成する土であり，とくに北海道での分布が広い．泥炭土を農業利用するには，十分な排水や客土が必要である．排水時に，有機物の酸化分解とともに土の酸性化も起こり，土壌改良対策が必要である．それらの対策したうえで水田，畑地，牧草地などに利用される．わが国の約 0.5％を占め，耕作適地の約 3％に相当する．

植物残渣がさらに分解され，植物組織がほとんど目に見えない土は，黒泥土として泥炭土とは別な土に分類される．しかし，わが国で黒泥土とされている土の多くは火山灰の影響が大きく，真の黒泥土はまれである．

9）砂丘未熟土

日本海側，太平洋側の海岸線に広く分布する．砂丘，砂嘴，砂州などの粗粒な土である．粘土含量は低く数％程度で，大部分が砂である．一般に土壌表層から下層までほとんど変化がなく土壌化作用はきわめて弱いが，古い防風林などでは表層に落葉層が発達していることがあり，土壌化の始まりを観察することができる．未利用地も多いが，防風林，畑地としても利用され，野菜，花，果樹などが栽培されている．地域によっては，江戸時代あるいはそれ以前から，さまざまな農業利用の試みがなされてきたが，戦後かんがい施設の発達によって，農地としての利用が飛躍的に高まった．

10）岩屑土

山岳地帯や丘陵の傾斜地に分布する，土層の浅い土である．表層にわずかな厚さの土があり，すぐに礫層や岩盤が現れてくる．傾斜地のため，生成した土もその場所に長く堆積することができないことが多く，植物にとっては生育しにくい．山地の多いわが国ではかなり広く分布している．

11）造成土

自然には起こりえないような大規模な改変によって変化した土である．たとえば湖沼，海面の埋め立て，あるいは低地への大量の盛り土などで，もともとそこにはなかった土をよそから運んできたような土である．これにはさまざまな堆積状況があり，いちがいにまとめることが困難であるが，現在の日本では急激に増加しつつあり，新しい土として区分されている．

日本では北は亜寒帯から南は亜熱帯へと変化する自然条件下で，気候・植生・地形・岩質などに対応して形成された種々の土が分布している．わが国の多くの土は，緑豊かな植生下にあり，安定した A 層（腐植層）をもった生産性の高い土である．砂漠の土や熱帯地方の風化の進んだ土に比較すると，非常に恵まれているといえる．

〔本名俊正〕

(2) 世界の土

1）世界の土の分布

熱帯の国に旅行した人は，土にほとんど関心がない人でも，道路わきなどに見られる土の色の赤さに強い印象を受ける．地球上には，実にさまざまな土が分布しており，その多くはわが国で見ることのできない土である．世界には，わが国とはまったく異なる気候帯や土の母材（地表の岩石・堆積物）が広く分布しており，また，地殻変動の激しいわが国に比べ，地盤の安定した大陸では，地表にあって土壌化作用や風化作用（II 1 (2) 参照）を受けてきた時間もまた桁違いに長い場合が多い．このため，土の種類がまったく異なるだけでなく，分布の仕方にも違いが見られる．すなわち，わが国では短い距離間で土がさまざまに変化しているが，大陸では広い地域一帯にほぼ同じ土が分布しており，それに伴い広大な穀倉地帯や草原，砂漠，あるいは大森林地帯といった大陸的景観が作り出されている．

ところで地球上の陸地面積 1.5 億 km² のうち 57％が森林など緑で覆われており，人類を含む陸上の生命と環境が，陸地の緑の部分によって支えられている．また，耕作の可能性によって陸地

を分類すると, 1) 既耕地や放牧地や林地であるが現在の技術で耕作地として利用可能な潜在可耕地, 2) 耕作は不可能であるが畜産は可能な放牧地, 3) 林業が可能なところもあるが耕地にも放牧地にもならない非可耕地が, それぞれ世界全土の 24, 28, 48% であり, 耕作ができない土地の多いことに驚かされる.

その陸地面積の 24% の可耕地の中で, 現在まで耕地として利用されているのは約 9%, 1,370 万 km² に過ぎない. それでも農耕地の拡大はすでにほぼ限界に達し, 現在以上の大幅な拡大は望めないといわれている. FAO によれば, 世界中では, 毎年 6~7 万 km²(日本の農地総面積 5 万 km² よりやや多い)もの農地や草地が, 生産力を失いつつあるとされている. 他方, 残されている潜在的可耕地の多くは熱帯林である. 熱帯地域に現在残されている森林は, 今や生態系の多様性をまもる貴重な環境資源となっており, その開発は国際的な世論もあってむずかしい. さらに, 熱帯林や自然草地は, 農地化によって乾燥・砂漠化が進んだり, 大規模な土壌侵食が起きたりする. また, 農地化は一部であっても残った部分の生態系が急速に変化してしまうこともある.

戦後, 国連では, 世界の人口爆発が問題になる以前から, 世界中の土の研究者や国際機関を動員して, ①世界にある土の特性を明らかにし, ②今ある既存農地・草地の荒廃を防ぎ生産力を向上させること, ③さまざまな土にとって適切な植生や土地利用を明らかにして土と緑を保全することを目指して, 世界土壌図など土壌資源の目録作成や土壌荒廃の実態調査などを実施してきている. こうした世界の土に関する国際的な協同研究の発展には, 土の国際的な分類と共通名が必要であり, 土の国際分類法も, 1930 年代のアメリカ農務省 (USDA) による方法から始まり, FAO による世界土壌図作成に用いた分類, および USDA の新分類 (ソイルタクソノミー) へと発展してきている. 表 II-8-1 に USDA 旧分類の土壌名を用いておもな土の特徴や分布面積を示し, 新しい名称を対比させて示した.

2) 世界の気候帯と土の分布

世界の土の分布は, 同じ種類の土の帯が赤道と

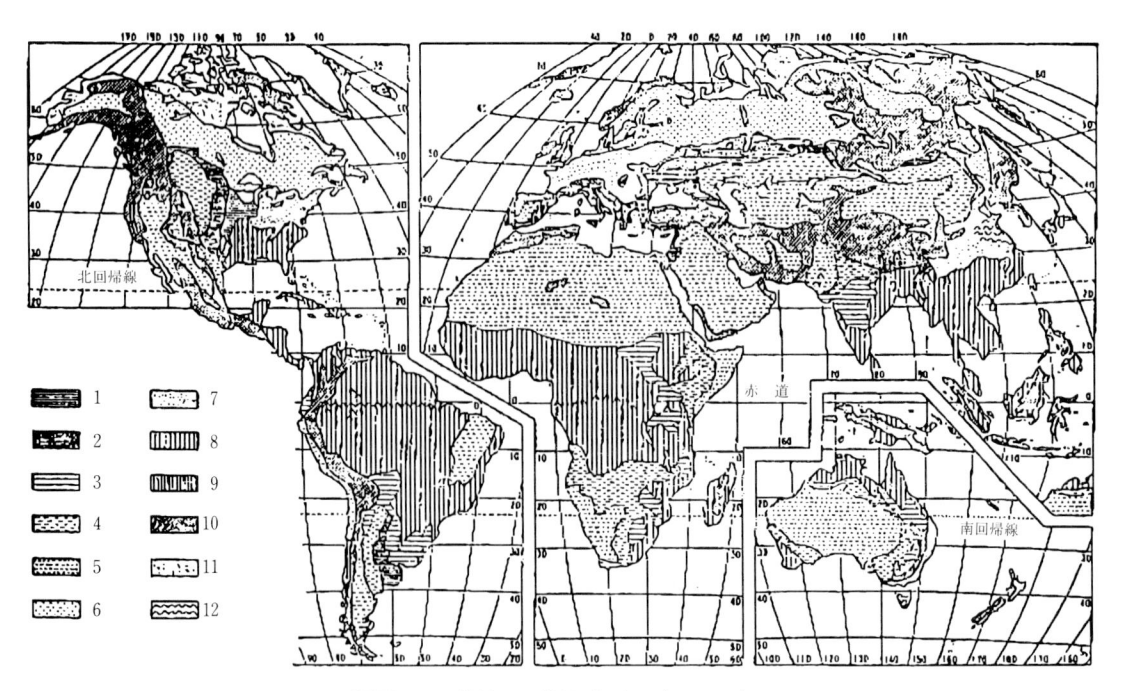

図 II-8-4 世界の土壌図 (山根一郎, 1984)

1:プレーリー土, 灰色森林土, 2:チェルノーゼム, 3:亜熱帯・熱帯の黒色土 (ヴァーティソル), 4:栗色土, 褐色土, 5:砂漠土, 半砂漠土, 6:ポドゾル, 7:褐色森林土, 8:赤黄色土, ラトソル, 9:地中海性赤色土 (テラロッサを含む), 10:山地土壌, 11:ツンドラ, 12:沖積土

表 II-8-1　世界の各種土壌群の特徴と分布面積

土壌群	特徴	FAO分類	USDA分類	面積(億ha)	(%)
リトソル（岩屑土）	岩石の上に載っている石礫の多い未熟な土壌で，広い面積を持つが，耕地面積割合は低い，放牧地に利用．	リトソル	エンティソル	26.92	20.7
ラトソル（地下水ラテライトなどを含む）	風化と養分溶脱を最も激しく受け，リン酸に欠乏，湿潤熱帯における主要土壌．	フェラルソル	オキシソル	24.72	19.0
砂漠土（塩類土，アルカリ土を含む）	養分が少なくとくに窒素，リン酸，微量要素が不足，水不足でかんがいが必要であるが，二次的塩類化などに注意を要す．	ゼロソル イェルモソル	アリディソル	21.04	16.2
ポドゾル（泥炭土，低腐植質グライ土，灰褐色ポドゾルを含む）	養分が溶脱されて酸性を示す．中和のための石灰を施用する必要がある．寒いことが耕作を妨げる要因となっている．	ポドゾル ヒストソル	スポドソル ヒストソル	19.40	14.9
チェルノーゼム（栗色土，ブルニーゼム，赤色プレリーを含む）	物理的，化学的性質ともにバランスのとれた肥よくな土壌，世界の広大なコムギ地帯とアメリカのトウモロコシ地帯に分布．	チェルノーゼム カスタノーゼム	モリソル	8.12	6.2
砂丘未熟土（レゴソル）	風の力によって砂，微砂が堆積したもの．海岸砂丘堆積物や新しい火山灰などからなる．	レゴソル	エンティソル	7.60	5.8
沖積土	河川の氾濫などで堆積した比較的新しい堆積物．肥よく度が高く，世界人口の3分の1はこの土壌に食料を依存している．	フルビソル グライソル	インセプティソル	5.88	4.5
ツンドラ・亜極地褐色森林土地帯	コケ地衣類・小灌木のみの植生．寒さのため農耕不可．			5.12	3.9
赤黄色ポドゾル性土	養分の溶脱が激しく，酸性で，湿潤気候下で発達．粘土が表層から移動し，下層に集積．	アクリソル	ウルティソル	3.88	3.0
グルムソル地帯					
グルムソル	養分に富むが，物理的性質が悪く，水の透水性，排水不良．	バーティソル	バーティソル	3.24	2.5
テラロッサ	石灰岩の上に生成された赤色の肥よくな土壌で物理的性質もよく耕作も容易な土壌．	ルビソル	アルフィソル		
非石灰質褐色土	粘土の多い下層土をもち，養分は高いが，物理的性質が悪いので耕作して土をよくほぐしておくことが大事である．		アルフィソル	2.84	2.2
レンジナ・褐色森林土地帯					
レンジナ	石灰岩や泥灰岩を材料にした土壌で肥よく度が高いが，傾斜面に分布し，牧草地に利用されている．	レンジナ	モリソル	1.00	0.8
褐色森林土	湿潤冷温帯の中部ヨーロッパに広く分布，粘土移動やポドゾル化もない褐色な土壌断面をもち，中性ないし酸性．	カンビソル	インセプティソル		
アンドソル（黒ボク土）	火山灰からできた土壌で，容積重が軽く，リン酸肥料の吸収力が大きい．	アンドソル	インセプティソル（アンディソル）	0.28	0.2
世界の土壌総面積				130.04	

平行して帯状に配列し、また、北アメリカや南アメリカ大陸では、南北方向に土壌帯が形成されている（図II-8-4）。このような土壌帯は、気候帯の分布にほぼ一致しており、これらを成帯性土とよんでいる。土の乾湿と温度の組合せにより、その土地の土の基本タイプが決まってくるのである。すなわち、土の母材である岩石・鉱物の風化速度や腐植の蓄積と分解は温度と水分に強く依存し、加えて土中の水の移動方向が下向きか上向きかにより、水により溶解された諸物質の溶脱・集積および風化産物の性状に大きく影響する。また、土の色も水分や温度環境を反映した腐植の集積や鉄酸化物の状態変化に応じて、黒色、赤色、褐色、黄色、あるいは青灰色と変化する。

たとえば、高温多湿な条件では岩石や鉱物の風化は強くすすみ、長い年月には粘土鉱物さえも分解して鉄やアルミニウムの酸化物からなるラテライト性土壌を生成するが、寒冷地に多い針葉樹林下においては、分解の遅い松柏類の落葉から生成された有機酸類により、強度に溶脱と風化が進み、表土直下に白い砂層をもついわゆるポドゾル土が生成する。一方、気候が乾燥化してくると、土からカルシウムなど養分の溶脱が抑えられてチェルノーゼムのような肥よくな土が生成し、また、熱帯の乾季に土壌溶液が濃縮する条件では、モンモリロナイトをおもな粘土鉱物とする膨潤収縮性の大きいグルムソルが生成する。さらに乾燥がすすめば塩類集積土や元の岩石の風化がすすんでいない未熟な砂漠土となる（図II-8-5）。

前の節で述べたように、わが国の大部分は上記の両極端の土壌帯には属さず、湿潤温帯の褐色森林土帯に属しているが、わが国の農地に多い火山灰土（黒ボク土）や低地の水田土のように、特殊な母材や地形的な水分条件によって生成する土は、成帯性土の中に島状に分布することから成帯内性土とよばれている。

3) やせた土の多い世界の土壌資源

おもな土の分布面積割合を見ると（表II-8-1）、10％以上を占める土は、岩石だらけの未熟土であるリトソル、極度に溶脱がすすんだ貧養分のラトソル、水が不足し塩類化の危険が大きい砂漠土、および酸性の強いポドゾルである。これらに加えてツンドラ土、赤黄色ポドゾル性土、砂丘未熟土を加えると、生産力の低いやせた土の分布割合は実に83.5％にも達している。ここでやせた土というのは、農耕が不可能か生産には多大な労力（土壌改良、施肥など）が必要なものである。各大陸の潜在可耕地における土壌群別の面積割合では、南アメリカ、アフリカおよびヨーロッパではやせた土の割合が高い（図II-8-6）。

これらのやせた土の中で、リトソルは石だらけの上に急傾斜であることが多く物理的に耕作に不適であり、砂漠土は水資源に不足し、またポドゾルの多くは寒冷気候下にあり農業生産力は限定されている。熱帯・亜熱帯に多いラトソルや赤黄色ポドゾル性土は、強い酸性と低養分が問題であるが、それらの改良に投資すれば、地形的にも平坦で雨にも比較的恵まれていることから、農耕地としての利用が可能であり、将来の世界の食料生産に重要な役割を果たす可能性がある。これら熱帯の酸性土は、南アメリカやアフリカを中心に世界の22％を占めており、持続的開発に向けた土壌

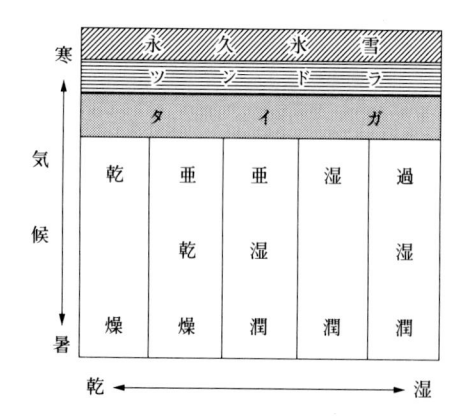

図II-8-5　気候と土壌の関係

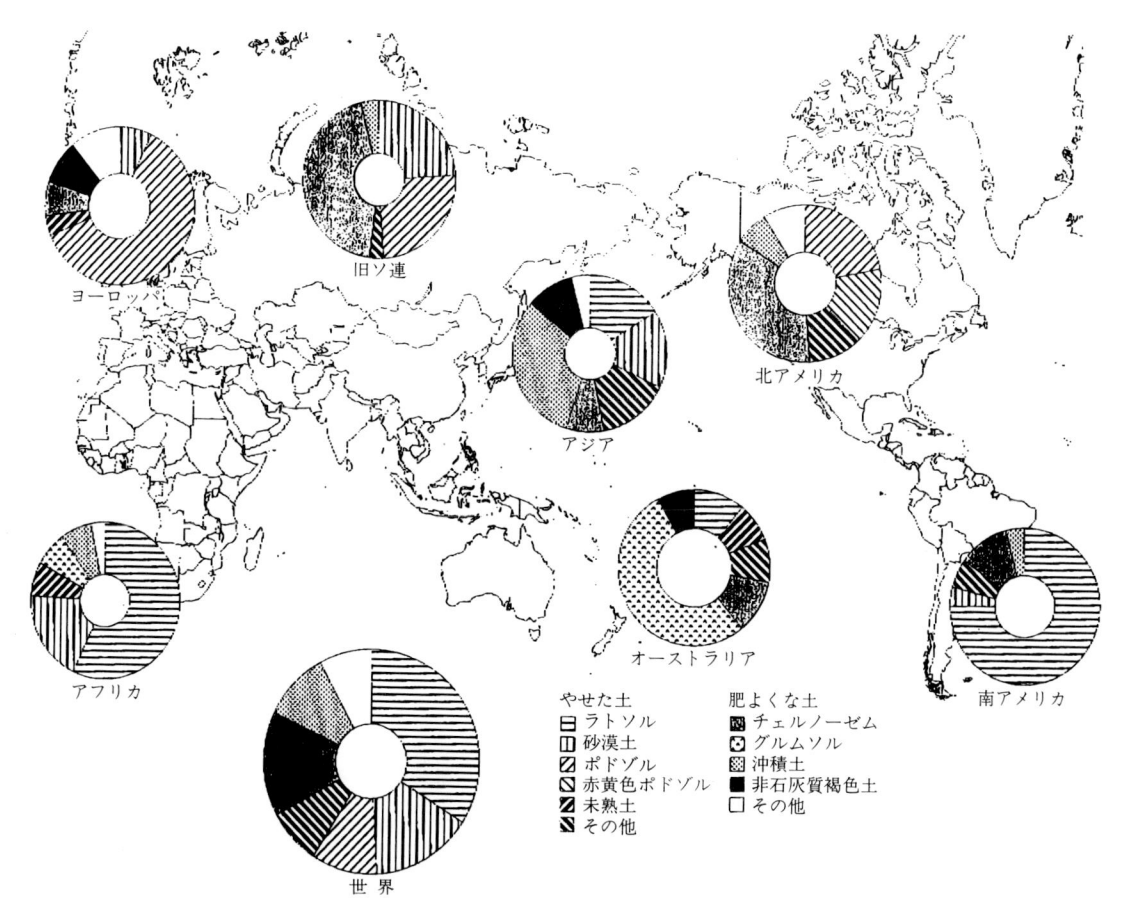

図 II-8-6 潜在可耕地の中の土壌の分布割合

管理技術の開発と投資が世界的な課題となっている．他方，ヨーロッパの酸性土では，もともと酸性であることや，砂質土が多く緩衝能が低いために，酸性雨など酸性降下物による影響も大きく現れやすい．近年，北欧のポドゾルを中心に酸性雨問題が顕在化してきている．

4) 世界の穀倉地帯を支えるチェルノーゼム

北アメリカ，アジア，旧ソ連，オーストラリアは，可耕地土壌の半分以上が肥よくな土である．とくにチェルノーゼムは草原植生下に生成した物理性・化学性ともにバランスのとれた肥よくな土壌で，黒土地帯とよばれ，世界のコムギ，トウモロコシの生産地帯を形成している．この土壌は，開拓当初は施肥をほとんどしなくても高収量が得られたが，最近ではかなりの量の肥料施用が必要であり，また，大規模機械化単作の拡大によって土壌侵食も激化しており，持続的生産を行うために不耕起栽培など農法の改善が模索されている．

5) 稲作地帯を支える沖積土

アジアでは，潜在可耕地中の肥よくな土壌の半分以上が沖積土である．この大部分は水田として利用されており，沖積土の食糧生産への貢献度は高い．沖積土は世界の4.5％を占め，そのうち潜在可耕地が54％である．その90％がアジアに集中している．この土壌は河川によって形成された沖積平野や三角州，海岸平野などの低地にあり，河川が運ぶ土砂がしだいに堆積してできる．その堆積物は上流の表土の部分が多く，そのため養分に富む肥よくな土壌になる．

水田は少なくとも3か月たん水するため，その間酸素の少ない嫌気的で還元的な状態になる．土の色は灰色を呈し，嫌気的条件に適応した生物が生息するようになる．古い時代の木製品はたいてい水田の下から発見されていることからもわかるように，嫌気条件では有機物は分解しにくく，地力は保全されやすい．連作しても障害が現れない

長所が発揮される．またかんがい水には植物（イネ）の成長に必要な無機成分が溶解して供給され，たん水土表面のらん藻類やほかの微生物による窒素固定による供給量も多くある．さらに，たん水することによって土の中のリン酸の有効化は促進される．このような優れた性質をもつことから，水田では，養分の少ないやせた土壌でも無肥料でかなりの収量を上げることができる．アジアでは無肥料でも長期にわたり連続して100～150 kg/10 aの収量を上げて，稠密な人口を支えてきたのであるが，近年，多収品種の導入により，肥料施用量が急増するとともに収量も急上昇してきている．

6） 火山からの贈り物火山灰土

世界の火山は約60％が環太平洋火山帯に集中し，ジャワ・スマトラ火山帯，アフリカ東部，地中海沿岸火山帯，ハワイ，アイルランドなどに分布する．それらの活動（噴火）に伴い火山からは種々の噴出物が周辺に堆積する．そのうち粒径の細かい"火山灰"はかなり広い範囲に堆積する．ここに生成した土壌が火山灰土（アンドソル）である．アンドソルは全陸地面積の0.76％を覆い，その90％以上は，南アメリカ，中央アメリカ，極東，東南アジア，オセアニアなどの環太平洋地域に分布する．

日本ではアンドソルは黒ボク土とよばれ，559万haが分布する．有機物含量が高く黒色でチェルノーゼムのような形態をしているが，養分に乏しく酸性で，リン酸の吸収固定力が高く，施肥効果の低い土壌とみなされてきた．熱帯・亜熱帯のアンドソルには，日本の黒ボク土と同様なものもあるが，交換性陽イオンに富み，リン酸も母材中に多く含まれており，他の養分も豊富なものがある．これは，火山灰の母岩に玄武岩質のマグマが多いことや，温度や水分環境の違いを反映した風化生成条件の違いが現れたものである．

このような肥よくなアンドソルは大切な土壌資源で大事に取り扱うべきものであるが，肥よく度の低いものもそれなりに改良・対策に努める必要がある．日本では，黒ボク土の改良・対策は近年著しく進んでおり，その技術は諸外国の低肥よく度のアンドソルの利用にも活用できるものと思われる．アンドソルは世界的には分布面積は広くないが，物理性や上記以外の化学性はよく，その潜在的生産性は将来期待できるものである．

7） 世界共通の土壌分類

今後の世界の食料問題の解決には，土壌資源を有効に活用することが必要である．先進国では土の調査も進み，土壌図が作られているが，それぞれ国別の分類体系を使っている．また，まだ十分な土壌調査がなされていない国も圧倒的に多い．土の分類体系には，その国に特有な問題に対処するため独自の体系をもつことも必要であるが，全世界共通の分類法も必要である．現在国際土壌学会を中心に世界の土壌命名の共通語となる「世界土壌照合基準（WRB）」が検討されており1994年にその草案が発表された．わが国も世界の土壌資源の調査と保全に向けて国際的な貢献が求められている．

（中井　信・浜崎忠雄）

[コラム1]

国土のお化粧―テフラ

わが国は環太平洋火山帯に属し，多くの第四紀火山が活発に活動してきた．火山の活動に伴って放出される火山砕屑（さいせつ）物をテフラという．テフラは，古生層・第三紀層などの古い地層の上を覆い，山麓緩斜面，段丘などやや平坦な地形面の上に安定に堆積し，化粧したようになっており，火山国のわが国では重要な土壌母材の一である．

テフラには火山周辺の限定された地域にのみ分布するものと，広域に分布堆積する巨大噴火による広域テフラがある（図II-8-7）．たとえば，約10万年前の洞爺火山灰，約7万年前の阿蘇4火山灰，約2万年前の姶良丹沢火山灰（AT），約6,300年前のアカホヤ火山灰（K-Ah）が代表的な広域テフラとして知られている．また，中国と北朝鮮の国境にある長白山火山起源の900年前のテフラ（B-Tm）は，日本海を越えて東北地方北部と北海道地方中部にかけて分布する．これらの広域テフラは土壌の母材となるだけでなく，考古学研究，地形発達史や古環境推定のような第四紀学研究において重要な鍵層となっている．　　　（井上克弘）

8. 土のいろいろ　113

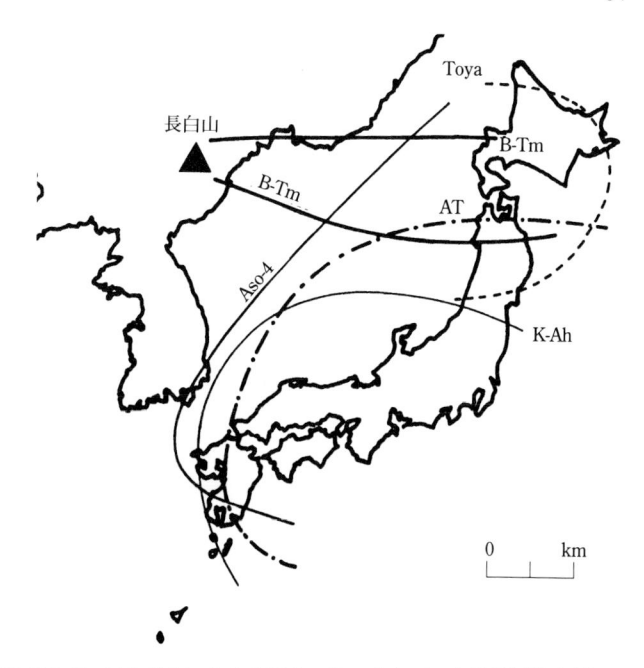

図 II-8-7　巨大噴火による広域テフラの分布（日本第四紀学会編，1987）

[コラム2]

考古学と土—大地の下に埋没した古墳—

　関東平野中央部の加須低地に埋没した小松古墳（7世紀中頃）は，土壌学的方法により築造当時の立地環境が解明された事例である．加須低地は利根川の乱流地帯にあたり，自然堤防，後背低地などの沖積低地特

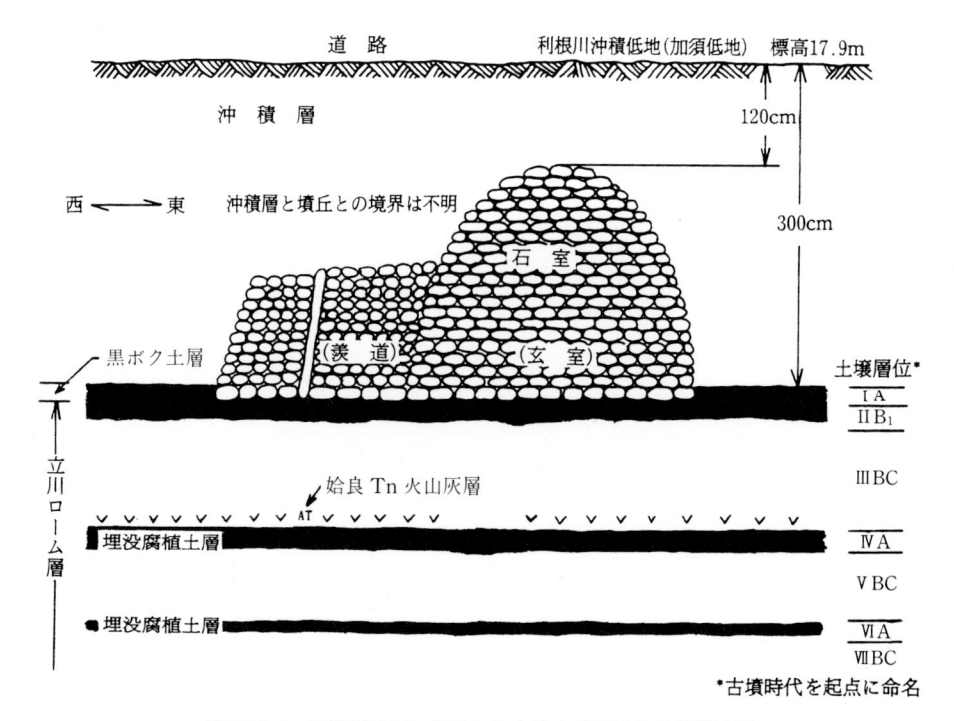

図 II-8-8　沖積低地下に埋没した小松古墳石室と基盤模式図

有の微地形が見られる．小松古墳の石室床面は現地表下 3 m にある．床面から深さ 2.5 m までのボーリング試料は，全て強還元の泥ねい状態であり，氾濫堆積層の様相を呈していた．しかし，土壌鉱物分析の結果，中部層準に姶良 Tn 火山灰層の火山ガラスが検出され，これより下位にはかんらん石が多く認められた．また，全層とも活性アルミニウムに富み，リン酸吸収量が高かった．以上から，古墳の基盤は関東ローム層の最上位「立川ローム層」と推定され，小松古墳は沖積面を掘り下げて古墳を築造したのでなく，当時，洪水の少ない高まりで，地耐力ある関東ローム台地上に築造されたのである（図 II-8-8）．築造後，関東造盆地運動による沈降と利根川の氾濫により，しだいに埋積したのであろう．土には生成されるまでのさまざまな履歴が刻みこまれている．そのため土壌学的情報から，土の生成過程や立地環境の解明ができる．

（細野　衛）

III

日本農業の最前線

1. フロンティアから食糧基地へ（北海道）

(1) 地域環境と農業

1) 位置と寒さ

札幌は北緯43度，マルセイユ，ソフィア，ボストンなどとほぼ同じであるが，気温はかなり低い．もちろん本州に比べても著しく低い．これと夏の降水量が少ないことが，北海道の農業を大きく支配している．北海道の夏は冷たいオホーツク高気圧と暖かい小笠原高気圧とのせめぎ合いの中にあり，冬は張り出した大陸高気圧に支配される．また，日本海に対馬海流，オホーツク海にその分流，太平洋には親潮と黒潮がとりまいている．さらに中央を南北に貫く天塩山脈—日高山脈と東北に連なる火山列は，この気象に地域性を与えている．その結果，北海道の自然は多様性を示すことになる．

2) 広大な地形

北海道は台地や低地が多く，山地も日高山脈を除けばゆるやかな起伏を示す．このため，全体として広々とした景観を呈している．第三紀に隆起した南北に連なる山地は第四紀の氷河によって削られ，この岩砕は低地を埋め，火山はカルデラ生成時には膨大な量の火砕流を放出し，台地を形成した．また，凍結と融凍を繰り返す周氷河作用は全域にわたりゆるやかな波状地形をもたらし，比較的少ない降水量や発達した植生は河川による侵食と埋積を少なくした．一方，石狩川・天塩川・釧路川などの河川中下流部には湿原が出現した．

3) 北方系と南方系の混交する生物相

北海道は氷河期の海退によって，何度かサハリンや本州と陸続きになったが，これは生物相に大きな影響を与えた．本州と隔てる津軽海峡はサハリンとの間の宗谷海峡より深く，最後の氷河期ではつながらなかった．そのため現在の動物相は北方の影響が強い．いわゆるブラキストン線である．これに対し，種子によっても移動できる植物相には南の要素もあって，温帯性のブナの北限は道南の黒松内となっている．平地では温帯の落葉広葉樹と常緑針葉樹帯が混交し，標高の高い山地では針葉樹が優先している．

北海道に特徴的な植生に泥炭地がある．これは石狩川，釧路川，天塩川などの中下流に分布し20万haとされていたが，現在は開発が進み，釧路湿原やサロベツ原野に跡をとどめているに過ぎない．この泥炭地や湿原は，後氷期に内陸まで侵入した海が砂州の発達によって内湖となり，その後の河川による埋め立てと海退で陸化する過程で生じたものである．

4) いろいろな土

北海道の土は気候的分類の上では，ほとんどが褐色森林土地帯で，北端部にポドゾル性褐色森林土が分布する．前者は東北地方北部にも分布し，後者はサハリン南端部から沿海州につらなる．中央部より南では火山灰で覆われており，北部では周氷河作用を受けた土が残る．石狩川などの大きな河川流域には湿原の遺物としての泥炭土が分布

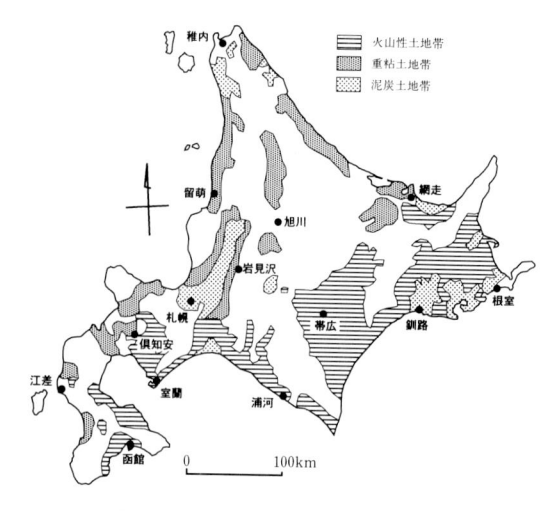

図 III-1-1 農用地の特殊土壌分布図

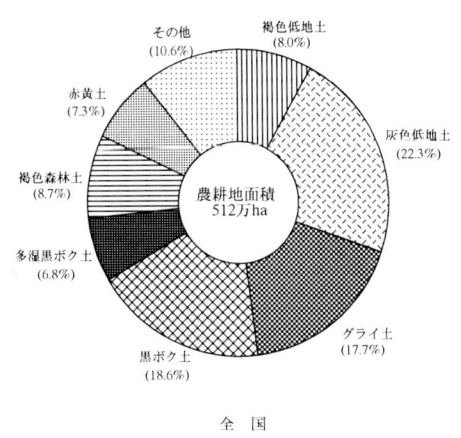

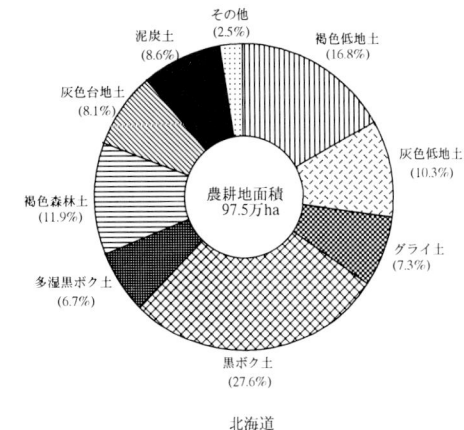

図 III-1-2　農耕地の土壌

する．
　これらは北海道に特徴的な不良土壌である火山灰土，重粘土，泥炭土で，全農牧地面積の3分の2を占めていて，農業の定着にはこの土の改良が前提であった（図 III-1-1）．図 III-1-2 に農耕地土壌の土壌型を示した．

5) 地域性のある農業

　北海道の農業のほとんどは明治時代に本州や欧米から持ち込まれ，その後現在まで，数々の試行錯誤の結果，図 III-1-3 に示すようにそれぞれの自然特性に適応した生産性の高い農業が成立した．表 III-1-1 に北海道の農業指標を全国と比較して示した．北海道の中で，道南は自然条件が本州に近く，水稲，園芸を中心に集約的な農業が行われている．中央部は石狩川低地帯を中心に稲作が主であるが，近年の生産調整により，コムギや野菜の作付けが増えている．ここでは内陸的な上川や空知北部が南の石狩・胆振よりも作柄が安定し，収量も高い．道東の十勝と網走は雨量が少なく，大規模な畑作地帯で，コムギ・テンサイ・マメ類・バレイショの輪作が基幹となっている．網走ではタマネギなどの野菜作が定着していたが，近年では十勝でもダイズが減少して野菜が導入されている．北の宗谷と東の根室・釧路では畑作は不安定で，牧草を中心とする大規模な酪農が展開している．

　この様な地域性の定着にはおよそ100年を要した．開拓当初，移住してきた農民は出身地の農業を持ち込んだが，その多くは自然条件と生産効

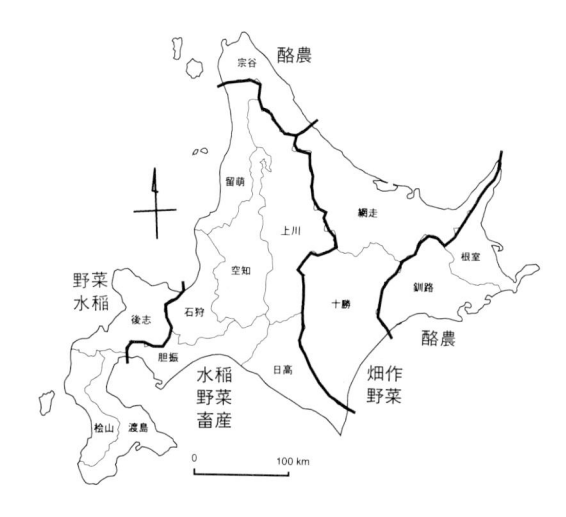

図 III-1-3　北海道の農業地帯区分

率，経済性の面から消えていった．北海道の農業の歴史は作目淘汰の歴史でもある．

6) 大規模化と環境保全

　北海道では農地が大規模で本州の様に林地などがモザイク状に混在することは少ない．これと浅い農業開発の歴史とが相まって，農地を含めた自然生態系の安定性は低いと思われる．このため，農業と環境保全の上で本州とは異なる問題がおこっている．

① 泥炭地の地盤沈下

　石狩川中下流部の泥炭地は，ほとんど水田として利用されている．泥炭は未分解の植物遺体で多量の水を含んでいるが，脱水すると収縮と同時に分解して容積は減少する．泥炭地での畑作は排水を前提とするので，水田の畑転換によって下層の

表 III-1-1　全国に占める北海道畑作の地位

区分	北海道	全国	対全国%
耕地面積（千 ha）			
総土地面積	8,345	37,780	22
耕地面積	1,206	5,124	24
田	241	2,782	9
普通畑	423	1,234	34
樹園地	4	439	1
牧草地	539	661	82
農地1戸当たり耕地面積	13.7	1.4	9.8倍
米生産量（千 t）	351	7,811	4.5
畑作物生産量（千 t）			
コムギ	340	638	53
バレイショ	2,593	3,389	77
ダイズ	8	101	8
アズキ	33	46	72
インゲン	24	26	92
テンサイ	3,388	3,388	100
ソバ	5.2	22	24
畜産生産量（千 t）			
生乳	3,462	8,625	40
牛肉	93	593	16
生産量全国一の農産物（千 t）			
タマネギ	720	1,358	53
ニンジン	190	731	26
カボチャ	110	268	41
スイートコーン	160	355	45
ダイコン	240	2,182	11
ソバ	5.2		24
生乳	3,462	8,625	40
牛肉	93	593	16

（平成8年版・北海道の農業（北海道農政部監修）より抜粋）

泥炭は収縮・分解して地盤沈下を引きおこす．標高数 m のこの地域では，国土保全の上で重要な問題を含んでいる．

② 畑地帯の侵食

北海道の畑地は区画が大きく，火山灰土に覆われ，波状の地形を呈する．作物の被覆が少ない季節には風や雨による侵食が発生する．とくに春先の強風による風食は，生育初期の作物にも被害を与える．開拓の当初にはこの対策として防風林が設けられ，独特な景観を呈していた．戦後大型の機械が導入されると，この防風林は作業効率の障害となり切られることが多くなって，再び風食が問題となっている．

また，大型機械の走行によって下層の透水性が低下し，融雪時や降雨の後水を含んだ作土が斜面に沿って流れ，水食を起こす．

近年この対策が求められている．

③ 家畜ふん尿の問題

北海道の北部の宗谷や東部の釧路・根室の酪農は，広大な草地を前提として展開したのであるが，生産性向上のため多頭飼育と濃厚飼料の導入に移行した．このため排出されるふん尿は局所的には草地の環境容量を越え，環境への負荷が問題となっている．宗谷や釧路では湖沼や湿原への影響，根室では漁業への影響が憂慮されている．

豊かな自然と調和しているように見える北海道でも，農業と環境保全のあつれきを抱えているのである．

（関矢信一郎）

(2) 大規模な畑地

1) 畑作今昔

北海道の開発は当初から官主導で行われてきた．130年前，北辺の防衛と拓殖を目標に欧米型畑作の導入が始まった．以後，市場の動向，戦争，人口増などにより目標は変遷し（図 III-1-4），換金作物の無肥料栽培による地力収奪と連作が社会変動と相まって，栽培する作物を激しく盛衰させた．しかし，大正末には北欧型の有畜農業の導入，昭和初めには有機物・過リン酸石灰の施用，輪作・深耕の指導，畜力プラウ耕・手刈方式の確立と共に，コムギ・バレイショ・テンサイ・マメ類による現在の作付体系の原型が十勝，網走に形成された．

戦後は食糧増産を背景に，畜耕に代わる大型機械化と離農による規模拡大が相乗した．機械化は畑への有機物源をなくすとともに，深耕によって作土の養分希釈を進めた．一方，化学肥料の十分な供給は多肥・多収を可能にした．今，欧米に劣らない単位面積収量を上げうる高い生産技術水準を有し（表 III-1-2），経営規模は1戸当たり30 ha を越え，面積は全国の34％，主要作物生産は全国の大半を占め，畜産と共に日本の食糧基地となった（表 III-1-1）．同時に，生産コストの削減と経営の安定のため，さらなる大規模化，高収益野菜の大規模・機械化栽培の導入に努めようとし

表 III-1-2　北海道および欧米のコムギ・バレイショ・テンサイの単位面積当たり収量

作物 国名	コムギ (kg/10 a)	バレイショ (kg/10 a)	テンサイ			窒素施肥量 (Nkg/10 a/全耕地)
			根収 (kg/10 a)	糖分 (%)	糖量 (kg/10 a)	
北 海 道	346	3,120	5,360	16.4	879	11.0
ド イ ツ	641	3,420	4,950	15.3	707	9.9
アメリカ	248	3,430	4,600	—	—	2.4
ロ シ ア	187	1,130	—	—	—	1.4

(1990年前後の調査報告書より抜粋)

ている．これは国際競争力の強化，自給率の維持に寄与するであろう．

北海道畑作も世界的な「環境保全型農業への脱皮」の波に洗われようとしている．窒素の多肥（表III-1-2）と多量の家畜ふん尿が問題である．

2) 土地改良と土壌管理

明治末から，根が深く，水はけの良い土を好むテンサイを目標に，土壌調査に基づく土地改良を進めたとされている．その後の何十年間にもわたる混層耕，深層破砕，砂客土，暗きょ，明きょなどの土地改良による排水網の整備が今日の機械化畑作の安定を可能にした．しかし，国際競争に耐える低コストを目指すには，さらなる大規模ほ場の大型機械による高度な効率的管理が求められている．作業の速度，精度，適期性には，土の改良状態，とくに水はけの良し悪しと地耐力の強さが鍵を握る．現実には，降雨後の機械作業が可能になるのに数日を要し，作業性の低いほ場が未だ多い．

一方，北海道は日本で唯一の土壌凍結地帯である．馬耕時代，凍結土に浸透できない春の雪解け水は不耕起の畑を流れ，無数の小川となって広大な畑地を水食した．今では，秋にトラクタで深耕した土は雪解け水を浸透させてほ場内の流れを止め，500 m間隔で，ほ場面から約1 m高く作られた舗装農道がほ場間の流れを止めている．畑地の耕起と侵食は古くからの宿命的な問題であるが，耕起された土は春先の乾燥期の強風に飛ばされやすく，夏の集中降雨に流されやすいので，土壌凍結地帯の侵食への対応はむずかしい．たとえ

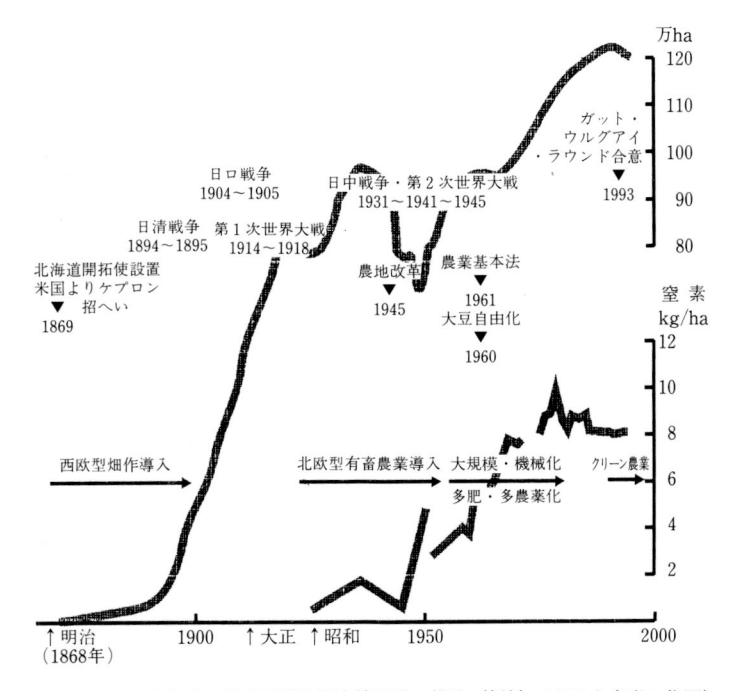

図 III-1-4　北海道の耕地面積と窒素施肥量の推移（飯村，1987を参考に作図）

ば，世界の耕起法の趨勢は不耕起に近いミニマムティレッジにある．作付け前の耕起が雑草抑制以外に効果がなく，エネルギー消費を増やし，土壌侵食を助長するからである．北海道畑作でもミニマムティレッジの導入は低コスト化の鍵を握ると思われるが，不耕起で越冬した凍結は場内での融雪水の流れは馬耕時代と同じであり，早春の水食対策が問題として残されている．

3) テンサイ栽培と化学肥料

開拓の初期，屯田兵は，テンサイの種を発芽しないように炒ってまいたという．肥料のなかった当時（図III-1-4），作付けを指示されたテンサイの旺盛な養分吸収が後に作る主食の稗や粟を減収させるとの思いからである．しかし今，化学肥料のおかげでテンサイは北海道畑作の耐寒性基幹作物となっている．ところが，テンサイは多肥化に伴って養分吸収が増え，葉や根は大きくなるが根中の糖分が低下して糖収量が頭打ちになる．ここでも旺盛な養分吸収が問題になった．図III-1-5ように，窒素吸収と糖収量との間に報酬漸減の法則が成立するからである．この問題は欧米でも同様で，これを改めなければ生産コストを高めて製糖工程上の品質も下げ，テンサイに利用されない窒素が地下水の硝酸濃度を高め，環境への負荷を大きくする．

一般に，インプットとアウトプットには一定の限界があり，テンサイ以外の作物にもこうした関係が顕在化した．過剰施肥を防ぐには，土壌診断により栽培するほ場の養分供給量を把握することが必要である．北海道では現在，農家の要望に応じて，畑作だけでなく水稲，草地，園芸の各作物別の必要施肥量を土壌診断で勧告するシステムが動いている．とくに，バレイショとテンサイについては，土を煮沸して溶け出す窒素の量を指標にし，窒素の無施用から増肥まで勧告をする窒素土壌診断が組み込まれている．

しかし，今，北海道はあえて「クリーン農業」を看板にしている．もともと北海道の畑作物の窒素施肥量は約 11 kg/10 a で，本州の野菜の平均約 22 kg/10 a の 1/2 に過ぎない．さらに，化学肥料，農薬の投入の 30 ％ 減（本州の 60 ％ 減）を目指し，作物・土の特性や病害虫発生状況に応じて化学資材を上手に利用するシステムや緑肥による肥よく度や雑草の生態的制御技術を開発しようとしている．「安全で美味しい農作物の供給」と「地球にやさしい環境保全型農業」を 21 世紀の農業のあるべき姿として，確実に視野に入れている．

4) 畑地の物質循環

現在，多肥と輸入飼料に起因する大量の畜産排泄物による環境への負荷が全国的に問題となっている．畑作の中心地，十勝の例を紹介する．

十勝の典型的な畑作地帯では化学肥料により約 12 kg/10 a の窒素が投入され，その約 20 ％ が作物に利用されない．この窒素が硝酸となって，年間降水量 1,000 mm の内の蒸散されない 500 mm とともに土の中に浸透し，20～30 年の間に地下水の硝酸態窒素濃度が平衡に達しているとすれば，4.8 ppm になると試算される．この地帯の深さ 20～30 m の井戸水の硝酸態窒素濃度の実測値は 5～10 ppm のレベルで，なかには 20 ppm 近い事例もある．実測値には堆きゅう肥施用に伴う窒素の投入や生活排水などによる負荷も含まれるが，飲料水を地下水から得る地域と，河川からの

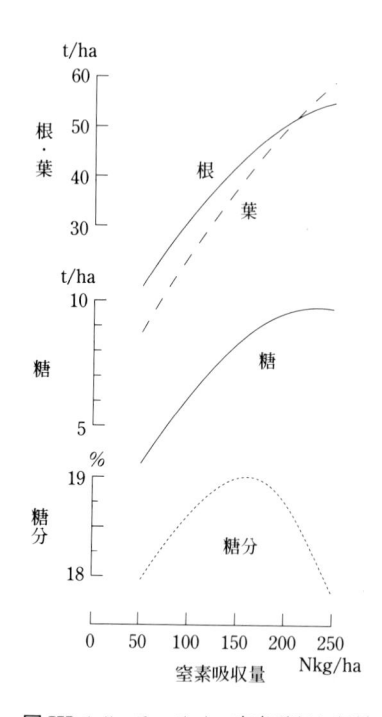

図 III-1-5 テンサイの窒素吸収と収量・品質（報酬漸減の法則）

十勝とでは数値の持つ意味は自ずと異なる．

一方，十勝には，約18万haの畑と8万haの草地があり，38（乳牛21，肉牛17）万頭の牛が飼われる．いくつもの前提を設定しての試算だが，ふん尿の窒素のすべてを草地に返すと約300 kg/haに，26万haの全耕地に返すと約100 kg/haになる．こうした循環が可能になれば畑の肥料はほぼいらない計算になるが，ふん尿の貯蔵性や輸送上の問題のために，実際には計算通りにはいかない．とはいえ，尿を分離した堆きゅう肥は比較的扱いやすく，その効果は高い．堆きゅう肥2,000 kg/haだけで栽培した場合の収量水準は，現在の施肥標準量の化学肥料だけを施用した場合の40〜90％で，作物の特性や土の肥よく度によって大きく異なる．たとえば，肥よく度の高い沖積土では約80％前後，肥よく度の低い火山灰土ではダイズで約70％前後，テンサイやバレイショで60％前後の収量水準を維持できる．

5） 人工衛星情報と未来農業

北海道では，人工衛星情報から土の水はけの程度，窒素や水分供給能を広域かつ細密に把握できるシステムが開発されている（口絵はその一例）．さらに，テンサイの生育・窒素栄養診断や収量・品質の推定，草地の牧養力把握や植生診断の手法も開発されている．人工衛星ランドサットが16日周期で送ってくる1ha当たり一点の畑地情報は，地域の営農指導から個別農家の営農計画にまで活用できる．また，将来，衛星に搭載されるようなセンサーをトラクターに装備すれば，土壌や作物栄養の診断をしながら施肥管理することも可能になる．

現在では，軍事衛星に搭載されているセンサーの民間利用が可能となっている．1m四方の単位で情報が得られる高解像度人工衛星も打ち上げられる予定である．このような情報技術の農業面でのきめ細かい実用化研究は，北海道の畑作が先行しており，21世紀に期待される生産性の向上と環境保全の両立に威力を発揮すると考えられる．

北海道の畑作は日本の食糧基地としての潜在力をもつが，現在の国際競争のなかでその力は十分に発揮されていない．農業の持続性にいろいろと提言されているが，今，真の意味の農業をする人がいなければその持続性は絵に描いた餅になる．農業はいわば持久戦である．持ちこたえれば，日本国民にとっての食糧基地であり続けることができる．

（西宗 昭）

(3) 北限の稲作

1） 冷害との闘い

北海道の現在の稲作は，1873年島松（現北広島市）の中山久蔵に始まるとされている．中山は耐冷性品種の赤毛を用い，温水かんがいによって300 kg/10a以上の収量を得ている．北海道の稲作は冷害対策をもって開始されたのである．

開拓の当初，明治政府は大規模な畑作農業を計画していて，稲作には消極的であった．しかし，本州からの移民の米食指向は強く，それだけにイネは有利な商品作物であり，さらにわらやもみがらも重要な資源であった．稲作は徐々に広がり，1893年政府も試作場を設け奨励を始めた．1897年頃には直播が定着し，1902年に北海道土功組合法が公布されて，水田面積は急速に増加した（図III-1-6）．明治末には5万ha，大正末には10万haに及んだが，これは同時に限界地の北進でもあった（図III-1-7）．明治期では農民が各地で適品種を選抜していたが，1915年農事試験場が本格的な育種を開始した．

昭和に入ると10年代に冷害が頻発して，面積の増加も北進も停滞し，太平洋戦争時の収量は100 kg/10a以下から300 kg/10aと変動が大きい．戦後は，国策として大規模な造田がなされ，1969年には27万ha，平均収量400 kg/10aとわが国最大の生産地となった．現在は収量500 kg/10aで全国平均を上まわるが，生産調整による減反率は50％と大きく，食味が劣ることもあって苦境にある．また，依然として冷害から解放されておらず，最近25年間にも8回の冷害があり，明治以来3〜4年に1回の割合は変わっていない．

明治以来，北海道の稲作の発達を支えた基幹技術としては，耐冷性品種の選抜・育成，直播，排水・客土，温床保護苗代，いもち対策，分施，深水かんがいなどがある．

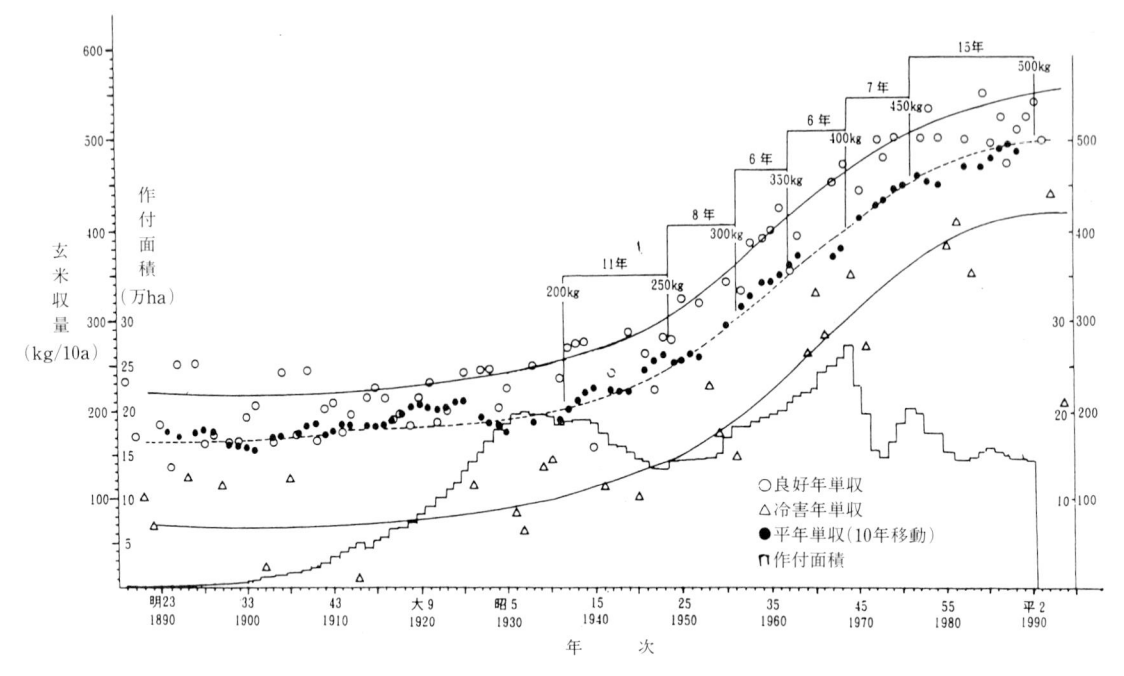

図III-1-6 水稲作付面積と単収（良好年，冷害年，10年移動平均）の推移（大内作図）
（明治19（1884）年～平成5（1993）年）

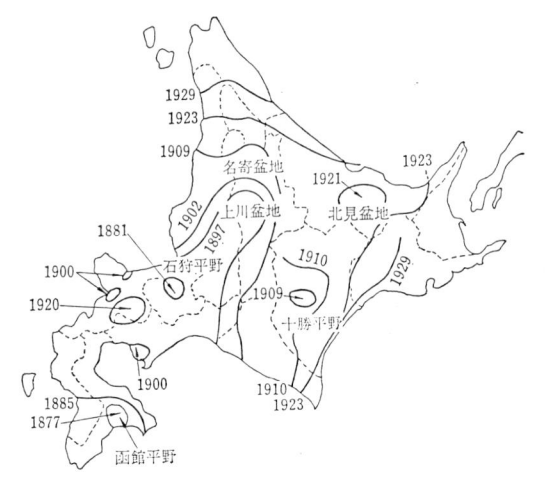

図III-1-7 北海道米作の進行図
注）『日本産業史大系2，北海道地方篇』188ページより引用．

2) 水田の分布と土壌改良

北海道には低地が少なく，それも稲作が可能な積算気温2,500℃以上の地帯は石狩川水系と日本海側および太平洋沿岸西部の小河川水系に限られる．石狩川水系の上川，空知，石狩では水田化率が50％を越え，全面積の80％を占める．

土壌は図III-1-8に示すように，低地土が83％を占め，台地土，黒ボク土が少なく，泥炭土の多いのが特徴である．泥炭土では無機成分の補給，ほ場の安定化，作業性の確保などのため客土が不可欠であり，現在では60 t/10 a以上が入っている．また，大型機械が使われる近年では，圧密を受けた土層の透水性確保のため，心土破砕が広く行われている．適度の透水性は，地温上昇と還元障害防止による初期生育の促進，収穫期の作業性の確保など低温対策の上で重要である．そのため，排水用の明きょや暗きょの整備，不透水層の改良などが継続的に行われている．

3) 生育特性と耐冷栽培

図III-1-9に示すように，移植水稲の本田の生育期間は，120日間で本州に比べ短い．また，低温による不稔の生じやすい穂ばらみ期を7月下旬の低温期の後にし，かつ8月の高温期に登熟させるため，出穂期は8月10日前後に限られる．このため稲の生育は，栄養生長期と生殖生長期の重り，少ない乾物重と高いもみ/わら比，高く維持される養分濃度などの特性を持つ．この窒素濃度が高いと耐冷性や耐いもち性が低下する．

土壌の温度は，生育初期に低く出穂前後に最高

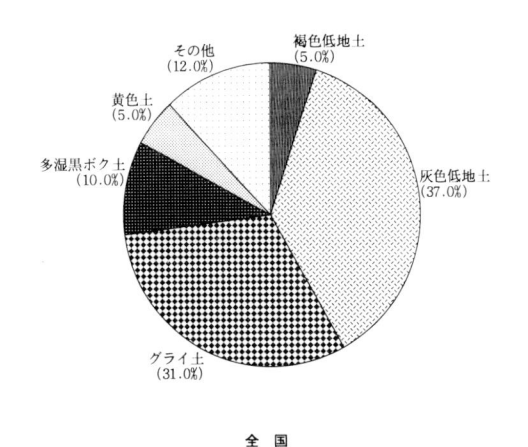

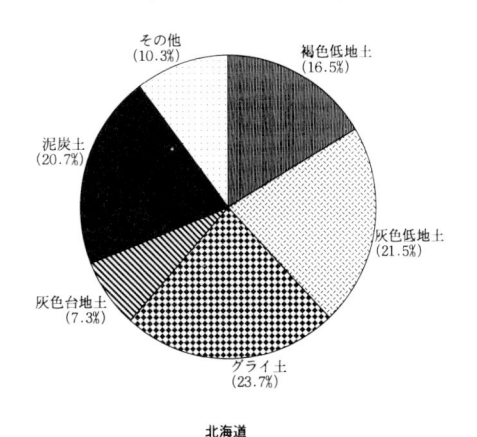

図 III-1-8　水田の土壌型別割合

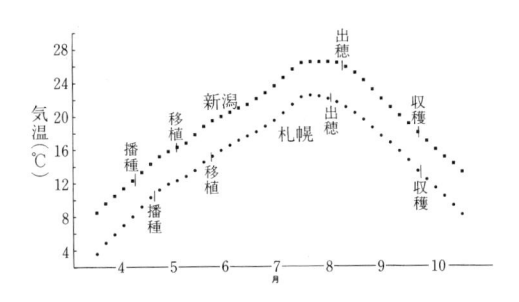

図 III-1-9　稲作期間の気温の推移

となる．そのため，養分の供給は生育の後期に多くなり，一方，生育初期の還元障害はおこりにくい．落水後は低温で経過するため，有機物の分解は進まず，土壌の有機物含量は一般に多く，地力窒素供給能は高い．

この生育特性と土壌の性質に対応して特徴的な栽培が行われる．すなわち，春の土壌の乾燥促進，健苗による初期生育の促進，初期生育のための適切な施肥，冷害対策としての追肥の省略，低温による不稔発生防止のための穂ばらみ期の深水かんがいと中干しの不実施，コンバインを使うための早期落水などである．

4）分施—冷害回避

窒素の多肥と冷害の関係は古くから知られていた．一方，低温下の初期生育は多肥によって促進される．収量水準が高くなり肥料の供給が潤沢になると，この矛盾が問題になった．全国的に追肥が標準技術になっているなかで，北海道は1962年に分肥法を開発した．これは必要量の80％程度を基肥として施用し，穂ばらみ期の低温が回避できると判断した場合，出穂20日前に残りを施用する方法である．これは現在も基本技術となっているが，近年では食味を悪くするとあって追肥はほとんど行われない．

その後，耐冷性と多収性を両立する施肥法として出穂10日前の止葉期追肥や，窒素の吸収パターンに合わせ追肥量を増しながら数回追肥する漸増追肥も開発された．これらも増収はするが食味は低下するので，今では普及していない．現在は窒素をおさえる方向にあり，側条施肥も普及している．リン酸は初期の生育促進に重要で，本州に比べ施肥量は多い．またケイ酸は，いもち病の予防に有効で，とくに泥炭水田では供給量が少ないので，多用がすすめられているが，近年では，食味の面からも注目されている．

5）今後の北海道の稲作

北海道の水田は面積25万 ha，収量を5,000 kg/ha とし，米の消費量を1人1年間100 kg（昭和30年代の水準）としても，1,250万人分，わが国の必要量の10分の1を供給できる．多収品種によればさらに増える．生産コストは低く，食糧基地とされるゆえんである．収量水準をさらに高く安定化しながら，一方で環境を保全するには種々の技術開発が必要である．これに対して，土壌と作物栄養の研究分野の果たす役割は大きい．

（関矢信一郎）

(4) 草地と畜産

1) 歴史と現況

現在の日本の草地面積66万haの82％，54万haが北海道にある．そこで89万頭の乳牛を飼い，全国の生乳の40％を生産している（表III-1-1）．この草地は，最近30年間に開発され，畑作経営，混同経営（1戸の農家で畑作と酪農を同時に行う）を経て現在の草地型酪農に転換したもので，その発展過程は本州とは明らかに異なっている．本州の草地は，私有入会地の刈り敷き（牛馬の飼料や水田の緑肥）の生産地であったのに対し，北海道では官有の馬の放牧地がスタートであった．また，いったん畑として開墾された土地が，地力が低下してしまって草地として利用されたものもあり，畑地と草地間の地目の融通性は現在も残っている．耕地と草地を一体とする考えは「農牧適地土壌調査（1912年）」の存在が示すように，当初から行政や研究のなかにあった．さらに，草地開発に先行して土壌調査が行われたことは，北海道では草地型酪農における土づくりの重要性をその当時から認識していたことを示している．なお，草地には採草地と放牧地があるが，ここではおもに前者を取り扱う．

2) 環境と研究対応

北海道の草地は天北・根釧を代表とする草地型酪農専業地帯と，十勝・網走地域の畑作地帯周辺の山間部に分布する（図III-1-3）．天北の土は重粘土，その他はおもに火山性土であり，流域の末端は湿地（泥炭地）である（図III-1-1）．これらの土は，養分，水はけ，水持ちとも劣悪で，気候の上でも夏期の低温，寡照または干ばつ，越冬条件など，草地（酪農）はきびしい環境のもとに立地している．

この劣悪な条件で，しかも10年以上耕起されない草地で，牛乳の効率的（安い）生産に必要な牧草を効率的に提供するためには克服すべき問題が多かった．たとえば，化学肥料の施用は土の酸性化を招き，管理・収穫のためのトラクター走行は土をかたくし，両者が相乗して土からの窒素供給量を減じ，窒素施肥効率を下げる．こうした問題を背景に，土ごとの草地造成，維持管理法，主要草種の栄養生理，土壌診断基準などの土壌肥料学的な研究が進展し，いくつかの草種で45 t/ha以上の収量が得られるなど，世界に誇る技術が完成し，北海道をわが国の乳製品生産基地とした．

3) 酪農地帯の問題

① 家畜ふん尿問題

現在の最大の問題はふん尿による河川や地下水の汚染である．この原因は，規模拡大・多頭化に対してふん尿貯留施設の容量が不足し，ふん尿成分が流出することにある．たとえば，釧路湿原に近い小河川の硝酸態窒素濃度（平均0.28 mg/l）は，2 km流下する間に，草地からの排水により約2倍に上昇する．根室の主要河川の窒素濃度は流域がおもに森林帯である場合より，酪農地帯が多い場合に高濃度となる．酪農家と河川が接近し，河川の末端には保護すべき湿地があるので，ふん尿流出に対して的確な対応が求められるが，窒素濃度の絶対値は決して高くはなく，現在のところ，水産業への影響はない．

全道の乳牛から排出される窒素（表III-1-3）

表III-1-3　北海道の乳牛から排出される窒素の推定

乳牛区分	頭数	平均体重	ふん尿窒素排出量*	窒素排出量合計
経産牛	486,900 頭	660 kg	97 kg/頭/年	47,229,300 kg/年
育成牛（2歳以上）	61,700	567	41	2,529,700
育成牛（2歳未満）	341,400	311	22	7,510,800
合計	887,700			57,269,800

上記ふん尿窒素を草地面積539,000 haに均等に施用すると106.3 kg/ha

＊根釧農業試験場の調査結果から，乳牛は泌乳期間中は1日当たり289 gの窒素を，搾乳しない60日間の乾乳期にはその1/2の窒素をふん尿中に排泄するとした．2歳以上の育成牛は乾乳期と同等の排泄状態にあると想定，2歳以下の育成牛は平均体重（311 kg）を考慮して試算した．

を全草地面積に施用すると約 110 kg/ha となる．このうち，牧草が即座に利用する（ということは流亡する可能性もある）無機態窒素の割合は半分以下で，全窒素量としても牧草が正常に生育するための必要量を明らかに下回っている．実際にはふん尿が施用されるのは草地だけではないので，草地の管理をまちがわなければ問題はおこらない．しかし，現状で酪農家が自力でふん尿を施用できる草地は畜舎から近距離で，しかも大型トラクターの走行が容易な平坦地に限られ，この条件を満たす草地は意外に少ない．また，ふん尿貯留施設の容量から晩秋と春先に集中施用されるが，牧草による吸収が全くない時期も含まれる．一方，マメ科牧草が 200 kg/ha 近くの窒素を固定するとの研究事例があり，そうした植生の草地においてはふん尿窒素は環境容量の上限に近いとの見方もできる．

② 草地の水質浄化機能

草地はもともと環境浄化機能をもつとされている．イネ科牧草は，図 III-1-10 のように実験的には窒素施用量を 200 kg/ha まで増やしても効率的に吸収し（収支はマイナス），また，実際の北海道の草地の窒素施肥量は 100 kg/ha 以下なので，通常の草地が窒素の汚染源になることはない．むしろ，表 III-1-4 に示すように，地下水の硝酸濃度は林地や採草地で低く，畑地でかなり高く，放牧地はその中間にある．さらに，2 m ほどの深さに粘土層のある約 2 度の傾斜地で，畑地から転換した直後の草地（旧畑地）とその下部に隣接する 5 年間採草に利用している草地（継続草地）の地下水の硝酸態窒素濃度を比較すると，粘土層に沿って地下水が旧畑地から継続草地に入り，流下する過程で窒素濃度が減少し，末端では 1/10 程度にまで低下する（図 III-1-11）．これも，草地がもつ浄化機能の一面を示している．

実際，北海道内の主要河川の窒素濃度は，十勝川や常呂川などの畑作地帯では 1〜2 mg/l であるが，釧路川，天塩川などの酪農地帯ではこれより 0.5 mg/l 程度低い．草地の浄化機能を見積もる上で興味深い．河川末端の大小の湿地は確実に窒素浄化機能をもつので，林・草・湿地の水質浄

表 III-1-4　浅層地下水中の硝酸態窒素濃度の地目間比較

（札幌市郊外における約 2 m の地下水の，11 月から約 1 年間，17 回計測の平均値）

地　目	NO_3-N mg/l
林地	0.000
採草地 1	1.453
採草地 2	1.571
放牧地	4.142
畑地 1	3.890
畑地 2	21.433

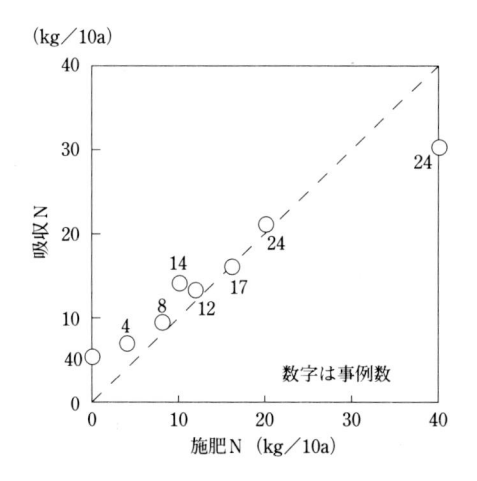

（出典は図 III-1-11 と同じ）

図 III-1-10　チモシー草地の窒素施肥と吸収
（根釧農業試験場における 149 点の事例：松本武彦（未発表））

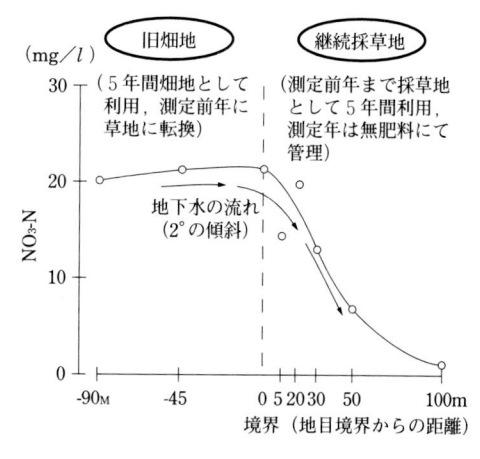

図 III-1-11　畑地から採草地に流入する浅層地下水の硝酸態窒素濃度の変化
（12 月〜6 月の 2 m の地下水，4 回の測定の平均値，早川嘉彦・宝示戸雅之・宮地直道・草場敬・金澤健二：土壌の物理性（1997）投稿中より作図）

化機能を畑地や露地野菜地帯の周辺下方に配置した地域全体の窒素汚染を防止する農村計画は，面積にゆとりのある北海道でこそ可能である．

4) 21世紀の草地管理

草地の水質浄化機能の主体は，微生物による脱窒であると考えられ，そのメカニズムに関する研究が開始されている．環境保全と生産効率の矛盾は酪農にも表れ，とくに現在のような乳価の低迷，後継者不足はこれに拍車をかける．このなかで，土地の生産性にゆとりをもたせた省力的管理，たとえば放牧地の見直しなども課題となる．この場合，いかに省力的に牧草生産を持続させるかが重要な鍵となる．

写真III-1-1は冬の根釧の草地である．1960年以降開発された草地が本来のゆるやかな波状地形を反映して微妙に起伏している．施用された物質は垂直方向だけではなく，水とともに傾斜に沿って横へも動く．これまでの施肥技術も，環境容量も平坦地を前提に考えられてきた．水は低きへ流れることを考えた草地管理が重要である．

〔宝示戸雅之〕

写真 III-1-1 冬の根釧地方の草地

2. イーハトーブの黒い土（東北）

(1) 地域環境と農業

東北地域の農業と環境とのかかわりといえば，百年に一度の冷害といわれた1993年の大冷害が記憶に新しい．この年，東北全体の水稲作況指数は56，収穫皆無の地域もあり（図III-2-1），コメの緊急輸入が実施された．東北のコメづくりの歴史は古代までさかのぼるが，その歴史は冷害との闘いの歴史でもある．有名な江戸時代の天明や天保の大飢饉をはじめ，明治以来東北地域は21回の冷害に襲われ，平均すれば6年に1度の割合であるが，昭和50年代後半のように数年連続したり，1988年，91年，93年と比較的短い周期で冷害に襲われる場合もあった．しかし，こうした冷害との闘いのなか，農民の英知と努力により東北地域の稲作は飛躍的に発展し，県別の単位収量では常に上位を占めるに至っている（図III-2-2）．

青森県の三内丸山遺跡に見られるように，東北地域には古代文化が栄えた．これは縄文時代の温暖な気候条件下でのブナ林のもつ高い生産力に支えられたものであった．今，東北地域は全国の農業粗生産額の17％（1994年）を占める食糧基地となっており，農業を基盤とした新しい東北文化を創造すべきときにあると思われる．

1) 地域環境の特徴

東北地域は高緯度に位置し，全体としては寒冷気候に属する．しかし，南北約530 km，東西約200 kmと細長く，中央を縦走する奥羽山脈とこれに並列する太平洋側の北上，阿武隈の両山地および日本海側の出羽，越後の両山地が存在するため，冷害をもたらすオホーツク海気団からの冷涼な偏東風（やませ）が太平洋側の山地と奥羽山脈により阻まれ，日本海側には比較的安定な気候条件をもたらしたり，奥羽山脈が冬の季節風の障壁となって日本海側に多量の雪を降らせるなど，気候条件は地域により大きく異なる．また，稲作期間中の半旬ごとの気温を比較すると，差が最も大きい6月中旬に南北で2～3℃異なり，この差は日本海側より太平洋側で大きい．

東北地域の土は水田・畑地を通じて火山灰を母材とする土が比較的多く，水田に黒泥土・泥炭土が多いことが特徴的である．このため，かつては酸性，リン酸欠乏，排水不良などが大きな問題とされて改良対策が進んだ結果，一部で養分の過剰集積が認められるなど，新たな問題を生じている．また，省力，低コスト化が求められ，水田の大区画化が積極的に進められ，土の肥よく度の不均一性が再び問題となってきた．

2) 東北農業の地位

1994年の農業粗生産額は1兆9,550億円であ

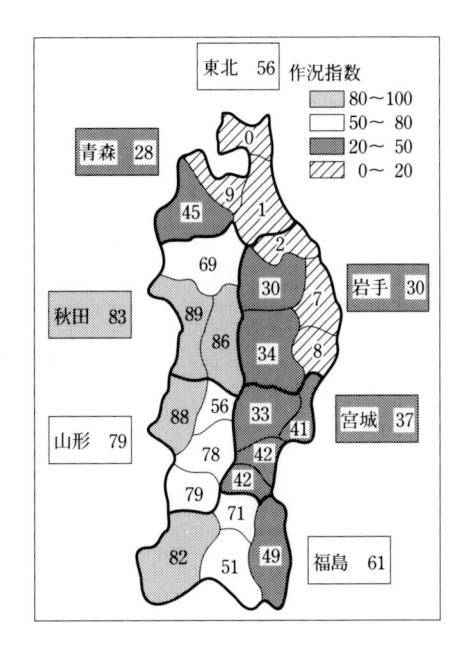

図 III-2-1　東北地域の水稲作況指数（1993年）

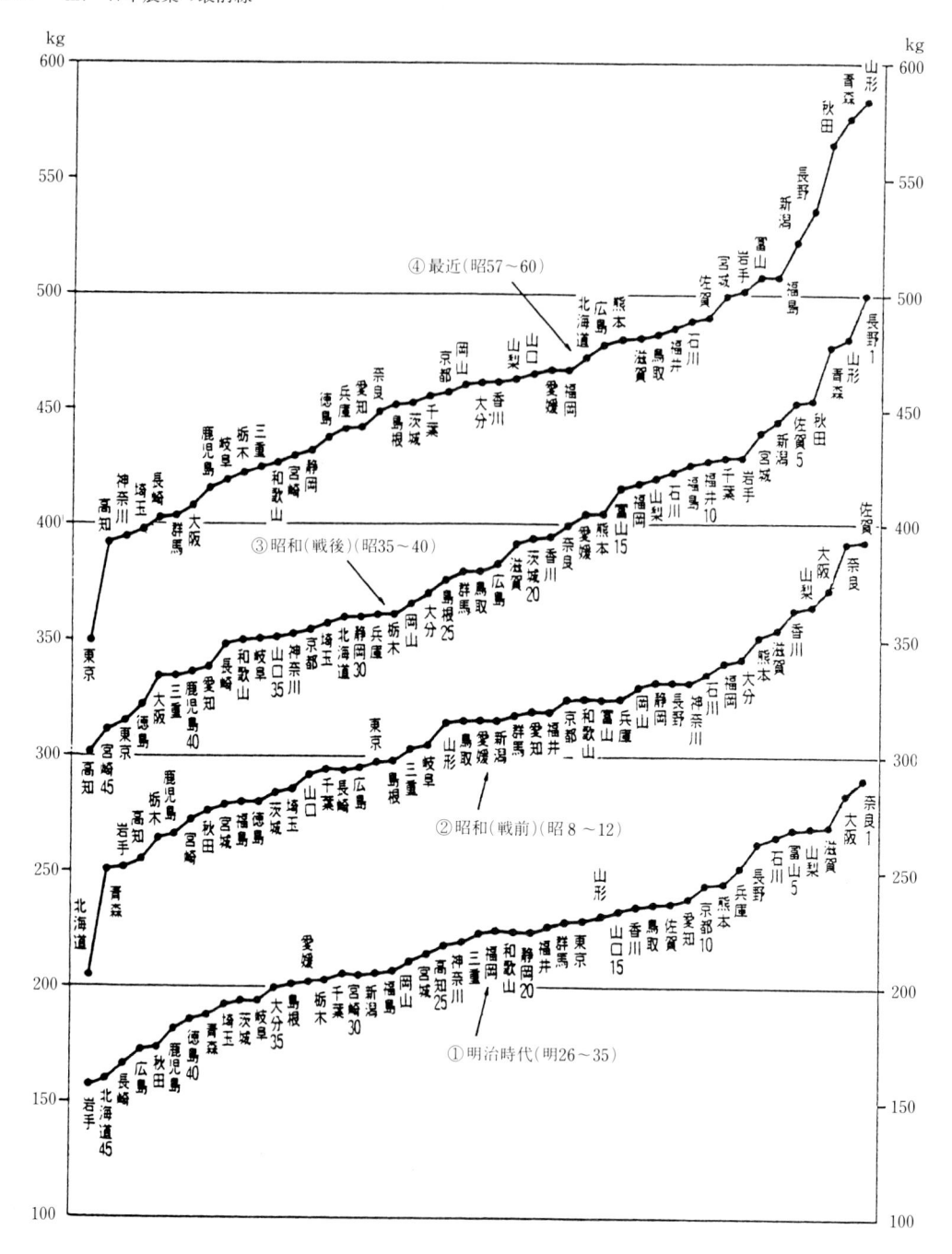

図 III-2-2　都道府県別水稲 10 a 当たり収量の推移
（資料：農林水産省「作物統計」）
出典　東北農試・東北 6 県編
「東北の農業技術・写真シリーズ 1　東北の米」

る．その中心はコメで，農業粗生産額に占める割合は東北全体で約 50 %，最高の秋田で 73 %，最低の青森でも 37 % を占め，全国平均の 33 % より高い．県別の農業粗生産額はコメの割合が 50 % 以上を占める秋田，宮城，山形 3 県より畜産，野菜，果実の割合が多い青森，岩手，福島 3 県の方が多い．都道府県別全国生産順位が 1 位の品目はヤマノイモ，ニンニク，ナタネ，葉タバコ，ホ

ップ，リンドウ，リンゴ，西洋ナシ，サクランボであり，コメは北海道，新潟に次ぐ生産量となっている．農家1戸当たりの耕地面積は1.4 haで，都府県平均の1.5倍となっており，規模の大きい3 ha以上の農家割合は12％以上ある．

① 水　　稲

水稲の作付け面積は昭和40年代前半の60万ha余から1995年には54万haとなり，良食味米といわれる「ひとめぼれ」「あきたこまち」「ササニシキ」「コシヒカリ」が70％近く作付けされている．東北全体の収穫量は冷害年を除けば300万t前後で推移している．10a当たりの平年収量は昭和40年代前半の450 kgから現在は550 kg弱と30年間で約100 kg増加した．

② 野　　菜

作付面積は東北全体で約7万5千haで，青森，福島の2県が40％以上を占めている．根菜類，葉茎菜類，果菜類の順に作付面積が広い．

③ 果　　樹

東北全体の果樹栽培面積は約6万ha，種類別ではリンゴが60％以上であり，リンゴとサクランボの栽培面積は全国の70％以上である．青森県の果樹栽培面積は東北全体の40％以上，次いで山形，福島両県で，これら3県で80％以上を占めている．

④ 畜　　産

東北は北海道に次いで畜産は盛んであり，とくに肉用牛は1997年には北海道の42万頭に対し東北50万頭であるが，乳用牛，肉用牛，ブタとも飼養頭数は減少傾向にある．ただし，乳用牛とブタで1戸当たりの飼養頭数は増加している．

3）東北農業の夢

東北農業は劣悪な気候条件を克服することによって発展してきた．しかし，1972年から1996年までの25年間の水稲平均収量とその変動を見ると（図III-2-3），日本海側の都市では北の青森県から南の福島県まで変動幅は比較的小さいが，太平洋側の都市では変動幅が北ほど大きく，かつ太平洋に面している方が大きい．このことは，気候条件の影響が地域により大きく異なることを示している．現在，温室効果ガスの増加により地球温暖化が進行するといわれているが，その一方で，今の不安定な気候条件がより深刻になるという予測もされている．いずれにしても，東北地域が日本の食糧基地として農業生産力を維持・増加させていく上で，それぞれの地域に即した気候条件を資源として利活用していく視点がより重要になると思われる．高冷地野菜の生産や冬期の低温を利用した高品質な寒締め野菜（低温にさらし，野菜中の糖，ビタミンなどの栄養価を高めた野菜）の生産はその典型的なものであろう．このような地域環境にあった農業発展を基盤として，地域文化を創造し，その統合として東北の新しい文化を創造していくことが東北農業の夢ではないだろうか．

（吉田光二）

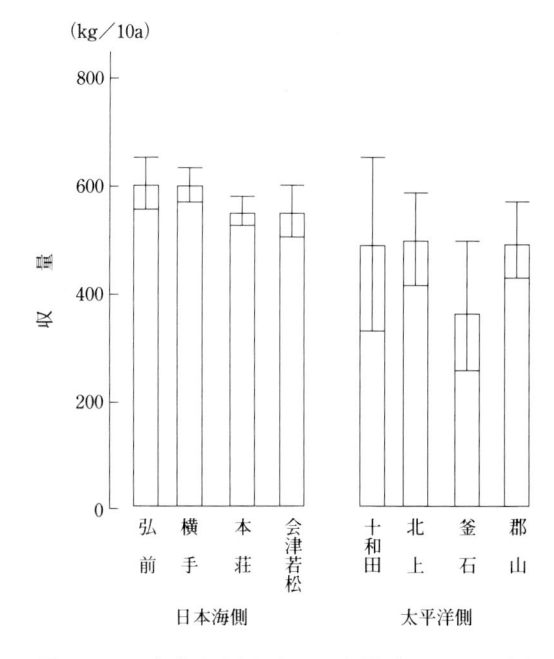

図III-2-3 東北地域各都市の25年間（1972〜1996年）の平均収量と標準偏差

(2) 水稲多収穫への挑戦

作物の多収穫には，土地生産力，気象生産力，品種特性，栽培管理などが深く関係し，超多収は，これらの因子が最適にマッチングしたときに達成される．多収穫への挑戦は，収量限界への挑

戦である．水稲の場合も，このことを通して個々のイネ品種の潜在能力や栄養特性，長所，短所，さらには適切な栽培方法や好適栽培環境などがはっきりと見えてくる．平均的な収量レベルでの栽培では，その品種の特性がはっきりとは見えてこない場合がある．したがって，近年の良食味，良質米嗜好の時代にあってもそれぞれのイネ品種について多収穫試験を行うことは重要である．それはまた，その品種のその地域での収量ポテンシャルを示すことにもなり，栽培農家に指標を呈示することにもなる．さらに試験研究の側から見れば，将来の品種育成に向けての改良目標，栽培法の改善点などがより明確にされる．

1) 近年の多収穫事例と窒素施肥・窒素吸収

上に述べた観点から見ると，山形県農業試験場で継続的に行われてきた多収穫試験は注目に値する．試験研究機関が 9 t/ha 以上の収量を 20 年間に 12 回も記録し，そのうち 2 回は 10 t/ha のわが国での最高レベルに達している．これらは，米作日本一当時の一般の農家によって達成された場合と異なり，基礎データが集められていて，さまざまな角度からの解析が可能である．その例を窒素利用の点から見てみよう．神保らは 1986 年偏穂重型系統山形 22 号を使って玄米収量 10.2 t/ha を得ている．5 月 14 日に移植(中苗)，本田の施肥量 (N, P_2O_5, K_2O kg/ha) は，基肥を 110 (うち 80 は肥効調節型肥料)-50-60 とし，7 月 8 日に 50-90-10，7 月 28 日に 10-0-10，8 月 6 日に 15-0-15 の追肥を行った．計 205-140-115 の施肥である．出穂期は 8 月 8 日で，成熟期は 10 月 2 日となった．もみ/わら比は 1.03 成熟期の m^2 当たりの全乾物重は 2,532 g で，穂数は 515 本，もみ数は 58,700 粒 (114 粒/穂)，玄米粒数歩合は 82 % で，葉面積指数は 6.29 であった．この場合の窒素吸収についてみると，成熟期における総窒素吸収量は 289 kg/ha で，著しく多い．これは平均収量のイネ (6 t/ha) のほぼ 2.4 倍である．最近の重窒素を用いた施肥窒素の利用率の研究結果をもとに，この場合の施肥窒素由来と土壌窒素由来の割合を推察してみよう．基肥窒素のうち速効性肥料が占める量は 30 kg/ha であり，その利用率を 30 % とするとイネによる吸収量は 9 kg/ha, 肥効調節型肥料の利用率を 75 % とすると吸収量は 60 kg/ha, 追肥窒素の利用率を 60 % とすると吸収量は 57 kg/ha で施肥由来の総窒素吸収量は 126 kg/ha となり，その全吸収量に占める割合は 44 % となる．この場合における施肥体系の特徴の一つは，肥効調節型肥料の使用である．イネの生育にそっての穏やかな窒素の放出は，その利用率を高め減肥を可能にし，環境への負荷軽減や労力の節減にもなっている．ここでは 4 回の速効性肥料の追肥が行われているが，これらも将来的には肥効調節型肥料によって供給が可能になろう．ただし，このことは肥効調節型肥料が土の肥よく性の代わりをつとめることができるということではない．多収にとって土の肥よく性と物理化学性が重要なことは，以前と全く変わらない．この場合も 5 年間にわたる土づくりと深耕 (20〜25 cm) が行われており，土からの窒素供給量は，171 kg/ha で全窒素吸収量の 56 % にもなる．多収に望まれるイネの生育パターンに見合うかたちで窒素が適切に供給されることがとくに重要である．良質米として知られるササニシキは穂数型品種で，その収量は偏穂重型や穂重型品種には及ばないが，それでも山形県農業試験場では 8.88 t/ha の多収を実現している．

2) 多収と葉身

出穂期のイネにおいて，地上部窒素の 50〜60 % が葉身に，30〜40 % が葉鞘・茎に，10〜15 % が穂に分配されている．茎葉部の窒素は登熟の進行とともに穂へと転流し，葉身由来の窒素は成熟した穂の窒素の約 50 % を占める．一方，成熟した穂の乾物重の 70〜90 % は登熟期の光合成産物に由来する．すなわち登熟期の葉は，穂の窒素源，光合成産物源としての役割をになっている．したがって多収穫においては，葉が登熟後期までその働きを維持することが重要である．しかし，どうすれば登熟後期まで葉色を濃く維持できるかについては明確になっていない．

山形農業試験場の神保ら (1986) の試験によると，生育時期別の窒素吸収割合 (移植−幼穂形成期：幼穂形成期−穂揃期：穂揃期−成熟期) は，5:3:2 で，イネは穂揃期までに 80 % の窒素を吸収している．また，9〜9.7 t/ha の収量をあげ

た9例のいずれもが，穂揃期までに80～90％の窒素を吸収しており，このうち7例は穂揃期までに90％の窒素を吸収している．このことは，近年の多収にとって穂揃期までの窒素吸収がとくに大切であることを物語っている．

この試験の穂揃期の平均窒素吸収量は231 kg/haである．その窒素の55％が葉に分配されていたとするとその量は127 kg/haとなる．平均収量レベル（6 t/ha）の場合の出穂期の葉身窒素量は53～59 kg/haである．このことは，葉面積指数（LAI）が同じであるならば，多収イネの出穂期の単位葉面積当たりの窒素含有量（SLN）は，平均収量のイネに比べて2.2～2.4倍であったということになる．実際には，9 t/haレベル以上の多収イネのLAIは，6～7と普通収量レベルのそれの1.33～1.75倍高いので，SLNは1.3～1.7倍程度ということになる．このことから，多収穫イネの窒素利用の特徴は，出穂期の葉身窒素量がとくに多いことで，それは葉の量もその中の窒素含有量も多いことによる．

3） SLNと品種

高収量域での収量差は，登熟歩合に大きく左右され，その低下は，もみ数の過剰によるよりも倒伏によるところが大きいとされている．偏穂重型，穂重型品種の登熟歩合が高いのは，これらの品種は一般に強稈で倒伏しにくいからとされている．穂数型品種の特性として窒素供給量が多くなれば，茎数が増えて葉面積は増大するがSLNはさほど増加しない．一方，偏穂重型，穂重型品種では，窒素供給量が増加すると茎数と葉面積の増大は穂数型品種に比べて緩やかであるが，そのぶんSLNは高くなるようである．前記のようにこのSLNが高くなる性質は多収品種のもつ性質としてきわめて重要である．高い収量レベルでLAIが同じであれば，SLNが高い方が多収穫に有利である．SLNが高いほどイネの光合成速度は高い，登熟の過程では，穂へ窒素が転流していくと，葉の窒素含量が低下することは避けられない．SLNの高い葉では，葉の寿命は長く，高い光合成能が長く維持される．つまり，適切なLAIのもとでSLNが高いことが多収の条件で，そのような性質をもつ品種が多収穫に適した品種

といえる．

上記のような観点から，高収量品種に向けてイネの品種改良はどこまで進んだであろうか．コムギと比べてみよう．イギリスにおけるコムギの平均収量は，1982年に5.84 t/haであったものが，ここ16年間増え続け，1997年にはついに8 t/haに達した．多収記録としてはアメリカのワシントン州において14.2 t/haが記録されている．日本のイネの平均収量は，ここ15年間ののびは小さく，4.5 t/haから5.1 t/haへ増加したにとどまっている．イギリスのコムギの平均収量と可能収量の差に比べて，わが国における両者の差はずっと大きい．世界的な食糧危機，環境問題を念頭に置きながら考えるべき問題である．

（前　忠彦）

（3）　東北地方の黒ボク土

1）　黒ボク土の生成，特徴，分布

黒ボク土は"黒くてボクボクとした"性質をもつ土で主として火山放出物に由来する土である．国際的には火山灰土（volcanic ash soil）や日本語の"暗土"を音訳したアンドソイル（Ando soil）の一般的な呼び方のほかに，アンドソル（Andosol）あるいはラテン語の語感を採り入れたアンディソル（Andisol）とよばれる土がほぼ相当する．この黒い腐植層の生成はススキ，チガヤ，ササなどのイネ科草本植物から多量に供給される有機物が火山灰の風化によって放出されるアルミニウム（Al）と安定な複合体を形成し腐植として集積するためである．それゆえ森林植生の十和田八甲田地域やニュージーランドには，火山灰を母材にしているにもかかわらず黒い腐植層をもたない火山灰土が生成している．

黒ボク土は黒みの強いA型腐植酸からなる腐植の集積が著しい，バン土性（活性アルミニウムに富む）が強くリン酸が植物に利用されにくい，変異荷電性（pHやイオン濃度で荷電量が変化する）で養分を保持する力が弱い，軽しょう性（仮比重が小さく，砕けやすい）で透水性，保水性，通気性，易耕性などの物理性に優れるといった特異性を示すことが知られている．黒ボク土は本来，黒くてボクボクした土を意味するが，火山灰

風化物に由来する上記の特異性を重視し，腐植の集積の少ない赤ノッポなどとよばれる土も黒ボク土に含まれる．また，黒ボク土の国際土壌分類委員会（ICOMAND）の考え方を取り入れたアメリカの土壌分類では，典型的な黒ボク土的性質の基準として，酸性シュウ酸塩可溶アルミニウムと鉄の半量の和が2％以上，リン酸保持量85％以上，仮比重0.90以下と定義し，腐植のあるなしは問題とされていない．

黒ボク土に相当するAndosolは1.01億ha，全陸地の0.8％を占めており大部分は環太平洋域，東アフリカ，地中海などに分布している．またわが国では国土の16.4％，606万haで太平洋側を中心に沖縄を除く全都道府県に分布している．黒ボク土は普通畑の約半分を占める農業的に重要な土である．黒ボク土が太平洋側に多く分布するのは母材である火山灰が偏西風によって運ばれ，火山の東側に厚く堆積するためでる．

2) 非アロフェン質黒ボク土の発見と成因

これまで黒ボク土の特異性は主として火山灰の風化によって生成するアロフェン（活性アルミニウムに富む非晶質の含水ケイ酸塩鉱物）に起因すると考えられてきた．しかしながら1960年宮城県鳴子町の東北大学農学部附属農場の黒ボク土（現在非アロフェン質黒ボク土の国際模式断面で，わが国農耕地土壌分類では多腐植質厚層非アロフェン質黒ボク土）は結晶性2：1型質粘土を主体とすること，1978年岩手県北上市周辺の黒ボク土がアロフェンを含まない非アロフェン質黒ボク土であることが明らかにされた．その後非アロフェン質黒ボク土は東北地方をはじめとするわが国のみならず，アメリカ，スペイン，イタリア，ニュージーランドなど世界各地に広く分布することが明らかにされた．また，非アロフェン質黒ボク土の分布割合は東北地域では全黒ボク土の約半分，日本全体では約1/3と推定されている．

アロフェンに起因するとされてきた黒ボク土に共通的な特徴は，非アロフェン質黒ボク土では多量に存在する腐植と腐植と複合体を形成する活性アルミニウムに依存することが明らかにされた．また，アロフェンは土のpHが5以上で相対的に腐植の供給が少ない場合に風化で放出されたAlとSiが反応して生成する．これに対して，pH5以下で腐植の供給がAlの放出を上回るとアロフェンの生成が抑制され非アロフェン質黒ボク土が生成するといわれる．

一方，非アロフェン質黒ボク土に存在する結晶性2：1型鉱物の起源については，自生説や変質説，混入説などがあるが，近年，中国大陸からの風成塵（黄土，レス）説が有力視されている．このことはわが国の非アロフェン質黒ボク土は中国大陸の黄土と日本の火山灰を母材として生成した

表III-2-1　アロフェン質黒ボク土と非アロフェン質黒ボク土の共通点と相違点

		アロフェン質黒ボク土	非アロフェン質黒ボク土
共通点	全炭素量	著しい腐植の集積	
	仮比重	低い仮比重（<0.9 g/cm^2）	
	水分保持能	高い保水性と有効水分	
	荷電特性	負の変異荷電に富む	
	リン酸保持容量	非常に高いリン酸保持能（リン酸の不可給態化）	
相違点	主要粘土鉱物	アロフェン，イモゴライト	2：1型粘土鉱物
	活性Al	とても多い	多い
	主要活性Al	アロフェン，Al腐植複合体	Al腐植複合体
	負の一定荷電	なし	あり
	限界pH（H$_2$O）	なし	約5
	交換性Al	ごくわずかあるいはなし	富む
	Al過剰障害	稀である	甚だしい

混血土の可能性を示唆している．

3) 非アロフェン質黒ボク土の農業上の問題点

アロフェン質黒ボク土と非アロフェン質黒ボク土には，表III-2-1に示すような共通した特徴を示す反面，土壌酸性や荷電特性に大きな違いが見られる．黒ボク土に共通する農業上の問題点は活性アルミニウムに起因するリン酸の不可給態化である．このため新規造成地では土壌改良に多量のリン酸資材の投与が必要である．また，黒ボク土は変異荷電を主体とし，養分の保持容量が土壌pHによって大きく変動するので土壌pHの管理が重要である．

アロフェン質黒ボク土と非アロフェン質黒ボク土で著しく異なるのは一定荷電に起因する酸性（アルミニウム過剰害）問題である．非アロフェン質黒ボク土の2：1型鉱物は強酸的性格をもっており，土の塩基飽和度が低下するとその層間にAl^{3+}を保持し，耐酸性の弱い作物を栽培すると作物根はAlの過剰障害を示す．これに対してアロフェン質黒ボク土は弱酸的性格で塩基飽和度が低下しても作物根は正常な生育を示す（写真III-2-1）．したがって強酸性の非アロフェン質黒ボク土で作物を栽培するには酸性矯正が不可欠である．しかしながら，経済的理由から酸性矯正は作土のみ行われるのが現実である．一方，畑では施

写真 III-2-1 黒ボク土におけるゴボウの生育
左：弱酸的アロフェン質黒ボク土（正常）
右：強酸的非アロフェン質黒ボク土（Al過剰障害）

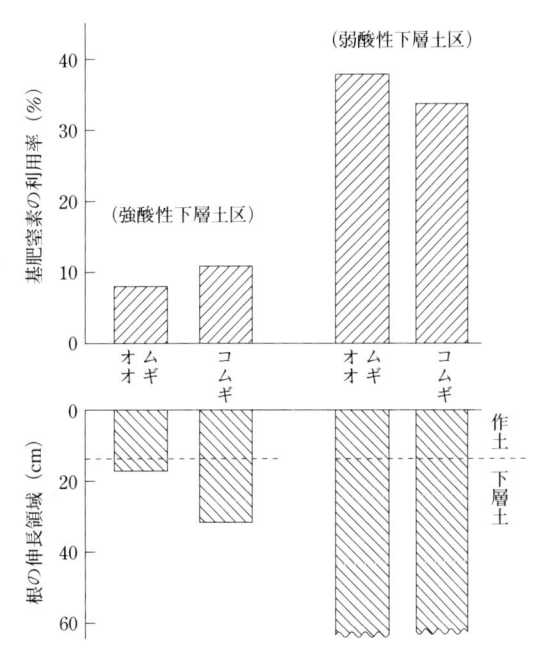

図 III-2-4 黒ボク土下層の酸性とムギ類の根の伸長・基肥窒素利用率の関係（1980年度東北大学川渡農場における圃場試験，12月2日調査）（三枝ほか，1983）

肥窒素は容易に硝酸化成し硝酸の形で存在する．しかし，有機物に富む黒ボク土では陰イオン保持能がほとんどないので，降雨によって施肥窒素が容易に下層土へ溶脱する．この場合強酸性の非アロフェン質黒ボク土ではAl過剰害で作物根の下層土への根張りが制限され溶脱窒素を吸収利用できない．これに対して弱酸性のアロフェン質黒ボク土では作物根が下層土深くまで分布し溶脱窒素を十分に吸収利用する．図III-2-4には下層土酸性が異なる黒ボク土におけるオオムギおよびコムギ根の伸長と施肥窒素の利用率を示した．このように湿潤気候下で強酸性黒ボク土が多く分布するわが国の畑作栽培では，作土とともに下層土の土壌管理がきわめて重要である．施肥窒素の利用率を高めるには作物の生育に合わせた追肥重点施肥法を行うか，堆肥や肥効調節型肥料のような肥効が持続する資材を用いる必要がある．

4) 黒ボク土と旧石器遺跡土壌

日本人のルーツは数千年前に大陸から日本列島にやってきた新石器時代人で，日本の歴史は縄文文化から始まると戦前までは考えられてきた．しかしながら，日本人のルーツはさらに古く，旧石

134　III．日本農業の最前線

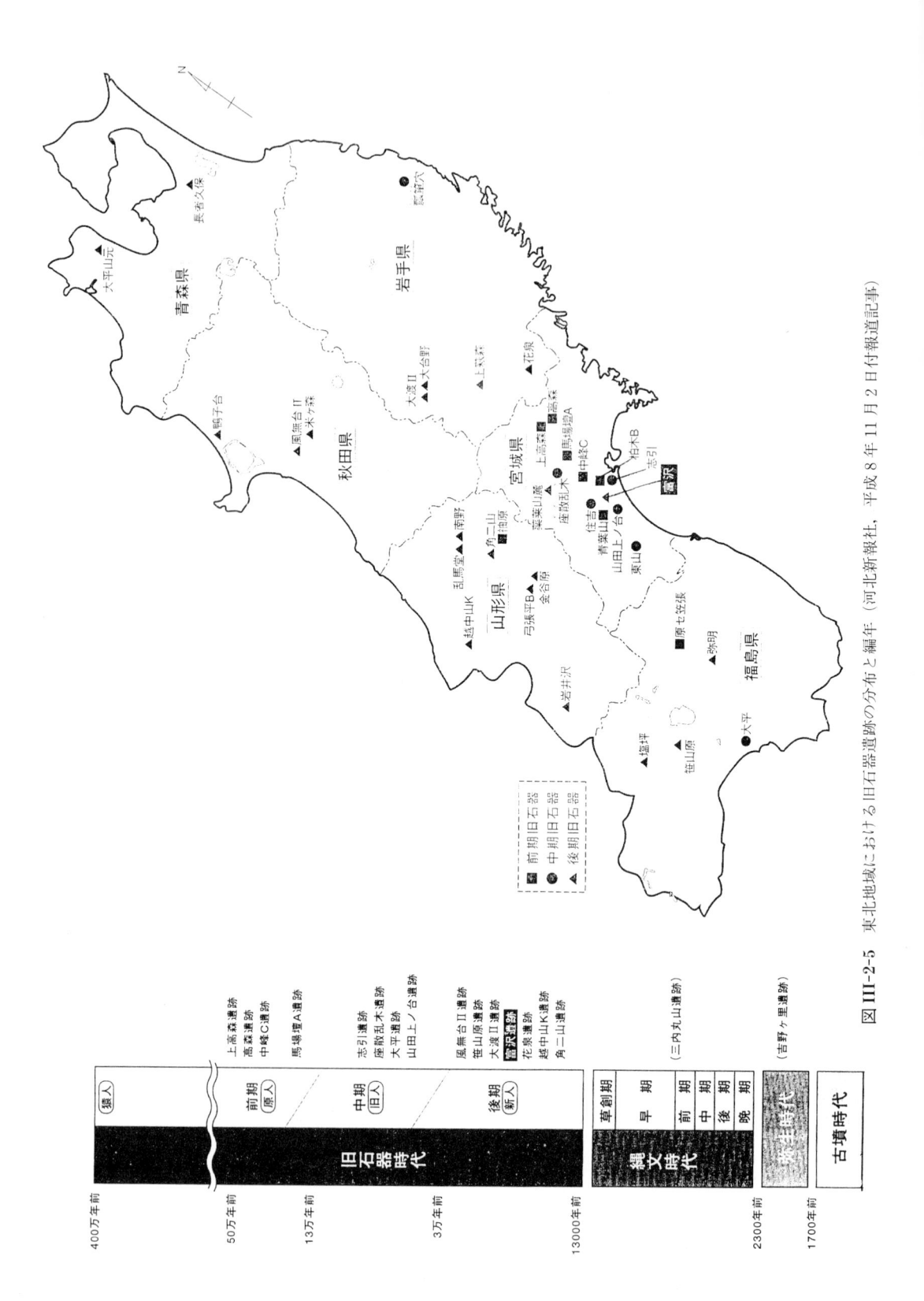

図 III-2-5　東北地域における旧石器遺跡の分布と編年（河北新報社，平成 8 年 11 月 2 日付報道記事）

器時代に遡ることを証明したのは 1949 (昭和 24) 年群馬県岩宿の関東ローム層中から旧石器を発掘した納豆売りの考古学青年相沢忠洋である．この発掘を契機として日本各地で主として火山灰層から旧石器の発見があいつぎ，現在では約 50～60 万年前の北京原人にも匹敵する旧石器が宮城県や福島県の火山灰層から出土している．

黒ボク土は年代の異なる火山灰の積み重ねによってできており火山灰層を追跡することによって年代を面としてとらえることができる．すなわち黒ボク土は年代を整理した遺跡の保管庫である．黒ボク土の母材である火山放出物には鍵層となる色や粒径，発泡度，鉱物組成を異にする火山灰，スコリア，軽石などが主として空中から堆積し整然と配列されている．したがって遺物の出現位置とこれら鍵層の関係が明らかになれば，一地点で遺物の正確な年代を特定することによって鍵層の広がりの範囲で遺物の年代が明らかになる．また黒ボク土に含まれる腐植や木片，木炭は C 14 年代測定で，火山ガラスはフィッショントラック法で，石英は熱ルミネッセンス法で年代が測定される．さらに各層に含まれる植物ケイ酸体や花粉を分析すれば，年代や過去の古植生を復元することができる．考古学は土中に埋没した遺物や遺構・遺跡などを発掘しそれを復元して当時の人間活動の歴史を探ろうとする学問である．それゆえ，土の特性を正確に把握することが重要であり土壌学の貢献するところが大きい．とりわけ黒ボク土の研究は考古学に対して遺物の発見と年代特定，当時の生活史の推定に大きな力となる．これまで深層に埋没している前・中期旧石器の発見はきわめて困難であったが，日本の経済復興に伴い深層までの工事が行われ，これら旧石器に遭遇する機会に恵まれている．土壌学や地形学，地質学などの知識と技術を最大限活かすか否かが遺跡の発掘の成否に大きく関係するといっても過言ではない．

東北地方にはこれまで常識的には考えられなかった前・中期旧石器遺跡が多数 (宮城県には 200 か所以上) 存在することが明らかにされている．図 III-2-5 にはそれらの中からおもな遺跡を示したが，これらの発見には考古学の専門家のみならず，在野の考古学青年藤村新一，民間の同好会組

写真 III-2-2 座散乱木遺跡における旧石器の発掘調査

織旧石器談話会，庄子貞雄をはじめとする東北大学農学部土壌立地学研究室の貢献もきわめて大いものである．これらの遺跡調査において中期旧石器の存在を確実にしたのは仙台市山田上の台遺跡である．ここでは約 3 万年前の鍵層 (固結した川崎スコリヤ層) の 40～50 cm 下位からチョッパー，チョッピングトゥール，スクレイパーなどが出土した．また岩出山町座散乱木遺跡では考古学者，土壌学者，地質学者などによる詳細な調査が行われ，後期および中期旧石器の存在が火山灰層との関係で明らかにされた (写真 III-2-2)．これに対して，前期旧石器の存在を確実にしたのは古川市馬場檀 A 遺跡で表土下 4 m に堆積する 13 万年前に相当する火山灰層から尖頭器，チョッパー，石核など 187 点の遺物が出土した．その後，大和町中峰遺跡では熱ルミネッセンス法で約 30 万年前とされる赤色風化層から，106 点に及ぶ石器が出土し，最近では月舘町上高森遺跡，福島県二本松市原セ笠張遺跡から北京原人の時代に相当する石器が火山灰層から出土している．

東北地方における旧石器遺跡の分布を見ると完新世の火山活動の弱い非アロフェン質黒ボク土地帯に集中しているのは偶然の一致であろうか？完新世の活動の弱い地域は相対的に浅い位置に旧石器包含層が出現し，発掘を容易にしたことが幸運をもたらしたものと思われる．このように前期旧石器の存在は日本人のルーツが北京原人にまでさかのぼることを確実としたが原人の存在を証明する人骨は未だ発見されていない．その理由としてはわが国の黒ボク土は強酸性で長い月日の間に人骨を溶かしてしまったことが考えられる．旧人の

存在については国内最古の石灰岩質洞窟遺跡（岩手県岩泉町瓢箪穴遺跡）で現在調査が進められている．縄文の大集落三内丸山遺跡や旧石器の発見は，古くから東北地域が高い文化水準を保っていたことを示すものであり，日本の歴史が大きく塗り替えられる日も近い．

（三枝正彦）

(4) 賢治がみた土

詩集『春と修羅』，童話『注文の多い料理店』，『銀河鉄道の夜』，『グスコーブドリの伝記』など多くの作品を残した宮沢賢治は，盛岡高等農林学校（現岩手大学農学部）において，研究生時代を含めて5年間，関豊太郎教授（日本土壌肥料学会初代会長）より地質学・土壌学の薫陶を受けた．賢治の自伝的作品といわれる『グスコーブドリの伝記』に登場するクーボー大博士は関教授がモデルとなっている．

宮沢賢治は，野山を散策し，光，風，霧，雲，空，草花，樹木，森，鳥獣などイーハトーブの自然を心象スケッチした風景画家であった．絵画や文章の中で，人が描く土の色や心象風景は，その人が育った自然環境と密接に関係があるように思える．たとえばアメリカ南部ジョージア州アトランタで育ったマーガレット・ミッチェルは，『風と共に去りぬ』の中でタラの赤土を何度も描写している．

賢治の描く土の色は，「赤土」（『土神ときつね』），「紅土」（『山躑躅』），「ラテライト」（『第四梯形』），「赭土」（『装景者』）のように赤土の記述も数か所あるが，おおむね黒である．すなわち「黒土」「くろつち」「黒つち」「黒い土」「黒キツチ」「つちはまっくろ」，また「腐植土」「フィーマスの土」「まつ黒の腐植土」「黒い腐植質」「腐植」「黒のフィウマス」など土壌学用語の腐植（humus）を用いて，土を表現した．これらの用語が使われた『土神ときつね』『秋田街道』『小岩井農場』『第四梯形』『原体剣舞連』『種山ヶ原』『風の又三郎』の舞台である岩手山麓と北上山地には，岩手山，駒ケ岳および焼石岳起源の火山灰を母材として腐植の集積した黒土が生成されている．この黒土は，古くから農民の間ではクロボクツチ，ボクボクツチ，ボクツチ，ノツチ，ノボクとよばれ，今日，土壌学では黒ボク土と定義・分類されている．

賢治の時代，岩手県には強酸性あるいは瘦薄な低位生産地や未開拓地が広く分布し，洪積台地を覆う酸性黒ボク土の改良や肥よく度の改善が望まれていた．このような背景もあり，賢治は，「得（卒）業研究（腐植質中ノ無機成分ノ植物ニ対スル価値）」で，岩手山麓と郷里の花巻地方の腐植質黒ボク土を用いて，無機成分の肥よく度について研究し，土壌リンを可給態にするには焼土法が良いと結論づけた．羅須地人協会時代の作品『それでは計算いたしませう』や『稲作施肥計算資料』には，「くろばく」「ノボク」の記述がある．稲作施肥設計を行う際，北上川中流域の水田が洪積台地上の強酸性黒ボク土であるのか，肥よくな沖積土であるのかを判定するため，「上をあるくとはねあげるやうな」感じがする土かどうかを農民に尋ねた．賢治が思い描く土は，軽鬆な物理性をもち，腐植が集積した黒土すなわち地味の低い黒ボク土である．

一本木野原の奇麗な女の樺の木をめぐる土神と狐の恋の鞘当てを描いた『土神ときつね』の中では，土神は「いつもはだしで爪も黒く」，「黒い瘠せた脚」をもち，「眼も黒く立派」である．土神が怒ると「顔も物凄くまっ黒に」変わり，「まるで黒くなって嵐のやう」に狐を追っかける．土神は爪，脚，眼，顔そして全身が黒一色で表現されている．この童話の舞台となった岩手山東麓の一本木野原は厚い黒ボク土で覆われている．この地に棲む「黒い瘠せた脚」で特徴づけられる土神は，地味の低い黒ボク土を暗示している．「黒つち」（歌稿611），「野原の黒土」（『鹿踊りのはじまり』），「その丘をつくる黒土」（『十力の金剛石』），「黒い道」「黒い路」，「黒い地面」（『風の又三郎』，『十月の末』），「黒い畑」（『台川』），「つちはまっくろ」（『シグナルとシグナレス』），「黒い土」（『土神と狐』），「ワレラハ黒キツチニ俯シ」（『精神歌』），「くろつち」（『飢餓陣営』），「畑の黒土」（『チュウリップの幻術』）と土を黒色で描写している．

また，「腐植土」（歌稿385），「フィーマスの土

の水たまり」(『秋田街道』),「まつ黒の腐植土」「黒い腐植質」「腐植質から麦が生え」(『小岩井農場』),「腐植質の野原」(『台川』),「肌膚を腐植と土にけづらせ」(『原体剣舞連』),「腐植土のみちと天の石墨」(『第四梯形』),「黒のフィウマス」「腐植質のぬかるみ」「腐植」(『冬のスケッチ』26, 29),「腐植土のぬかるみ」(文語詩稿一百篇)などの表現は,土が腐植に富んでいることを示唆している.作品『秋田街道』『小岩井農場』『原体剣舞連』『種山ヶ原』の舞台は岩手山麓や北上山地で,これらの地域は,岩手山,秋田駒ケ岳および焼石岳起源の火山灰で覆われ,腐植質黒ボク土が分布している.

そして羅須地人協会で稲作施肥計算を行っていた頃の詩「それでは計算いたしませう」(『補遺詩編II』)には,次のような箇所がある.

　　土はどういふふうですか/くろぼくのある砂がリ/…/けれども砂といったって/指でかうしてサラサラするほどでもないでせう/掘り返すとき崖下の田と/どっちの方が楽ですか/上をあるくとはねあげるやうな気がしますか/水を二寸も掛けておいて,あとをとめても/半日ぐらゐはもちますか

これは稲作施肥指導において,農民の水田が洪積台地上の黒ボク不良土であるか,肥よくな沖積土であるかを判定するため,黒ボク土の「上をあるくとはねあげるやうな」感じの軽鬆な物理性,土性,漏水性,易耕性を念頭において農民に質問したものである.さらに作品の中で,ススキ,萱,芒,チガヤをしばしば記述した.短編童話『二人の役人』では,「萱」が12回,また『鹿踊りのはじまり』では,「すすき」「すすぎ」が17回も使われている.

『狼森と笊森,盗森』にも,岩手山南麓で小岩井農場の北にある4つの森に囲まれた小さな原野に入植した開拓農民が「一本のすすきを引き抜いて,その根から土を掌にふるい落として,しばらく指でこねたり,ちょっと嘗め」,土性や地味を調べる様子を賢治は土壌学者らしく細やかに記している.農民たちは,「うん.地味もひどくよくはないが,またひどく悪くもないな」と土を誉めたり,指で土をこねて地味や土性を調べている.農民が入植した原野はススキが一面に生えた黒ボク原野であった.このように,火山山麓にススキ草原が広がる自然景観を的確にとらえた表現が見られ,最近の土壌学の知見であるススキ植生と黒ボク土生成の密接な関係を鋭い観察によりすでに把握している.

しかし,賢治がいつも土を黒で描写したのではない.わずかな例であるが,「川岸の赤土の崖のしたの粘土」(『林の底』),「中はがらんとして暗くただ赤土が奇麗に堅められてゐる」(『土神と狐』),「ぬれた赤い崖」「ラテライトのひどい崖」(『第四梯形』),「なんたる冴えぬなが紅ぞ,朱もひなびては酸えはてし,紅土にもまぎるなり.」(『山躑躅』,『文語詩稿一百篇』)と赤土を描写した箇所もある.赤色土の生成に関心を持っていた関教授は,賢治の同級生工藤(旧姓佐々木)又治に「台湾赭土及南洋紅土ノ物理的並ニ化学的実験」と題して得業研究を行わせている.また賢治がしばしば訪れ,盛岡付近地質調査で担当した盛岡と小岩井農場を南北に隔てる第三紀丘陵地の鬼越坂や小岩井農場南方の七ツ森付近には古赤色土の崖が露出していた.地質調査,研究室のラテライト標本および工藤の得業研究を通して,賢治は赤土が酸性の痩せた土であることを知っていた.

『土神と狐』では,土神は黒色と痩せた脚で特徴づけられ,地味が悪い黒ボク土を暗示している.一方,一本木野の南に住むハイカラな狐は,「赤革の靴」をはき,土神から追っかけられて逃げ込んだ「赤剥げの丘」の下の円い巣穴には「赤土が奇麗に堅められ」,土神と対照的に赤で描写されている.

この作品の原稿表紙には,「土神…退職教授/きつね…貧なる詩人/樺の木…村娘」と赤インクの記入がある.ここにみられる土神—退職教授—黒土,狐—貧なる詩人—赤土という関係から,土神と狐はどちらも貧しく,痩せた存在であるという賢治の意図が読み取られる.

この童話の舞台となった岩手山東麓は黒ボク土に覆われ,一本木には伏流水が湧出する生出谷地と小さな大釜稲荷神社がある.これらが土神の住

む「ぐちゃぐちゃの谷地」や狐のモデルとなったと思われる．また一本木の南方，鬼越坂の近くには，土神に追われて逃げ込んだ狐の巣穴を暗示する狐洞の地名がある．このような地理的特色をふまえた物語の展開と黒ボク土—黒—土神とラテライト（赤土）—赤—狐の両者の鮮やかな対比は，賢治の，地理に明るく，土壌学に造詣の深い一面を浮かび上がらせている．

さらに，賢治の作品には，「萱の穂は満潮」（『第四梯形』），「芒の穂」（『種山ヶ原』），「すゝきすがる、丘なみを」（『文語詩稿一百篇』）などのように，ススキ（萱，芒）草原を描写している箇所が多い．

「黄金の芒」（『詩ノート』一〇八一），
「すすぎ，ぎんがぎが まぶしまんぶし」（『鹿踊りのはじまり』），
「まばゆい銀のすすきの穂が，いちめん風に波立ってゐる」（『マリヴロンと少女』），
「すゝきが、ざわざわざわっと鳴り」，「風が来ると、芒の穂は細い沢山の手を一ぱいのばして、忙しく振って」「草からは雫がきらきら落ち、総ての葉も茎も花も、今年の終りの陽の光を吸ってゐます」（『種山ヶ原』）

ここに見られるように，賢治にとって，太陽にキラキラと白銀色にあるいは夕日に黄金色にきらめきつつ波打つススキの花穂は，光や風を表現するのに格好の材料であった．

寒冷湿潤気候下にある東北地方では，ブナ，ダケカンバ，オオシラビソの森林が極相植生であるが，採草，放牧，野焼きなど人為的な植生への干渉や土地利用は草原（ススキ）植生を生み出し，火山灰台地に黒ボク土の生成を促した．

黒ボク土の腐植はススキなどイネ科植物が主要な給源と現在考えられているが，賢治は黒ボク土とススキの密接な関係をすでによく観察している．黒ボク土にはススキ，チガヤの葉脈上に沈着した小さな亜鈴形をした含水ケイ酸のプラントオパール（植物ケイ酸体）がたくさん含まれている．賢治の時代には，この植物起源のオパールの存在はまだ知られていなかったが，煙，霧，雲の形容に鉱物の「蛋白石」「オパール」という言葉を好んで賢治が用いたのは面白い偶然である．

（井上克弘）

3. 首都圏農業のすがた（関東）

(1) 地域環境と農業

関東地方（ここでは，山梨県，長野県も含める）は，わが国の国土面積の13.5％を占める．中心には関東平野が広がり，その周辺には丘陵地，山地が分布する．関東地方の地形分布割合は，山地の占める割合がきわめて多い長野県と山梨県を除くと，台地と低地の割合が多い．

農耕地の土は，黒ボク土が30.5％で最も多く，次いで灰色低地土の18.1％，グライ土16.6％，多湿黒ボク土10.6％と続くが，全国平均の灰色低地土22.3％，黒ボク土18.6％，グライ土17.7％と比べ黒ボク土と多湿黒ボク土の割合が多い．また，気候的には関東地方平野部で年平均気温約14℃，年降水量約1,400mm，甲信地方では年平均気温約11℃，年降水量約1,200mmであり，他の太平洋沿岸地域と同様に，冬は寒冷小雨，夏は高温多湿である．

関東地方は，農業適地となる広大な平野部と多様な自然条件をもち，農産物の大消費地をひかえ，わが国の食料供給に大きな役割を果たしている．図III-3-1に関東地方の都県別耕地面積と農業粗生産額を示した．1994年の農業粗生産額では関東地域1都8県で約2兆4千億円と全国の21.3％を占める．農業粗生産額の都道府県別の順位では，千葉県が2位，茨城県が3位で，10位以内に2県が名を連ねているほか，長野県が12位，栃木県が14位などとなっている．

耕地面積のすう勢は，他地域と同様に年々減少を続けており，90～95年の減少率は7.6％と全国平均の5.5％を上回っている．また，90～95年の基幹的農業従事者の減少率も同様に14.3％と全国平均の11.2％を上回っている．

1995年の関東地方の耕地面積は約84万haであり，うち水田が56％，畑地が44％を占める．畑地のうち普通畑・樹園地・牧草地の割合は76：21：3となっており，全国平均53：18：29に比べて普通畑の占める比率が高く，牧草地の占める比率が低い（図III-3-2）．

次に，作目別では，コメは全国生産量の17％に達している．しかし，近年，コメの生産調整（減反）に伴い，他地域と同様に転換畑や休耕田が増加しつつあり，稲作と転作との合理的な組合せによる地域輪作農法の確立を図ることが急務となっている．県別に見ると，水稲作付け面積，収穫量とも茨城県，栃木県，千葉県の順で多く，作付品種としてはコシヒカリが圧倒的に多い．減反水田のうち畑として利用された面積は，各県とも

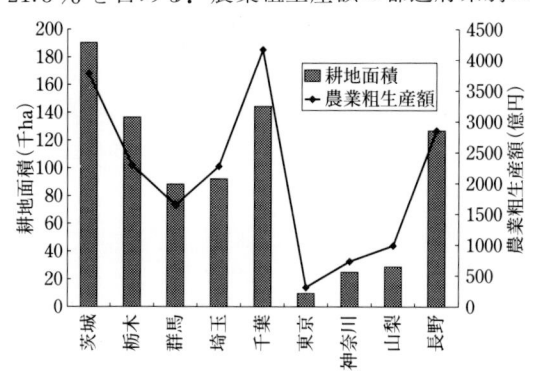

図III-3-1 関東地方の都県別耕地面積と農業粗生産額

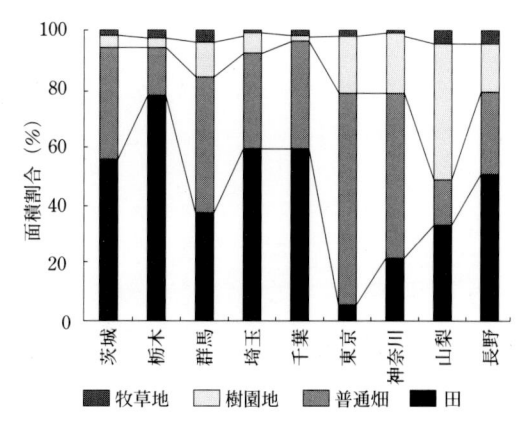

図III-3-2 関東地方の都県別耕地土地利用形態割合

表 III-3-1　主要野菜の出荷量の全国シェア上位5県（1995年：%）

ダイコン	ニンジン	ハクサイ	キャベツ	ネギ
北海道 12.3	北海道 31.6	茨　城 26.9	愛　知 15.5	千　葉 16.4
千　葉 10.3	千　葉 17.2	長　野 22.3	群　馬 13.0	埼　玉 12.2
宮　崎 8.4	青　森 8.5	愛　知 6.3	千　葉 9.5	茨　城 8.4
青　森 6.9	徳　島 6.8	北海道 4.8	神奈川 6.5	北海道 8.0
鹿児島 6.8	茨　城 4.7	群　馬 3.7	長　野 5.5	群　馬 3.8

タマネギ	ナス	トマト	キュウリ	レタス
北海道 55.1	高　知 13.2	熊　本 9.7	群　馬 9.8	長　野 36.5
兵　庫 12.8	福　岡 9.0	千　葉 8.5	埼　玉 9.2	茨　城 11.9
佐　賀 9.2	熊　本 6.7	茨　城 6.9	福　島 9.1	香　川 7.8
愛　知 3.7	群　馬 5.9	群　馬 5.5	宮　崎 8.7	兵　庫 5.6
香　川 2.8	愛　知 5.4	福　島 5.2	千　葉 5.1	静　岡 4.1

注：下線は関東地方の県.

おおむね増加しているが、栃木県が2万ha以上ととくに多く、長野県、茨城県がそれに続いている。また、休耕田の面積は、茨城、栃木、埼玉、千葉の各県が5,000ha以上である（1990年農業センサス）。

畑地の作物別作付け延べ面積は、野菜類が最も多く、次いで普通畑作物、飼肥料作物の順となっている。各県別に作物別の作付面積を見ると、野菜類は千葉、茨城、長野、群馬の各県、麦類は栃木、カンショは茨城、千葉、豆類は千葉、茨城、果樹は長野、山梨、工芸作物、桑は群馬で多い。

とくに野菜類は全国の約3分の1のシェアを誇っており、都道府県別に見て出荷量が全国シェアのトップになる主要野菜としては、茨城県のハクサイ、千葉県のネギ、サトイモ、群馬県のキュウリ、長野県のレタスなどがあり、そのほかにも上位を関東地方の多くの県が占めている（表III-3-1）。普通畑作物では、茨城県の六条オオムギ、千葉県のラッカセイが全国1位のほか、茨城県のダイズ、カンショ、栃木県の二条オオムギ、群馬県のコムギ、埼玉県のコムギ、千葉県のカンショなどが全国でも高いシェアを占める。果樹では、茨城県のクリ、山梨県のブドウ、モモが全国1位のほか、長野県のリンゴ、ブドウ、モモ、茨城県の日本ナシなどもシェアが多い。また、工芸作物のうち、コンニャクはほとんどが群馬県で栽培されており、全国シェアの8割を占める。

1993年のガラス室、ビニールハウスなどの施設面積は全国で約5万haあり、毎年1,000haずつ増加しているが、関東地方では全国の23％を占める。県別では茨城県が2,800haと最多で、次いで栃木県、千葉県の順である。施設園芸における主要な作物としては、野菜では茨城県のトマト、ピーマン、群馬県のトマト、キュウリ、埼玉県のキュウリ、長野県のアスパラガスなど、花きでは長野県のカーネーション、千葉県のカーネーション、ユリ、埼玉県のチューリップなどがある。

次に畜産に目を向けると、関東地方の乳用牛飼養頭数は約33万頭で、北海道に次ぎ、全国の17％を占めている。県別では、千葉県が全国3位と最も多く、次いで栃木県、群馬県の順である。また、肉用牛の飼養頭数も多く、県別では栃木県が10.5万頭と全国7位に入っている。そのほか、豚飼養頭数では全国の約25％のシェアがあり、茨城、群馬、千葉の各県がこの順で上位を占めている。採卵鶏は全国で21％程度のシェアで茨城、千葉の両県が多く、ブロイラーは6％あまりの全国シェアとなっている。

関東地方の飼料作物作付面積は68千haで全国の6.6％に相当するが、牧草地面積は16千haと全国の2％で、飼料作物中に占める牧草の

作付面積割合が少ない．青刈りトウモロコシは126.5万トンの収穫量があり，全国の20％に相当している．

以上のように，関東地方はわが国の食料供給基地として大きな役割を果たしているが，前述のように関東地方が首都圏に近いという地理的な優位性によるところが大きい．他方では都市域に近いために多くの問題も生じている．たとえば，都市域での気候変化がその一例で，大気汚染，都市域のヒートアイランド現象，ビル風の発生，雲量・霧日数・微雨日数の増加・相対湿度の減少などが農業にも影響を及ぼしてきている．

また，農業にとってそれ以上に大きな問題は，都市域の拡大による農地の潰廃とそれに続く混住地域での農地管理の粗放化である．都市周辺の宅地造成においては，開発事業の経済性から緑地の保全はほとんど考慮されず，農地法の規制を受けない転用の自由な林地で無計画に小規模な開発が行われているため，従来の農村が保有していた屋敷林，雑用林などの植生が大幅に減少している．また，都市下水道の整備が開発に追いつかず，在来の農業用水路に生活排水が流入することによる水質汚濁が著しい．

関東地方においては，これらの影響が全国の他地域よりもとくに深刻であり，生活環境の質の低下，健康への影響の懸念，防災や緊急時の危機管理などに大きな問題が生じてきている．さらに，全国にも共通する環境問題として，畜産廃棄物の環境負荷の増加，施設園芸・野菜畑の土の塩類集積，農業従事者の高齢化および休耕地や耕作放棄地の増加などがある．関東地方は，これらのさまざまな環境問題・社会問題の先進地域として，全国に先駆けて思い切った対策を講じて問題解決にあたる必要があろう．

〔西尾　隆〕

(2)　関東のおもなテフラ

1)　テフラの供給がもたらしたもの

関東には，日本列島としては例外的に広大な関東平野（15,500 km²）とそれを取り囲むように火山群が展開している．最近2万年間に活動したおもな火山だけでも，北から男体山，赤城山，榛名山，草津白根山，浅間山，八ヶ岳，富士山，箱根山および天城山などがある．また，伊豆大島には三原山がある．これら火山群から噴出したテフラ（広義の火山灰）の降下堆積が，広大な関東平野の形成に大きく寄与している．富士・箱根両火山に近い関東平野西縁部の大磯丘陵では，降下堆積したテフラの総和は300 mにも達するという．このような多量のテフラは，盆地の埋積を速め，台地平坦面を厚く保護したばかりでなく，直接および間接に低地堆積物を顕著に増加させたことも含め，関東平野の平坦化，広大化に強い効果をもたらしたのである．図III-3-3には，最終氷期の最盛期に近い約23,000年前頃に南九州の姶良（あいら）カルデラから飛来した広域火山灰の姶良 Tn 火山灰（AT）より上位につもった全テフラの層厚が描かれている．男体山，浅間山，そして富士山を給源とするテフラなどが偏西風に乗って給源火山の東方に飛散したことを示している．全体の体積を求めると，約80.3 km³，平均層厚2.35 mとなる．平均すると，1万年間に約1 mの堆積量となる．東京都内の武蔵野台地の西縁部

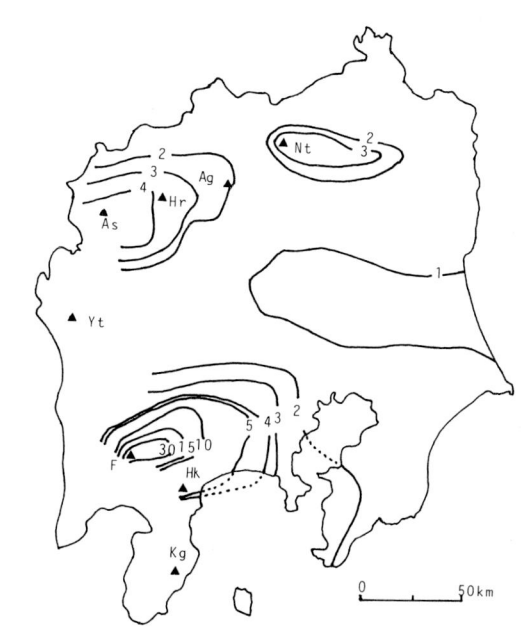

図III-3-3　関東平野をとりまく火山群とAT火山灰（約23,000年前）以降のテフラの層厚（m）（上杉ら，1983を簡略化）
Nt：男体山　Ag：赤城山　Hr：榛名山　As：浅間山
Yt：八ッ岳　F：富士山　Hk：箱根山　Kg：天城山カワゴ平

2) テフラ同定の意味

テフラが風化・土壌化を経て黒ボク土をはじめとする火山灰土壌となるが，その母材としてのテフラの鉱物化学的性質が土の性状に大きな影響を与える．したがって，富士が玄武岩質であり，浅間など北関東の火山は安山岩質であるので，南関東と北関東の土の性状は異なっている．テフラのもう一つの働きは，土壌層を刻む時計としてである．テフラが同時にしかも広範囲に降下堆積するという特質を有するので，そのテフラが土壌断面中で目視によって他のテフラと判別可能で，分析的にも鉱物組成・形態・屈折率・化学組成などの特徴から同定可能であれば，時計としての利用価値は高い．火山に近いところであれば，個々のテフラの判別が可能である．たとえば富士系の精細なテフラ柱状図には完新世だけで25のテフラがある．しかし，給源火山から遠く離れると個々のテフラの判別はむずかしくなる．個々のテフラの降灰量が少なくなるとともに，同一の給源火山のテフラはその多くが類似した鉱物組成を有しているからである．その中に異なる火山からのテフラが挟在していれば，判別しやすい．したがって，大規模な火山爆発により通常は飛散しない範囲にまでテフラが及んだとき，そのテフラは特徴のある鍵層となる．土壌断面に時のしおりを挟み，土壌生成の年代を教えてくれるのは，このような鍵層である．

3) おもなテフラ

関東で鍵層となるもののうち，完新世テフラを

表 III-3-2 関東に分布する主要テフラ（町田・新井から編成）
ゴチック体のテフラはとくに重要な鍵層．年代単位：千年，年代の測定方法　A：考古遺物・遺構による　C：放射性炭素法　FT：フィッショントラック法　H：文献歴史学による　ST：層位と他の放射年代値から測定．一連の堆積様式は下位から記述，とくに大規模なものに下線，pfa：降下軽石　sfa：降下スコリア　afa：降下火山灰　pfl：火砕流堆積物．

火山・テフラ名	記号	年代	測定方法	堆積様式と層相	分布・体積
富士宝永	F-Ho	1707 AD（宝永4）	H	pfa, <u>sfa</u>	E>180 km
富士砂沢	F-Zn	2.5〜2.8	C, A	sfa	SE>40 km
天城カワゴ平	Kg	2.8〜2.9	C, A	<u>pfa</u>, pfl	N>60 km W>120 km
鬼界アカホヤ	K-Ah	6.3		afa	
立川ローム上部ガラス質	UG	12	ST	afa	関東一円
姶良 Tn	AT	22（〜25）		afa	
浅間 A	As-A	1783 AD（天明3）	H	pha, pfl	E（S）>150 km
浅間 B	As-B	1108 AD（天仁1）	H, A	<u>pfa</u>, sfa, afa	E>150 km
榛名二ツ岳伊香保	Hr-FP	6世紀中葉 古墳時代	A	<u>pfa</u>, pfl	EN>300 km 仙台まで
榛名二ツ岳渋川	Hr-FA	6世紀初頭 古墳時代	A	<u>afa</u>, pfl	E（S）>80 km
浅間 C	As-C	4世紀中葉 弥生時代	A	pfa	E（N）>80 km
男体七本桜	Nt-S	12〜13	C	<u>afa</u>, pfl	E（S）>90 km
男体今市	Nt-I			<u>afa</u>, pfl	E（S）>100 km
浅間白糸	As-Sr	15〜20	ST, C	pfa	E（N）>100 km
浅間草津	As-K	13〜14	C, ST	<u>pfa</u>, pfl, pfa	N（E）>200 km 佐渡沖まで
浅間板鼻黄色	As-YP				E（S）>70 km
赤城鹿沼	Ag-KP	31〜32	FT	pfa	EES>150 km

中心に約4万年前以降のテフラについて表III-3-2にまとめた．なお，その中には九州から飛来した広域火山灰も含めた．これらは関東特有のテフラと同様に，関東の土壌層序を理解するのにたいへん有効だからである．鬼界アカホヤ火山灰（K-Ah）と姶良Tn火山灰（AT）である．これらは層として認められることは少ないが，顕微鏡下での形態観察や屈折率測定などにより同定される．日本列島各地との対比が可能であるので，南関東でも北関東でも利用される．関東特有のテフラとしては，南関東の富士系のテフラ，北関東の浅間系・榛名系・男体系のテフラが中心である．

富士山を圧倒的なテフラ供給源とする南関東では，富士以外のテフラが挟在しないとなかなか明瞭な鍵層とならない．したがって，箱根火山の活動期には，4万年前より古い鍵層として箱根東京パミス（Hk-TP, 49,000年前）のような箱根テフラが見られるが，4万年前以降の後期更新世には広域火山灰ATの他にとくに顕著な鍵層が見られない．ただし，完新世の富士テフラには富士宝永スコリア（F-Ho），富士砂沢ラピリ（F-Zu），あるいは湯船第2スコリア（Yu-2），青柳スコリア（AS）のように特徴のあるスコリア層などの鍵層が見られる．ただし，給源から60km以上遠く離れると，土壌断面中で明瞭に単一の富士テフラとして確認できるものは，富士宝永（F-Ho）くらいである．なお，土壌層の鍵層としては，過去の表土として明瞭な埋没腐植層（H-1 BB, FB, BBI, BBII）がある．

北関東の鍵層としては，軽石層が多く見られる．軽石を構成する鉱物に異質物の混入が少ないからである．浅間A軽石（As-A），浅間Bテフラ（As-B），榛名二ッ岳伊香保テフラ（二ッ岳降下軽石，Hr-FP），男体七本桜軽石（Nt-S），男体今市軽石（Nt-I），浅間板鼻黄色軽石（As-YP），赤城鹿沼軽石（Ag-KP）などである．浅間山はここ数万年の活動が最も激しい火山の一つである．浅間山の山麓では，黒ボク土中に浅間のテフラが少なくとも9枚ある．また，21,000年

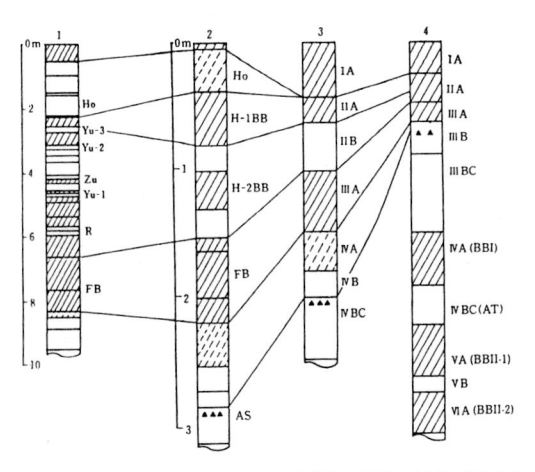

図III-3-4 南関東における土壌層位配列の対比（坂上）
1：静岡県湯船原，2：神奈川県秦野，3：東京都多摩，4：東京都府中，Ho：富士宝永，Yu-1, 2, 3：湯船第1, 2, 3スコリア，Zu：富士砂沢，R：富士赤色スコリア，AT：姶良Tn，AS：青柳スコリア，H-1 BB, H-2 BB：完新世第1, 2暗色帯，FB：富士黒土，BB I, BB II：立川第1, 2暗色帯．

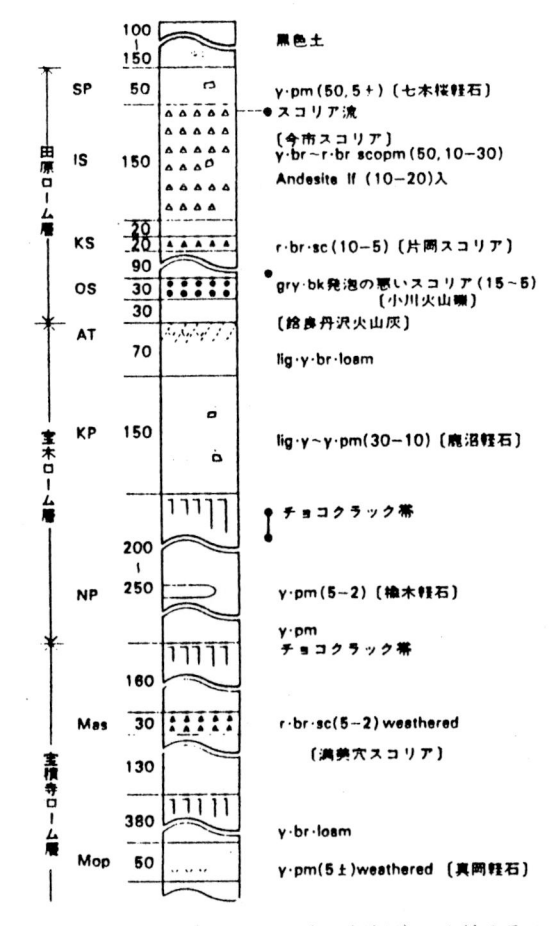

図III-3-5 北関東（宇都宮・今市・喜連川）におけるテフラ層序（上杉ら，1983）
柱状図の左側の数字はテフラの層厚（cm），（ ）内の数字は粒径，左から最大，平均の数値．

から13,000年前にかけての活動でも軽石群を噴出した．榛名山は古墳時代に3回噴火しているが，後の2回の噴火はカルデラの東方の二ッ岳で発生した．男体山の今市軽石と七本桜軽石は一連の噴火活動であるが，前者が安山岩質であるのに対し，後者はデイサイト質である．

これらテフラの土壌断面中の出現位置の例を南関東について図III-3-4に，北関東について図III-3-5に示した．なお，関東ローム層とは1万年前より古い褐色火山灰土層の総称である．

4） 大規模爆発に伴う災害

ここまで見てきたような鍵層となるテフラは，その発生時に災害を伴っていることが多い．富士宝永（F-Ho），浅間A（As-A），榛名二ッ岳伊香保（Hr-FP）のように，火山爆発とともに地表を覆いつくし，耕地や植生を壊滅させた例もある．群馬県子持村黒井峯集落では数mのHr-FPが短時間に降下したため，当時の生活が封じ込められており，軽石層を除くと畝をきった畑がそのまま現れた．

火山の噴火は，このような直接的災害をもたらすだけではない．天明年間の浅間A爆発とこれに先だつアイスランドのラキ山の大爆発で発生したエアロゾルは成層圏にまで及び，地球規模で気温の低下を招き，日本では天明の大冷害となったと考えられている．

（坂上寛一）

(3) 大規模野菜産地の土の管理

長野県の野菜生産は，冷涼な気候を生かして夏を中心に春から秋にかけて，露地野菜が大規模に作付けされ，首都圏をはじめ全国に大量供給されている．野菜主産地は標高600mから1,400mに位置し，標高差が大きく気象条件や土の条件も地域によっておおいに異なり，それに応じて栽培される品目も多様である．作付面積の多い品目は，レタスが6,380ha，ハクサイが3,140ha，キャベツが1,810haで（1996年），これら葉ものの3品で10,000ha以上になり野菜作付面積の約34％を占める．その他グリーンアスパラガス，セルリーまで加えると葉茎菜類全体で約66％を占め，露地で栽培される葉茎菜類の比率が高い．

このような作付構成の特徴は，1966年以降，指定産地制度により野菜の大規模産地が育成され，生産と流通の近代化が推進されてきたことを反映している．この結果，生産は飛躍的な発展をとげ，一定の出荷規格に合った生鮮野菜を大消費地に供給する基地としての役割を果たしてきた．このような成果の陰では「連作障害」や環境問題が発生しており，これらの解決が21世紀においても産地が存続し発展していけるかどうかの鍵を握っているといえよう．

1） 葉菜類の良質，安定多収の立て役者──全面マルチ栽培と二作同時施肥

長野県の大規模野菜産地においてはレタス，ハクサイなどの葉菜類を良質に大量に安定して生産するために全面マルチ栽培が普及している．全面マルチ栽培はほ場全面をマルチフィルムで覆う栽培法（図III-3-6）で，①土壌水分の保持，②地温上昇，③雑草防止，④病害虫害の軽減，⑤野菜の汚れ防止など多くの利点がある．全面マルチ栽培において，レタスおよびハクサイは春から夏にかけての第1作（夏どり）と夏から秋にかけての第2作（秋どり）の年2作栽培される場合が多い．全面マルチ栽培は多くの利点がある反面，マルチを張ったあとは追肥が困難であり，マルチ上からの施肥は，肥料の利用率が低く生育に対する効果が少ないばかりか表面流去による河川の環境汚染を生じる．このため追肥を避けた全量元肥施用が実施されてきた．第2作栽培においては第1作終了後に「マルチを除去─耕起─第2作の施肥─耕起─うね立て─マルチ張り」が行われてきた．しかし近年，労力不足に対応して肥効調節型肥料を用いて，第2作分の肥料を第1作目の作付け前に1回に施用してマルチを張り替えずに第2

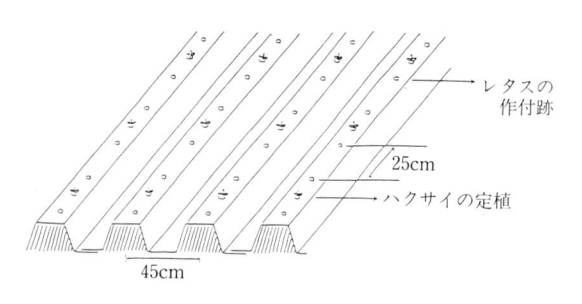

図III-3-6　葉菜類の全面マルチ栽培

作を連続栽培する2作1回施肥法が開発された．2作1回施肥法は省力化が図れると同時に，1作分のマルチ資材が節約できる省資材化とコスト削減も実現できるため，この方法は今後さらに普及していくと思われる．

2) 大規模野菜産地の命運がかかる連作障害の防止

大規模野菜産地の形成は，経済性や生産能率から専作や連作への傾斜を強めたため「連作障害」とよばれる生育障害を発生させた．連作障害の内容は当初は原因不明のものが多かったが，しだいに解明され土壌病害，線虫害，生理障害などに整理されてきた．これらの障害には，明らかに連作が主な原因と考えられる場合と現代的な野菜栽培様式が原因となっている場合とがある．

① 総合的対策の重要性

連作障害とは，連作または類似した肥培管理の繰り返しによって，土の環境条件に不良傾向が生じて発生する作物障害である．すなわち土の物理性の悪化，地力養分の供給力低下，多窒素施肥による硝酸態窒素またはアンモニア態窒素の過剰吸収，塩類集積，アンモニアガスの発生，土のpHの上昇または低下，土の塩基含量のアンバランス，微量要素の不可給態化，土壌微生物フロラの単純化，土壌微生物量の減少，病原菌密度の上昇，拮抗微生物の減少，有害線虫密度の上昇，天敵生物の減少などである．このような土の物理性・化学性・生物性の悪化が作物の養分吸収と代謝を乱し，生理障害を発生させ，病虫害に対する感受性を高め，健全な生育を阻む．これら土の環境条件の悪化はその全てが同時進行するわけではないが，いくつかの条件が重なってその傾向を強め，その組み合せにより主因・素因・誘因が成立し個々の障害が引きおこされる．とくに土壌病害と生理障害の発生条件には共通点が多い．また土壌病害として発生した障害もその背景には野菜体内の生理的障害が内在していたり，生理的要因が誘因として発病の引金となっている場合が考えられる．したがって，これらに対する対策として個別対応の技術はもちろん重要であるが，野菜栽培においては病虫害と生理障害の複数の障害に対処するため，共通の発生条件を除去することがきわめて重要である．一方，アブラナ科野菜の根こぶ病と微量要素欠乏症との関係のように，前者の対策として土のpHを上昇させたため後者の発生を生じる場合もある．この場合は，まず土のpHを適正域に調整し，それ以上の根こぶ病の発生には土のpH以外の対策を行う必要がある．このように両障害に対しては双方の対策を調和させることが大切である．土壌病害と生理障害は「背中合せ」の場合が多いため，両者に対する「総合的対策」として実施することが重要である．それは今日においては「環境保全的な土壌管理」として実施されねばならない．

② 環境に優しい障害防止対策

土の物理性の改善　土の物理性は有効土層の深さと土の中の気相，液相，固相の3相の分布割合が適正でないと根系の発達が不十分になり根活力が低下し養分吸収力が落ちる．その結果，全般的な生育不良が生じたり，カルシウムやホウ素など吸収しにくい要素から順次，欠乏状態を進行させ葉辺部の浸潤や生長点の腐れ症状，肥大組織の亀裂症状を呈する（縁ぐされ症，芯ぐされ症，亀裂褐変症の発生など）．土の物理性の悪化による生育不良は追肥の増大による塩類濃度障害など化学性の悪化をも助長し，悪循環をもたらす．他方，このような根傷み，根ぐされ，根部ストレスは土壌病原菌や有害線虫の侵入を容易にし病害虫害を発生させる．したがって土の物理性改善のためには，深耕や排水対策，粗大有機物の施用による土の団粒化や透水性・保水性の改善が重要である．土の物理性の改善は土壌管理の基礎であり基本的な障害対策である．

土の化学性の改善　土の化学性を適正に管理する内容として，①土のpHを適正領域に保つ，②CECや有機物含量を一定レベル以上に維持して土の緩衝能を高める，③土の養分供給力を高める，④3要素や必須要素の可給態含量を適正にすることなどがあげられる．土のpHの適正化は野菜畑の障害を回避するうえで，たいへん重要である．土のpHが6以下の場合はリン酸の不可給態化が進行し，土からの塩基類の供給も少ない．そしてアブラナ科野菜根こぶ病などの土壌病害が多発する．反対に土のpHが7付近以上になると根

こぶ病の発生は低下するが，カルシウムやホウ素，鉄，マンガンが不可給態化し，これらの欠乏症を発生させる．同時に土の中の NH_4^+ の一部がアンモニアガス化し，根を激しく痛め物理性の悪化による場合と同様の症状を呈する．したがって，土のpH（H_2O）は6.5程度に維持することが生理障害と土壌病害の双方を回避するうえで重要である．地力の養分供給力を高く維持することは，環境保全的に野菜を良質安定生産するための必須要件であるが，土壌病害に対してもたいへん重要である．たとえば導管病であるハクサイ黄化病の場合，養分欠乏とくに地力窒素が生育後半に不足すると発病が急速に進行する．ハクサイ根こぶ病の場合は，根こぶが分岐根に着生しても肥大時期が遅延した場合，養分の吸収が十分であれば生育が進み，ある程度以上に結球肥大して出荷できる場合が多い．したがって養分とくに地力窒素の十分な供給は発病速度を上回る生育速度を確保するうえで大切である．速効性養分の過多または過少は野菜に種々の障害を発生させるが，そのなかでも，とくに土の中の無機態窒素含量は生理障害の発生に大きく関与する．すなわち窒素の多施用はハクサイの縁ぐされ症，芯ぐされ症，ゴマ症，亀裂褐変症などの生理障害の発生を助長することが確かめられている．レタスの「緑芯症」（レタスのクラウン部が緑色に浸潤軟化し，結球外部葉が萎ちょうする障害）およびハクサイの「空芯症」（ハクサイのクラウン部に穴が空き，芯葉がその空芯に侵入する障害）は原因が明らかでないが，窒素を多施用すると増加が認められる．さらに施肥窒素に関しては，その化学形態がアンモニア態か硝酸態かによって，障害発生の程度が異なる場合がある．たとえばハクサイの縁ぐされ症や芯ぐされ症は施肥窒素が硝酸態の場合，アンモニア態に比べて発生程度が低い．土壌病害においてもハクサイ黄化病は，硝酸態窒素を施用した場合はアンモニア態窒素に比べて発病程度が低い．これらの障害に対しては窒素の多施用を避けるとともに，施用窒素の種類を選択することが大切である．さらにハクサイ縁ぐされ症や芯ぐされ症のようなカルシウム欠乏症に対しては被覆硝酸石灰を用いると窒素の過剰吸収が避けられる一

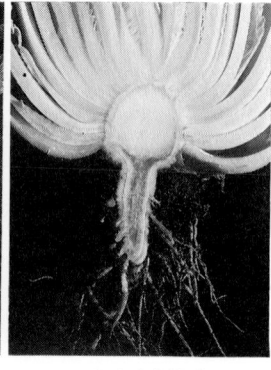

ハクサイ根こぶ病　　　ハクサイ黄化病

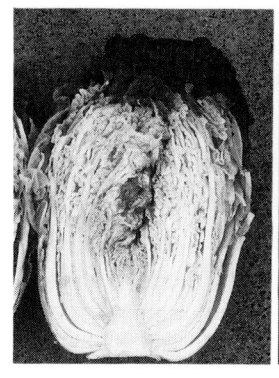

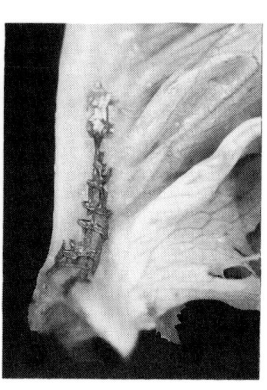

ハクサイ石灰欠乏症　　レタスほう素欠乏症
（芯ぐされ症）　　　　（亀裂褐変症）

写真 III-3-1　野菜の連作障害

方，カルシウムの吸収が促進され障害の軽減が認められる．

　土の生物性の改善　　連作は，その作物を宿主とする病原菌の密度を増大させ土壌病害が発生し，対策を講じないと病原菌のポテンシャルはますます強まり大発生に至る．このような土の生物性の悪化に対しては輪作や休耕または土の消毒によって菌密度を低下させねばならない．バーティシリウム菌などのように輪作や休耕による菌密度低下の効果が少ない場合は，土壌消毒が決め手となる．クロルピクリンなどによる土壌消毒は，殺菌効果は高い反面，連用すると土の生態系を攪乱し，土の静菌作用を損ない，病害発生の抑止力が低下する．そして土壌消毒はもう一方の連作障害である生理障害を多発させるマイナス面ももたらす．さらにこれらの薬剤は環境への影響が懸念されるため，それにかわる防除対策が急がれている．環境にやさしい対策としては，農薬の使用を

最小限にとどめ，生態的防除を根幹とする「総合防除法」が理想である．生態的防除としては，①残渣処理などによりほ場衛生に心がける．②効果的な輪作体系や混植法を開発して病原菌密度の低下を図る．③有用な拮抗微生物を土や作物に接種したり，有効な微生物資材を投入して，土壌静菌作用や土の発病抑止力を高めることなどがあげられる．②および③については，土の生物性を作物栽培に有利に導く「生物的土壌管理」ととらえられる．生物的土壌管理による防除効果は単独では土壌消毒に及ばないが，他の有効ないくつかの手法と組み合わせて総合防除法として実施されるなら大きな効果を発揮すると考えられる．

3) 環境を汚染しない大規模野菜産地をめざして

野菜は多肥栽培作物が多いうえに近年，消費者の好みを反映した生産のため多肥傾向がいっそう強められてきた．その結果，野菜に吸収利用されなかった硝酸態窒素などの肥料成分が地下浸透して地下水を汚染したり，一酸化二窒素となって大気中に放出され，地球温暖化やオゾン層の破壊などに加わり，環境保全上大きな問題を生じている．このような傾向は速やかに改めなければならない．そのためには投入された肥料の野菜による吸収利用率を限りなく高めるための施肥管理が実施されなければならない．その方法としては，①土壌診断や施肥診断の結果に基づいて，肥料や資材の過剰な投与をなくし，適正な施用量を守る．②ほ場をマルチフィルム被覆したり，土壌改良によって土の保肥力を高め，ほ場からの肥料溶脱量を減少させる．③野菜の根の吸収活性を高めて肥料の利用率を向上させる．④野菜が肥料を最も効率的に利用できる位置に局所施肥することなどがあげられる．

(高橋正輝)

[コラム]

東京は農業県―都市農業

　東京の農耕地は，黒ボク土が約90％を占め，そのほとんどが腐植層に恵まれ，保水力や保肥力は大きい．膨軟で耕しやすく，透水性や通気性もよく，比較的生産力の高い土である．この土は台地上に分布しているので，乾燥しやすいが，野菜類の生産には適した土である．古くから東京の野菜類の需要をまかなってきた．

　農業経営耕地面積は，9,620 ha（1996年）で，普通畑利用が70％以上を占めている．農林水産省の「農業構造動態調査」によれば，東京都の農家戸数は17,210戸で，農家1戸当たりの耕地面積は約0.56 haである．

　作物の種類では，水稲はほとんど見られず，畑作や施設での栽培が中心である．畑作の中では野菜類や花き・花木が多く，穀類やマメ類は少ない．さらに野菜類では，コマツナやシュンギク，ホウレンソウなどの日持ちの悪い軟弱野菜，ウドやツマミナのような比較的マイナーな作物が多い．

　経営規模は全国のレベルから見れば非常に小さい．しかし，コマツナのように年間6～7作を栽培するなど作付回数を多くしたり，施設で比較的高価な花き類を生産したりすることで，耕地面積の少なさをカバーしている．都内での1995年度の農産物総生産額は約394億円で，そのうち野菜類が約55％で215億円と最も多く，次いで花き・植木が多く約27％の106億円を占めている．

　販売方法では，消費地が近いという利点があり，庭先売りなど直販も行いやすい．生産者と消費者が互いに目に見える関係を形成できるのも都市農業の特徴である．1995年度に都民が消費したおもな農産物のうち，都内産の占めるシェア（自給率）は，野菜類が9.1％で，およそ110万人分であった．軟弱野菜など特定の農作物については，都市の農業でも十分大きな役割を果たしているといえる．

(加藤哲郎)

4. 雪がつくる農業（北陸）

(1) 地域環境と農業

古来北陸とは若狭，越前，加賀，能登，越中，越後，佐渡の7国を総称したが，ここでは狭義の北陸である福井，石川，富山の3県について概観する．

1) 地形・地質

北陸は背後に山地が迫り，北東部ほど標高が高く3,000mを越える頂上もいくつか見られる．日本海沿岸には富山平野，金沢平野，福井平野などの低地が開ける．これらの平野の多くは山地から大きな標高差を短距離で流れ下る常願寺川，神通川，手取川，九頭竜川などの河川による扇状地をなしている．北陸の最北端部は，富山湾を抱くように突出する非火山性の能登半島である．

北陸の地質は，大きくは飛騨帯，飛騨外縁帯，美濃帯の地質構造に区分される．飛騨帯は糸魚川静岡構造線（フォッサマグナ西縁）の西から富山，飛騨，石川，福井北部を含み，福井南部若狭地域が美濃帯に含まれる．この2つに挟まれて飛騨外縁帯が断続的に続く．これらの構造帯からは，20億年前の飛騨片麻岩や5億年前の化石が発見されており，日本最古の地質である．近年の恐竜ブームで注目されているのは，手取川，九頭竜川上流，神通川，常願寺川流域に分布する，2億年から6千万年前のジュラ紀から白亜紀に生成した手取層群で，シダやソテツ類の化石とともに恐竜の化石が発見されている．新第三紀層は，富山県の山岳沿いと丘陵部，富山石川県境から能登半島にかけてと福井平野周辺部および石川福井県境地域に分布する．第四紀更新世（約50万年前）の地質的な構造運動で，現在の丘陵・山地部の隆起と平野部の沈降があり，能登半島，砺波平野，福井平野が分かれた．それ以降の第四紀堆積物は平野部とその周辺にあり，ほとんど耕地となっている．

2) 気象

北陸の気象の特徴は，冬の寡照積雪である．平

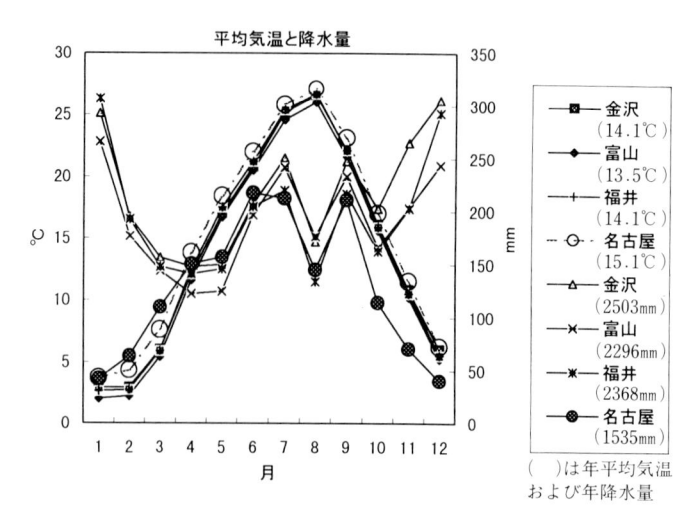

図III-4-1 月平均気温および降水量（1961～1990）
資料：理科年表 1994

均気温では太平洋側の名古屋に比較して，1から1.5℃程度低い．降水量は名古屋の1,500 mm程度に対して，北陸は2,300〜2,600 mmと非常に多い．とくに，10〜4月の寒半期に降水量が多い（図III-4-1）．これはシベリアからの季節風が暖流が北上している日本海に吹き込み，豊富な水蒸気が雪として降るからである．日照は降水量とは逆に，冬季（12〜2月）は約200時間と寡照で，東海地方の約40％である．北陸各県間では，年平均気温は福井が富山，金沢に比べ0.6度高く，雨量は金沢が若干多いものの大きな差ではない．この気象によって，北陸ではコシヒカリの成熟期が福井で最も早い．

3) 耕　地

北陸の総面積は126万2千haで，国土の約3％である．耕地面積は167千ha，森林面積は829千haで，それぞれ全国の約3％である．総面積に対する耕地面積の割合は，11％（福井県）〜16％（富山県），平均13％で全国平均の14％に近い．水田の耕地に占める割合は90％（石川県85％〜富山県96％）にも及び，全国平均の54％を大きく上回っている（表III-4-1）．これらの耕地は昭和30年代から基盤整備がされてきたが，現在30a区画以上の整備率は51％で全国平均と同じである．従前の10a未満の小区画の整備が普及していた石川県で30a区画以上の割合が39％と小さく，他県では70％以上になっている．1ha以上に整備された田の割合では，平均で1.4％と全国平均（3％）を下回っているが，福井県では2.5％と全国平均並に整備されてきている．

4) 耕 地 土 壌

北陸の耕地土壌は，おもに河川扇状地に分布する土の色が灰色から灰褐色の灰色低地土と，河川や海岸沿いの低地などに分布する土の色が青灰色から緑灰色のグライ土の割合が多い．ほとんどが水田として利用されており，この2つの土壌で耕地の70〜90％を占め，畑利用されている黒ボク土，褐色森林土，褐色低地土の分布は極端に少な

表III-4-1　北陸の耕地面積

	総面積 (km²)	耕地面積 (千ha)	水田率 (%)*	森林面積 (千ha)
富山県	4,246.09	68	96.0	240
石川県	4,184.60	52	83.5	277
福井県	4,187.96	47	91.1	312
全国	377,750.28	5,243	54.4	24,621

資料：理科年表，1994；*米どころ北陸，北陸農政局，1997．

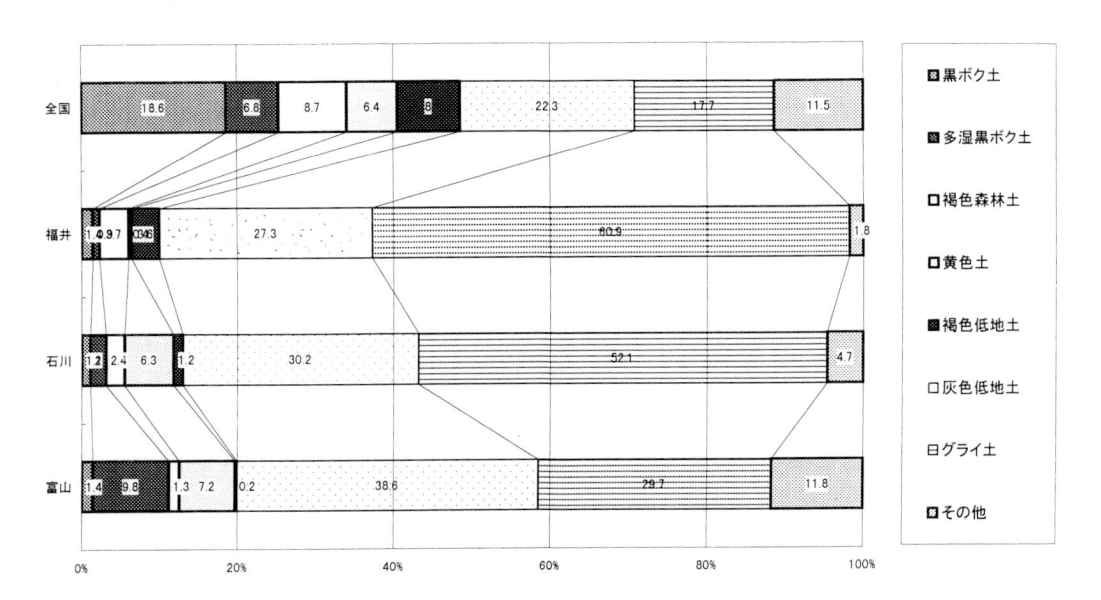

図III-4-2　北陸の耕地土壌（資料：農林水産省　地方保全基本調査）

い（図III-4-2）．耕地は，大部分が海岸よりに分布している（図III-4-3）．

福井県の土は，全県にわたってグライ土が最も多く，耕地の約60％を占める．グライ土の大半は強粘質である．灰色低地土は約27％で，大野，勝山，鯖江市と九頭竜川扇状地に大きな面積を占め，粗粒のもの，礫が30 cmくらいの深さから出現するものが多い．

石川県では，金沢平野は手取川の扇状地地形がよく発達し，灰色低地土がほとんどを占める．灰色低地土の中では，粘土分の多い土が50％近く，作土直下から礫が出現する土壌が20％以上を占める．金沢平野の南西，小松，加賀市の周辺部にはグライ土が分布する．能登は谷地田にグライ土が広く分布し，非常に粘質な細粒質土である．これらをあわせると石川県全体ではグライ土52％，灰色低地土30％という構成になる．

富山県の土は，黒部川，常願寺川，庄川などのよく発達した扇状地と海成デルタ上に分布する沖積世堆積土壌，および山間，山麓，台地に分布する洪積世堆積土壌に大別できる．扇状地では灰色低地土が多く，地表下30 cm以内に礫層を有す

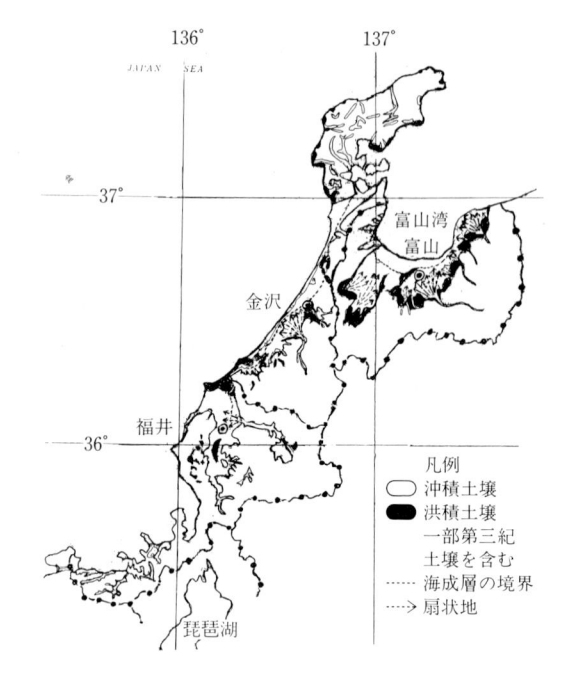

図III-4-3　北陸の耕地土壌の分布略図
（日本第四紀地図および地方保全基本調査耕地土壌図をもとに作成）

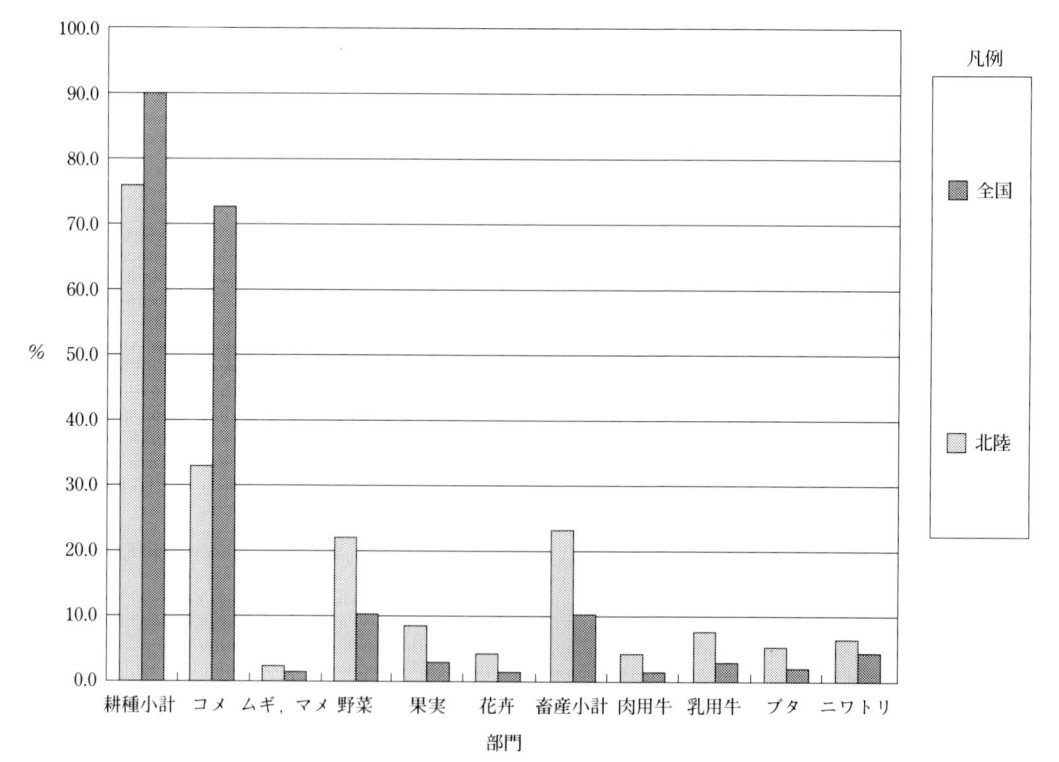

図III-4-4　北陸の農業粗生産構成割合（資料：米どころ北陸，1997）

るもの，粗粒のものが多い．グライ土はおもにデルタに分布している．沖積土壌の約2/3は，この灰色低地土とグライ土である．洪積土壌のおもなものは，土の色が黄色をおびた黄色土および山間，山麓，台地上に分布する台地土壌と色の黒い多湿黒ボク土である．

5) 農業生産と今後の課題

北陸では，冬の降雪による豊かな水資源と，夏期の高温多照によって，稲作を基幹とした土地利用型農業が発展してきた．北陸の農業粗生産額は，3,021億円で全国の約2.7％にあたる．農業粗生産額の中でコメの占める割合でも，全国平均32.6％に対して北陸は73％と2倍以上で稲作に特化している．コメ以外の野菜，花き，果実および畜産の占める割合は全国平均の半分以下である（図III-4-4）．

今後も稲作中心の農業が展開されていくと考えられるが，今後は産地間競争がさらに激しくなることから，良質米産地としての評価をさらに発展させるために，農地の集積，労働力配分の適正化，機械・施設の効率的な利用などによる低コスト生産や付加価値の高い商品生産，直播などの省力技術が積極的に導入されている．一方，既存の生産組織や中核農家などが低迷する園芸や畜産に取り組めるような複合経営に誘導することや新規就農者の確保などの振興対策もとられている．

（提　義房）

(2) コシヒカリのふるさと―お米の味を決めるもの

いつの時代になっても日本人にとって炊き立ての白いご飯へのあこがれは強い．最近では，全国的においしいコメの品種へと作付けが転換され，「コシヒカリ」，「ひとめぼれ」，「あきたこまち」の3品種の作付比率が全国で43％を占め，なかでも「コシヒカリ」は29％と最も人気が高い．この品種は新潟県農業試験場で交配され，また福井県農業試験場で育成されたものであり，北陸地域の作付比率は65％に達する．その反面，草丈が伸びて倒伏しやすく，農家にとっては栽培しにくい品種でもある．「コシヒカリ」が全国的に支持される理由は，何といっても「おいしい」の一言につきる．その良食味は，登熟期間の温度などの環境変動に対し安定しているという大きな特徴もある．このおいしさは，どこからくるのだろうか．ここでは，「コシヒカリ」について，土壌管理の方法によって食味がどのように影響されるかについて考えてみる．

1) コメの食味は何で決まるか

コメの食味は，食味官能試験，すなわち実際に食べて，ご飯の外観，香り，味，粘りそして硬さから総合的に判定される．コメの食味を左右する要因として，①品種，土壌・気象条件，栽培法，②貯蔵・加工条件，さらに③家庭での炊飯条件などがあげられる．そのなかで農家が行う土壌管理の方法によって，どこまで食味を高められるだろうか．

これまでの食味官能試験から，コメの食味を高める要因として，化学的性質としてコメのタンパク質およびアミロース含量が少ないこと，物理的性質として粘度の程度を表すブレイクダウン値が高いこと，すなわちコメの粘りが強いことが明らかとなっている．

2) コメのタンパク質含量を左右するものは

コメの成分では，デンプンが75％と最も多く，水分が15％，タンパク質は7％である．植物の種子としてのコメは，次の世代を残すために最低限保持しなければならないタンパク質の絶対量は決まっている．タンパク質含量はデンプンとの相対的比率によって決定されるといってもよい．デンプン含量を高めれば，タンパク質含量は低下することになる．

イネのデンプン生成は，気象条件や水管理などに左右される．低温寡照年ではイネの同化能力が低下し，また水管理が不徹底になると根の活力が低下し，デンプン生成量は減少する．対策として，平年に比べもみ数をより少なくし，登熟歩合をできるだけ高める，つまりデンプンを十分集積した米粒を少なくとる必要がある．移植時期が遅くなると，登熟期が気温の低下した秋口にずれ込み，デンプンの集積が悪くてタンパク質含量が高まるおそれがあるので，地域に応じた移植時期を守る必要がある．コメのタンパク質含量を低く抑えるには，登熟歩合をいかに高めるかがポイント

となる.このため,過剰な窒素吸収や一つの穂につくもみの数を抑え,水管理の徹底を図り,さらにイネを倒伏させないなどの総合的な管理が行われている.

3) コメをおいしくする土の管理

① 窒素施肥法

イネの施肥には,穂数の確保を目的に分げつ数を増加させる基肥と,有効茎歩合の向上,もみ数の増加および登熟歩合の向上などに働く追肥がある.とくに,出穂前後に施用する追肥は,コメの品質との関係が深い.窒素施肥法とコメのタンパク質含量との関係を図III-4-5で見ると,追肥時期が遅いほど,また追肥窒素量が多いほどタンパク質含量が増加する.図III-4-6では,タンパク質含量が7%(玄米水分15%換算値)を超えると食味が低下することがわかる.これらの結果から,出穂後の実肥を施用せず,また追肥の最終施用時期は遅くとも出穂前7日までとしている.

② 肥料や有機物の施用

緩効性肥料を用いた追肥施用は,図III-4-7に示すとおり,タンパク質含量を低下させるが,施用量が多くなると逆に高まるので,慣行の施肥量を上回らないことが重要である.有機質肥料は,動物質や植物質などの種類により,土の中での分解速度が大きく異なる.油かすを主体とする有機質肥料では,動物質肥料よりも分解速度が遅く,施用後2~3週間にかけて窒素が緩やかに有効化される.このため,慣行のほぼ1週間前の施用が,食味を高めると同時に,収量も維持できる.有機物を連用した場合は,土からの窒素供給量(地力窒素)は徐々に増加し,乾田地帯でもみがら牛ふん堆肥10a当たり1tを10年連用すると,追肥窒素で10a当たり1.5kg程度を施用したと同じ効果が得られる.さらに,イネの窒素吸収量に対する収量の割合(吸収窒素の生産効率)が高まり,タンパク質含量が低下する.したがって,土づくりによって土の窒素肥よく度を高めること

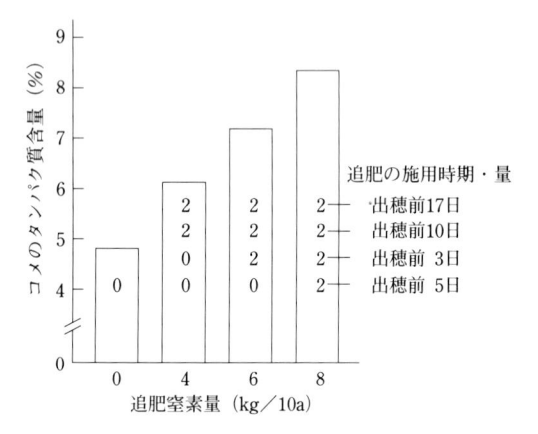

図III-4-5 追肥窒素の施用時期・量がコメのタンパク質含量に及ぼす影響
湿田における調査結果を示す.

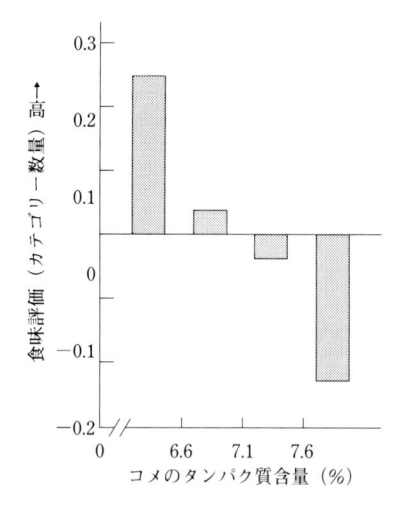

図III-4-6 コメのタンパク質含量と食味との関係

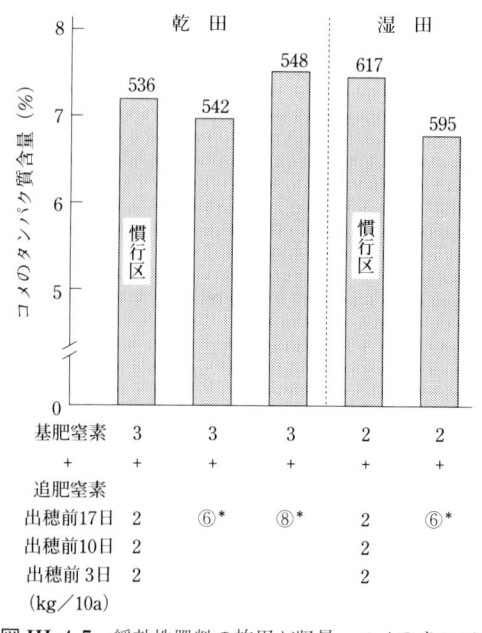

図III-4-7 緩効性肥料の施用が収量,コメのタンパク質含量に及ぼす影響
*緩効性肥料.図中の数字は収量(kg/10a)を表す.

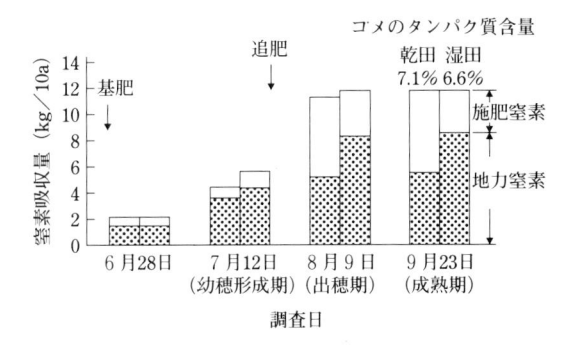

図 III-4-8 土壌の種類とイネによる窒素吸収量の推移

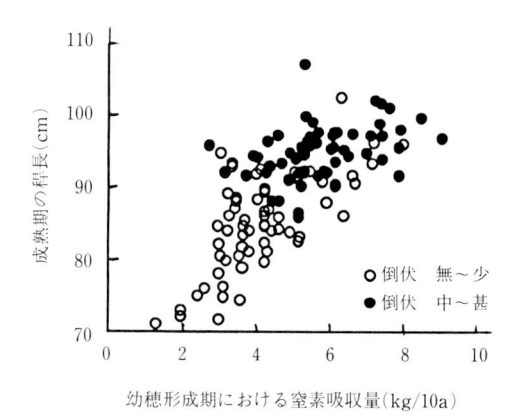

図 III-4-9 幼穂形成期における窒素吸収量が成熟期の稈長および倒状に及ぼす影響

が重要となる．

③ 土壌改良資材の施用

土壌改良資材として，石灰質・苦土質資材の施用により食味が高まった事例がある．しかし，現在のところ，食味を高めるための基準値の策定には至っていない．

土壌改良資材の施用は，基本的には生育の健全化をねらうものであり，少なくとも土壌診断結果を基に施用量を加減し，土壌改良目標値を維持することが重要である．

④ 水管理

落水時期が収量・品質に及ぼす影響について，出穂後25日の早期落水により，収量の減少，乳白米や茶米の発生など品質が低下する．また，コメのタンパク質およびアミロース含量の増加や，食味の低下が認められる．出穂後の間断かんがいによる水管理は，根活力の維持・向上につながり，イネの同化能力の向上や稲体内における養分の循環を円滑化させるので，出穂後ほぼ35日まで落水しない．

⑤ 土壌・栄養診断による施肥管理

地力窒素のイネによる吸収量は，その作の総窒素吸収量の50～60％をも占め，また図III-4-8に示すとおり，土壌の種類により大きく異なる．地力窒素がより多い湿田では，窒素吸収が生育後半まで行われるので，施肥窒素量は少なくてすむ．このため，コメのタンパク質含量は低く抑えられる．しかし，ダイズ跡の水田のように，地力窒素量の増加によりイネが倒伏する場合，土壌診断に基づいて施肥量を加減する．

栄養診断では，目標とするタンパク質含量6.5％以下を達成するため，出穂前25日の幼穂形成期に，草丈，茎数および葉色について，基準値と対比しながら適正な施肥量を判定する．幼穂形成期におけるイネの窒素吸収量が10a当たり5kgを超えると，図III-4-9に示すとおり成熟期の稈長が伸びて倒伏が強まることから，この時期の栄養診断が重要である．

（北田敬宇・伊森博志）

(3) 地域を振興させた作物

1） 福井のウメ

① 福井ウメの産地

ウメは，中国の四川省や河北省の原産といわれ，2,000年の昔から薬として使われたという．奈良時代に最初に日本に渡来したときは「烏梅」という漢方薬として，珍重され，江戸時代には現在のような梅干しや梅肉エキスも作られた．このように「梅は三毒を断つ」といわれ，古くて新しい代表的な健康食品の一つであり，最近では，1996年の「O157」の食中毒禍以降梅干しの需要もうなぎ登りとなっている．現在，わが国のウメの生産量は約10万トンで，他に中国，台湾から2～3万トン輸入されている．国内生産量のうち和歌山県が全生産量の半分を占め，福井県は約2,500トンで全国第7位となっている．

福井県のウメは，今から約160年前の天保年間に三方五湖畔（旧三方郡西田村）の伊良積に発祥したと伝えられている．この地にウメが栄えたのは，この辺りが暖流の影響を受ける若狭湾と三方五湖に囲まれ，春先（開花期）の気候が比較的温

暖で安定しており，気象的にウメ栽培に適していたためである．また，明治中期頃からの石油の輸入に伴い，当時全国の60％を生産していた同地域のアブラギリが衰退し，これに代わる作物として，狭い傾斜地に適したウメを奨励した．大正時代には地域ぐるみの生産・販売を行うために梅出荷組合が組織され，栽培面積は昭和30年代100 haに達し，40年代初頭250 ha，現在500 haで日本海側最大の生産県となった．

現在，福井県で栽培されている品種は主として梅干し用の「紅サシ」と梅酒用の「剣先」でありいずれも他産地のものに比べて果肉歩合が高く，特に「紅サシ」は果肉のクエン酸含量が高く，加工したときの肉質が優れていることから高い市場評価を得ている．

② ウメの土壌肥料試験研究と生産現場での対応

ウメに対する試験研究の取組みは，他の果樹に比べて遅れており，土壌肥料分野でも1965年以前には，ウメの施肥基準は作られてはいたが，それは，同じ核果類のモモやスモモを参考にして作られたものであった．生産現場でも，大部分の農家は勘と経験によって肥培管理を行っていた．昭和40年代に入り，ウメ産地の三方町に隣接する福井県園芸試験場で，和歌山県などの主産地に比べて約50％という低い単収を少しでも高める目的で，施肥時期や緩効性肥料，有機物施用に関する試験が実施された．1983年になって福井園芸試験場に環境部門が新設されたのを機にウメの土壌肥料・栄養生理に関する研究が大幅に増強された．まず，主産地である三方町で220 haのウメ園の土壌調査が行われ，全園の約50％がpH 5.0以下の強酸性土壌で，交換性カルシウムが不足し，反対に交換性カリウムや可給態リン酸が著しく集積し，これが低収の一因となっていることがわかった．その後，樹体の解体調査や時期別の養分分析から，ウメの養分吸収特性や貯蔵養分の集積過程が明らかになり，1988年に新しい施肥基準（表III-4-2）を作成し，「紅サシ」の栄養診断基準値も策定された．

一方，1988年には福井園芸試験場に大規模なウメのライシメーター（2.5 m×2.5 m，16基）が完成し（写真III-4-1），これを使った試験によって，ウメは窒素と同程度のカルシウムを吸収し，健全な生育を維持する上でカルシウムの供給は不可欠であることが明らかになった．この結果をもとに，ウメ生産者に石灰施用の必要性を強調した結果，1991年に行った三方町のウメ園の再調査で土のpHの上昇が確認され，樹勢も若干高まった．また，1993年以降は，このライシメーター施設を利用してウメ園からの肥料の流出防止に関する試験にも取り組んでおり，ウメ産地を抱える三方湖の水質保全対策にも寄与している．

写真III-4-1 福井園芸試験場のウメ用ライシメーター

表III-4-2 ウメの施肥基準（kg/10 a）

樹齢	3月上旬 芽だし肥 ウメ専用肥料	5月上旬 実肥 リン硝安系肥料	6月下旬 礼肥 ウメ専用肥料	9月上旬 花芽肥 ウメ専用肥料	年間成分量		
					N	P_2O_5	K_2O
2〜4	30	10	—	—	3.6	3.6	4.0
5〜7	40	25	30	30	11.0	11.0	12.0
8〜10	50	30	50	50	15.6	15.6	16.8
11〜20	60	40	60	60	19.2	19.2	20.8
20以上	80	45	80	80	24.6	24.6	26.4

肥料成分含有率（％），ウメ専用肥料　N：8, P_2O_5：8, K_2O：8, MgO：2, Mn：0.6, B：0.3
リン硝安系肥料　N：12, P_2O_5：12, K_2O：16

果実品質の面で,従来から最も大きな課題となっていたヤニフキ果対策については,1990年からの対策試験によって,総合微量要素入り肥料FTEが,ヤニフキ果の発生を軽減させることが明らかとなり,1993年からホウ素を含む有機物含量の高い肥料が福井県のウメ専用肥料に指定されている.

(渡辺 毅)

2) 水田に咲いたチューリップの里

1918年,東礪波郡庄下村(現富山県砺波市)の一人の青年が,東京から10球あまりのチューリップ球根を買い入れ鑑賞用に栽培し始めた.たまたま切花として販売したところ予想以上の高値で売れ,さらに茎が枯れ上がった残り株に購入したものより立派な球根がついていることに気づき,「球根を売ってみては…」と思い立った.これが,「富山のチューリップ球根生産」の始まりである.1995年現在,栽培農家は324戸,栽培面積は226 haで,5,233万球を出荷し,新潟県とともに二大産地として競い合っている(図III-4-10).

① 気象条件

チューリップの生育相は,掘取り後から器官分化期,発育準備期,発育伸長期,球根肥大期の4段階に大きく分けられる.これらの生育相のサイクルを決定する主因は温度である.低温処理(5℃)や冷蔵貯蔵(0~2℃)などの促成・抑制栽培によって,チューリップの周年開花が可能となっている.日長の影響はほとんど受けない.富山をはじめとした日本海側の積雪地帯はチューリップ栽培に適した気象条件である(図III-4-11).

② 豊富な雪解け水と扇状地

チューリップは4月上旬から,球根肥大が進む6月上旬にかけては全吸収量の約70%の水分を要求し,その後6月中旬から下旬の球根充実,茎葉枯死,球根掘取りの期間は,ほ場の水はけがよく,乾燥気味がよい.富山県の扇状地帯に広がる球根生産地は,水田かんがい用水路を流れる豊富な雪解け水と浸透性の良い礫質灰色低地土によって,チューリップの生育に適している.

③ 病害虫の発生を抑制

水稲との輪作体系として発達したことは,掘残し球による品種混合を防ぐとともに,チューリップ球根腐敗病をはじめとした土壌伝染性病害の発生を最少限度に抑制することとなった.また,太平洋側に比べ春の到来が遅いことは,アブラムシの発生と活動をにぶらせチューリップの主要病害であるウイルス病のまんえんを防いできた.

⑤ 施肥の現況と今後の動き

チューリップ球根の需要は,花壇用と切花用があり,前者は外観の良さが優先され,球根生産の

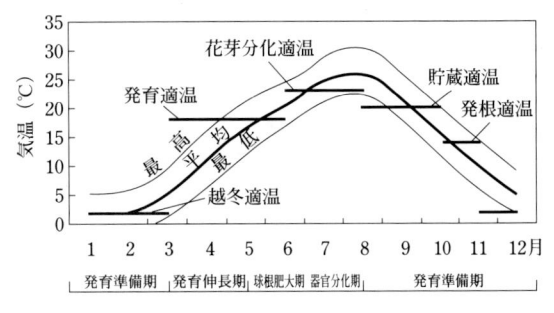

図III-4-11 富山の気温の推移とチューリップの発育適温 (富山県農林水産部1997より作図)

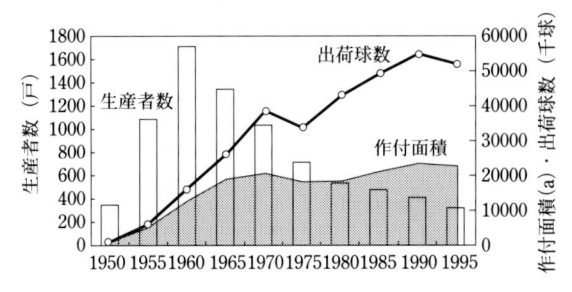

図III-4-10 富山県におけるチューリップ球根生産の推移 (富山県花卉球根組合資料による)

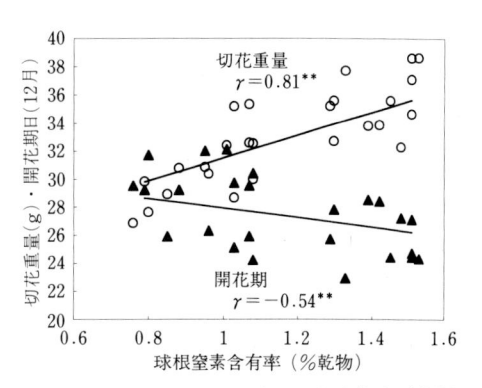

図III-4-12 球根窒素含有量と促成能力(嘉部,1980より作図)
品種:William Pitt, Malta

現場では，生育後半の肥効を抑え，外観を著しく損なう球根の裂皮や球根腐敗病の発生を抑制する施肥体系がとられている．一方，近年需要が大幅に伸びている切花生産では，球根の窒素含有率が乾物中1％を下回ると開花が遅れ，貧弱な切花となるため（図III-4-12），少なくとも球根の窒素含量は1.2〜1.3％程度であることが好ましい．現在の施肥体系では，外観品質面はクリアーできるが，球根の窒素含有率は低く，切花生産者のいう「力不足の球根」となっている．このため，種々の緩効性肥料の導入が検討されているが，いまだ外観品質と窒素含有率の両面を満たすには至っていない．また，環境面で，冬季積雪期間をまたぐ球根栽培においては，融雪に伴う水系への硝酸態窒素の溶脱を抑制することが重要であり，肥料利用効率の高い環境に配慮した施肥法の開発が望まれる．

〔石黒哲也〕

［コラム］

千枚田，棚田

　作業の効率優先が第一とされる風潮の中で，千枚田は長い年月をかけ，人の手で作られたコメづくりの基本を示す美田である．能登半島輪島市白米の千枚田，棚田での作業を見ると，おいしいコメづくりの基本技術が継承されている．ここは海沿いの地滑りしやすい急傾斜地約1 haが約1,000枚の水田から構成され，10戸弱の兼業農家で維持されている．すなわち，①あぜ，斜面などの草やわらを田に入れる（有機物の施用），②畦や崖の表面を削り田に入れる（微量成分を含む新しい土の搬入客土），③土の水持ちがよく，イネの刈取り近くまで通水される（秋落ち防止）．これらに加え，刈り取ったイネのはさ掛け自然乾燥も行われ，おいしいコメが生産される環境にある．今後さらに向都離村の進行が予想されるなかで千枚田の景観保全が各地で求められている．現在，千枚田を維持する効果として次の点があげられる．①村落の維持と過疎化の防止，②稲作をはじめ農業技術の基本の継承，③安全なコメが生産，④地滑り，傾斜地環境の防災保全，⑤教育と啓蒙の効果，⑥美しい景観資源の確保，である．これからも生産環境を確保してゆくには，労力補給，販売価格や所得の保証，ボランティアや福祉政策，文化遺産保存などの支援が必要と考えられる．1995年から全国の棚田をもつ市町村が協議会をつくり，持回りで毎年棚田サミットを開催している．

写真 III-4-2　輪島の千枚田
かねてコメがおいしく，年貢米などとして地主，旦那様に納められた田の土は有機物や有効態リン酸などの含有量が他に比べて相対的に多いことが認められている．

〔長谷川和久〕

5. 多彩な生産基盤（東海）

(1) 地域環境と農業

1) 温暖な気候

　東海道新幹線の車窓から，東海地域は最も心和む風景が展開する．まばゆいばかりの新緑のチャ園，陽光にきらめくガラス温室の反射，たわわに実る黄金色の水田，これらは皆，東海地域の温暖な気候がなせるわざである．平野部の年平均気温は約14〜16℃，年降水量は1,500〜2,000 mm程度であり，温暖多雨な気候は人だけでなく作物にもやさしい．とくに，年間の日照時間は約2,000時間で，全国的にもトップクラスの豊富さである．また，降水量は梅雨に入る6月と秋雨前線が活発な9月に多く，冬期の降雪はわずかである．北隣の北陸地域とは異なり，新幹線の遅れは別として雪の影響を心配しなくてもすむ．

2) 日本アルプスと河川がつくる大地

　再び，新幹線の車窓を思い出していただこう．東京駅から下り東海道新幹線に乗ると，丹那トンネルを抜けるあたりから進行方向右手に日本一の活火山・富士山の雄大な姿が望まれる．列車は，富士川，大井川，天竜川などの鉄橋を次々と渡るが，この頃，遠方には白銀を頂く南アルプスの姿がかいま見える．これらの河川は皆，3,000m級の高山に源を発する急流である．一方，車窓の周囲にはなだらかな丘陵や洪積台地が広がり，チャ園などの農地も多い．車窓の風景は名古屋駅を過ぎるあたりから一変する．目の前一面に広がるのは濃尾平野．北アルプス，中央アルプスに源を発する木曽川，長良川などが形成する沖積平野であり，関東平野，石狩平野，新潟平野などと並ぶ面積を有している．このように，東海地域の大地の特徴は，発達した洪積台地と広大な沖積平野である．これらを構成する砂礫は，過去200万年間の第四紀に隆起した日本アルプスの侵食により供給されている．また，この砂礫を運搬し堆積したのは前述した河川である．東海地域の大地は日本アルプスと河川が作ったものである．そして，富士山などの噴火によるテフラの堆積がその上に薄化粧をほどこしている．ただし，このテフラの影響は富士山周辺などの一部に限られている．

3) 多種多様な土の分布

　東海地域を歩いてみると，土の色一つとってみても実にさまざまなことに気がつく．沖積平野には，灰色ないしは灰褐色を呈する灰色低地土，排水不良で青灰色のグライ層をもつグライ土が多い．洪積台地には，腐植に乏しく赤色を呈する赤色土や，黄色を呈する黄色土が分布している．洪積台地の一部には，腐植に富んだ黒色の表層をもつ黒ボク土も存在する．丘陵や山地では，褐色を呈する褐色森林土が多いが，高山に登れば灰白色の溶脱層を持つポドゾルも見つけることができる．

　これらの土の分布は，東海地域の多様な地形分布や，フォッサマグナ（糸魚川─静岡構造線）や中央構造線などによって区分される複雑な地質構造（図III-5-1）に起因している．さらに，古土壌である赤色土，テフラを母材としない非火山性黒ボク土など，東海の多彩な農業生産の基盤であると同時に古くから土壌研究者の興味を集めている土も多い．

4) 東海の土地利用と農業

　静岡，岐阜，愛知，三重の東海4県のなかで生産量が全国3位までに入る作物には以下のようなものがある．施設野菜：温室メロン，セルリー，パセリ，青ジソ，フキ，ミツバ．露地野菜：キャベツ，カリフラワー，ブロッコリー，レンコン，ワサビ．果樹：ミカン，ネーブルオレンジ，イチジク，ハウスミカン．花き・花木類：バラ，鉢物類，キク，シクラメン，ポットマム，洋ラン，カ

ーネーション，サツキ・ツツジ類，観葉植物，ガーベラ，サボテン．工芸作物：チャ．

東海農業の特徴は太平洋岸に沿って温暖な気象のもとで営まれ，また，名古屋，東京の大消費地に近い地理的優位性をもっていることがわかる．

東海4県と関東と山梨，長野9県の県農業試験場の土壌肥料部門で実施された試験研究課題数を比べると東海農業の特徴を読み取ることができる．

・施設野菜に関する課題の割合が1975年と早い時期から19％と高く，1996年でもその割合は変化していない．同じ年関東はおのおの8％，11％である．

・一方，露地野菜に関しては関東に比べ数％低い．

・公害・環境に関する課題では1975年において土壌汚染に関する課題が多かった．

・有機物や家畜ふん尿のリサイクルに関する試験が増加しているが，東海では1975年にすでにこの課題の比重が大きかった．東海地方に多く分布する赤黄色土壌の地力向上技術が大きな課題になっているためと考えられる．

東海地域の農耕地の土の種類ごとの面積は表III-5-1のように，灰色低地土の分布が最も多く，次いでグライ土で，いずれも水田である．グライ土では排水対策が強化されている．普通畑の土の種類は黄色土，黒ボク土が多い．東海地方には火山性と非火山性の黒ボク土が分布している．樹園地土壌では黄色土，褐色森林土，黒ボク土が多い．

各県は農水省と共同して，土の種類，作目ごと

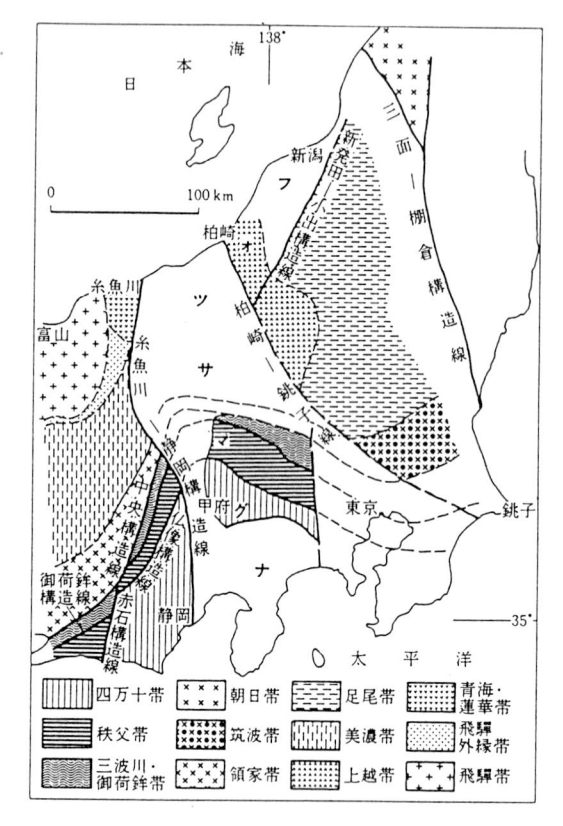

図 III-5-1　中央日本のおもな地質構造線と地質区（植村，1988）

表 III-5-1　東海地域の土壌の種類（ha）

土壌群名	水田	普通畑	樹園地	合計	同左割合(％)
岩 屑 土	0	2,662	0	2,662	0.7
砂 丘 未 熟 土	0	2,434	71	2,505	0.7
黒 ボ ク 土	0	26,664	9,027	35,691	9.5
多 湿 黒 ボ ク 土	19,871	651	251	20,773	5.5
黒 ボ ク グ ラ イ 土	2,548	0	0	2,548	0.7
褐 色 森 林 土	0	5,382	12,133	17,515	4.7
灰 色 台 地 土	5,309	484	841	6,634	1.8
赤 色 土	0	3,988	5,266	9,254	2.5
黄 色 土	23,356	28,849	16,007	68,212	18.2
褐 色 低 地 土	1,684	12,705	333	14,722	3.9
灰 色 低 地 土	95,256	14,168	1,620	111,044	29.6
グ ラ イ 土	78,216	166	29	78,411	20.9
黒 泥 土	3,125	0	0	3,125	0.8
泥 炭 土	1,586	0	0	1,586	0.4
計	230,951	98,153	45,578	374,682	100

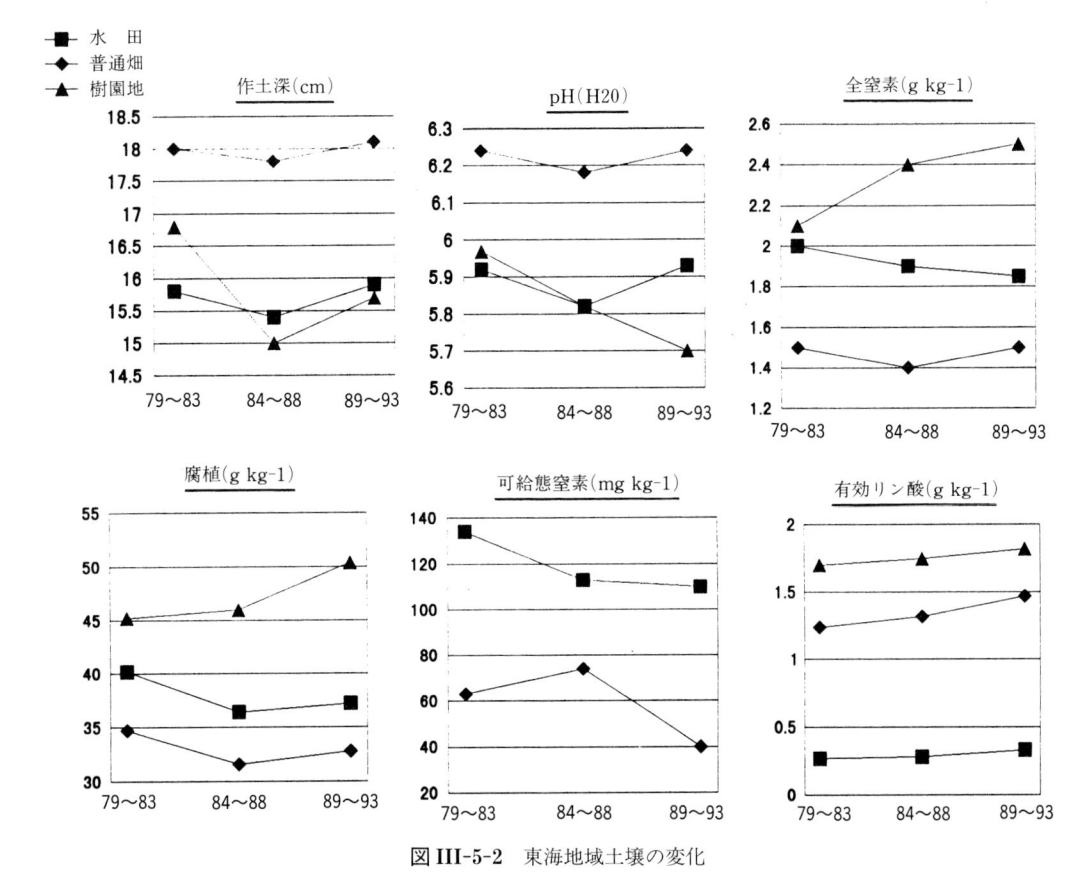

図 III-5-2　東海地域土壌の変化

に約250 haに1点の割合で定点を設け,1979年より5年ごとに土の性質の変化を調査している.図III-5-2に1巡目(1979～1983),2巡目(1984～1988),3巡目(1989～1993)の15年間の変化を示した.

作土の深さは第2巡目が最も浅く,最近はやや深耕されている.大型トラクターの普及によるものであろうか.土のpHは樹園地のみ低下傾向を示し,チャ栽培における多肥の影響が懸念される.これは土の全窒素濃度が樹園地のみ増加していることにも現れている.一方,水田の腐植と全窒素含量は漸減しており,堆きゅう肥施用の減少,窒素施用量の減少のためと考えられる.

水田の可給態窒素は低下し,普通畑でも3巡目に大幅に低下している.それに対して,有効リン酸はいずれの作目でも増加しており,その濃度は診断基準値をはずれ,かなり高い.水田の有効ケイ酸も同様の傾向である.いわゆる土づくりの努力を省略して,土壌改良資材の多用に頼ろうとする傾向の現れである.土に蓄積したこれら成分の有効活用法についての検討が必要になる.

以上この15年間を通してみると,東海地域の土の性質は2巡目に大きく変化する項目が多かった.これはこの時期,高品質指向が強まったことや栽培品種の変遷などに対応して,東海地域の栽培技術が大きく変わったことの反映であろう.

（高橋和彦・吉川重彦）

(2) 施設園芸の肥培管理

施設園芸は昭和20年代末にプラスチック利用簡易温室が現れ,昭和30年代に入ってガラス温室の増加も加わって盛んになってきた.その後高度経済成長と農業基本法による農業の選択的拡大の下に急速に発展し,昭和40年代には施設の近代化などによる規模拡大と施設の団地化が進んだ.

施設園芸の発展は年間を通して食卓を豊かにし,露地に比べて収量は多く農家の所得も向上した.しかし,多額の施設投資や重油などの値上げで生産費は膨らんだが,なんといっても生産を安

定させるための土の管理のむずかしさが問題であった．施設・装置が固定化・重装備化をたどったため連作が進み，栄養分の過不足，土壌病害の発生など生産技術対策はいかに健全な土を守り続けるかとの闘いであったともいえる．施設園芸は施設整備に多大の資本がかかり，化石燃料にたよるという問題点はあるが，逐次技術開発が進み，これからも良質で安価な野菜，花き，果樹が送り出されるであろう．施設の中という特殊な環境におかれ野菜栽培を支えている施設系土壌の特徴と問題点の一部を摘出して，土を活かした持続的な生産の発展方向を探ってみたい．

1) 施肥管理の実態

園芸作物は，有機質の肥料が多用されるが，肥料成分から見ると化学肥料が主体である．基肥は化学的な緩効性肥料を中心に有機質肥料も併用し，追肥は灌水と同時に液肥を施用する方式が普通となってきた．この方式は，栽培期間の長期化と液肥混入機および灌水装置の自動化とともに広く取り入れられてきた．最近では栽培期間，生育ステージに見合った肥効調節機能を備えた硝酸主体の被覆肥料や尿素主体の被覆肥料を使い分け，それに有機質肥料を組み合わせる施肥法も一般化している．

施設での施肥量は，露地のような降雨による溶脱がないため，肥料分の損失はほとんどない．したがって作物の肥料利用率は高くなるため収穫物当たりの施肥量は少なくてすむ．施設野菜1tを収穫するのに必要な三要素量は明らかにされている（表III-5-2）．これと愛知県の施肥基準とを比べてみると，施肥基準の方がリン酸はキュウリ，トマト，ナスとも2倍以上と多く，窒素はキュウリでは多いがトマト，ナスは近似量，カリについ
ては3作物とも少なくなっている．この施肥基準は以前の基準より少なくなっているがまだ十分ではない．それでも昭和40〜50年代に比べるとかなり減少してきている．このことは農家自身が施肥管理，土壌管理の煩わしさを回避することの重要性を認識し，積極的に適正な施肥管理に努め始めた結果である．しかし，リン酸については考え方を変えるとともに土壌診断に基づく施肥量決定を進める必要がある．

2) 土に残った硝酸態窒素

施設では，作物は促成栽培のような生育期間の長い作型が導入され，生育後半まで草勢維持のために追肥を必要とする．そのため収穫後でも肥料分が土の中に残ることが多く，次作に塩類濃度障害をまねきやすい．そのような土では，測定の簡単な電導度を測定することによって硝酸態窒素の残存量を推定し基肥量を加減することが行われてきた．しかし，その後電導度が高いので，次作の施肥窒素量を減らしたら，作物の生育が悪くなってしまったほ場が現れた．このようなほ場では硫酸イオンが電導度を高めていたことがわかった．トマト栽培跡土壌における電導度と水溶性陰イオン濃度との関係を調べたところ，電導度との相関は硫酸イオンが最も高く，電導度から硝酸態窒素含量を推定することの危険性が明らかとなった．また，農家の施肥管理の実態を調べたところ，硫酸イオンの蓄積の多いほ場は，長年過リン酸石灰を施用し続けてきたほ場であるか，または牛ふん堆肥の施用量が年間8〜10tとかなり多いことがわかった．牛ふん堆肥中の硫酸イオンは，豚ふん堆肥，鶏ふん堆肥よりも少ないが，堆肥の施用量が多くなるとその硫酸イオン量は無視できない量となる．今では硝酸態窒素も比較的簡単に測定できるので直接硝酸態窒素を測定することが望ましい．とくに，電導度が0.1S/m以上を示す場合は硝酸態窒素含量を測定する方が確かである．

3) 土壌消毒と窒素肥料の選択

施設では同一作物の連作が行われるため，土壌線虫や土壌伝染性病害に起因する各種の障害が発生する．そのため，土壌消毒は不可欠となり，年間1〜2回，何らかの方法で消毒が実施されている．消毒がしやすく，栽培期間中の病原菌の侵入

表III-5-2　果菜類1t生産に必要な養分量（kg）
（松村・寺島・川西）

作物名	N	P_2O_5	K_2O	CaO	MgO
キュウリ	2.4	0.9	4.0	3.5	0.8
トマト	2.7	0.7	5.1	2.2	0.5
ナス	3.3	0.8	5.1	1.2	0.5
ピーマン	5.8	1.1	7.4	2.5	0.9
スイカ	2.1	0.6	4.5	—	—
イチゴ	3.1	1.4	4.0	—	—

を防ぎ，除塩のしやすい隔離ベッドも一部で導入されている．土壌消毒は土壌病害虫の撲滅には効力を発揮するが，反面，土の諸性質に変化を及ぼし，作物の生育を阻害したり増進したりする．この原因の一つは部分殺菌効果といわれる土壌微生物相の変化による窒素動態の変化，各種成分の無機化，可溶化である．部分殺菌に伴うアンモニアの生成，集積およびその後に引き続く長期にわたる硝化能の抑制があげられ，作物にはアンモニア態窒素過剰による初期生育の障害として現れる．また，リン，カリウム，マンガン，亜鉛の吸収も多くなる．一方，カルシウム，マグネシウムの吸収は抑制される．土壌消毒によってこれらの塩基も増加するともいわれるが，生産現場においては硝酸化成の遅れからくる硝酸イオンによる引出しが遅れることに起因する．

生産場面では，十分腐熟させた稲わら堆肥や，牛ふん堆肥などを施用することによって，土全体に微生物活性が高まって，硝酸化成も円滑に進める．化学肥料では，基肥窒素として硝酸態窒素を30〜50％併用する．

農薬による土壌消毒に頼らない消毒方法として夏季の高温を利用した太陽熱によるハウス密閉処理消毒法が実用化されている．この方法は，10 a当たり稲わらなどの有機物を1〜2 tと石灰窒素100〜150 kgを施用してすき込むが，基肥窒素量は，①実際消毒に利用される石灰窒素量が150 kgより少ない，②石灰窒素の約半部が脱窒する，③キュウリなどでは施肥量が多いということもあって減肥されることは少ない．施肥窒素の形態は，土壌消毒剤ほどのことはないが窒素代謝菌の密度が低下するため，通常の土より硝化作用が抑制されるので基肥には硝酸態窒素を併用する．

4） リン酸の過剰蓄積

施設土壌のリン酸蓄積は塩基以上に顕著である．リン酸の土壌診断基準は乾土100 g当たり30〜50 mgとなっているが，リン酸の蓄積は比較的年数の経っていない大型施設でも著しく，有効態リン酸が100 mgを越えることは普通に見られ基準値の10倍も珍しくない．金網ベッドによるメロン床においてもリン酸過剰に起因する過剰障害が見られている．リン酸蓄積の原因は作物の吸収量以上持ち込まれることによるが，なぜそのような施用がなされているかが問題である．一つには，リン酸は土に固定され作物に吸収されにくく，とくに冬期には作物のリン酸吸収が低下するが，現場では果菜類の品質向上にリン酸の効果が高いと思われていて多肥になりやすい．二つ目としてリン酸含量の高い堆肥の投入，品質向上のため施用される有機質肥料中にはリン酸含量の多いものがある．三つ目として，塩類濃度が高い土では除塩対策がとられるが，リン酸は水に溶けにくく除去されにくいとか，クリーニングクロップでも吸収量が少ない，などといった理由から過剰蓄積が生じたと考えられる．一方，園芸作物の品質に対する施用リン酸および土壌リン酸の肥効について不明な点もあったこと，さらに不足域の基準は設定されていたが，過剰による障害がはっきり示されなかったため，多い方が効果が高いと判断されていたことなどによって過剰蓄積が進行したものと考えられる．しかし，リン酸過剰によって鉄，亜鉛の吸収が抑制されることはよく知られている．また，多量要素のカリの吸収が低下するともいわれている．最近では，解決がむずかしい生理障害などは，リン酸をはじめとする土の富栄養化が関係しているのではないかといわれている．

5） 健全な土を守る施肥

健全な土を維持することが施設栽培を安定的に発展させる鍵であるが，現場の施肥，土壌管理も土の状態を把握しない土壌改良材の投入や施肥は反省されている．施設の外へ流し去る除塩は環境保全上好ましくなく，客土は労働的にたいへんな作業である．有機物の投入は重要な土壌改良であるが，家畜ふん堆肥の施用はひかえる傾向がみえ，そのかわり肥料分の少ない，稲わら，ピートモスなどの有機物が使われるようになってきた．また，カルシウム，マグネシウムをはじめとする土壌改良剤の過剰施用は少なくなってきていたが，リン酸資材についてもやっと減少傾向が見えてきた．しかしまだ，基肥，追肥のリン酸施用量が減らされるところまではきていない．リン酸資源を大切にし健全な土を維持するため，土壌診断結果に基づいて，リン酸資材，土壌改良材や堆肥の施用を進めたい．作物に不要な副成分はもち込

まない，できるだけ土にストレスをかけない生育制御的な施肥法が導入されるであろう．被覆肥料は生育に合った肥効発現を可能にし，また，かん水・施肥同時方法がうまく活用されれば節水と肥料の利用効率向上となり，省資源的施肥が可能となる．しかし，どの土でも導入できるわけではなく，適地条件を明確にしなければならない．施設はますます大型化が進むであろうが，現場で容易にチェックできるリアルタイム診断システムによって作物の生育にマッチした施肥が可能になり，生産の安定，土の健全化に寄与することになろう．

(浅野峯男)

(3) し尿汚泥と浚渫土砂

1) 静岡版資源リサイクル事情

静岡県の自然環境の特徴は，日本を象徴する富士山や3,000 m級の山々が連なる南アルプスを擁するなど，緑豊かな山地に囲まれている点にある．多くの海水浴客が訪れる伊豆半島の美しい海岸線，遠州灘に面した雄大な砂丘地など，海のイメージが大きい県ではあるが，実は森林面積が64.3％を占め山地が海に迫る森の国でもある．一方，約380万人の人口（1997年3月現在）と，県内総生産約15兆円（1994年度名目値）に達する経済活動の大半は，東海道新幹線や東名高速道路をはじめとする交通幹線に沿ったわずかな平野部に集中している．このため，県内で排出される年間1,030万t（1993年度）の産業廃棄物，129万t（1993年度）の一般廃棄物について，それを受け入れるために平野部に隣接した洪積台地や丘陵地に設置された最終処分場のスペースは逼迫している．

静岡県の緑豊かな自然環境を保全するためにも，廃棄物の発生量の抑制と再利用，再資源化の推進が重要な課題となっている．なかでも，生活系や農業も含めた産業系から排出される有機性の廃棄物，浄水場や浚渫事業によって排出される土砂などについては，農業における有機物資材や培養土などとしてのリサイクルの要望が高まっている．ここでは，今までに検討したり，現在も検討中のものの中から2つの事例について述べる．

2) し尿汚泥

日本人の食料消費をめぐって，窒素やリン酸などの肥料成分の収支を考えてみよう．私たちが食材の多くを輸入に頼り，国内畜産のための飼料や有機農業のための有機質肥料の大半を輸入している事実がある．したがって，食料消費や農作物生産から生じる廃棄物をリサイクルしない限り，それらは国内の自然環境に負荷を与え続けることになる．とくに，日本人に限らず人間の食料消費の結果，必ず排出される廃棄物，それが人ぷん尿である．かつて，人ぷん尿は窒素の自給肥料として貴重な位置にあったが，昭和30年代頃からの安価な化学肥料の流通に従い，人ぷん尿の施用は姿を消したのである．それ以来，食料消費を巡る物質循環が一方通行になってしまった．

さて，し尿汚泥の有効利用に際して，し尿汚泥と人ぷん尿とは違うものであることを認識する必要がある．公共下水道や浄化槽によって処理されたものを除き，人ぷん尿は汲み取りによって集められ地域のし尿処理場へ運ばれる．また，浄化槽の余剰汚泥もし尿処理場へ運ばれる．し尿処理場では，それらをさまざまな微生物処理などによって分解する．その結果生じた汚泥（多くは微生物菌体）がし尿汚泥である（図III-5-3）．このし尿汚泥中の肥料成分は，おおむね窒素，リン酸含量が高く，カリ含量が低い．C/N比は8程度である．したがって，窒素組成の大部分は有機態であり速効的な効果は期待できないが，一種の有機質肥料として利用できる．

利用する場合の留意点は2つある．一つは，水分が多いと取扱い性が悪いことである．処理工程で，通常の脱水処理だけでなく加熱乾燥処理が導入されているものは，水分含量が40％以下で扱いやすい．加熱されているので，衛生面でも優れている．二つ目は，重金属含量である．し尿汚泥

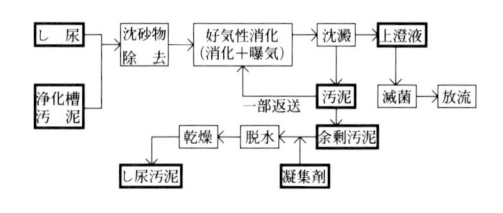

図III-5-3 し尿処理工程の一例

表III-5-3 港湾浚渫土砂の理化学性の一例（若澤ら，1997）

水分(%)	pH(H_2O)	電気伝導度(dSm^{-1})	交換性陽イオン($cmol(+)kg^{-1}$)				CEC($cmol(+)kg^{-1}$)	全C(%)	全N(%)	C/N	粒径組成（%）			土性
			Ca	Mg	K	Na					砂	シルト	粘土	
31.5	8.0	3.2	29.1	13.4	2.4	11.0	21.4	5.5	0.3	18.3	28.3	59.4	12.3	SiL

は，肥料取締法上では特殊肥料の「おでい肥料」に該当し，乾物中の含有率で水銀2 ppm以下，カドミウム5 ppm以下，ヒ素50 ppm以下の規制を受けている．下水汚泥に比べれば，し尿汚泥の重金属含量は全体に低い．しかし，連用による土への蓄積も考慮する必要があるので，肥料成分も含め分析データを確認し，施用方法なども問い合わせの上，利用することが望ましい．

3） 湖沼や港湾の浚渫土砂

湖沼や港湾における流入汚濁負荷量の増加は，水質の富栄養化を進め底質の状況も悪化させている．とくに，悪化した底質からのリンの溶出は，閉鎖性水系での藻類増殖に寄与し二次的に水質を悪化させる原因となっている．また，静岡県のように，勾配が大きく流域の降水量の多い河川を有するところでは，ダム湖や港湾に堆積する土砂の量も多い．そこで，これらの湖沼や港湾で浚渫事業が進められているが，浚渫された土砂はリサイクルされない限り膨大な廃棄物になってしまう．一方で，山土，田土，川砂などの培養土の原料資源が枯渇傾向にあることから，これら浚渫土砂の有効利用方法の確立が望まれている．

浚渫土砂は，そのままでは多量の水分を保持している．したがって，何らかの方法で凝集脱水処理がされており，凝集剤として石灰や硫酸アルミニウムなどが添加されていることが多い．とくに，石灰が添加された場合はpHや電導度が高く，一般作物の培養土原料としては化学性に問題がある（表III-5-3）．また，凝集剤の影響で粒子が凝集体を形成している上に加圧脱水処理を受けていることが多く，そのままでは物理性にも問題がある．しかし，これらの問題点も，浚渫土砂そのまま利用するのでなく，脱水・破砕，調粒した上で基土として利用し，粘土，堆肥などの資材を添加し調整すれば，かなりの欠点はカバーできる．このようにして加工された浚渫土砂は，培養土としての利用だけでなく，道路などののり面緑化資材としての有効利用も検討されている．

(高橋和彦)

写真III-5-1 湖沼での底質の浚渫

[コラム]

マ ン ボ

イランやイラクなどの砂漠地帯のオアシスでは地下に横穴を掘り，遙かかなたの山麓の地下水を砂漠地帯まで地下導水して給水する例が多い．「カナート」「カレーズ」とよばれる．三重県北勢地方鈴鹿山脈扇状地にも同様構造をもつ「マンボ（間歩）」とよぶ横井戸方式のかんがい装置がある．

マンボは水田近くの湧水箇所から堀割りを上方に向かって掘り進み，掘削深度が深くなると素掘のトンネルとなる．トンネルは30～40 m間隔に縦穴を掘り，両縦穴から横に掘り進み，トンネルを連結する．

洪積台地の扇状地に敷設されるマンボは鈴鹿の例では表層は70 cm程度の黒ボク，次層には赤黄色の粘土層が60 cm程度あり，さらに，100～150 cmの透水性に富む砂礫層，粘土やシルトの多い砂礫土に続く．横穴は砂礫層に掘られる．マンボの長さは50～1,500 m．三重県下には170本以上のマンボが確認され，関係水田面積は400 haに及んでいた．

現在ではマンボは使用されることが少なくなり，朽ち果てた施設も多い．水田は転作による花木，チャ，シバ栽培が多い．広大なチャ園地帯でもあるこの地帯は，地下水水質の悪化傾向が顕著である．マンボを再整備し，水田を使った地下水の浄化の役割を果たせないものかと思う．

（吉川重彦）

6. 健康な水と土をめざして（近畿）

（1）地域環境と農業

　近畿地方すなわち滋賀，京都，大阪，兵庫，奈良，和歌山の2府4県は太平洋，日本海，瀬戸内海，琵琶湖に接し，平地，盆地，山岳森林地域など，複雑な地形と気候をもち，歴史上も独特な風土・文化を育ててきた．近畿地方の人口は約2,000万人で全国総人口の16％を占め，京都，大阪，神戸の都市部に集中し，南部や北部の中山間地域では過疎化現象が見られる．近畿の農業も，ここ数年，内外の情勢の変化，すなわちポストウルグアイラウンド，環境保全型農業の取組みなどによって変わってきたことが考えられる．

1）多様な気候型をもつ近畿の気候環境

　近畿地方の気候は気温と降水量から次のように区分されている．

　日本海型気候地域：兵庫県と京都府の北部の日本海に面した地域の気候で，冬の降水量が多く，かなりの積雪がある．山地を除く地域の気候は比較的穏やかで，平均気温は14℃前後であり，年降水量は約2,000 mmで9月と冬3か月間が多雨月となる．

　瀬戸内海型気候地域：兵庫県南部と大阪府の瀬戸内海に面した地域で，晴天日数が多く，降水量が少ない．年平均降水量は1,300 mm，年平均気温は15℃である．冬季は乾燥し，晴天が続く．

　南海型気候：和歌山県の太平洋沿岸の気候で，気温が高く降水量が豊富なことが特徴である．年降水量は2,000 mm以上で，大台ヶ原山頂では5,000 mm前後を示す．年平均気温は16℃以上である．

　内陸型気候：内陸部にある京都や篠山などの盆地では気温の日較差や年較差が大きく，降水量が少ないなどのいわゆる大陸性気候といわれる特異な気候がモザイク状に分布する．

　山地型気候：山地の気候はきわめて複雑で，地形や位置によって変動しやすい．一般的には寒冷，多雨である．

2）近畿地方の地形環境―瀬戸内陥没低地とこれをとりまく南北山地

　近畿地方の地形概略図を図III-6-1に示した．近畿地方の地形は複雑であるが，おおまかには，北部山地，中部低地，南部山地に大きく区分できる．中央構造線の南側は南部山地で，中央構造線の北側の大阪湾と伊勢湾を結ぶ低地帯は瀬戸内陥没地帯ともよばれ，中部低地である．その北側は中国山地から続く隆起準平原の北部山地である．

　隆起準平原の北部山地：北部山地は中国山地の隆起準平原の東への延長線にあり，兵庫県北西部から丹波高地，さらに京都府の三国岳などへかけた一帯に分布している．

　瀬戸内陥没地帯の中部低地：淡路島を含む兵庫県南部，大阪府，京都府南部，滋賀県，奈良県北部がこの地域に含まれる．平野・盆地部には六甲，生駒，笠置などの隆起山地が散在している．六甲山は花こう岩のマサ土で，六甲山周辺などには神戸層群（第三紀中新世の砂岩，凝灰岩，礫岩，泥岩）と大阪層群（鮮新世から更新世の砂，礫，粘土，火山灰の互層）からなる丘陵地，台地が分布する．中部低地の大阪平野は花こう岩の生駒山，金剛山地などが南北に発達し，大阪平野と奈良盆地を分断している．この北側には大阪層群からなる丘陵・台地が京都まで広がっている．奈良盆地の東側には花こう岩からなる信楽山，笠置山などがあり，近江盆地へとつづく．

　高山地帯の南部山地：中央構造線の南側にあたり1,000～2,000 m級の大峰山，大台ヶ原山，伯母子山，高野山，那智山などの高山が連立する．伯母子山系の西側は高度が低下し，海岸近くでは丘陵となる．紀南山地は海抜は低いが急傾斜の山

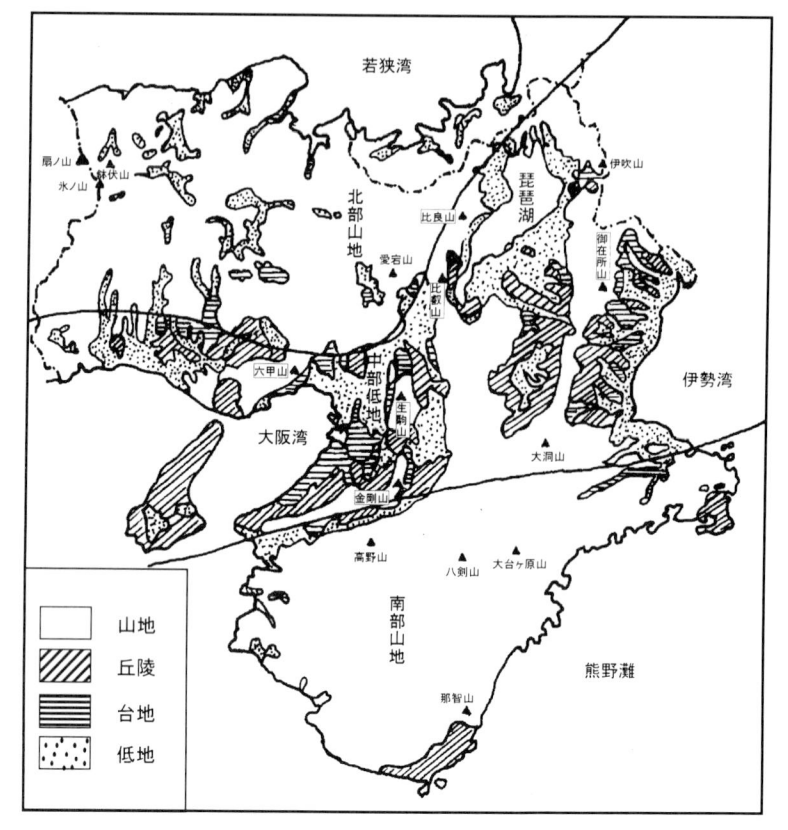

図 III-6-1　近畿の地形概略図（「日本地誌」による）

3) 近畿地方の土壌環境

　近畿に分布する主要な土壌群は図 III-6-2 のとおりである．地形条件に対応して，褐色森林土の面積割合が最も多く，約70％を占め，全国土における褐色森林土の割合52.6％より多い．灰色低地土は海岸沿岸部，大阪平野，奈良・京都・近江盆地，紀ノ川沿岸および北部山地の谷底平野に分布しており，近畿全面積の8.3％に当たる．

　第3位は未熟土である．近畿全面積の7.1％に当たるが，流紋岩，花こう岩，和泉砂岩などの地質母材を反映して土壌の発達が弱く，侵食を受けている．兵庫県瀬戸内海沿岸（55％），和歌山県海岸沿線の低地凸型地形，滋賀県信楽高原などに広く分布している．

　赤黄色土は第4位で，3.7％を占める．兵庫県の加古川下流の東播台地，日本海沿岸部の新第三紀堆積岩地域，和歌山県の紀ノ川沿岸，大阪府の能勢山地，北摂山地，京都府の丹後地域，京都市西南部および滋賀県彦根市などの石灰岩地帯に分布している．

　グライ土は第5位で，2.9％である．琵琶湖内湖干拓地をもつ滋賀県に最も多く分布する．次いで兵庫県が多い．大阪府の摂津，茨木など淀川沿岸部にも広く分布する．

　黒ボク土は第6位で，2.2％であり，全国に比較すると，近畿地方における黒ボク土の分布は少ない．兵庫県西北部に最も広く分布する．

　以上の種類のほかに，岩屑土，褐色低地土，灰色台地土，ポドゾル土，泥炭土が見られるが，いずれも1％以下で分布面積は小さい．

　農耕地の土については地力保全土壌調査，土壌保全基本調査がなされ，各県でまとめられている（図 III-6-3）．当時（1978年）の調査では，近畿の全耕地面積は約27.2万 ha で，そのうち水田は約21.2万 ha，78％，普通畑は約1.8万 ha，6.6％，樹園地は約4.2万 ha，15.4％である．近畿の農耕地土壌の特徴は水田が著しく多いこと

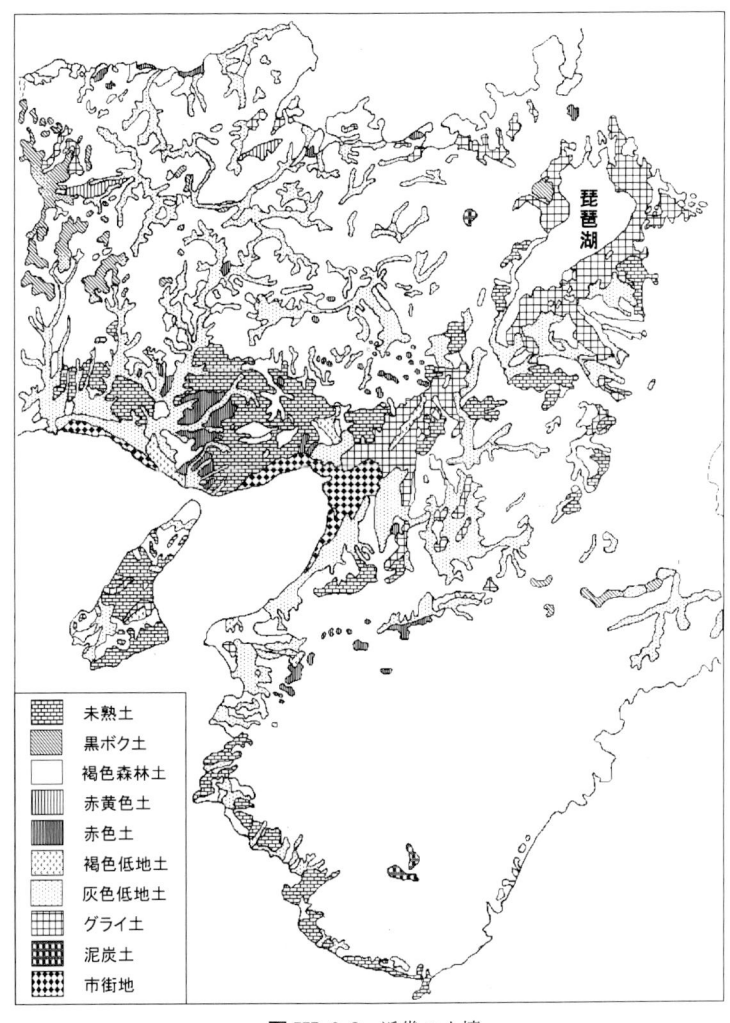

図 III-6-2　近畿の土壌
(「ペドロジスト懇談会：1/100万　日本土壌図，1990」による一部改変)

凡例：
- 未熟土
- 黒ボク土
- 褐色森林土
- 赤黄色土
- 赤色土
- 褐色低地土
- 灰色低地土
- グライ土
- 泥炭土
- 市街地

がうかがわれる．近畿の農耕地土壌で最も広く分布するのは灰色低地土で，近畿の耕地面積の42.5％を占める．次いでグライ土の24％，褐色森林土11.2％，赤黄色土11.4％とつづく．黒ボク土は1.1％と沖縄を除くと全国で最も少ない．水田では灰色低地土とグライ土で水田の80％を占め，普通畑では褐色森林土が畑の34.2％，樹園地では褐色森林土が58.1％を占める．

環境基礎調査が1979年から行われており，定点調査や基準点調査によって土の経時的な変動の調査が行われている．現在はまだ調査データの整理段階であるが，京都，大阪，滋賀県でまとめられたものについて見ると，経年的な特徴は，①表土の厚さ（作土深）が，畑，樹園地で浅くなってきていること，②電導度（EC）が大阪，京都では水田を除いて年々増加していること，③交換性塩基含量がやや増加傾向にあること，④可給態リン酸が増大していること，⑤水田の可給態ケイ酸と可給態窒素量が大阪と京都では増加している．兵庫県の水田の同様な調査では，石灰，カリ，リン酸含量が診断基準値を超えており，可給態窒素とケイ酸含量が増加している．和歌山県の調査結果は，畑・樹園地では可給態リン酸の過剰集積傾向に特徴があることを示している．以上のことから，近畿地方の土壌変動の特徴は作土が浅くなり，リン酸含量が増大し，過剰集積の可能性があること，塩基も集積傾向があるとみてよい．

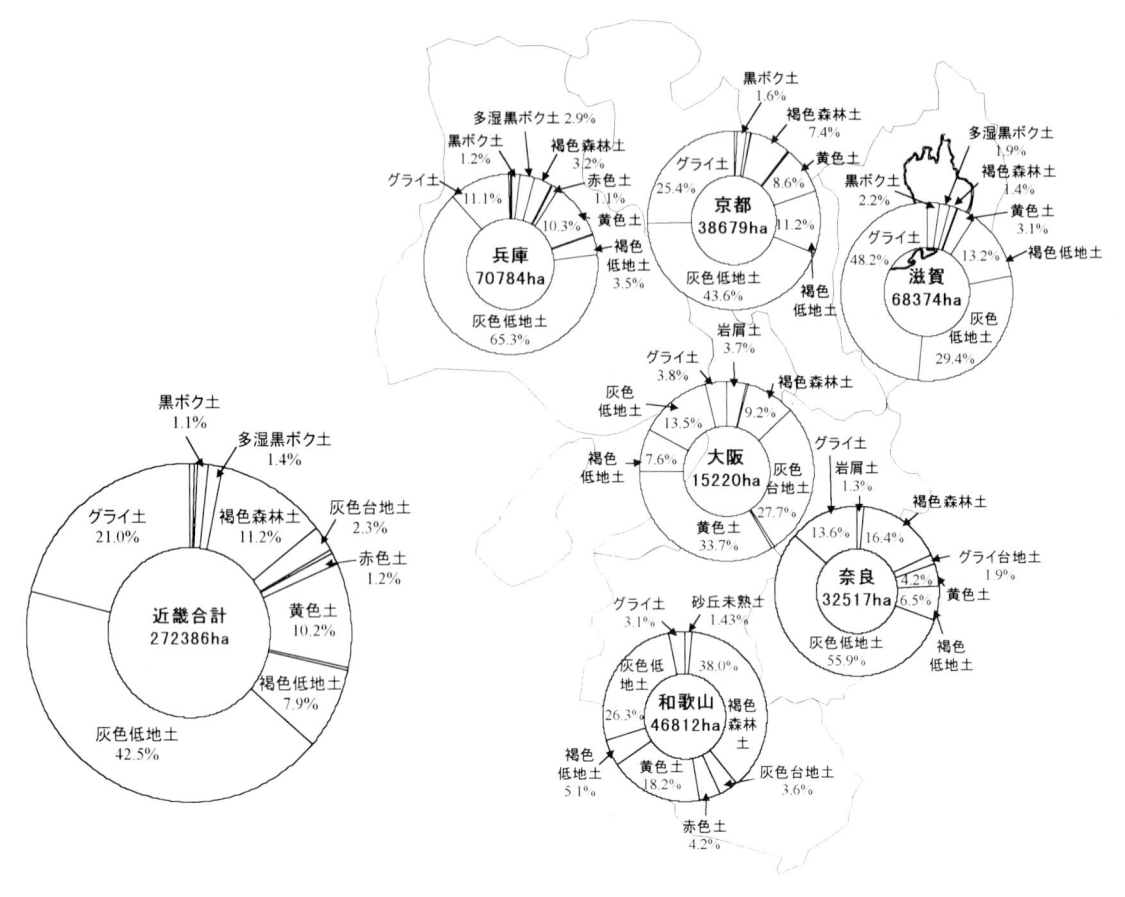

図III-6-3 近畿の農耕地土壌

4) 近畿の農業と環境

近畿における農業的土地利用はイネ，野菜，果樹が主体である．近畿の1995年度の耕地面積は26万1千haで，近畿総面積の約9.6％，全国耕地面積の5％を占める．耕地面積のうち，作付延べ面積は24万6500haで，イネ60.2％，野菜14％，果樹12.9％で，和歌山県における第1位である果樹の56.8％を除けば，その他の府県はすべてイネが最も広く栽培されている．農業粗生産額（6,353億円）で見ても，コメ34％，野菜22％，畜産17％，果実16％で，全国と比較すると果実の割合が高いのが特徴である．府県別に見ると，滋賀のコメ69.5％，京都はコメ39.1％と野菜28％，大阪・奈良の野菜（それぞれ42.7％と29.1％），兵庫の畜産30％，和歌山の果実54％と各府県によって農業生産の特徴が見られる．多様な農業生産の例としては，各地に下記のようなおもな銘柄産地が形成されている．

コメ・ダイズ：近江米（滋賀），酒米の山田錦（兵庫），丹波黒ダイズ（京都，兵庫）

野菜：淡路タマネギ（兵庫），泉州タマネギ（大阪），紀州サヤエンドウ（和歌山）

果樹：和歌山ミカン，南高梅（奈良），刀根早生カキ（奈良）

工芸作物：宇治茶（京都），大和茶（奈良），近江茶（滋賀）

畜産：神戸ビーフ，但馬牛（兵庫），近江牛（滋賀），京都肉（京都），播州百日地鶏（兵庫），大和肉鶏（奈良）

近畿におけるイネの作付面積（1996年度）は138,100haである．収量は498kg/10aで，収穫量は688,400tとなっている．作付品種は日本晴，コシヒカリがそれぞれ26％，キヌヒカリが17％であるが，最近，日本晴が減少し，キヌヒカリ，ヒノヒカリの増加が見られる．また，近畿は酒造で有名であり，全国の酒米の作付面積の約

40％を占め，大部分が兵庫県で生産されている．

ムギの作付面積は近畿全体で5,560 haで，滋賀4,030 ha，兵庫1,290 haで，この2県で近畿のムギの作付面積の96％を占めている．コムギが5,086 ha（91％），ハダカムギ171 ha（3％），六条オオムギ147 ha（3％），二条オオムギ144 ha（3％）の順になっている．

ダイズの作付面積は5,750 haで，兵庫2,780 ha（48％），滋賀1,730 ha（30％），京都703 ha（12％）で，この3県で90％を占める．水田転作の主要な作物となっており，1994年以降作付面積，収穫量とともに増加している．

1995年の野菜の作付面積は28,900 haで1990年の34,400 haと比較すると5,500 ha（16％）の減少となっている．しかし，京都：レタス，大阪：キャベツ，兵庫：レタス，エダマメ，奈良：ホウレンソウ，エダマメ，和歌山：ネギはその立地条件を生かして増加している．全国の野菜の出荷量に占める近畿の割合は4.6％であるが，タマネギ（全国比15％），サヤエンドウ（同21％）などは全国的な産地になっている．

果樹の栽培面積は31,900 haで，全体としてはやや減少傾向にあるが，清見，ポンカン，ユズなどのかんきつ類は増加している．近畿の果樹栽培面積の67％を占める和歌山では，ハッサク（全国比42％），ウメ（同21％），カキ（同11％）が全国第1位で，全国屈指の果樹生産地（同7％）となっている．このことから，奈良，和歌山では農家における若年層比率および跡継のいる農家比率は全国平均や稲作部門より高くなっている．

近畿の花きは，古くから茶道，華道の花文化とともに発展し，伝統的な産地が形成されてきた．1995年の切り花類の作付面積は近畿全体では2,020 haで，和歌山が941 ha（近畿全体の47％），兵庫が434 ha（同21％）で，両県で近畿の68％を占める．品目別には，切り花類が893 ha（切り花全体の44％），次いでキク448 ha（同22％）となっている．

5）環境保全型農業への取組み

近年，化学肥料，農薬などの多投入や不適切な使用，家畜ふん尿の不適切な処理，地下水・河川水の硝酸態窒素による汚染などが全国的に問題となっており，環境保全型農業の推進が求められている．とくに近畿圏は日本第一の湖である琵琶湖を抱えており，その水質保全は待ったなしの状況になっている．これについては次節で詳しく述べる．

近畿でも重金属による土壌汚染や生活雑排水による農業用水の窒素汚濁による農作物への被害などがある．重金属による被害は客土などによって解決されてきた．ただし，現在でも土壌環境基礎調査などで土壌汚染は監視されている．生活雑排水の問題は水源転換や栽培法の転換で回避している．

近畿は農業ため池が約98,000か所もあり，全国で最もため池の数が多いところであるが，老朽化や混住化などによって水質の悪化が見られ，ため池の機能回復と水質の改善が急務となってきている．大阪府などではこのため池を都市域のビオトープ保全として位置づけるオアシス構想などが計画されている．

（大塚紘雄・小﨑　隆）

(2) 琵琶湖・淀川水系の水質保全と水田農業

琵琶湖・淀川水系は，京都，大阪の大都市をかかえる近畿圏の水源であり，その水質保全は，きわめて重要な課題である．県域のほぼ全面が琵琶湖の集水域である滋賀県においては，水源県としての立場から，琵琶湖富栄養化防止条例（1979）制定以来，生活系や工業系などとともに農業分野においても琵琶湖水質保全のための取組みが進められている．滋賀県の経営耕地面積は約5万haでその94％は水田であり，そこでは水稲の栽培を中心とした水田農業が営まれている．滋賀県および大阪府においては，水田農業の水質影響に関するたくさんの調査と負荷軽減技術の開発が行われてきた．

1）水稲作付期における負荷の発生と軽減技術

水稲作付期における水田からの窒素，リンなどの流出は，通常，代かき期から田植後1か月の約40日間が最も多い（図III-6-4）．そのおもな原因は，代かきや田植作業に伴って基肥の肥料成分

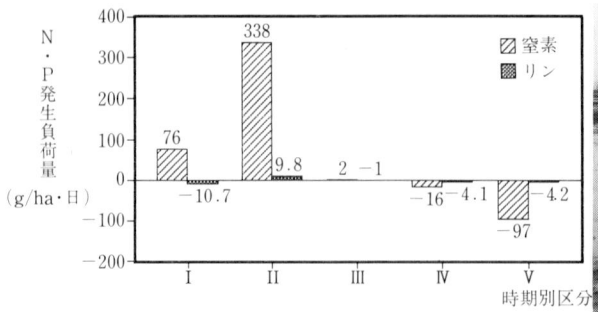

図 III-6-4 水稲作付期における時期別の窒素,リン発生負荷量（1976〜1978年　彦根市薩摩地区）

注1：時期別区分　I；田植盛期前10日，II；田植盛期後30日，III；幼穂形成前45日，IV；出穂前28日，V；出穂後30日

注2：発生負荷量＝(地表流出量－用水・雨流入量)/期間日数

写真 III-6-2 施肥田植機（苗の側条3cm，深さ5cm付近に施肥される）

写真 III-6-1 水田ハローによる代かき作業（浅水状態で能率的に作業ができる）

や土壌養分が濁水として流れ出す，あぜからの漏水，あるいは田植時に田植機が使いやすいように落水するなどによって流出するためである．そして，水稲作付全期間を通じて，用水量や降雨量が多いと負荷の発生は比例的に増加することが認められている．したがって，水稲作付期の負荷発生の軽減には節水と適正な施肥がポイントになる．

用水量を節約するために，田面水深や気象条件に対応して自動的に給水制御できる給水栓やあぜからの漏水防止に有効なあぜ塗り機などがある．しかし，これらは未だ広く普及するには至っていない．一方，節水条件でもきわめて能率的に代かき作業が可能で，濁水の流出防止に有効な水田ハローが広く利用されつつある（写真 III-6-1）．

施肥技術では，まず，1982年に機械移植水稲の生育特性にマッチした追肥重点施肥法が滋賀農業試験場で開発され普及に移された．この追肥重点施肥法は，基肥の施肥量が少なく，水稲の養分吸収力が旺盛になる最高分げつ期の10〜15日前に追肥を施用するので，肥料のムダを省いて，窒素の流出量を削減する効果がある．さらに今日では，施肥作業の軽労化，省力化とあわせて負荷発生の少ない施肥技術として，移植と同時に苗の側条（土中）に施肥する施肥田植機の利用（写真 III-6-2）や，施肥後田面水への肥料の溶出が少ない被覆肥料の利用などが広まっている．

排水の反復利用（循環かんがい）は発生負荷量の削減に有効である．上，中流域ではほ場の高低差を利用して排水の反復利用ができる．上流の水田排水を用水として反復利用している田越し取水田は，窒素およびリンの発生負荷量がマイナスを示し，水田地帯からの負荷発生の軽減に役立っていることが認められている（図 III-6-5）．また，琵琶湖の湖辺では，水田地帯の排水を再度ポンプで汲み上げて，かんがいする方法がとられている．しかしこの場合，降雨が多ければ，排水の循環利用率が低下し，発生負荷量の削減効果も低下してしまう．

2) 水稲非作付期および輪換畑における負荷の発生と軽減技術

水稲非作付期および輪換畑は，通常，落水して畑状態となる．畑状態では，たん水状態に比べて土の中の有機物が分解されやすく，無機化した土壌窒素は流亡しやすい硝酸態窒素になる．また，施肥窒素も硝酸態窒素として溶脱し作物による利

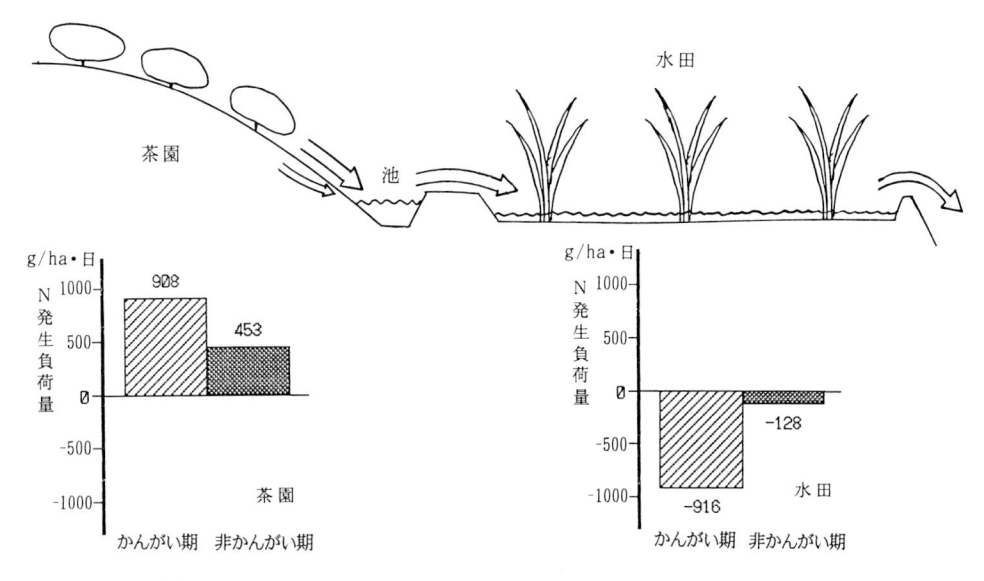

図 III-6-5 直接取水田と田越し取水田における窒素，リンの発生負荷量
(交野市青山 1982年，水稲作付期)
注1：施肥量（両水田同じ）；N 10, P 2.2 kg/10 a
注2：発生負荷量＝(地表・浸透流出量－用水・雨流入量)/稲作期日数

用率が低くなる．そして，裸地状態のときや作物の生育初期で作物による地表の被覆が少ない時期には，強い雨があると，肥料成分を含んだ濁水の地表流出（土壌流亡）がおこる．したがって，水稲非作付期および輪換畑では，とくに適正な土壌管理や施肥が負荷発生軽減の重要なポイントになる．

コンバイン収穫時に稲わらを持ち出さずに水田に残しておくと，土の中の微生物活動を活発にし，水稲非作付期にも窒素は微生物体内にとどまる分が多くなって，窒素の流出防止に役立つ（図III-6-6）．稲わらのすき込みは，土の肥よく度の向上と窒素の負荷発生軽減の両面からきわめて重要な技術であり，その励行がすすめられている．また，水稲収穫後の耕起の方法，時期なども発生負荷量に影響することが明らかになっており，条件に応じた土壌管理法がすすめられている．

輪換畑における野菜などの作付けは，水稲作付けに比べて土の中で硝酸の形で存在する窒素量が多くなるので，窒素の発生負荷量は増加する．これを軽減するためには，暗きょ施工などによって土層の排水性を良くして作物の生育を健全に，とくに根のはり方をよくするとともに降雨時の地表

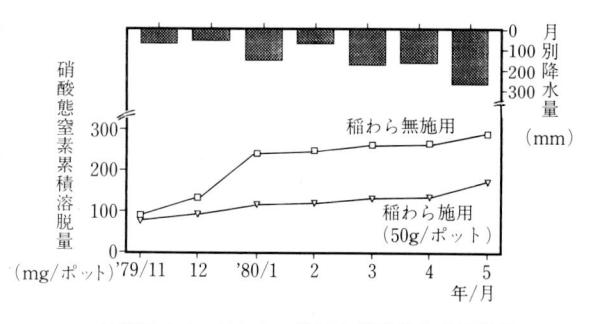

図 III-6-6 稲わらの施用と硝酸態窒素溶脱量
注) 1/2,000 アールポット，裸地条件
牛ふん堆肥 (200 g/ポット) 均一施用

流出を少なくすること，そして緩効性肥料などを利用して施肥効率を高めることなどが必要である．

3) 水田の水質浄化機能

水田は，負荷発生の側面がある一方，流入水に対して水質浄化機能を発揮する場合がある．前述の田越し取水田や循環かんがい水田はその実例である．また，硝酸態窒素濃度が高いチャ園排水が流入する谷津田では，水稲作付期における窒素浄化量がチャ園からの流出量に匹敵するという事実も認められている（図III-6-7）．そして，この水田における窒素の浄化要因は脱窒作用が主である

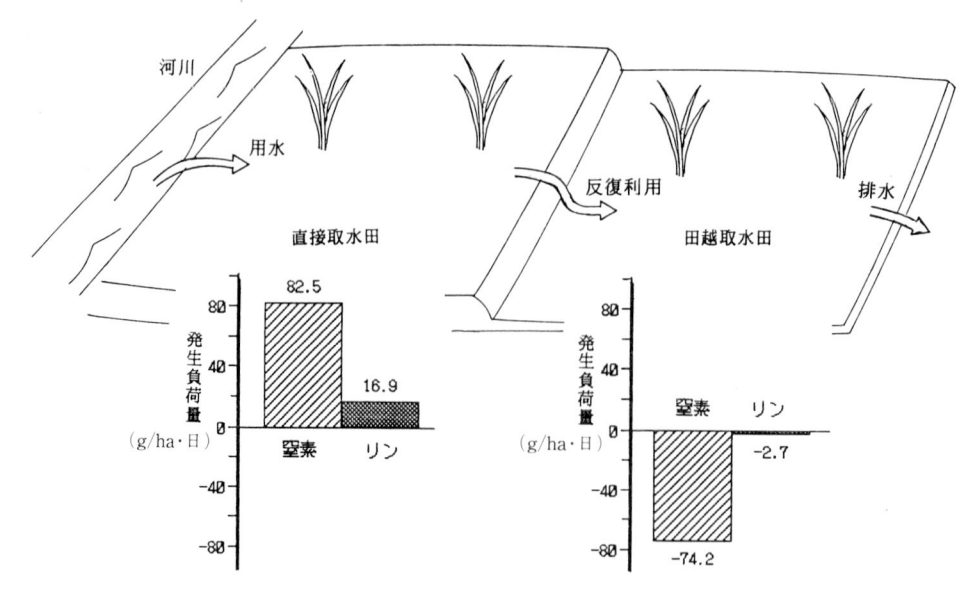

図 III-6-7 チャ園・水田連鎖地形における窒素の発生負荷量
(滋賀県甲南町柑子 1982〜'83年)

注 かんがい期；4月下旬〜8月（▨）
非かんがい期；9月〜翌年4月中旬（▩）
発生負荷量＝(地表流出量－用水・雨流入量)/期間日数

と考えられ，水稲の生育に対してマイナス影響はほとんど認められていない．このような水田がもつ水質浄化機能の積極的な活用が求められている．

(長谷川清善)

(3) 野菜畑の土づくり—有機物の混合・リレー施用

近畿地域の都市近郊の野菜産地は，京阪神の大消費地をひかえ，軟弱野菜やイチゴ，トマトなど新鮮野菜の供給基地として重要な役割をになっている．しかし，土の物理性の悪化や養分の過剰集積・不均衡などとともに，野菜に生理障害や土壌病害が増えて，生産性や品質の低下がおこり始めている．品質のよい野菜を安定して作るには，調和のとれた土づくりが必要である．そのために，有機物の施用は不可欠である．しかし，有機物の種類は，植物残渣や家畜ふん，その堆肥化したものなど実に多種多様であり，それに有機物のもっている機能は，まだ十分わかっているとはいえない．

兵庫・奈良・和歌山の3県では，野菜産地で使われている有機物について，土を改善する特性を調べ，野菜が長期にわたって安定的に生産できる有機物の施用技術を開発した．そのポイントとなっている有機物の組合せ「混合施用」と連続した作ごとに有機物の種類を変える「リレー施用」技術について解説する．

1) 有機物の多面的な特性

土の物理性，化学性および生物性ともに調和がとれた土づくりを行うには，個々の有機物の多様な特性を把握しておく必要がある．野菜産地で使われている稲わら，牛ふんなど13種類の有機物の多面的な特性を調べたなかから主要なものを抜粋してみよう．

有機物の分解する速さは，1年間に20％程度

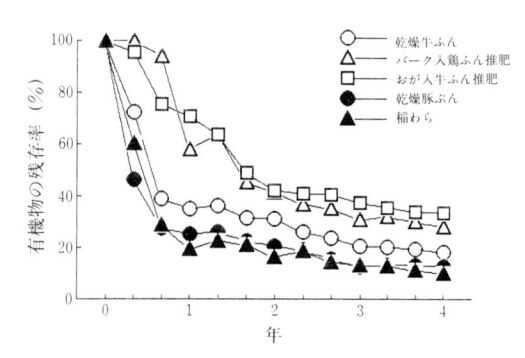

図 III-6-8 土壌中における有機物の分解過程

表 III-6-1 土の養分変化からみた有機物の類別

区分		有機物の種類	pH	リン酸	カリ	石灰	苦土	銅	亜鉛
カリ集積	リン酸	おが入牛ふん堆肥	○	○	◎	○	○	○	○
		おが入鶏ふん堆肥	○	◎	○	◎			
		バーク入鶏ふん堆肥	○	◎	○	◎			
	集積	乾燥牛ふん		○	○	○	○		
		馬ふん堆肥		◎	○	○			
		乾燥豚ぷん		◎	○			◎	◎
	リン酸非集積	稲わら堆肥,稲わら,コムギ稈 青刈りソルゴー,スイートコーン残渣		○					
非集積		バーク(尿素)堆肥,ピートモス							

変化の程度：◎増加（上昇）大，○増加（上昇）中，空白は変化少．

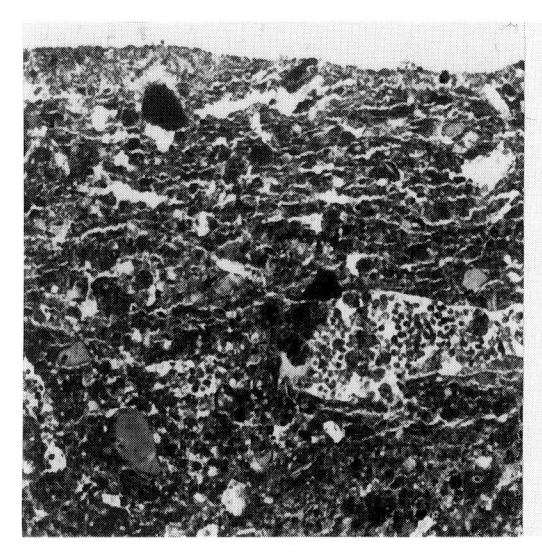

写真 III-6-3 土の微細構造（中国農業試験場　箱石原図）
（左：有機物無施用土壌　右：おがくず入牛ふん堆肥施用土壌）

しか分解しないおがくずやバーク入り堆肥から，80％程度も分解してしまう豚ぷんや稲わらのようなものまで，種類によって実にさまざまである（図III-6-8）．分解が速く，窒素の放出の速い有機物（豚ぷんなど）は肥料的効果が高い．また，有機物は土のpHの変化や養分の集積にも特徴（表III-6-1）があり，同じ有機物の多量連用は土に特定の養分の集積や偏りをおこす．

土は有機物を施さないと孔隙が減少して硬くなるが，有機物の施用によって土は孔隙が増えて膨軟になる．なかでも，分解の遅いおがくずやバーク入り堆肥はその効果が高く，土は安定な小団粒の集合体をつくり（写真III-6-3），水や空気の通りをよくする．

有機物を施用すると分解の速い有機物ほどそれを餌とする微生物が急激に増える．一般に，植物残渣は糸状菌が，家畜ふんは細菌が増加して，両者の混合物は糸状菌，細菌ともに増加しやすい．有機物は種類によって土壌病害の発生を軽減することがある．乾燥牛ふんは株ぐされをおこすリゾクトニア病（土壌病害の一つ）に対して抑制的に働く．また，土の中のミミズは乾燥牛ふんの施用によって増加し，稲わらや青刈りソルゴーでは減少するなど，有機物の種類によってその特性は著しく異なる．乾燥牛ふんと乾燥豚ぷんの特性の違いを図III-6-9に示した．

有機物の多面的な効果特性をもとに，それぞれの有機物を土壌改善のねらい別に類別すると表III-6-2に示すようになる．こうした個々の有機物の効果特性をよく理解したうえで，それぞれの野菜畑の土の改善に適合した有機物を選定する．

2) 有機物の「混合施用」と「リレー施用」

これまで行われてきた同一の有機物の連用は，土に養分の偏りを生じるのみでなく，土の生物環境にも偏りを生じるおそれがあり，長期にわたって野菜の生産性を維持していくうえで好ましいとはいえない．用いる有機物の種類を変えたり，特性の異なる有機物を組み合わせるなど，土の性質に偏りがおこらないようにしなければならない．実際には，生産現場の土の問題点をあらかじめ調べたうえで，その改善に適合する有機物の種類と組合せを選定して，一緒に「混合施用」するか，一定期間に作ごとに種類を変えて「リレー施用」するのがよい．生産現場で効果が確認された事例を表III-6-3に示す．特性の異なる複数の有機物の組合せである「混合施用」と「リレー施用」は，同一の有機物の連用に比べて養分の均衡を保ち，土壌微生物相の多様化を図り（写真III-6-4），根張りをよくする（写真III-6-5）など，総合的に調和のとれた土づくりができる．とはいえ，定期的に土壌診断を行い，用いる肥料の種類を選んで，土壌養分の量とバランスを適正に維持することはいうまでもない．

産地によっては入手困難な有機物もある．手に入れやすい有機物の特性を調べて，有効な組合せによる「混合施用」あるいは「リレー施用」により，調和のとれた土づくりを進めることが良質な野菜の安定生産につながる． （二見敬三）

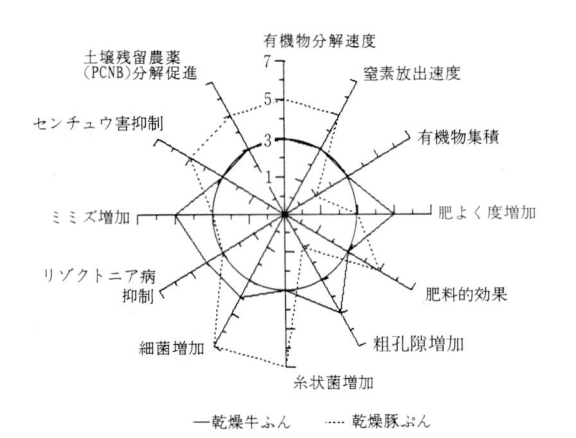

図III-6-9 乾燥牛ふんと乾燥豚ぷんの多面的特性

表III-6-2 有機物の効果特性からみた類別

改善のねらい	効果の高い有機物		
	兵　　庫	奈　　良	和　歌　山
①肥よく度向上 （有機物増加）	乾燥牛ふん 馬ふん堆肥 おが牛ふん堆肥	乾燥牛ふん おが鶏ふん堆肥	おが牛ふん堆肥 おが鶏ふん堆肥 稲わら堆肥
②物理性改善	おが牛ふん堆肥 馬ふん堆肥	バーク鶏ふん堆肥 おが鶏ふん堆肥	バーク堆肥 ピートモス
③生物性 ●微生物活性	乾燥豚ぷん	コムギ桿 スイートコーン残渣	稲わら 乾燥牛ふん
●リゾクトニア病抑制	乾燥牛ふん	乾燥牛ふん スイートコーン残渣 コムギ桿	乾燥牛ふん おが鶏ふん堆肥
●センチュウ害抑制	乾燥豚ぷん		
④土壌処理農薬 PCNB吸収抑制*	乾燥豚ぷん	———	———
	(*土壌残留 PCNB の分解を促進，後作物への吸収を抑制)		
⑤作物の生産性	乾燥牛ふん 乾燥豚ぷん 馬ふん堆肥	乾燥牛ふん おが鶏ふん堆肥	（イチゴ）稲わら 　　　稲わら堆肥 （トマト）バーク堆肥 　　　おが牛ふん堆肥

表 III-6-3 有機物の組合せ「混合施用」,「リレー施用」事例

県 名	栽培体系	有機物の組合せ施用技術	おもな改善効果
兵 庫	ホウレンソウ＋シュンギクの軟弱野菜多毛作	混合施用「乾燥牛ふん2：乾燥豚ぷん1を総量で0.75～1.5t/10a」年間3回施用(注) 現物重量	●肥よく度向上 ●生物性向上 ●残留農薬分解 ●安定多収
奈 良	ホウレンソウ2作＋コムギ作	混合施用「乾燥牛ふん1：バーク入鶏ふん堆肥1を総量で2t(乾物)/10a」年間1回施用,コムギ稈の被覆材利用	●肥よく度向上 ●物理性改善 ●安定多収 ●早期熟畑化
和歌山	施設栽培のトマト＋イチゴ作	リレー施用「おがくず入牛ふん堆肥2t/10a→太陽熱土壌消毒時に稲わら1t/10a…(イチゴ)」(注) 現物重量	●肥よく度向上 ●生物性向上 ●安定多収

写真 III-6-4 有機物の組合せ「リレー施用」によるシュンギクの根群分布

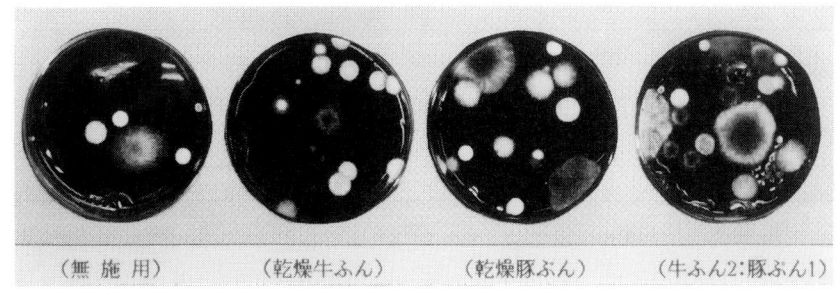

　　無 施 用　　　　牛ふん→豚ぷんリレー

（無 施 用）　（乾燥牛ふん）　（乾燥豚ぷん）　（牛ふん2：豚ぷん1）

写真 III-6-5 単一有機物の施用と組合せ「混合施用」による土の微生物相の違い

[コラム1]

食べてみたいなぁ，京の伝統野菜

　古くから栄えた京都，恵まれた風土と農家の創意工夫とが相まって，京の食文化を支える優れた野菜が生み出され，今日まで伝えられてきた．しかし，収量性などからその姿が消え始めてきた．京都府では1974年から保存を，1987年には「京の伝統野菜」を定義し，1989年から，「京のブランド産品」を選び，生産振興を図っている．現在では，ミズナ・ミブナ，伏見トウガラシ，賀茂ナス（写真III-6-6）をはじめ19品目に達している．京の伝統野菜は単に，おいしさや形のよさだけでなく，ビタミン，ミネラルなど栄養成分でも優れている．

　明治時代には促成栽培，都市ごみやし尿の利用，高度輪作や複作（1うねに複数の作物の作付け，写真III-6-7）が工夫され，収益性の向上や連作障害への対処が行われてきた．

写真 III-6-6　賀茂ナス

写真 III-6-7　複作の例
両側：ショウガ，中央：ヤマイモ

　京の伝統野菜は，日本食の見直しなど追い風に恵まれ，生産を伸ばしている．ミズナで緩効性肥料を用いた6作1回施肥や簡易分析計（RQフレックス）を使った施肥診断などの成果を得ている．省力施肥法や土壌診断法，また生育障害対策などいろいろな技術課題の解決に当たっている．

　京の伝統野菜は，脈々と育まれた伝統食，京料理や京のおばんざいとして活かされている．家庭料理にご利用いただき，京都におこしやして京料理をご賞味いただければきっとご満足いただけます．ぜひ，京都に足を運ばれますことを切に願っております．

（足立健夫）

[コラム2]

環境にやさしい土の太陽熱消毒

　エンドウは，連作すると土壌伝染性の「エンドウ茎えそ病」が増えて，ひどい場合には枯死に至る．和歌山では，農薬を使わずに太陽熱を利用した露地畑の土壌消毒法をいち早く開発して，これら土壌病害を回避して，エンドウの生産安定を図っている（写真III-6-8）．

　畑表面を透明なビニールフィルムで被覆すると，夏期の晴天時の地温は40～45℃にまで上昇する．その状態を長く保つと，土壌中の病原菌を死滅させることができる．しかし，実際には曇雨天もあって十分な地温の上昇が得られない場合が多い．そこで消毒効果を高める補完技術の研究に取り組み，露地畑の太陽熱消毒法を

写真 III-6-8

確立した．初めに，石灰窒素と有機物施用し，耕耘した後透明なビニールフィルムで畑全面を覆い，表土を一時たん水状態にする．そのまま一定期間（気温 30℃ 以上の晴天が 19 日以上）おいておく．そのあと耕起しないまま播種すると，消毒の不十分な下層土が表土に混ざることがなく，効果がいっそう高く安定する．現在，太陽熱消毒は露地エンドウのほか，他の野菜・花き栽培にも広く普及している．

(平田　滋)

7. マサと砂でつくる農業（中国）

(1) 地域環境と農業

1) 地形と自然

中国地域は本州の西端部を占める地域で東西約350 km，南北約45～140 kmの半島状の地形をなしており，岡山，広島，鳥取，島根，山口の5県よりなっている．中央は中国山地が北寄りに標高800～1,300 mで東西に連なるなだらかな高原や丘陵地が大部分で，その間にいくつかの盆地がならんでいる．そのため平野部は小規模である．中国山地の南側には標高500 m前後の広大な吉備高原が広がり，岡山，広島両県の大半を占め，その中に津山，勝山，西条，三次，山口などの盆地が発達している．島根県西半部にも同じ性質の石見高原がある．吉備高原の南から海岸線にかけて標高100～200 mの丘陵地帯が分散的に発達し，岡山平野，福山平野，山口県の宇部北方付近に広がっている．

短い川の多い中国地域では平野は小規模であるが，岡山平野と出雲平野がやや大きい．岡山平野は吉井川，旭川，高梁川のつくった三角州平野に干拓地が加わった中国地域最大の平野で，先進的な機械化農業や園芸農業が行われている．山陰側の出雲平野は島根半島の内側の陥没地帯が斐伊川の堆積作用によってできた三角州平野で，埋め残された宍道湖は最深部6 mの浅い汽水湖である．海岸線は山陰側が比較的単調であるのに対し，瀬戸内側は出入りが多く複雑である．山陰側は日本海に面して季節風が強く，鳥取砂丘や弓ヶ浜のように砂丘の発達が見られる．

2) 気候

中国山地を境に，大きくは曇天の多い山陰型と降水量の少ない瀬戸内型に分かれるが，山陽側の気候には①温暖で，降水量が年間を通じてきわめて少ない瀬戸内型，②吉備高原を除き，一般に温暖で梅雨や台風季を除いて降水量が少ない山陽型，③気温は最も低く，降水量は年間を通じて特に少ないという月はないが，梅雨，台風季には著しく雨の多い中国山地型，④一般に温暖で，降水量は冬期には山陽型と同様に少ないが，他の季節には山陽型より多い中国西部型に分けられる．年平均気温は鳥取14.3℃，岡山15.1℃で，日本海の対馬暖流の影響もあって，山陰，山陽であまり差はない．年降水量は鳥取2,018 mmに対し，岡山1,223 mmで，山陽沿岸は温暖少雨である．しかし，西瀬戸内沿岸と中国西部はやや降水量が多く，広島1,603 mm，下関1,718 mmと九州型に近い．

3) 耕地土壌

土の母材については，中国地域は火成岩群の分布が多く，その大半が中生界末の白亜紀から第三紀初めにかけて噴火したものである．なかでも花こう岩が最も広く分布しており，粗粒質で透水性や通気性は良好であるが，保水性と陽イオン交換容量の低いマサとよばれる土を生成することが多い．流紋岩は花こう岩に次いで多く，各地に分布しているが，岩質が不均一なため風化によって生成した土は粗粒質から細粒質まであり，重粘な土になりやすいものもある．安山岩は中国山地および吉備高原に点在し，一般に花こう岩より風化しやすく，肥よくである．玄武岩は後期新生代に噴火したものがほとんどで，小丘や小規模な溶岩台地を形成している．玄武岩質土壌は重粘なものが多く，養分に富むが，透水性や通気性の不良な場合が多い．蛇紋岩は岡山県，広島県に散在しているが，蛇紋岩質土壌はコバルト，ニッケル，クロムが多量含有されているので，作物の過剰症が問題になることがあり，重粘なものが多い．石灰岩も多数分布し，岡山県の阿哲台，広島県の亭釈台，山口県の秋吉台などが有名である．石灰岩質

土壌は一般に黄赤色〜赤色を呈する．風化溶脱が進んでいる場合，土の中の石灰含量は必ずしも高くない．

中国地域では火山灰の分布は少なく，火山の山麓に限られている．大山，蒜山，三瓶山，青野山の山麓では厚く堆積しているが，離れると分布範囲が限られる．その他，各種の土が散在しているが多くはない．

4) 農業

中国地域は東西に中国山地が連なっており，平野部が少なく，高原や台地あるいは盆地を中心とした中山間地の農業が多い．農地は早くから開発が進みよく耕地化されてきたが，近年は減少が著しい．農家1戸当たりの耕地面積は約0.6 haで全国平均の1 haよりはるかに狭く，農家数は全国の約10％を占めるのに，耕地面積は約6％を占めるにすぎない．水稲収穫量は中国5県で全国の約8％を占める．面積当たりの収量は全国平均に比べ，山陽側が高く，山陰側が低い．

果樹は各県によってそれぞれ特色があり，岡山県はブドウとモモ，広島県はミカン，ネーブルオレンジ，山口県はミカンが有名である．鳥取県はナシに加え，砂丘地農業の先進地であり，ラッキョウ，ナガイモ，シロネギ，スイカの特産で知られる．畜産は中国山地や吉備高原が盛んで，島根，岡山両県が飼養頭数が多い．蒜山高原の酪農，広島県北部の神石牛，比婆牛，大山周辺の伯耆牛などの肉用牛が知られている．

5) 今後の課題

中国地域における農業上の問題点と今後の課題は，次のようである．

①農業従事者は年々減少する傾向にあり，とくに農業専従青年の減少が著しい．たとえば，山口県における1970年の農業専従青年は1,179人であったが，1996年は113人で，約10分の1に減少した．また，農業従事者に占める高齢者（65歳以上）の割合は広島県が64.9％と高く，山口県は60.4％である．そして，農業人口に占める女性の割合も山口県は51.2％，広島県は48.4％で平均5割を占めている．②高齢化や都市化などによって農用地面積は減少傾向を示すと同時に，耕作放棄地が年々増大しており，農業粗生産額は減少傾向にある．

以上のような問題を解決するためには，低コスト，高品質農産物の生産システムを確立すること，高品質生産を志向した園芸，特産物産地を形成すること，優良農用地の確保と条件整備および高度利用を進めること，地域農業の総合推進体制の整備をはかること，魅力ある農業経営を確立し，若い農業後継者を育成すること，などが早急に望まれている．

〔丸本卓哉〕

(2) 砂丘の農業

1) 砂丘農業の特徴

砂丘は，砂が風の力によって運ばれて堆積したものである．日本の砂丘のほとんどは海岸にあって，日本列島の海岸線の約7％は砂丘である．砂丘地は飛砂や干ばつがおこりやすく地力が乏しいなど，農地として利用するには問題が多かった．しかし今では，春先の地温の上昇が早い，作物の養水分管理が容易，生産物が清潔などの特徴

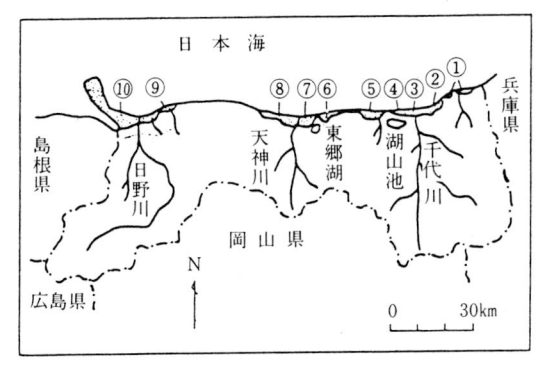

図III-7-1 鳥取県内の砂丘地の分布

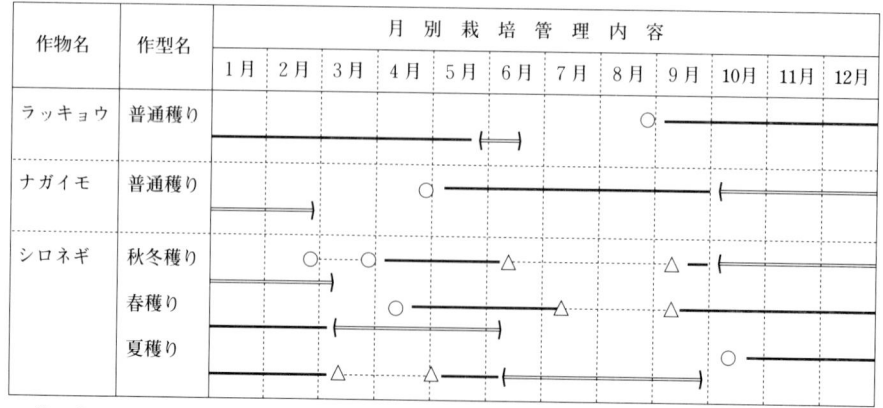

作物名	作型名	月別栽培管理内容 1月 2月 3月 4月 5月 6月 7月 8月 9月 10月 11月 12月
ラッキョウ	普通穫り	
ナガイモ	普通穫り	
シロネギ	秋冬穫り	
	春穫り	
	夏穫り	

注：○……○：は種、△……△：苗の定植、⊢―⊣：収穫、―――：生育中の一般管理

図 III-7-2　作物の種類と栽培管理暦

を生かすことができるので，多くの砂丘地域で，先進的で豊かな農業が展開されている．

鳥取県の砂丘地面積は約 8,500 ha で，中国地域では最も多く，その耕地率は 62％ と高く，砂丘農業の先進地となっている．鳥取県の砂丘地は日本海沿いに 10 か所あり，東部，中部，西部の 3 地帯に大別される（図 III-7-1）．東部砂丘地帯ではラッキョウ，中部ではナガイモ，西部はシロネギがある（図 III-7-2）．これらの生産量は全国都道府県別ベストテンに入り，県の名産物となっている．このほかにもブドウ，カンショ，タバコなどの良品が生産されている．

2）鳥取砂丘のおもな産物

ラッキョウ：県内栽培面積は 171 ha（1995 年，以下同），生産量は全国第 3 位である．栽培法は，8 月上～下旬に植え付け，翌年 5 月下旬～6 月下旬に収穫する．品種は砂丘地帯によって異なり，東部では「らくだ」系の在来種，中部では「玉ラッキョウ」である．栽培法の特徴は，4 月下旬に石灰質肥料を追肥することがあげられる．これは白色疫病を回避するためである．この病気はアルカリ性の土の条件で秋季に感染するが，砂丘地では土の pH が変化しやすいので，苦土石灰を基肥で 10 a 当たり 40 kg，病気が発生しなくなる 4 月下旬にもう一度 40 kg を施用する．

ラッキョウは砂丘地でも無かんがいで栽培できるうえに，栽培期間の長い割には雑草が少なく，外観がきれいなど，砂丘地の気象や土の条件を生かしている．しかし，連作障害には悩まされ，1965 年からの 15 年間にラッキョウ乾腐病などの新種の障害が 7 種類も発生した．最近は，労力不足と輸入品との競争に苦慮しているが，植付け，収穫，調整などの機械化，「全国ラッキョウサミット」による国内産地の結束，ウイルスフリー化などによって産地の活気が高まっている（写真 III-7-1）．

写真 III-7-1　ラッキョウの機械化栽培（収穫作業）

ナガイモ：栽培面積は中部砂丘地帯に 113 ha，全国第 7 位である．栽培は，植付け準備として，深さ 100 cm，幅 20 cm の植え付ける場所だけの深耕を行う．植付けは 4 月中旬～下旬に条間 80 cm，株間 30 cm で，種イモは弱毒ウイルス保有の約 150 g の切りイモを用いる．6 月上旬に萌芽し，その後 9 月下旬までに 10 日ごとに計 12 回の追肥を行う．収穫は「あく」の消失を確認してから，9 月中旬頃から始まる．1991 年に

はナガイモ用冷蔵施設が完成し，収穫したイモはいったん1℃で貯蔵された後，周年出荷される．この地帯にナガイモが導入されたのは，1871年頃で，栽培は人力かん水であった．この作業は女性の担当とされ，夏の炎天下でのかん水作業は「嫁ごろし」といわれる重労働であった．1965年にはかんがい施設が完成し，この労苦から解放された．

シロネギ：栽培面積は全県882 haで西日本最大であり，このうち73％が西部砂丘地帯で栽培されている．栽培は3種の作型で行い，周年出荷されている．10月から翌年2月までの出荷を秋冬穫りと称し，2月下旬～3月下旬に播種して育苗し，5月下旬～6月下旬に定植する．植付け作業は手作業に代わって機械植えが多くなっている．重要な作業に土寄せがあり，軟白部分を30 cmとするように3～4回に分けて行う．もともとネギは中国西部を原産地とする砂漠植物であり，乾燥には強いが，湿害には最も弱い植物である．このような植物を，地下水位が40～100 cmの低湿条件のこの地方に導入するのはたいへんで，とくに高畝栽培が多労であった．昔の土寄せ作業は，崩れやすい砂土を高さ90 cmまで人力で上げていた（写真III-7-2）．また，ネギ萎ちょう病などの連作障害の多発に悩まされた．これらを乗り越えたのは農家の苦労や創意工夫とともに，園芸試験場の試験研究が欠かせない．現在では，作型別の優良品種を用い，育苗・植付け・土寄せ・収穫調整の機械化による省力低コストの有利な経営が行われている．

（藤井信一郎）

(3) マサ土造成畑

1) 中国地域におけるマサ土の分布

マサ土は花こう岩類の風化産物であるから，花こう岩が分布するところには多かれ少なかれ分布する．わが国の花こう岩は国土面積の13％強を占め，北海道から九州まで広く分布するが，近畿中国地域の中山間地帯は日本でも有数の分布を示す．中国5県の畑地における花こう岩系土壌（中粗粒褐色森林土，中粗粒黄色土）の分布面積は，鳥取県が49％，岡山県が44％，山口県が43％，島根県が39％，広島県が12％であり，5県の畑面積24千haに対する花こう岩系土壌の占める割合は約36％である．

島根県のマサ土造成畑は国営農地開発事業により，1976年から1995年までに仁田郡横田町において371 haが造成された．造成畑は標高300～800 mの山間地にあり，数haから十数haずつ分散している．また，いずれも数mから十数mまでの上部土層が削られ，極端に肥よく性の低い下層土が露出している．広島県の造成畑も1977年から行われた国営農地開発事業により，標高300 m地帯の世羅郡を中心として約360 haが開発されたが，近年は瀬戸内海の島しょ部地帯でもマサ土造成畑の開発が進んでいる．

2) マサ土造成畑の特徴

マサ土は機械力によって深く切り土をしたり，切り土をそのまま盛り土して表土に使用することもでき，比較的造成しやすい土といえる．マサ土の粒径組成は場所によって若干の違いはあるが，一般には細礫～粗砂（10～0.2 mm）含量が60～80％を占め，シルト（0.02～0.002 mm）は5～10％，粘土（0.002 mm以下）は5％前後と少ない．したがって，排水はよく，湿害の心配は少ないが保水性には乏しく，締まりやすい特性がある．また，マサ土は陽イオン交換容量が小さく，腐植含量も1％以下と少ないため，保肥力が弱く，養分の乏しい土である．このため，作物の栽培に当たっては，有機物や土壌改良資材の投入により土の肥よく度を高め，早期熟畑化を図る

写真 III-7-2 シロネギ栽培の昔の土寄せ作業
崩れやすい砂土を高さ3尺まで上げる作業は大変な重労働であった．

ことが必要であり，土地改良事業計画設計基準では，1981年より上限を4t/10aとした有機物資材の施用が認められている．

3）マサ土の土壌管理

① 有機物資材の施用による短期熟畑化

熟畑化にはまず有機物を施用し，土の腐植含量を高めることが必要であるが，マサ土は粘土含量が少ないため腐植が集積しにくい．そこで，島根県ではバーク豚ぷん堆肥と保肥力の大きいゼオライト（島根県産出）を施用し，その作物の増収効果を検討している．それによると，図III-7-3に示すように施用3年目にはいずれの資材でも増収効果が認められ，併用によってその効果はさらに大きく現れている．保肥力（陽イオン交換容量）もゼオライトあるいはバーク豚ぷん堆肥の施用でほぼ同程度増加し，3年間で約1.5倍に，それらの併用で約2倍になる（図III-7-4）などその理化学性改善効果は大きく，塾畑化促進に有効である．

開墾直後の造成畑では，土壌微生物の活動が低下しており，施用したアンモニア態窒素の硝化がほとんど進まない．このことは，好硝酸性作物であるホウレンソウを造成畑でアンモニア態窒素を施用して栽培した場合，硝酸態窒素で栽培した場合に比べて60％も減収することからもうかがわれる．このことは，窒素だけでなく施用した有機物（炭素）の分解でも同様で，開墾後数年間有機物を施用した畑に比べて，開墾直後の畑における有機物の分解速度はきわめて遅い．

また，砂質土は他の土に比べて硝酸化成が遅いといわれており，マサ土の畑でも施用したアンモニア態窒素の硝酸化成が遅い．しかし，図III-7-5に見られるように，バーク堆肥などの有機物を施用することにより，土の中の窒素の硝化比が高くなり，硝酸化成が促進されている．これは，有機物の施用により土の中に有用微生物（アンモニア酸化菌，亜硝酸酸化菌）が供給されるとともに，有機物自身が餌となって，菌の増殖を助けるためである．

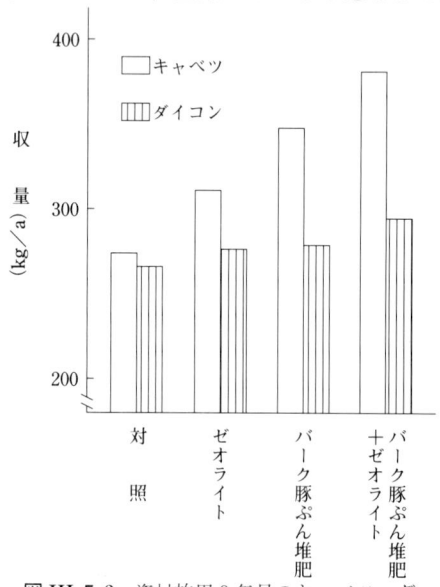

図III-7-3 資材施用3年目のキャベツ，ダイコンの収量（1984）

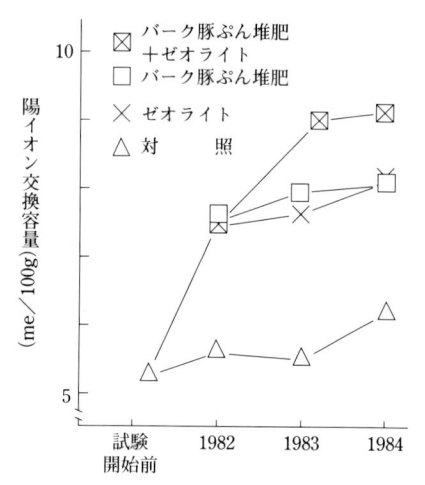

図III-7-4 マサ土への資材施用による陽イオン交換容量の推移

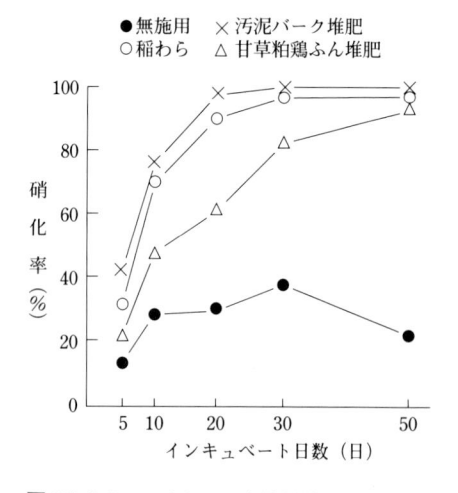

図III-7-5 マサ土への有機物施用と硝化率
備考）窒素を20 mg/100 g，硫酸アンモニウムで添加，温度25℃．

② 物理性の改善

造成畑の工法形態は，山成工と階段工が大部分を占めていたが，機械化営農を前提とした整備が必要となってきたため，1981～1983年度からは改良山成工法が主体となってきた．この工法は，表土と心土を区別することなく表土を削りながら切り土，盛り土の作業が行われるため，未熟な心土が土地表面に露出してしまう．また，保水力の低下や大型機械の度重なる走行により，土の圧密や構造破壊が進み，粘土含量が少ないにもかかわらず排水不良を招くなど，物理性も不良となりがちである．その改善策として，開畑1～2年後の造成畑に対する牛ふん施用が，乾燥，湿潤いずれの条件下でも水分保持量が大きくなり，同時に耐水性団粒，なかでも0.5 mm以上の団粒の生成を促進することが明らかになった．また，マサ土は雨滴の打撃により，耕起後でも比較的短期間のうちに土の表面にクラストを形成しやすい．このクラストのために透水性は著しく低下し，侵食量が増大する．しかし，有機物の施用により土のち密度は小さくなり（表III-7-1），土が膨軟になることから，クラストの形成を軽減する効果もあると考えられる．

③ マサ土の施肥管理

野菜の生育に好適な塩基飽和度は，土の陽イオン交換容量が小さくなるにしたがって大きくなる．作物の種類によっても異なるが，陽イオン交換容量の小さいマサ土の好適な塩基飽和度は130～150％となると考えられる．しかし，マサ土の化学的緩衝力が弱いため，多肥傾向にある野菜栽培では石灰などの塩基類の集積による高pH

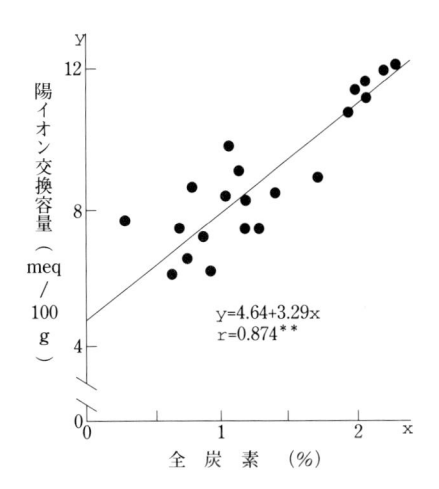

図III-7-6 マサ土における全炭素含量と陽イオン交換容量

$y=4.64+3.29x$
$r=0.874^{**}$

化や塩類濃度障害が発現しやすい．したがって，塩基類を中心とした施肥管理とともに継続的な有機物の施用に伴う腐植の増加により，陽イオン交換容量を高めることが大切である（図III-7-6）.

(古山光夫・後 俊孝)

(4) 中山間農業

1) 中山間農業の現状

山口県の中山間地域は県土の65％を占め，県民の22％が生活している．農業についてみると，中山間地帯は耕地面積の61％を占め，農家の55％が農業を営んでいる．また，農業粗生産額は，県全体の59％を占めている．山口県農業にとって中山間地帯は重要な地域となっている（表III-7-2）．

中山間地域の農家戸数は，平成2年度に対して平成7年度は約1割減少しているが，その他の地域と同程度の減少率である．しかし，農業就業人口の年齢構成は，都市的地域および平野地域に比べて高齢化が進んでいる．また，農家の家族構成

表III-7-1 マサ土に対する有機物施用と土壌のち密度

試験区	乾物施用量 ($10 t ha^{-1}$)	深さ (cm)			平均
		5	10	15	
無処理	—	13.1	16.1	19.4	16.2
汚泥	0.5	12.5	13.8	19.7	15.3
バーク	1.0	10.6	14.7	16.7	14.0
堆肥	2.0	6.3	10.1	13.8	10.1
甘草粕	0.5	10.7	14.2	19.7	14.9
鶏ふん	1.0	8.2	11.5	14.7	11.5
堆肥	2.0	7.4	10.4	15.5	11.1

表III-7-2 山口県の中山間地域の割合

項目	中山間地域①	山口県②	①/②
人口（人）	360,802	1,555,534	23.2
総農家数（戸）	34,711	63,286	54.8
総土地面積（km²）	4,032.53	6,109.69	66.0
耕地面積（km²）	369.07	597.57	61.8
農業粗生産額（百万円）	71,996	116,415	61.8

（農林業センサス，1995）

は，一世代家族の比率が都市的地域および平野地域と比べてきわめて高い（表III-7-3）．

農家の他出した跡継は，「ウイークエンド・ファーマー」としておもに機械作業を分担することが多いが，農外就業を定年退職後，出身地に居住することは，山間地ではきわめて少なく，近い将来に農業就業者の大幅な減少が予想される．

2）生産基盤

中国地方の地形条件から大平野が少なく，藩政時代から急傾斜地の開田が進められ，水田の多くが棚田となった．傾斜度1/20以上の水田面積は，山口県全水田面積の23.6％で12,650haである（表III-7-4）．水田は小団地に分散しており，ほ場1枚当たりの面積が小さく，生産性の向上を図る上で不利となっている．

ほ場整備は，都市的地域および平野地域と同等に進んでいるが，就農者の減少，高齢化，生産条件の不利から耕作放棄地が増しており，大きな問題となっている（表III-7-3）．

3）棚田の農業

中山間地の景観や農業の特徴になっている棚田について，その特徴を見ると，ア．周辺山林からの渓流や湧水および天水に用水を依存し，干ばつの被害を受けやすい．イ．用水が冷たく，とくに水田水口辺りの水稲生育が遅れる．ウ．農道が不備で，作業機械の進入が困難である．エ．1枚当たりの面積が狭小で，不整形である．オ．野猪，野猿の被害が大きい．カ．棚田地帯の谷部では日照不足，通風不良から，水稲のいもち病が常発することが多い，などがあげられ，生産性を低下させる要因となっている．

過疎や高齢化により，棚田の耕作者は減少しているが，耕作の受け手がいないために，耕作放棄地は植林されている．このため棚田地帯の景観は，かつては棚田とそれに続くシバ刈り場で見通しの良い明るいものが，林地が迫り隣集落と分断されたものとなった（図III-7-7，写真III-7-3）．

表III-7-3 山口県の中山間農業の指標

指数	中山間地域	都市的・平地地域
1990年農家戸数（人）	38,580	32,081
1995年農家戸数（人）	34,771	28,575
'95/'90農家戸数増減（％）	0.900	0.891
65歳以上農業就業人口割合（％）	59.4	55.4
一世代農家率（％）	64.7	53.0
耕作放棄地（ha）	1,512	985
ほ場整備率（％）	58.0	46.7

（農林業センサス，1995）

表III-7-4 傾斜度別水田面積の割合

	1/20未満	1/20〜1/6	1/6以上	1/20*	計
山口県	76.4	16.1	4.9	2.6	100
鳥取県	78.7	19.5	1.8	0	100
島根県	72.2	18.3	1.9	7.6	100
岡山県	79.1	17.4	2.6	1.0	100
広島県	71.9	16.9	11.2	0	100
中国	75.7	17.4	4.8	2.1	100
全国	90.0		10.0		100

（中国四国農政局計画部資源課「急傾斜水田畑利用対策調査報告書」，1985）
*地質は地すべり崩壊をおこす特性をもっている．
全国は傾斜度1/20以上が10.0になる．

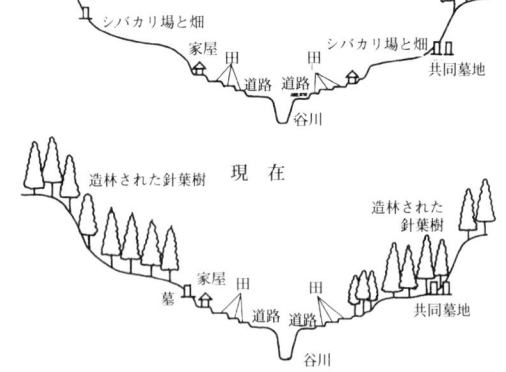

図III-7-7 昭和30年代と現在の棚田地帯の断面的イメージ（山口県錦町道立野）
（山口県県史編さん室，民族部会報告書第3号）

写真III-7-3 棚田の風景（山口県錦町後野）

棚田地帯に住む人の生活基盤を確保するためにも棚田の保全は重要である．近年，棚田のもつ環境保全機能が見直されている．傾斜地に水を貯める棚田は洪水防止機能，水かん養機能，土壌水食防止機能が高いが，耕作放棄によりその機能は低下する．

棚田の機能を維持し，生産性を高めるために，ほ場整備が必要であるが，急傾斜地では切盛の土量が多く，しかも田の減歩が大きくなるため等高線畦畔整備方式により「まちなおし」しても3a程度で，中型以上の農業機械が作業することは困難である．しかし，棚田地帯は急傾斜水田に続く緩傾斜水田と一体となっていることが多く，緩傾斜水田での1ほ場10a以上のほ場整備は可能であり，これらを合わせて1団地とする営農の展開が必要である．棚田農業の活性化方策として，良質米生産を軸とした土地利用型農業区域および高齢者や女性農業者を中心とした地域の特産品・特用林産物生産区域などの土地利用区分を行うなど地域農業をマネージメントするシステム構築が重要となっている．

4）今後の課題

中山間地域は，山陽の都市近郊的農村地域から山陰や山間の純農村地域まで多様な自然や社会的側面をもっており，それぞれの地域特性を活かし，農業集団化でスケールメリットの拡大，農業公社による農地維持，女性や高齢者による朝市，農産物・加工食品生産と産直などさまざまな取組みがされている．

とくに，中山間農業は高齢者によってになわれている部分が多く，高齢者に対応した施策的支援や農業技術開発を進めることも必要であるが，中山間地域の農業や地域社会が維持される理念を明確にし，農業者が誇りをもつことが重要であろう．

（福永明憲・平田俊昭）

[コラム]

水稲不耕起乾田直播栽培

岡山農業試験場は省力・低コスト化，大規模化を可能にする水稲不耕起乾田直播栽培技術を確立した．稲わらは全量還元とし，溝切り・播種・覆土，施肥，施薬を1工程で行う．肥料は被覆複合肥料を用い，全量基肥とする．入水後の管理は慣行と同じである．本栽培法によると品質，収量は移植栽培並，労働時間はha当たり54時間となる．

土壌・肥料分野の知見は次のとおりである．
1．移植栽培に比べて表層の根量が多い（図III-7-8）．田面に施した肥料と表層の有機物とから栄養成分を効率よく吸収し，生育・収量は移植栽培と同等である．
2．作土層は耕起移植に比べるとやや硬いが，根の伸長を妨げるほどではない．

（沖　和生）

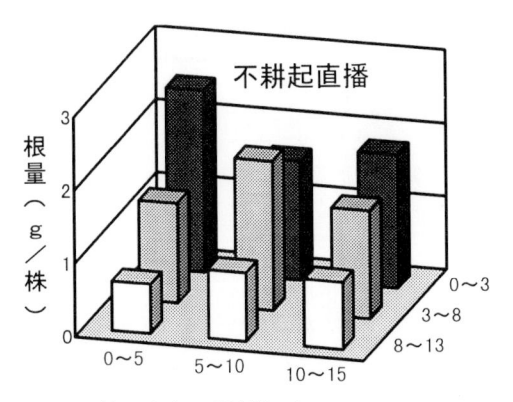

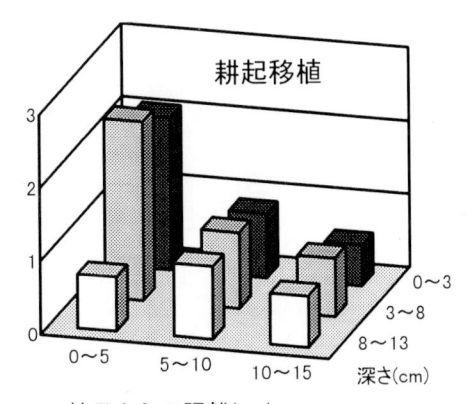

図 III-7-8　不耕起直播と耕起移植の根域別根量（石橋・赤井）

8. 高度な土地利用のわざ（四国）

(1) 地域環境と農業

1) 自然環境

　四国の北部には東西方向に走る大きな断層の中央構造線がある．この断層の南側（外帯）には，標高2,000 mに近い剣山と石鎚山が東西にそびえ，1,000 mを越す山々が連なり，低い山を従えてさらに南に広がり，大きな四国山地となって土佐湾にせまっている．この外帯の地質は，変成岩（結晶片岩），石灰岩などを含む秩父古生層と中生層，中生層と古第三紀の堆積岩をそれぞれ主体とする三波川変成帯，秩父帯，四万十帯に区分されている．中央構造線の北側（内帯）には，中生層の和泉層群が帯状に分布し，東部では讃岐山脈を形成している．さらに北部の丘陵地や小豆島などの島々と西部の高縄半島は花こう岩類が基盤であり，この岩体を貫いて屋島の溶岩台地などの火山岩も分布している（図III-8-1）．河川には，四国三郎の異名をもつ吉野川や，蛇行しながら四国の大自然の中を流れている「日本最後の清流」の四万十川（渡川）などがあり，その多くは冷涼多雨の四国山地に源を発している．四国の河川の水質は全般にケイ酸や鉄が少ない．カルシウムが多いのは石灰岩などの影響とされている．平野には，小河川が多島海を埋め立ててできた讃岐平野，中央構造線に沿った吉野川下流の徳島平野，重信川の三角州の松山平野，物部川と仁淀川の下流にできた高知平野などがあり，耕地が非常に少ない四国での重要な食料生産基地になっている．四国山地を境に瀬戸内海側は温暖寡雨，太平洋側は台風による災害もあるが温暖多雨であり，気象が両地域の農業に大きな影響を及ぼしている．

2) 土壌環境

　四国の総面積に対する耕地面積（17.2万ha）の割合（耕地率）は9.2％（高知県4.6％，全国13.2％）であり，とくに南四国は林野が多く，耕地が非常に少ない．四国では水田は耕地の約61％，普通畑・樹園地・牧草地の合計は39％であるが，愛媛県では樹園地が非常に多い．水田は平坦地に多く，畑や樹園地は傾斜地や急傾斜地が

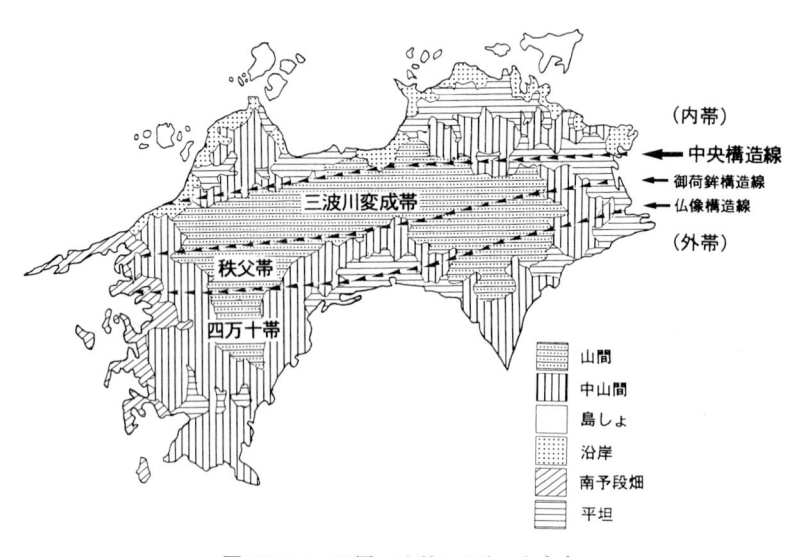

図III-8-1　四国の地質と土地のようす

多い．牧草地の多くは高地を利用している．沖積層の水田は，湿田（グライ土）に比べて排水の良好な乾田（灰色低地土や褐色低地土など）が多いが，概してその有効土層は浅い．愛媛県と高知県にはおんじ（音地）と俗称される黒ボク土（注：母材は鬼界アカホヤ火山灰と考えられている）が分布しているが面積は少ない．土の特徴を母材別に見ると，花こう岩が風化したマサ土の古い水田地帯では土の老朽化が著しい．讃岐平野には，耕土が砂質で浅く下層が礫質の水田（ガラク）があり，水稲の秋落ちが著しい．中生層の砂岩質土壌は侵食を受けやすく，頁岩質土壌は重粘で生産力は高くない．古生層の土は母材により養分の含有量や保持力が低い場合もあるが，比較的肥よくで生産力が高い．結晶片岩には塩基を含む鉱物が比較的多く，土の理化学性は概して良い．しかし，四国では，褐色森林土の傾斜地や急傾斜地が畑や樹園地として利用されている場合が多く，土は腐植の集積が少なく，有効土層も浅く，侵食の危険にさらされている．

3）農業の概要と土壌肥料・環境問題

四国地域は傾斜地が多く，島しょも470を超え，農業生産の立地条件に恵まれているとはいえない．しかしながら，温暖な気候条件を利用して，①平坦部や沿岸部などでは露地やビニールハウスの施設を利用して野菜などが集約的に栽培され，②南予段畑部や中山間部では傾斜地を利用してミカンを主とする果樹栽培が行われている．一方，③水稲は平坦部でおもに栽培され，高知平野などでは台風の被害を避けるために早期栽培も行われ，④島しょ部ではミカン以外に特用作物も導入されている．四国の各県を代表するものとして，ナス・キュウリ（高知県），ダイコン・ニンジン（徳島県），レタス・タマネギ（香川県），ミカン・ナツミカン（愛媛県）などがあげられ，農作物生産農業所得は，高知県と徳島県では野菜類，愛媛県では果実の割合が高い（図III-8-2）．四国は近畿圏などの大消費地に近く，多様化した

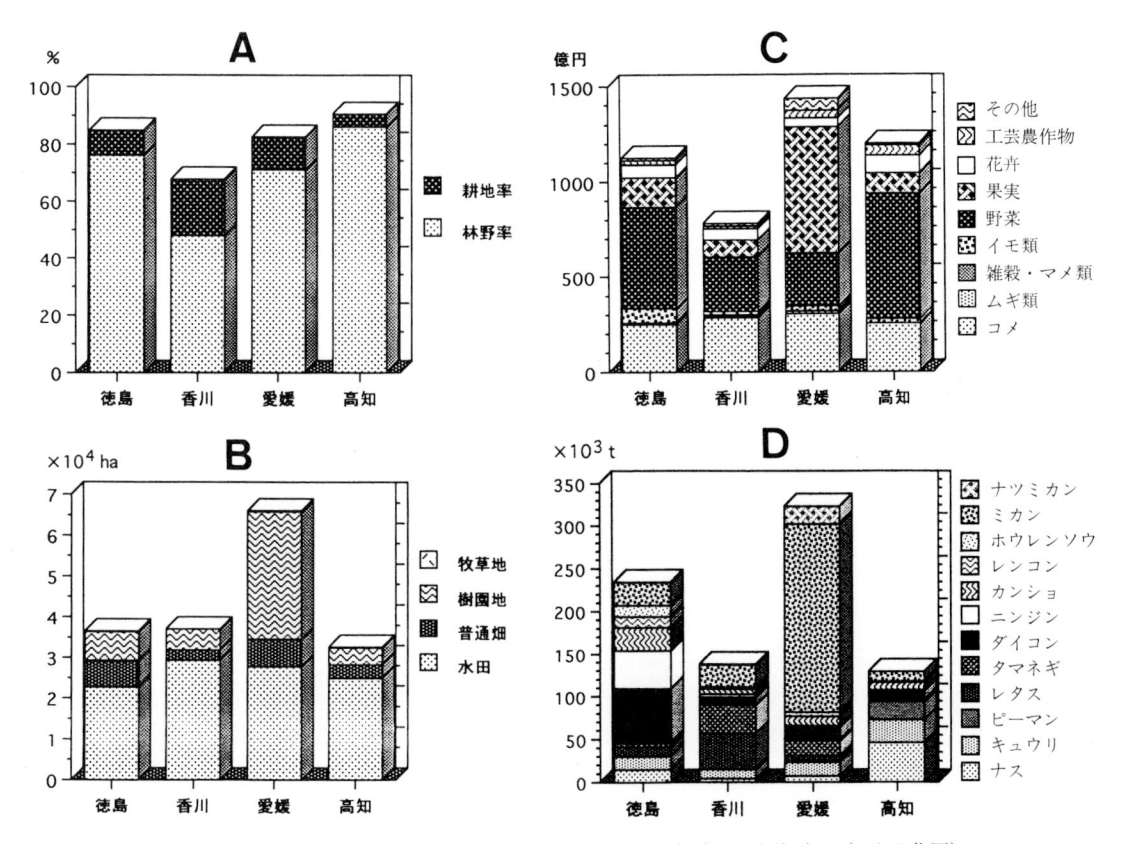

図 III-8-2　四国の土地利用（A，B）と作物生産（C，D）（農林統計（1997）より作図）

消費動向に加えて，瀬戸大橋などによる高速輸送体系に即応した流通面で立地条件が良く，野菜・果物・花きの生産基地としての期待も大きい．

農業生産技術は，従来の安定多収生産より安全・高品質化へ，さらに生態系の調和と低投入持続型をキーワードとする環境保全型が現在全国的規模で模索されている．四国の農作物栽培地帯においても，このような見地から水稲（愛媛県・香川県）をはじめ，洋ニンジン（徳島県），ショウガ，ピーマン（高知県）などの施肥技術が検討されている．一方，四国の中山間地域では過疎化や農業従事者の高齢化も進み，耕作放棄（農業放棄）による土壌環境の悪化が深刻な問題となっている．このような事態に対処するために，ヘアリーベッチのようなアレロパシー（他感作用）をもつ植物を利用した除草剤を用いない雑草制圧技術の開発が試みられている．また，農業からの環境負荷を削減するために，「四万十方式」といわれる汚水発生源近くでの自然循環方式水処理技術による畜産系排水の処理なども試みられている．

四国では峡谷型中山間地帯の占める割合が非常に大きく，この地域の多様な気象・地形条件を活用した高収益農業技術や労働軽減化・機械化技術の開発が期待されている．一方，この地域には，適切に管理された自然が作り出す「やすらぎの空間」としての期待も大きい．

（堀川幸也）

(2) 施設栽培の土

1) はじめに

促成・抑制などの野菜の不時栽培は，徳川時代初期に静岡県で始まったといわれているが，施設を用いて大々的に行われるようになったのは，1951年の農業用ビニールフィルムの開発からである．園芸用施設の面積は現在約5万haで（図 III-8-3）年々増加する傾向にあり，ビニールハウスは近代農業のシンボル的な存在となっている．

初期のビニールハウスは骨材が木や竹であったため耐久性がなく，3～5年のサイクルで建替えが行われたが，1960年代の高度経済成長期以降は，重装備の大型鉄骨ハウスに移行して建替えの必要がなくなり，同じほ場で長期間にわたって野

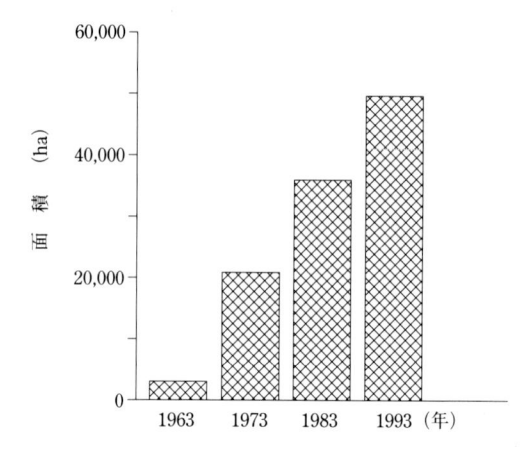

図 III-8-3 施設面積の推移（農水省野菜振興課資料による）

菜や花などが栽培されるようになった．施設野菜の栽培技術については，露地の技術をそのまま持ち込んだものがほとんどで，被覆による施設内の環境変化はあまり考慮されなかった．とくに，土壌環境については，その変化を感知しにくいことから，肥培管理の失敗などによるいろいろな生育障害が問題になった．降雨の影響を受けない施設では，養分の流亡がほとんどなく，塩類が土に集積される．これは露地では見られない特徴的な現象であり，施設栽培における生産力低下の最大の原因にもなっている．

2) 施設における土の変化

土の中の水分の動きについて見ると，露地では降雨の大部分は下層に移動し，養分が溶脱する．一方施設では，ビニールなどの被覆物によって降雨が遮断されるため，土の水分はかん水時を除いて常に上層に移動する．その際，土の中の塩類も水に溶解されて上層に移動するが，地表面では水分のみが蒸散するため塩類は表層に残る．施設栽培は露地栽培よりも一般的に多肥傾向にあり，連作年数も長くなるため，土の塩類集積は年々ひどくなる．高知県における調査結果では，1969年から1983～84年の約15年間に交換性陽イオン類は1.6～2.9倍に，有効態リン酸は8.5倍にも増加している（表 III-8-1）．

3) 塩類集積と電導度（EC）

土の塩類濃度を簡易に調べる方法として，電導度の測定が広く行われている．この技術は1940年代にアメリカで開発された．わが国では1960

表III-8-1 施設土壌の化学性（高知県, 1990）

調査年度	試料数	pH	Truog P_2O_5 (mg/kg)	交換性 (mg/kg)			腐植 (g kg^{-1})	CEC (cmol(+)/kg)	塩基飽和度 (%)
				CaO	MgO	K_2O			
1969	144	6.25	39	257	25	28	42.6	18.4	60
1983～84	185	6.38	330	422	72	67	38.6	17.6	110
1983～84/1969	—	—	8.46	1.64	2.88	2.36	0.91	0.96	1.83

表III-8-2 栽培年数と電導度（dS m^{-1}）
（関東ハウス土壌研究グループ, 1966）

作付年度＼土壌別	ECの平均値と例数			
	沖積土	火山灰土	砂質土	全体
1年以内	0.57(8)	1.45(1)	0.58(1)	0.66(10)
1～3年	0.73(10)	1.29(8)	0.38(4)	0.87(22)
3～5年	0.97(21)	1.52(10)	0.50(9)	1.01(40)
5年以上	1.23(7)	2.64(5)	1.46(6)	1.58(21)

（「農業および園芸」第41巻, p. 1453, 筆者加筆）

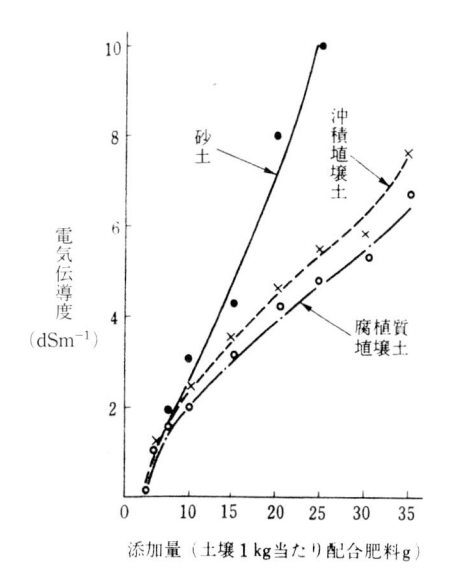

図III-8-4 肥料添加量とECの関係
（橋田ら, 1964）

年代初期に高知農業試験場の橋田らや関東ハウス土壌研究グループによって実用化され，その後全国的に普及した．この値が高いほど土の中に含まれる塩類の量が多いことを示し，栽培年数の長いハウスで土のECは高くなる（表III-8-2）．また，塩類濃度が一定である場合，ECは緩衝能の低い砂土で高くなりやすく，粘土や腐植含量の多い土では高まりが小さい（図III-8-4）．表III-8-3には野菜の生育限界点と土のECとの関係を示した．また，ECから土の中のNO_3-N量を推定し，追肥施用量などの対策を決めることもできる（表III-8-4）．ところが，最近の施設では，ECが高いにもかかわらず，NO_3-Nの量が少ない事例が見られるようになった．これは，土にNO_3^-以外の陰イオンが多量に存在するためで，それらはおもにSO_4^{2-}とCl$^-$である．SやClは作物の吸収量がNよりもはるかに少ないため，連作ハウスでは集積量が多くなる．瀧らによる愛知県のトマトハウスにおける調査によれば，土の中の陰イオン含量の割合は，SO_4^{2-}がNO_3^-より多く，ECと各種陰イオン量との相関係数についても，SO_4^{2-}がNO_3^-よりも高い．

4) 土のpH

施設土壌のpHはNO_3^-の量に影響されるため，その量が露地よりも多い施設ではpHの変動

表III-8-3 野菜の生育限界点と土壌のEC
（高知農試, 1963）

土壌＼項目	生育阻害限界点			枯死限界点		
	キュウリ	トマト	ピーマン	キュウリ	トマト	ピーマン
砂土	0.6	0.8	1.1	1.4	1.9	2.0
沖積埴壌土	1.2	1.5	1.5	3.0	3.2	3.5
腐植質埴壌土	1.5	1.5	2.0	3.2	3.5	4.8

乾土：水＝1：2，単位 dS m^{-1}.
（高知県，普及員資料に筆者加筆）

が大きくなる．また，施設土壌ではCaO，MgO，K_2Oなどの塩基も集積するため，一般的には露地よりも高いpHを示す．図III-8-5に高知県のニラ栽培ハウス土壌のpHと無機窒素量（NH_4-N＋NO_3-N）の推移を示した．8月中旬から11月上旬にかけて有機質肥料の分解や追肥によって，土の中の無機態窒素量が多くなると

表III-8-4 水田地帯におけるハウス土壌の電導度と窒素量との関係（高知県，1969）

土壌のEC ($dS\ m^{-1}$)	予想される硝酸態窒素量（10a当たりN kg）	窒素量に対する判定	対策
0.2以下	4以下	明らかに不足	追肥を要す
0.2〜0.4	1〜7	不足〜やや不足	追肥を要す
0.4〜0.6	4〜15	やや不足〜適量	生育状況をみて追肥
0.6〜0.9	6〜25	適量	追肥の必要なし
0.9〜1.2	11〜28	適量〜やや多	追肥の必要なし
1.2〜1.5	16〜40	やや多〜過剰	場合によっては過剰害が発生するので，水を多い目にする．
1.5〜2.0	20〜55	過剰	多くの場合過剰害発生．かかる際は一度に多量の水をかけ肥料を下層へ洗い流す．
2.0以上	30以上	明らかに過剰	いずれの場合でも過剰害発生．数回にわたり多量の水をかけて肥料を下層へ洗い流す．

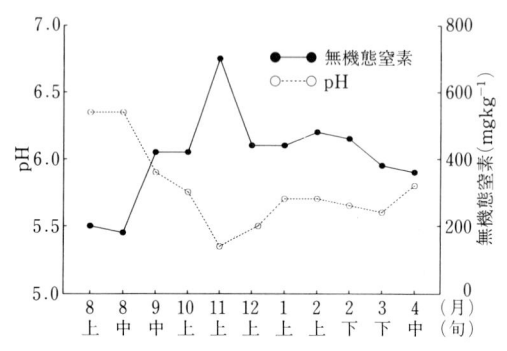

図III-8-5 ニラハウスの土壌pHと無機態窒素量（1988〜89，高知県）

pHは低下する．その後，無機態窒素は作物に吸収され，追肥による一時的な増加がありながらもしだいに減少し，それにつれてpHは高くなる．ニラの好適土壌pHは6.0前後であるがほとんどの時期でその値を下回っている．しかし，ニラの酸性障害は認められなかった．露地土壌が酸性になると，CaOやMgOの絶対量が不足する場合が多く，作物に欠乏症が発生することがあるが，施設では土の中にNO_3^-が生成されると，それとほぼ当量のCa^{2+}が溶出し，土壌溶液のpHは中性に保たれる．作物の根が直接触れているのは土壌溶液であるため，土壌pHが酸性であっても障害が発生することは少ない．このように，土壌pHの意味は露地と施設ではちがうため，施設栽培では土壌pHだけで石灰資材の施用が必要かどうかを判断することは危険である．

5）施設の土壌管理

土に集積した塩類も貴重な資源であり，うまく利用する方法があれば利用すべきである．しかし，実際にはその量が作物の生育にとって過剰であったり，塩基バランスがくずれていたりする場合がほとんどである．さらに，現実的な問題として，すべてのハウスの塩類の量を測定することは不可能に近い．過剰に集積した塩類は，土壌溶液の浸透圧を上昇させ，作物の根を塩漬けの状態にする．いわゆる濃度障害の発生は施設栽培の最大の問題点であり，その回避が土壌管理のポイントである．

塩類集積対策には主として2つの方法がある．集積した塩類を除去する治療的な方法，いわゆる除塩と，土壌診断と施肥の合理化により，余分な塩類を土に持ち込まない予防的な方法とである．

① 除　　塩

現場で実際に行われている除塩対策としては，大量の水による洗い流し，イネ科牧草（クリーニングクロップ）などによる吸い取り，深耕による下層土との混合希釈，表層土の入れ替えなどがある．塩類はほとんどのものが水に溶けやすく，土の表層に集積することから，水による除塩が古くから最も広く実施されてきた．この方法では硝酸塩はほとんど除去できる．また，作物の生育に好ましくない物質（塩酸塩，硫酸塩，いや地物質など）の除去も期待できる．しかし，リン酸塩はほとんど除去できない．また，たん水除塩では，塩

基の種類によって溶脱の程度が異なり，処理後の土の塩基バランスを変化させる．さらに，作土から溶脱した塩基が下層に集積する場合，作土のみならず下層土の塩基も溶脱する場合など，その動態が複雑であることも報告されている．水による除塩では，溶脱した塩類が最終的に地下水や河川水に流入するため，環境保全的な観点からは大いに問題のある方法である．とくに砂地地帯のハウスでは栽培中にも硝酸が地下水に流入しており，除塩の時期にはその量がピークになることも知られている．高知県では，施設の土づくりの基本技術として，水による除塩を普及してきたが，最近では指導者用のテキストからもたん水除塩の項目は削除している．

② 施肥の合理化

施設土壌に集積する塩類が肥料に由来するものであるとすれば，塩類を集積させない効率的な施肥技術を開発することによってこの問題は解決できるはずである．そのためにまず考えられることは，適正な施肥量の決定である．たとえば，10月から翌年の5月にかけて栽培される促成ナスでは，10 a 当たりの目標収量を 15 t とすれば，吸収される窒素の量は約 40 kg であり，窒素の利用率は 60% 程度であることがわかっている．このことから，10 a 当たりの施用窒素量は約 70 kg となり，土の中の集積量がわかればその量を差し引けばよいことになる．農家現場の施肥の実態は，過去の過剰施肥の失敗を反省して，減少傾向にはあるが，一般的にはなお過剰気味である．

次に考えられることは，作物の生育に不必要な肥料の副成分を土に持ち込まないことである．硝安，リン酸カリ，硝酸カリなどを組み合わせ，3要素以外の成分を投入しない施肥法（ノンストレス施肥）により塩類集積を回避し，作物の良好な生育が確保できる．四国農試における試験の結果を図 III-8-6 に示した．

6) ガ ス 障 害

閉鎖的な環境で栽培が行われる施設では，肥料に由来するアンモニアガス，亜硝酸ガスなどの有害ガスによる作物の障害が発生することがある．1950～60年代には，施設野菜類の施肥量は現在よりもかなり多く，有機質肥料が好んで使用され

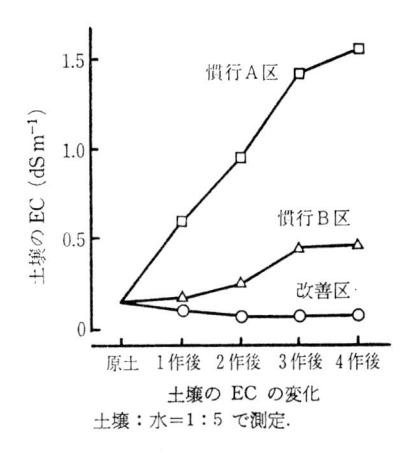

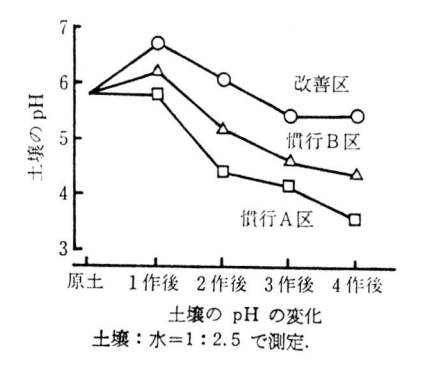

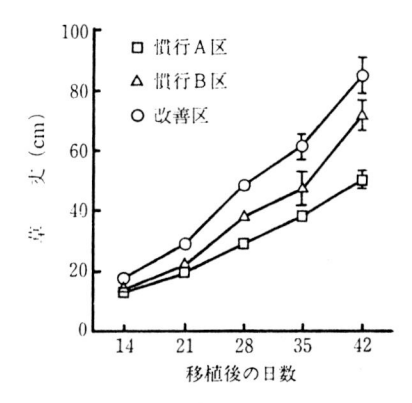

図 III-8-6　ノンストレス施肥の効果（小野・藤井，1994）
慣行A区：硫酸アンモニウム，過リン酸石灰，塩化カリウム
慣行B区：尿素硫リン安系高度化成肥料（三要素各成分16%）
改善区：硝酸アンモニウム，リン酸一カリウム，硝酸カリウム
（土肥誌：65, 62～65)

たことなどから，ガス障害の発生は頻繁に見られた．その原因と対策には，橋田らの研究によって明らかにされている（図 III-8-7）．

ガス障害の原因は有機質肥料の過剰施用であり，施肥の合理化が普及した現在では，30～40

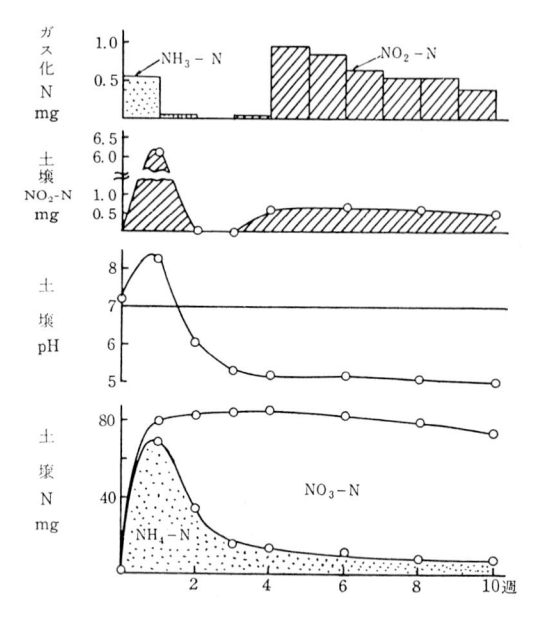

図III-8-7 尿素の多量添加と土壌変化およびガス化（橋田ら，1964）

乾土100g当たりNmg，Nとして80mg添加，高知農業試験場水田表土供試，畑状態25℃インキュベート．

年前に見られたようなひどい障害は見られなくなっているが，軽症のものはしばしば見られ，野菜類の病害の発生を助長する因子になっている．

(吉永憲正)

(3) 傾斜地農業と果樹園

　四国地域の農用地16万ヘクタールの中で4分の1以上をも占める樹園地は，その8割が傾斜地にあり，さらに6割は15度以上という急傾斜面に立地している．このような急傾斜地にあっては，機械化や基盤整備の遅れから，園地の管理作業は当然重労働を余儀なくされる．また，かんきつ産地では基幹従事者の高齢化，女性化，後継者の減少など，労働力の不足が深刻になりつつある一方，輸入果実の増加や果実消費の伸び悩みの中で，よりいっそうの高品質化ならびに生産コストの削減を迫られている．さらに，排水性が良好で日射条件の良い傾斜地は，高品質かんきつ類を生産する上で有利である反面，水管理が困難なこと，耕土が浅いことなどから干ばつの被害を受けやすく，安定生産面で問題があるため，これらを解決する新しい樹体管理・園地管理・土壌保全技術の開発が求められている．

1) 四国における果樹関連研究

　ウンシュウミカンは1960年代の高度成長期に全国的に増殖が奨励されたものの，ミカンの生産過剰と価格暴落，その後の輸入自由化などにより，生産者にとっては苦しい時代を向えることとなった．そのため，生産現場からは品質向上や生産コスト低減技術の開発が強く要請され，従来の生産安定や増収を目的とした研究から，品質向上をめざした研究に移行している．研究分野では，果樹の栽培技術や生理に関するものが多数を占めるのは当然として，傾斜地農業活性化のキーワードでもある労働負担量の軽減や省力化を目的とした機械・施設の開発研究も多い．

　土壌肥料分野の研究では，水稲や野菜を対象にした研究と異なり，施肥法や土壌診断に関連する課題がきわめて少ないのが特徴的である．これは，果樹が永年生の作物であり，土壌条件や施肥設計を種々変えた短期の試験が組みにくいこと，また複雑な傾斜地形においては土壌中の養分の動向を解析することがきわめて困難なことによるものと思われる．しかし，他の作物と同様，多くの肥料成分が果樹の品質を左右するのはいうまでもなく，今後解析手法を含めた新しい土壌診断技術，栄養診断技術が必要となろう．

　肥料成分のなかでも窒素は，果樹品質に影響するばかりでなく，傾斜樹園地からの溶脱とそれに伴う環境汚染が大きな社会問題となっている．緩効性被覆肥料は，作物の生育にあわせて窒素を放出するため系外への流亡が少なく，窒素利用効率が高く，現在多くの作物に適用され肥料の節減に効果をあげている．ミカンでは年間3～4回，ナシでは3～6回の施肥が慣行的に行われているが，追肥の必要のない緩効性被覆肥料は，環境保全的観点からだけではなく，労働負担の軽減が目下緊急課題とされている傾斜地果樹園にあってはきわめて利用価値が高い．しかし，被覆肥料は，施肥後の土壌混和が前提となっており，草生栽培による管理が行われ，表面施肥が慣行となっている多くのかんきつ園では，被覆肥料の施用は余分の労力を必要とするため，必ずしも省力化にはつながらない．対象果樹の高品質化をもたらす窒素溶出特性を備え，ある程度の土壌浸透性をもった新し

いタイプの緩効性肥料の出現が望まれる．

2) 栽培環境と果実品質

土・水・気象といった栽培環境に関する研究課題は，果樹の栄養生理とならんで多いが，それらのほとんどが，土の排水性，水管理あるいは水分ストレスといったキーワードと絡んでいる．実際，労働条件の不利な四国の急傾斜地において果樹栽培が発展し，高品質なミカンが生産されてきたのは，気象条件や陽当たり性だけでなく，排水性が良好で水分ストレスがかかりやすいその特殊な土壌条件に負うところが大きい．

果実の品質は，外観の美しさや，香り，色調，食べたときの歯ざわりや味覚などによって決定されるが，味覚や風味の構成要素のなかでも，糖の含量と組成は品質を決める重要な要因で，果実価格とも強く連動している．乾燥あるいは水分ストレスが果実糖度の上昇をもたらす現象については古くより知られているものの，その増糖機構の詳細についてはまだ良くわかっていない．少なくとも，単純な果汁濃縮説や光合成産物の果実への分配率だけで説明できないことは確かであり，糖代謝に関連する諸酵素の活性や遺伝子の発現が水分ストレスとどのようにかかわっているかが目下調べられつつある．キウイーフルーツでは，果実糖度と土の中の硝酸態窒素との間に負の相関が見られ，葉柄中の硝酸イオン濃度の測定が果実品質の良い指標となることが示されている（図III-8-8）．高糖度果実の生産力に優れた優良園ほど土の硝酸態窒素が少ない理由は，これら優良園土壌の透水係数の高さ，排水性の良さと密接に関係している．

土の排水性の良さによって生じる乾燥あるいは水分ストレスは，果汁中に糖を蓄積させ果実品質の向上をもたらす反面，根や春鞘の生長は不良となりやすく，果実肥大の抑制，酸濃度の増加，樹勢の低下などのデメリットをもたらす．また，開花から収穫までの生育期間が落葉果樹に比べて長いかんきつでは，幼果期には高温に，成熟期には低温にさらされ，さらに夏季の乾燥と，その前後の梅雨，秋雨に見舞われるなど生育期間中の温度と湿度の変化がきわめて大きく，絶えず環境からのストレスを受けている．果実の品質向上と生産

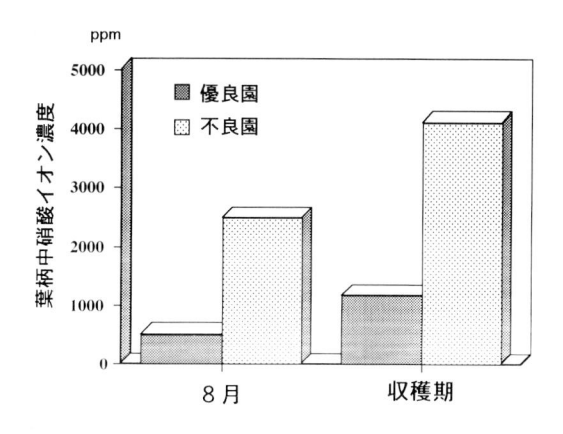

図III-8-8　キウイーフルーツの優良園と不良園における葉柄中硝酸イオンの比較

栽培品種は‘香緑’．優良園の果実糖度は15.5以上，不良園の果実糖度は14.0以下．
優良園土壌は不良園土壌より透水係数が高く，排水性に優れる．

性の向上を両立させるためには，細根の生長促進，着花過多の防止や落葉防止を考慮した水分管理と土壌管理が重要であり，今後栽培環境の制御によるストレス調節法や果樹側が受けているストレスの診断技術を確立する必要があろう．

3) 傾斜地果樹園と作業軽労化

地形的制約による機械化・基盤整備の遅れは，傾斜地農業を持続発展させる上での大きな阻害要因である．急傾斜地では，平坦地に比べて作業労働時間が2倍近くかかるという．機械化作業に適した樹形，栽植様式，せん定法の研究が進む一方で，傾斜地果樹園に適した安全で効率的な運搬車や作業用機械，またそれらの機械を導入する上で不可欠な簡易園内作業道の造成技術の開発が現在進められている（図III-8-9）．写真III-8-1は傾斜地かんきつ園用に近年開発された小型の防除装置で，その場旋回型となっているためUターンする必要がなく，袋小路の作業道であっても効率的に薬液を散布できるように工夫されている．ただ，これまでは傾斜地形に適合する安全で作業効率に優れた装置の開発に主眼がおかれてきたが，現在の基幹従事者の老齢化や女性化を考えた場合，作業機械のいっそうの小型化，軽量化と並んで，装置の扱いやすさにも視点をおいた設計が必要と考えられる．

194　III．日本農業の最前線

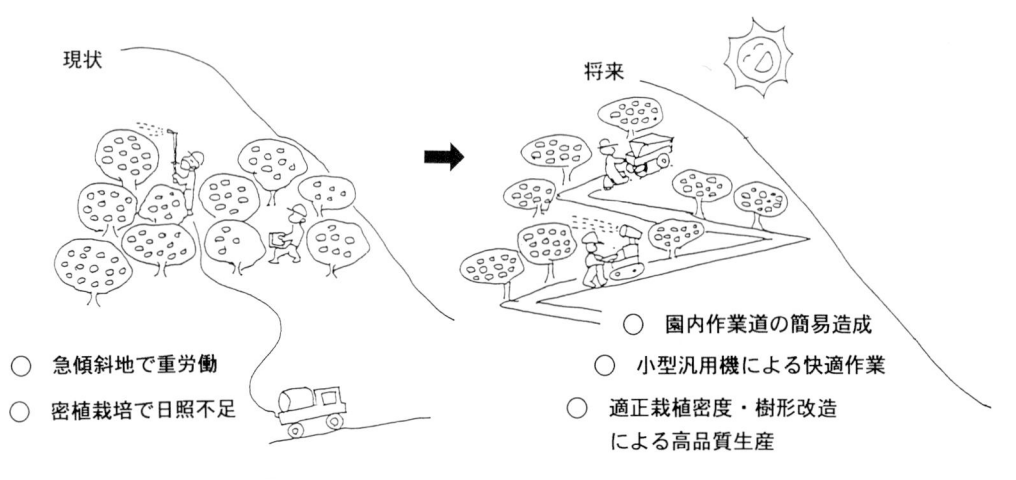

現状
- 急傾斜地で重労働
- 密植栽培で日照不足

将来
- 園内作業道の簡易造成
- 小型汎用機による快適作業
- 適正栽植密度・樹形改造による高品質生産

図 III-8-9　傾斜地果樹園の快適・省力生産システム

写真 III-8-1

写真 III-8-2

4) 傾斜地果樹園における草管理と被覆植物の利用

　農業は雑草との戦いともいわれるように，除草作業は農家にとって辛い農作業である．傾斜が急なうえに樹間が狭い果樹園では，除草剤の散布であれ草刈機による除草であれ，作業効率は悪く，労働負担量はきわめて大きい．また，地表面の草を枯死させ，耕地の裸地化をもたらす除草剤の反復使用は，湿潤と乾燥の繰り返しによって土壌侵食の危険性のある傾斜地果樹園では特別の注意が必要である．図 III-8-10 はミカンの栽植された傾斜ほ場における年間土壌流出量の7年間に渡る調査結果であるが，土の表面が草や敷わらで覆われている場合とそうでない場合とでは土壌侵食量が大きく異なる．傾斜地の果樹園では，草を根こそぎにしてしまうのではなく，果樹の生長時期や栄養特性に合わせて上手に利用しようという姿勢

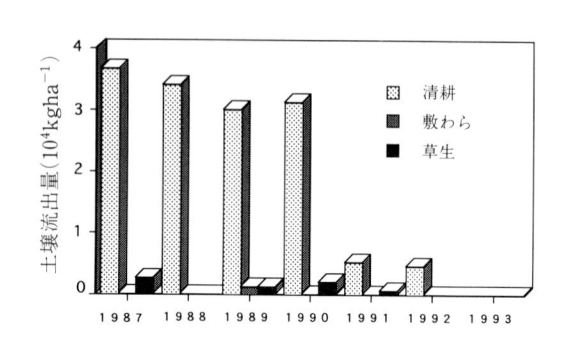

図 III-8-10　ミカン栽培園における土壌流出量
1991年以降の流出量が少ないのは，それまでに表土のほとんどが流れてしまったことによる．

土壌流出量 ($10^4 kg ha^{-1}$)
清耕／敷わら／草生

で臨むことが大切である．アメリカでは，果樹園の下草として，マメ科のヘアリーベッチが盛んに使用されており，クルミ園に被害をもたらすアブラムシをヘアリーベッチに集まるテントウムシに捕食させるという生物的防除法も実験的に試みら

れている．本植物は被覆力が強く雑草の制御にも優れた効果を示すため，土壌保全効果のみならず，安全で省力的な雑草管理法として，四国傾斜地域の果樹園に現在普及しつつある（写真III-8-2）．

四国中山間地の農業従事者は，現在半数以上が65歳以上の高齢者であり，傾斜地域における果樹生産を今後も維持・発展させていく上で，高齢化と後継者不足は避けて通ることのできない深刻な問題である．傾斜地農業の活性化には，快適・省力化をめざした新しい農業技術の導入もさることながら，農業経営や地域全体の産業構造を捉えた社会科学的研究も不可欠であろう．しかしながら，次世代の農業を考える上で何にもまして重要なのは，小さな液晶画面の中にしか生き物を知らない子供たちに，作物を育て収穫することの素朴な喜びを伝えていく啓蒙活動や教育活動にこそあるのではなかろうか．

(藤原伸介)

[コラム]

人工ゼオライト

火力発電など石炭の利用で大量に生じる副産物に「石炭灰」がある．この灰は，半分以上が投棄されており，環境保全上問題になっている．再生資源化のために，石炭灰を「人工ゼオライト」に転換するリサイクル技術が開発された．ゼオライトに変えれば，有用な機能を付与でき，新しい資材として有効利用できるようになる．石炭灰は，主成分のシリカ（SiO_2）とアルミナ（Al_2O_3）が不規則につながった化学構造をもつ．アルカリと化学反応させて，両成分が規則的に結合した構造に変えると，人工ゼオライトが生じる．一般にゼオライトといえば，フッセキ類に分類される鉱物をさす．三次元に広がった網目状の構造を有し，化学的にはテクトアルミノケイ酸塩といわれる．吸着能，分子フルイ能，イオン交換能，触媒能など役立つ機能を多くもっている．従来，天然に産するゼオライトと，高純度の原料から合成したゼオライトがあった．天然産のものは低廉価だが，性能的に良質なものは多くない．一方，合成ゼオライトは，高品位で性能は良いが，価格が高い．人工ゼオライトは，合成ゼオライトに近い性能をもっているにもかかわらず，価格は天然ゼオライトと同等か安い．人工ゼオライトの出現は，性能と価格の点でこれまで制限されていた，ゼオライトの利用を拡大しつつある．最近，世界で初めて工業的規模の転換プラントが完成した．用途は，環境保全・環境改善，バイオテクノロジー・生物生産，新素材，農林，水産・畜産，土木・建築，公衆衛生など多くの分野に広がっている．人工ゼオライトには，非ゼオライト成分（未燃焼炭素や，ゼオライトに至るまでの中間生成物など）が共存する．吸着能など諸機能は，単にゼオライト成分だけに起因するのではない．不明な箇所が多く残っている非ゼオライト成分がこれからの研究で解き明かされれば，人工ゼオライトの製造や有効利用法はさらに効果的になる．

(逸見彰男)

9. 暖かい風土が生むもの（九州・沖縄）

(1) 自然と農業の特徴

あちこちドライブしながらふと立ち寄った物産館や無人農作物販売所で，なつかしい土地のものや季節の香りを見つけた喜びは人を豊かにしてくれる．近年，季節の味を楽しみ，豊かさを求める人が多くなってきた．九州には，そんな素材を提供する多様な基盤があり，季節季節に旬を提供する人がいる．これらの農産物は地域の気候と土と農家の技量がマッチして形となる．四季それぞれの産物が存在するゆえんであり，九州には一年中どこかで名物が生まれている風土がある．

九州・沖縄地域は，九州本島，対馬や五島列島からなる西九州島しょ，さらに沖縄県の南西諸島までの広大な地域であり，距離で1,500 km，日本列島の約半分に相当する．したがって，その気候帯も，冬期の季節風が強く降雪日の多い北部九州（山陰型），内海に面して快晴日数が多く降水量が少ない福岡県東部～大分県（瀬戸内海型），有明海を取り囲む地域（内陸型），年間を通して気温が高く温暖な宮崎～鹿児島（南九州型），標高800～1,600 mの九州脊梁山地を中心とし比較的冷涼であるが年間の降水量は多い阿蘇・霧島山麓地域，薩南諸島を主体とする温暖な島しょ暖帯型，そして，亜熱帯型の南西諸島とたいへん変化に富んでいる（図III-9-1）．

地形から見ると，九州本島を南北に横切る九州山地のほぼ中央に阿蘇火山が位置し，南九州から南西諸島へ伸びる霧島火山帯とともに九州を特徴づけている．これらの活発な火山活動は過去に阿蘇カルデラと姶良カルデラからの壮大な噴出によって広大な火砕流台地を造った．最近では，雲仙普賢岳の火砕流が記憶に新しい．この2つの火砕流にはさまれるように中生代の堆積岩が分布し，北部九州には塩基性火山岩や古第三紀層が，南西諸島には石灰岩が分布する．

九州・沖縄地域には7,600 km^{2}の農耕地があり，灰色低地土と黒ボク土が2大土壌となっている．次いで，黄色土，グライ土，褐色森林土の順である．地域別には，平野部の多い福岡県と佐賀県で灰色低地土やグライ土などが多く，長崎県，沖縄県では少ない．黒ボク土は火山が多い熊本県，宮崎県，鹿児島県の台地に多く，沖縄県には存在しない．また，黄色土と赤色土は佐賀県，長崎県，沖縄県の丘陵地や山地に多く，宮崎県と奄美大島を除く鹿児島県では少ない．褐色森林土は福岡県と大分県に比較的多い．さらに，沖縄県と鹿児島県の奄美大島地域には石灰岩に由来する暗赤色土（島尻マージ）が多く分布し，日本の亜熱帯地域に特徴的な土となっている．また，沖縄県には泥灰岩由来の陸成未熟土（ジャーガル）がある．このように九州における土壌型の分布は，地形と母材に密接に対応しており，それはその土地の農業形態を規定することになる（図III-9-2）．

九州の農耕地の土地利用は水田56.8％，普通畑27.8％，樹園地13.0％，牧草地2.4％で，全国の平均に比べて，普通畑，樹園地の割合が高く，牧草地の割合は低い．それらの分布は，水田は低平地の多い福岡県，佐賀県など九州の北～中部で多く，黒ボク土の多い南九州では普通畑と飼料畑が多い．さらに，黄色土・赤色土地帯は有明海沿岸でミカンなどの果樹が，奄美以南ではサトウキビ，さらに，沖縄県では強酸性土壌に適するパインアップルも作られている．

九州の水田の特徴は干拓でできた水田が多いことである．有明海は干満の潮差が大きい遠浅の海岸を持ち，古くは平安時代からの干拓の歴史がある．とくに，佐賀県と熊本県で干拓が多く，佐賀県では水田53千haのうち17千haが，熊本県では77千haのうち24千haが干拓でできたも

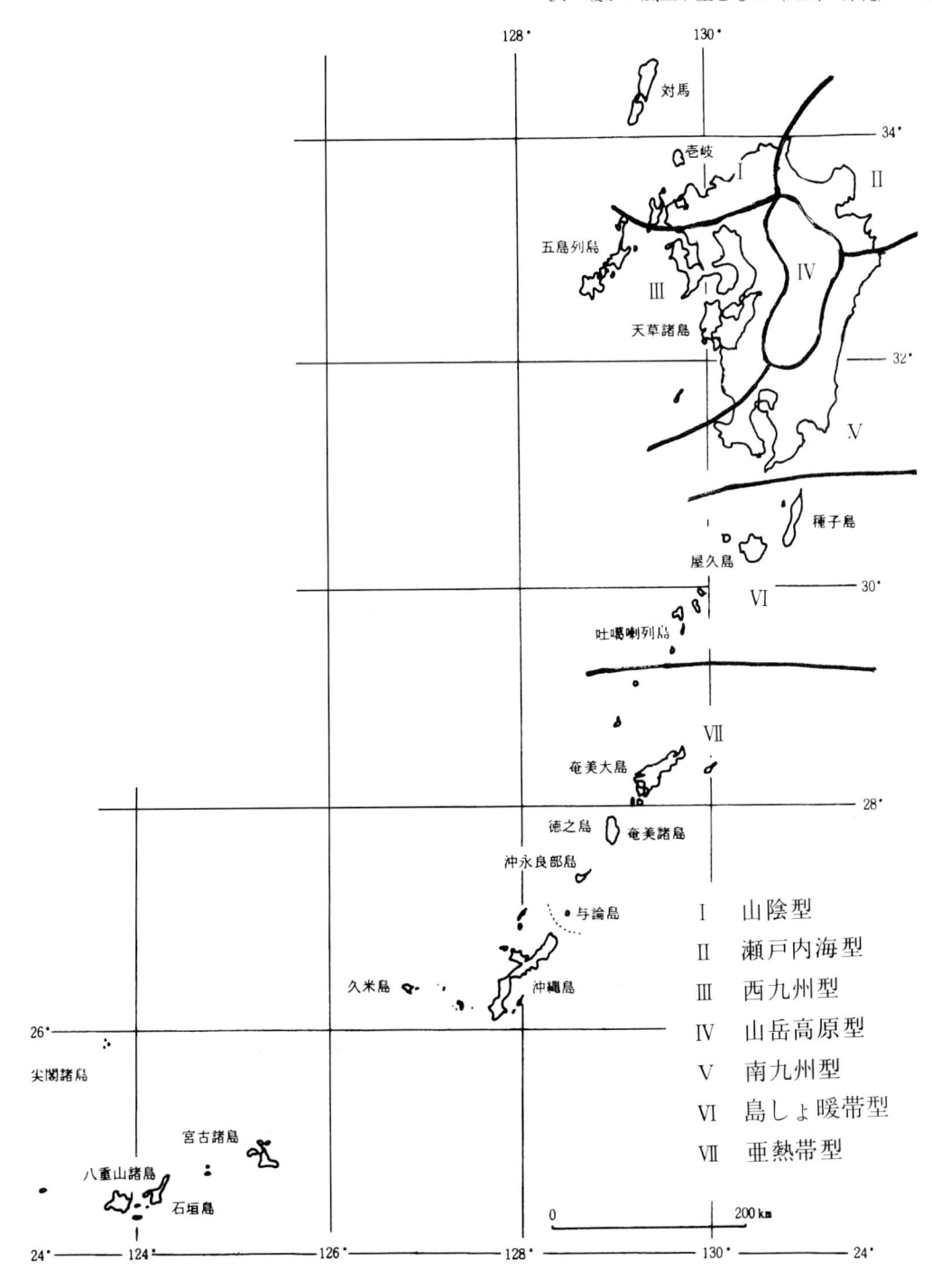

図 III-9-1 九州の気候帯区分図（九州農試資料，1980）

I 山陰型
II 瀬戸内海型
III 西九州型
IV 山岳高原型
V 南九州型
VI 島しょ暖帯型
VII 亜熱帯型

のである．干拓地の土は粘土含量が高く，海岸よりの新しい干拓地ではグライ土が，海岸から遠い古い干拓地では灰色低地土が分布する．

九州の土地利用率は全国平均を上回っており，とくに，水田の利用率は 115％（全国平均 96％）と高い．これは夏の水稲の作付け後に，冬にも野菜やイグサの栽培が多いからである．冬春期はガラスハウスやビニールハウスでの野菜栽培が多く，その設置面積は 11,245 ha と全国のそれの 30％に相当し，九州の水田は施設野菜の重要な

生産基地となっている（写真III-9-1）．施設内で栽培される主要な品目を見ると，気象と強く関連していることがわかる．すなわち，冬の気象が比較的低温で曇天の多い北部九州ではイチゴやトマトの生産が多く，温度・日射量ともに確保されやすい南九州ではインゲンやピーマンなどの光要求度の高い品目が多い．また，ハウス内の温度は保ちやすいが日射量は必ずしも多くない中部九州ではメロン，スイカの割合が高くなっている．

一方，阿蘇・久重～霧島に広がる標高300～1,000 mの高原地域は，降水量も2,000～3,300 mmと非常に多い高冷地多雨地帯である．この地帯は元来ネザサ・チガヤ・ススキ・シバなどの原野であったところが牛馬の放牧地，採草地として利用され，独特の景観をなしていた．その後，畜産の振興とあいまって大規模な草地開発事業が展開されたが，土が軽い黒ボク土であるうえに，起伏に富む傾斜地が多く土壌侵食を受けやすく，また，イモゴ，アカホヤ，クロニガ，ボラ，コラなどの特殊な土が局所的に出現するため，有機質資材，リン酸や石灰資材の投入，養分バランスの調整などの土壌管理が必要である．最近，輸入畜産物におされて放牧地が放棄されるところがあり，そのような地域の一部は低木林に変わりつつある．

他方，これらの高原地帯は夏秋野菜の生産基地ともなっている．キャベツ，ダイコン，レタス，ハクサイなどの露地野菜やトマト，ピーマンなどの雨よけ施設での栽培で，高冷地野菜として安定した地位を築きつつある．これらの産地も草地と同様に決して恵まれた条件ではなかったが，農家が土づくりに励んできた肥よくな表土を雨で流さないための土地の傾斜を考えたうね作りや野草帯

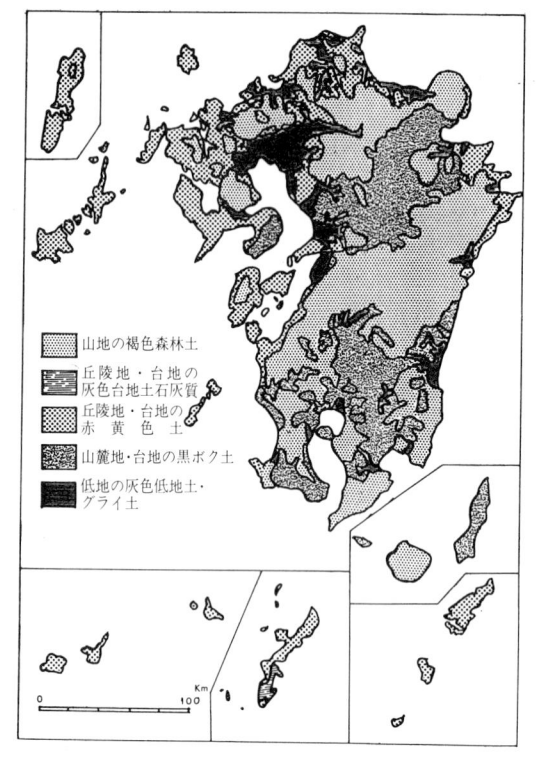

図III-9-2　九州地方土壌図（九州農試資料，1980）

写真III-9-1

表III-9-1　九州における野菜の施設栽培の推移（単位：ha）

	1975	1985	1995	主要作付品目		
				第1位	第2位	第3位
九州	4,788	9,295	11,245			
福岡	626	1,060	1,407	イチゴ	ナス	トマト
佐賀	188	625	718	イチゴ	キュウリ	ナス
長崎	174	314	760	イチゴ	メロン	トマト
熊本	2,163	4,679	4,988	メロン	スイカ	トマト
大分	182	621	774	スイカ	イチゴ	ニラ
宮崎	1,048	1,277	1,492	キュウリ	メロン	ピーマン
鹿児島	407	719	1,107	サヤインゲン	メロン	イチゴ

表III-9-2 九州各地の年平均気温，降水量，日照時間

都市名	年平均気温 (℃)	年降水量 (mm)	年日照時間 (時間)
福岡市	16.2	1,604	1,811
熊本市	16.2	1,968	1,953
宮崎市	17.0	2,435	2,103
那覇市	22.4	2,037	1,876

の設置，栽培する作物の組合せ（作付体系）などの技術開発と農家の実践的努力がもたらした結果である．さらにこの地帯では温泉熱を利用した最新施設での花きや野菜の栽培も始まっている．

九州本島南部は光，温度，水資源と恵まれた環境にあるが，集中豪雨や台風，干ばつなどの気象災害も多い．また，高温多雨の条件は作物生育には好適ではあるが，地力の消耗も激しく，病害虫の発生も多い．さらに，大消費地に遠く輸送コストがかかるなどの不利な条件のため，以前は，カンショ，ナタネなどの露地作物や飼料作物の栽培が多かったが，地域の特性を活かした根菜類の大規模栽培やインゲン，ソラマメ，花き類などの付加価値の高い品目の生産が定着している．また，家畜の飼養頭数，その密度も全国一高い．

九州でもこれまで生産物供給の安定化や生産コストの低下など生産効率を上げるため大規模な産地化がすすめられてきた．その結果，生産地域の集中は，冬でも温暖な気象ゆえに，作付けの単純化や栽培回数の増加を生じ，家畜頭数の巨大化，連作による養分のアンバランスや病害虫による被害，さらに農薬や肥料の多投入という環境負荷を増大させる事態になってしまったところも少なくない．これに対する反省から，近頃では農薬や化学肥料の施用を減らし，地域の環境を生かして健全な農産物を作ろうとする動きが活発になっている．

（久保研一・山田一郎）

(2) 水田園芸―水田で野菜や果物をつくる

1) 表と裏

農業では「おもて」と「うら」という言葉がよく使われる．一つの土地で1年間に2つの作物を作る場合に，より重要な方を「表作」，他方を「裏作」とよぶ．日本の場合，水田では長いことイネが「表作」であり，多くが麦を「裏作」としてきた．1965年頃から，「裏作」のムギにかわる換金性の高い作物として野菜の栽培が本格化した．それまでにも葉菜類を中心に冬春の栽培は行われてきていたが，その主体は何といっても水田地帯に導入されたメロンであり，火山灰台地を開田したところに導入されたスイカである．さらに，トマト，イチゴなどが広がった．そして，本格的ビニールハウスの導入や接木栽培，マルチ資材利用などが進み，現在ではたいへん幅の広い種々の作型（さくがた）となって，一大園芸地帯を形成している．今や完全に裏と表が逆転している．1992年の異常冷夏の年には水稲の成熟が遅れ，イチゴ農家は収穫目前の稲をすき込んで，イチゴを優先させた．いくつかの作物についてその作型を見てみよう（表III-9-3）．梅雨からハウスにむかない高温期をたん水状態にしてうまく利用していることが理解できる．

2) 土の酸化と還元

一般に，野菜類は7年から15年くらい栽培を

表III-9-3 九州における水田園芸作物の作型

	1月	2月	3月	4月	5月	6月	7月	8月	9月	10月	11月	12月
春メロン	植	植		収	収	収	水	水	水	水	水	水
秋メロン							水	水	植	収		
スイカ	植	植		収	収	収	水	水	水	水	水	植 植
イチゴ	収	収	収	収			水	水	植	植	収	収
トマト	収	収	収	収	収	収	水	水	水	収	収	収
ナス	収	収	収	収	収	収	収	収	水	収	収	収

植：植え付け期間，水：たん水（水稲）期間，各作物収穫期間．
※最近はメロン・スイカの色々な作型を組み合わせて3〜4年栽培した後に水田に戻すところが多くなっている．

続けると産地の移動を余儀なくされる場合が多い．ところが，水田園芸地帯ではメロンもスイカもトマトも40年以上にわたり安定した生産が行われている．その理由として次のような水田特有の条件が貢献していると考えられる（写真III-9-2）．

① たん水期間に土に蓄積された窒素が供給される．

② 作物生育にとって安定した水分状態が得られる．

③ 土が交互に酸化状態（野菜作）と還元状態（稲作）になるため微生物相が単純化せず，病害の発生が少ない．

④ 肥料を多施用する野菜作で残存した養分がイネに吸収されたり，脱窒したりして除去される．

しかし，水田園芸が定着してきた道は平坦ではなかった．いろいろな問題が発生するつど，原因解明と対策確立という地道な努力が行われてきた．水稲裏作に野菜類が導入された当初発生した

写真III-9-2

「開田病」も大問題となった一つである．

水稲の裏作として栽培が始まった作物にはスイカ，メロン以外にもタバコ，ハクサイ，バレイショ，キャベツなどがあったが，この時代，まだまだコメは不足気味で，盛んに開田が行われていた．そして，これらの開田地帯でも裏作に野菜導入が推進された．ところが，開田地帯に導入された野菜類に生育異常が発生した．その症状は，定植後しばらくして下位葉基部から褐色斑が現れ葉身に広がるとともに，生長点がしおれ，黄化した後，枯死するものである．調査の結果，障害はほとんどの作物に共通して発生していること，発生は開田に限られ既設田には認められないこと，それも前作に水稲が栽培されたほ場に限られているという特徴があった．これが「開田病」である．

栽培法，病害，生育環境など多方面の調査と検討が行われた結果，野菜の養分吸収が関係していることが推定され，障害の出た作物と健全な作物の比較分析が行われた．欠乏症のおそれのある成分としてカリウム，カルシウム，モリブデン，過剰症のおそれのある成分としてマグネシウム，マンガン，アルミニウムが考えられたが，さらに，詳査の結果，マンガンの過剰症であることが解明された．しかし，土の中の全マンガン含有量，易還元性マンガン含有量，交換性マンガン含有量のいずれとも相関が認められない．この当時，土壌分析はほ場から採取してきた土をいったん乾燥して分析していた．ところが，ある研究者が乾燥しない生土を試料として1モルの塩化カリウム溶液でマンガンを抽出して分析したところ，症状の現れ方とよく一致したのである．これを契機にマン

表III-9-4 水田園芸と畑園芸における土の性質

	水田園芸	畑園芸
	水稲—野菜交互作	野菜だけ
Eh	還元層（酸化還元電位6＜0.3V）が混在	全層酸化層（酸化還元電位＞0.3V）
pH	ほぼ中性（たん水期間中にカルシウムイオンなど供給）	酸性（カルシウムイオンなどの溶脱）
水分	安定	不安定
地力窒素	たん水下で集積した地力窒素の発現が多い	分解が速いため少ない
リン	還元状態にあるとき可給態リンが増加	固定により可給態リンは減少
鉄	二価鉄イオンがかなり存在	鉄酸化物として存在
マンガン	二価マンガンイオンがかなり存在	マンガン酸化物として存在
残存養分	たん水期間中に下層へ除去	表層に集積しがち

ガンの酸化還元反応と水に対する溶解度の関係から障害発生のメカニズムと対策が明らかにされた．つまり，開田病が発生した地域の土は火山灰を母材とした畑土壌であり，マンガン含有量が高かった．これらのマンガンは酸化状態に長くあったため4価あるいは7価のもので，水に対する溶解度が低く，作物に吸収されにくい．ところが，水稲が栽培される期間は，たん水状態におかれ，表層は還元状態となり，土の中のマンガンは溶解度の高い2価に還元される．マンガン過剰症「開田病」は土の中に交換性マンガン（2価）が100 ppm以上存在し，また，作物乾物中のマンガン濃度が1,000 ppmを超えると認められる．そして，現地の土の条件は，透水性が悪く還元化の度合が強いことと，土が酸性で還元型マンガンの生成がおこりやすい．また，同じマンガン含有量をもつ他の地域の土に比べても，還元型マンガンの生成率が高いという特徴が認められ，対策として透水性の改良や酸性の矯正が行われた．さらに，いろいろの作物についてマンガン過剰症への感受性が検討され，ハダカムギなどムギ類が敏感であることが明らかにされた．この時期ムギ類はスイカの前作や間作として栽培され，防風や敷草として利用されていたので，ムギにマンガン過剰症の病徴があるかどうか判定することによって，後作の野菜における障害発生を予知できることが明らかにされた．

このように，それぞれの場面でかかわった人々の知恵の出し合いが「開田病」を解決したが，土の酸化還元に起因する障害は今なお場面を変えて発生している．このごろでもマンガン過剰症はベンチ栽培で蒸気消毒を強く行ったときに時折認められる．また，鉄についても3価から2価へ還元が進むと吸収が促進されるため，野菜の定植間近に分解の早い有機物をすき込むと後作に鉄過剰症が発生することがある．

3）「環境の時代」の園芸

農家経営の中で園芸の占める割合が大きくなるにつれて，ハウスの固定化，大型化が進み，1年多作，あるいは，連作の傾向が強くなり，土に過剰な養分が残存することは否めない．元来，野菜類はイネ科作物と異なり，根系が貧弱でかつ栽植密度が低いことから濃度障害に弱く，また，養分利用率も低い．このため，土に残る養分濃度が高まるにつれて生育や収量に悪影響が見られるようになる．こんなとき，農家は対策を有機物を積極的に利用した土づくりとたん水除塩に求めてきた．しかし，園芸の分野の土づくりは一般畑作物の土づくりといくぶん異なっている．水田園芸の中心的な作物である果菜類は養分供給量の多いことが直ちに多収・高収益に結びつかない．糖度や外観品質，収穫の安定性などがより重要な生産を評価する要素となっている．したがって，露地作物では養分供給レベルを高めることを目的に堆肥の投入量や肥効の高さが競われたことと対照的に，施設で施用する有機物は屋外で何年も堆積し雨に当てたものが歓迎される．とくに，イチゴなどのように濃度障害に敏感な作物では，塩分含有量の多い家畜ふん堆きゅう肥の施用は避けられている．

また，近年，農業生産活動についても，環境に対する影響が厳しく問われる時代となっている．とくに，施設園芸地帯や果樹地帯，畜産地帯では施用した肥料や資材から窒素成分が硝酸イオンとして地下水まで浸透し，飲用水源を汚染しつつあることが明らかにされ，緊急な対策を立てなければならなくなっている．こうなると，1年に3作も栽培することが環境負荷の発生源となり，まして，これまで水田園芸の利点であった残存養分のたん水除塩は環境負荷発生源にほかならない．作付体系の異なるほ場での硝酸態窒素の下層土中における分布を測定した結果は，降雨やたん水による水の浸透が硝酸態窒素の流亡に大きく影響することを改めて示している．適切な環境保全的な養分管理のもとで品質・収量を達成する新しい技術が求められている．

〈久保研一〉

(3) 火山と人間がつくる黒ボク土

火山活動はしばしば人間の生活に大きな打撃を与える．しかし，火山噴火はまた，人間に恵みをももたらす．火山から噴出する火山灰は地表を覆い，新しい土が誕生する．この火山灰土の更新は，数百年～数千年単位で行われることが多く，

老熟した土の若返りがおこる．

1) 九州の火山活動

九州は火山国日本のなかでも代表的な火山地帯である．九州の火山活動に特徴的なことは，阿蘇カルデラなどの巨大カルデラ形成の原因となる巨大噴出がしばしばおこることである．これらの噴出物は九州一帯に広く分布している．阿蘇火山は過去30万年間に4回大爆発し，9万年前の阿蘇4の火砕流堆積物は九州の大部分と本州西部を覆った．この火山噴出が現在の阿蘇カルデラを形成した．鹿児島湾北部の姶良カルデラは，約2.5万年前に軽石，火砕流，火山灰（姶良Tn火山灰：AT）を次々に噴出した．このうち，火砕流は南九州にシラス台地を形成し，ATはほぼ日本全域を覆った．さらに，6,300年前には，屋久島の北北西約30 kmから噴出した火砕流は薩摩半島と大隅半島まで分布し，火山灰（鬼界アカホヤ火山灰：アカホヤ）は東北地方まで達した．九州全域において，自然生態系や人間活動が大きなインパクトを受けたことは想像に難くない．これらに比

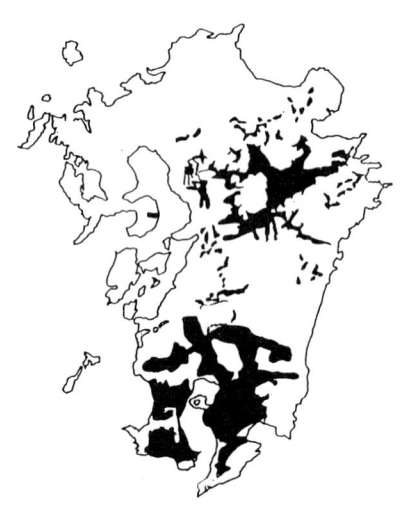

図 III-9-3　九州の火砕流の分布（九州農試，1993を一部改変）

写真 III-9-3　土石流（深江町水無川，1993/9/28撮影）

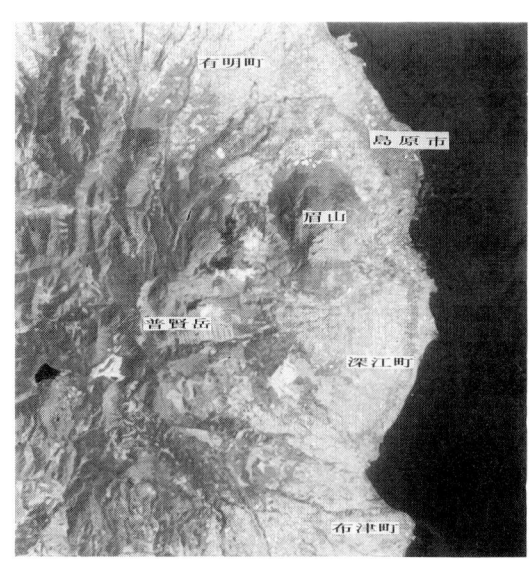

写真 III-9-4　噴火前の雲仙・普賢岳（1988/4/15のランドサット画像）

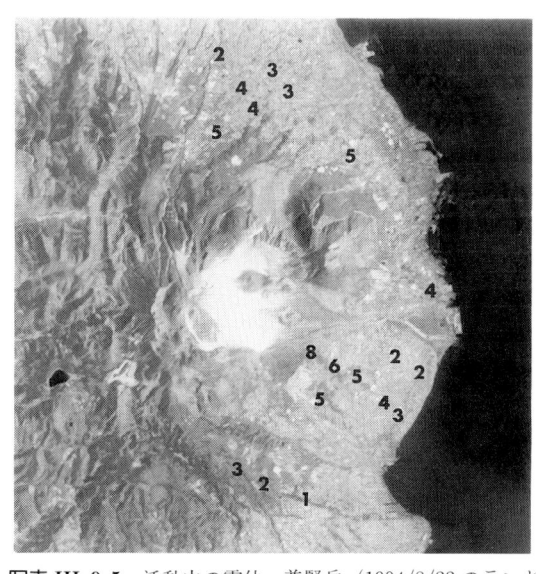

写真 III-9-5　活動中の雲仙・普賢岳（1994/8/22のランドサット画像，数字は火山灰の厚さ（cm））

べて小規模な噴火は薩摩半島の池田湖と開聞岳，桜島，霧島，九重，阿蘇，雲仙の各火山などでしばしば起こった．これらの火山から噴出した火砕流や火山灰は地表を覆い，新しい噴出物を母材として新しい土の生成が始まる（図III-9-3）．

このうち雲仙・普賢岳は1990年11月に200年ぶりに噴火をおこし，1996年5月に終息するまで，頻繁に発生した火砕流，土石流と火山灰は44人の犠牲者を出し，地域住民の生活と生産活動に甚大な被害を与えた（写真III-9-3）．雲仙・普賢岳の火砕流と土石流の分布は人工衛星画像から明瞭にわかる．写真III-9-4と写真III-9-5には噴火前の1988年4月と噴火後の1994年8月のランドサット画像を示した．現地調査により火山灰の分布は広いが厚さは比較的薄いことがわかり，また火山灰の分析から化学性も問題が少ないため，下の黒ボク土との混層により，営農の持続が可能であった．

2）阿蘇の黒ボク土

最終氷期以降の日本は比較的温暖で湿潤な気候が続き，植生は自然状態では草原に止まることなく最終的には森林になると考えられている．じつは，阿蘇や久重の草原とその下の黒ボク土は，人間が火入れをして自然の遷移をおし止めた結果の産物なのである．

黒ボク土は次々に新しい火山灰が乗って成長していく累積土壌である．そのため古い土は埋没してしまうが，この古土壌は当時の土壌形成環境情報を内包したタイムカプセルである．阿蘇の黒ボク土地帯のなかで九州農業試験場のある菊池台地では，9万年前の阿蘇4火砕流の上に礫層があり，その上に火山灰が土壌化した褐色土いわゆるローム層があり，その上が埋没黒ボク土の累積層となっている．ローム層と黒ボク土の境界の年代は2.8万年前である．黒ボク土の形成にはススキ草原のような半自然植生が必要であることから，ここでは2.8万年前から連続して草原植生が存在していたことになる．しかし，外輪山一帯では黒ボク土の連続した生成は1万年前からである．この1万年というのは，関東以北の黒ボク土の年代と同じである．つまり，阿蘇黒ボク土地帯のうち菊池台地や高尾野のような山麓では旧石器時代後

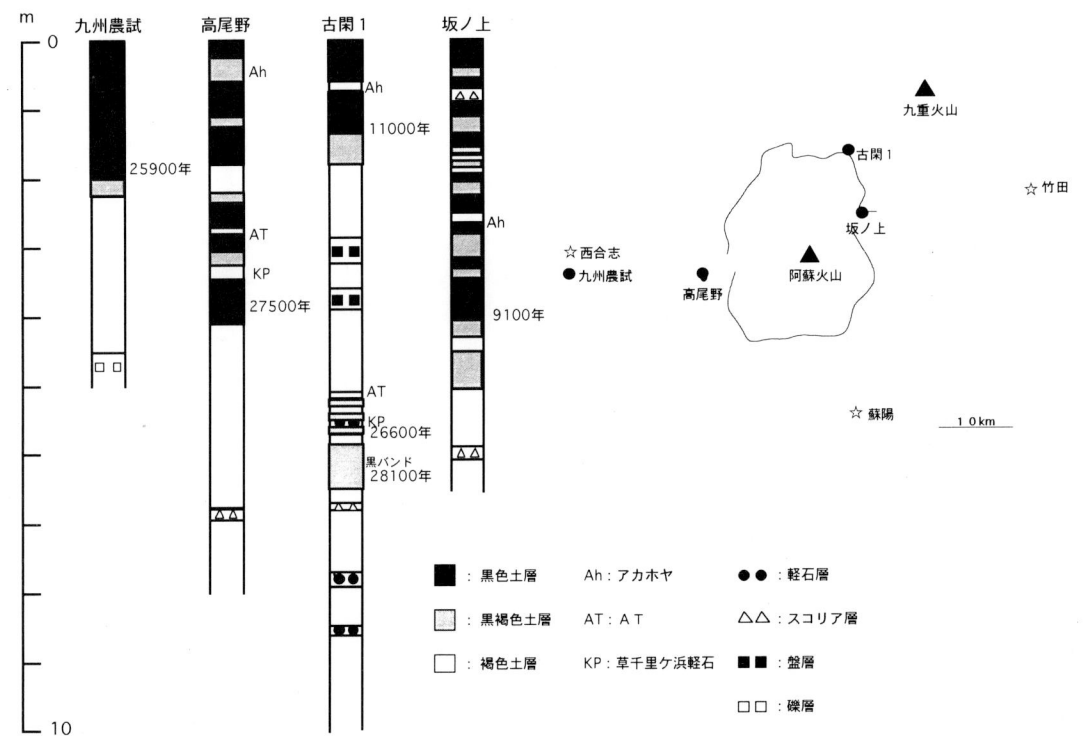

図III-9-4　阿蘇の黒ボク土

期から，その他の地域では縄文時代から人為による草原植生が恒常的に出現していたことになる．この人為は火入れと考えられるが，その目的は時代により異なり，見晴らしの良さ（狩猟，防御），焼き畑，放牧地，採草地などであろう．現在も，阿蘇の外輪山一帯では肥後の赤牛の放牧が行われている．毎年春に火入れが行われて，草原の維持が図られている（図III-9-4）．

(山田一郎)

[コラム]

南西諸島の赤土流出

沖縄では，本土復帰以降，大規模な土地開発やアメリカ軍施設の建設が進み，既存の土地に対する人的インパクトが急激に増大し，海洋への土の大量流出が問題化した．とくに沖縄本島中・北部地域，石垣島，久米島などの赤・黄色土（国頭マージ）地帯では，強雨時の土の流出による河川や海域の赤濁が著しく，自然環境，沿岸漁業，観光産業などに及ぼす影響が大きいため，赤土汚染として深刻な問題となった．また，農耕地から作土が失われてしまうので，農業生産も大きな影響を受ける（写真III-9-6）．沖縄県では1995年に，10a以上の一団の土地の区画形質を変更する場合を対象として赤土など流出防止条例を施行した．

写真III-9-6

国頭マージは他の土に比べて水に分散しやすく，流出しやすい．とくに，急傾斜地に分布する国頭マージは平坦な段丘面に分布する島尻マージや小起伏丘陵に分布するジャーガルより侵食を受けやすい．さらに，南西諸島は台風の襲来が多く，5・6月の梅雨にも大雨が多いことも，沖縄で土の流出がおこりやすい一因である．

赤土流出防止の土木工学的対策としては，斜面方向の長さを短くし，畑面の勾配を緩やかにすることとほ場から流出した土砂をほ場外へ出さない土砂溜マスや沈砂池の設置である．営農的対策では，雨滴の土への衝撃を弱めるために植生や被覆資材などにより土面を被覆する方法，表面流去量を少なくするためにほ場の深耕や植生などにより雨水を浸透させる方法，表面流去水の流速を弱めるために植生や障害物を置く方法，団粒形成を促進させる方法などがある．

(山田一郎)

参 考 図 書

I 編

安田喜憲：森と文明の物語，ちくま新書 034（1995）
浅海重夫編：土壌地理学，古今書院（1990）
松永勝彦：森が消えれば海も死ぬ，講談社ブルーバックス B 977（1993）
木村資生：生物進化を考える，岩波新書 19（1988）
西岡秀三監訳：地球温暖化の影響予察（IPCC 第二作業部会報告書），中央法規（1992）
環境庁地球温暖化問題研究会：地球温暖化を防ぐ，NHK ブックス 599（1990）
内嶋善兵衛編：地球環境の危機—研究の現状と課題，岩波書店（1990）
陽　捷行編著：地球環境変動と農林業，朝倉書店（1995）
松井　健・岡崎正規編著：環境土壌学，朝倉書店（1993）
金野隆光：土壌生物活性への温度影響の指標化と土壌有機物分解への応用，報告 1（1986）
石　弘之：酸性雨，岩波新書（1992）
フィラー，J.（秋元　元訳）：変わりゆく大気　地球科学からの警告，日経サイエンス（1992）
黒田洋一郎：ボケの原因を探る，岩波新書（1992）
日本熱帯農業学会編：熱帯農業の現状と課題（1992）
宮脇　昭：植物と人間—生物社会のバランス—，NHK ブックス（1970）
進士五十八：緑からの発想，思考社（1983）
市川定夫：環境学のすすめ（上）（下），藤原書店
日本農芸化学会編：世界を制覇した植物たち　神が与えたスーパーファミリー・ソラナム　学会出版センター
カーター，V. G.・デイール，T.（山路　健訳）：土と文明，家の光協会
瀧井康勝：植物からの発想，三五館
慶応義塾大学理工学部エネルギー・環境グループ編：二酸化炭素問題を考える，日本工業新聞社
福岡克也：地球環境保全戦略　エコロジー経済学の挑戦，有斐閣選書
ルーミス，R. S.・コナー，D. J.（堀江　武・高見晋一監訳）：食糧生産の生態学 I　食糧生産と資源管理環境問題の克復と持続的農業に向けて，農林統計協会
森　敏：植物の遺伝子工学と食糧・環境問題「高度技術社会の展望」（竹内啓編），学振新書
森　敏：植物根によるムギネ酸分泌の意義とその生合成経路，「植物の根圏環境制御機能」（日本土壌肥料学会編），博友社
森　敏：食品の質に及ぼす有機物施用の効果，「有機物研究の新しい展望」，博友社

II 編

日本土壌肥料学会編：土壌構成成分解析法（II），博友社（1993）

日本土壌肥料学会編：土壌構成成分解析法，博友社（1992）
木村眞人他：土壌生化学，朝倉書店（1994）
ゲラーシモフ，I. P.・グラーゾフスカヤ，M. A.（菅野一郎ほか訳）：土壌地理学の基礎上，築地書館（1963）
服部　勉：大地の微生物世界，岩波新書（1987）
岩田進午：土のはなし，大月書店（1985）
小森長生：月の地質学—天文と地質をつなぐ宇宙の探求，築地書館（1971）
永塚鎮男：基礎教養講座　教師のためのやさしい土壌学②　II．土壌はどのようにしてできたか，理科の教育（No. 443），56-61，日本理科教育学会編，東洋館出版社（1989）
大羽　裕・永塚鎮男：土壌生成分類学，養賢堂（1988）
Sparks, D. L.: Environmental Soil Chemistry, Academic Press, 53-80（1995）
「日本の森林土壌」編集委員会編：日本の森林土壌，日本林業技術協会（1983）
松井　健：土壌地理学序説，築地書館（1988）
久馬一剛編：最新土壌学，朝倉書店（1997）
久馬一剛他：新土壌学，朝倉書店（1989）
土じょう部：林野土壌の分類（1975），林業試験場研究報告（280），1-28（1976）
真下育久：森林土壌，新版造林学，朝倉書店（1981）
宮川　清：植物をみれば土がわかる，土の 100 不思議，日本林業技術協会（1990）
「土の世界」編集グループ編：土の世界，朝倉書店（1990）
河室公康・鳥居厚志：長野県黒姫山に分布する火山灰由来の黒色土と褐色森林土の成因的特徴—とくに過去の植被の違いについて，第四紀研究（25），81-98（1986）
春成秀爾・小池裕子：日本第四紀地図解説，東京大学出版会（1987）
長谷川周一：土壌中の水移動と根の吸水，移動現象，11-40，博友社（1987）
田崎忠良編著：水と植物，環境植物学，朝倉書店（1982）
粕渕辰昭：圃場における熱及び水の移動とその測定法，移動現象，博友社（1987）
和田光史：土壌粘土によるイオンの交換・吸着反応，土壌の吸着現象—基礎と応用，日本土壌肥料学会編，博友社（1981）
南條正巳：土壌中での元素の化学変化—多量元素，微量元素，土の化学，季刊化学総説（4），122-128（1989）
岩田正久：塩基バランス，農業技術体系，土壌施肥編，4．土壌診断生育診断，農文協（1987）
和田信一郎：3.1 化学的性質，粘土ハンドブック，第 2 版，技報堂（1987）
三枝正彦：酸性土壌におけるアルミニウムの化学，低 pH 土壌と植物，1994，博友社（1981）

鍬塚昭三：土壌中における農薬の移動・吸着，土壌の吸着現象，博友社（1981）

アレン，M. F.（中坪孝之・堀越孝雄訳）：菌根の生態学，共立出版（1995）

小川 眞：作物と土をつなぐ共生微生物—菌根の生態学，農文協（1987）

岡部宏秋：森づくりと菌根菌，わかりやすい林業解説シリーズ105，林業科学技術振興所（1997）

服部 勉・宮下清貴：土の微生物学，養賢堂（1996）

日本微生物生態学会編：微生物の生態 17—環境浄化とバイオテクノロジー，学会出版センター（1992）

児玉 徹監修：バイオレメディエーションの実際技術，シーエムシー（1997）

Davidson, R. L.: Ann. Bot. 33, 561-569（1969）

Tsay, Y., Schroeder, J. I., Feldmam, K. A. and Crawford, N. M.: Cell 72, 705-713（1993）

Tyerman, S. D., Whitehead, L. F. and Day, D.A.: Nature 378, 629-632（1995）

Schachtman, D. P. and Schroeder, J. I.: Nature 370, 655-658（1994）

Epstein, E., Rains, D. W. and Elzam, D. E.: Proc. Natl. Acad. Sci, U. S. A. 49, 684-692（1963）

牧野 周・前 忠彦：化学と生物（32），409（1994）

榊原 均・杉山達夫：化学と生物（32），290（1994）

榊原 均：化学と生物（34），808（1996）

早川俊彦ほか：化学と生物（32），93（1994）

Frommer, W. B. and Sonnewald, U.: J. Exp. Bot. 46, 587（1995）

田中 明：光合成 II（植物生理学2），宮地重遠編，朝倉書店（1981）

藤田耕之輔：物質の輸送と貯蔵（現代植物生理学5），茅野充男編，朝倉書店（1991）

Yoneyama, T. et al.: Progress report in 1976-1977. Report of special research project, NIES R-2, 103（1978）

森川弘道ほか：植物細胞工学 5，298（1993）

Makino, A. et al.: Plant Physiol. 114, 483（1997）

大石慎三郎編：農村，近藤出版（1985）

槌田 敦：エントロピーとエコロジー，ダイヤモンド社（1990）

渡辺 茂・須賀雅夫：システム工学とはなにか，NHKブックス 551（1988）

中澤征三郎・松浦謙吉：重粘土造成畑における土壌管理方式の違いと土壌流亡の関係並びに土壌侵食予想図作成について，中山間マサ土地帯における合理的土地利用技術の確立，p 40-44，農林水産技術会議事務局（1988）

中澤征三郎：畑地の保全，山陽の農業と土壌肥料（1989）

農林省振興局研究部監修：農業気象ハンドブック，養賢堂（1961）

松井 健・岡崎正規編著：環境土壌学，朝倉書店（1993）

三井進午監修：最新土壌肥料・植物栄養事典，養賢堂（1970）

関矢信一郎：水田のはたらき，家の光協会（1992）

有機質資源化推進会議編：有機性廃棄物資源化大事典，農文協（1997）

神奈川県農業技術課編：未利用資源堆肥化マニュアル（1997）

岩坪五郎：森林—河川の水量・水質への関連—，琵琶湖研究所報告（2），14-27（1983）

田渕俊雄・高村義親：集水域からの窒素・リンの流出，東京大学出版会（1985）

Houghton, J. T., Callander, B. A. and Varney, S. K. eds.: Climate Change 1992, The Supplementary Report to The IPCC Scientific Assessment, 200pp., Cambridge University Press, Cambridge（1992）

陽 捷行編著：土壌圏と大気圏，朝倉書店（1994）

木村眞人編著：土壌圏と地球環境問題，名古屋大学出版会（1997）

山本広基編著：土壌生態系に及ぼす農薬の影響評価のための推奨試験，平成4年度科学研究補助金研究成果報告書，島根大学（1993）

久森藤男：現在農業資源利用論，明文書房（1984）

ペドロジスト懇談会 土壌分類・命名委員会：1/100万日本土壌図解説書（1986）

Nagathuka, S.: Soils of Japan and their present, TASAE（1992）

農耕地土壌分類委員会：農耕地土壌分類第3次改訂版，農業技術研究所資料（17）（1995）

永塚鎭男：原色土壌生態図鑑，フジ・テクノシステム（1997）

Ph. デュショフール（永塚鎭男・小野有五訳）：世界土壌生態図鑑，古今書院（1986）

林業試験場土壌部：林野土壌の分類（1976）

農業技術研究所土壌管理科監修：農耕地土壌分類第3次改訂版の手引き，日本土壌協会（1996）

大塚紘雄・井上隆弘：世界の土壌資源，科学（10），611-617（1988）

山根一郎：土壌の生成と種類，土壌学，文永堂（1984）

Otowa, M.: Morphology and Classification; in Ando Soils in Japan, ed. K. Wada, p 3-20, Kyushu Univ. Press, Fukuoka, Japan（1985）

ISSS-ISRIC-FAO: World Refference Base for Soil Resources, p. 1-161, Wageningen, Rome（1994）

日本第四紀学会編：日本第四紀地図，東京大学出版会（1987）

III 編

石城謙吉・福田正巳編著：北海道・自然のなりたち，北海道大学図書刊行会（1994）

日本の自然，地域編，北海道，岩波書店（1994）

北海道農業試験場・北海道道立農業試験場：北海道農業技術研究 50 年（1952）

荒又 操：北海道農業の研究，柏葉書院（1948）

石塚喜明：北海道農業に育てられて，石塚喜明先生定年記念事業会（1970）

簑島眞一郎：甜菜の知識，農業新聞社（1960）

Russell, S.（田中典幸訳）：作物の根系と土壌，農文協（1981）

石塚喜明・星野達三編：北海道の稲作，北農会（1995）
三枝正彦：黒ボク土，土の科学（日本化学会編）（1989）
Shoji, S. et al.: Volcanic Ash Soils-Genesis, Properties and Utilization, Elsevier (1993)
日本第四紀学会編：日本第四紀地図，東京大学出版会（1987）
日本土壌肥料学会関東支部編：都市と農業の共存をめざして，日本土壌肥料学会関東支部（1996）
上杉 陽ほか：テフラからみた関東平野，URBAN KUBOTA（21），2-17（1983）
町田 洋・新井房夫：広域に分布する火山灰―姶良Tn火山灰の発見とその意義，科学（46），339-347（1976）
大倉利明ほか：南関東の完新世火山灰土壌の母材――次鉱物組成と元素組成による判定，地学雑誌（102），217-233（1993）
町田 洋・新井房夫：火山灰アトラス，東京大学出版会（1992）
宮地直道：新富士火山の活動史，地学雑誌，94，433-452（1988）
Tsuya, H.: Geological and Petrological Studies of Volcano Fuji (V). On the 1707 Eruption of Volcano Fuji. Bull. Earthq. Res. Inst. 33, 341-383 (1955)
坂上寛一：黒ボク土―火山灰土壌成熟化の要因，土壌地理学―その基本概念と応用（浅海重夫編），古今書院（1990）
新井房夫：火山灰考古学，古今書院（1993）
日本土壌肥料学会中部支部編：中部の土壌と農業（1975）
槇山次郎ほか：日本地方地質誌 中部地方改訂版，朝倉書店（1975）
日本の地質「中部地方II」編集委員会：日本の地質5，中部地方II，共立出版（1988）
富山県：富山県恐竜足跡化石調査報告書（1997）
河野通佳：北陸の農業散歩，日本土壌肥料学会（1985）
北陸農政局：米どころ北陸，農林水産統計報告（1997）
土壌保全調査事業全国協議会編：日本の耕地土壌の実態と対策，博友社（1992）
福井県：農林漁業の動き（平成7年度動向年報）（1997）
福井県：新しい福井県農業・農村の基本方向（1996）
石川県：石川21世紀農業・農村ビジョン（1992）
富山県：21世紀をめざす富山県農業の展開（1996）
日本作物学会北陸支部・北陸育種談話会編：コシヒカリ，農文協（1995）
農林水産省北陸農政局編：北陸農林水産統計（1995）
松本紘斉：梅のすばらしい効能の秘密はこれ！，梅，主婦の友社（1982）
福井県園芸試験場：ウメ試験研究30年のあゆみ（1996）
國重正昭編：花専科育種と栽培チューリップ，誠文堂新光社（1994）
西井謙治：チューリップ物語，北日本印刷（1984）
貝塚爽平ほか：日本の自然4，日本の平野と海岸，岩波書店（1985）
日本の地質「中部地方I」編集委員会：日本の地質4，中部地方I，共立出版（1993）
農林水産省統計情報部：第71次農林水産統計表（平成6〜7年）（1996）
静岡県農政部：平成9年度静岡県の農業（1997）
愛知県：動向調査資料No. 106 農業の動き（1997）
三重県：三重の農林水産業（1997）
愛知県農業総合試験場：農業の新技術No. 68，目で見る農耕地土壌の実態と変化（1996）
静岡県生活・文化部環境局環境保全課：静岡県環境基本計画（1997）
日本土壌肥料学会監修：有機性汚泥の緑農地利用，博友社（1991）
小堀 巖：「マンボ」―日本のカナート，三重県郷土資料刊行会（1988）
三重県北勢町教育委員会：北勢町の自然（1986）
阪野 優：写真集 マンボ灌漑，中部日本教育文化会（1983）
東 順三：近畿地方，II土壌の自然史的性格と活用，農業技術体系3 土壌と活用，農文協，p. 45-56（1987）
古池末吉・吉岡二郎：近畿地方の森林土壌，日本の森林土壌，農林水産省，日本林業協会，p. 345-364（1983）
国土庁土地局国土調査課：土地分類図（滋賀県，京都府，兵庫県，大阪府，奈良県，和歌山県）1973-1976
近畿農政局：平成7年度・平成8年度近畿農業情勢報告（1996，1997）
近畿農政局：近畿農業の概要（1997）
永井啓一：オアシス構想の今後の展開について，大阪農業，33（2），18-22（1996）
二見敬三：有機物の特性と混合，リレー施用，農業技術大系・土壌施肥編第5巻，畑，農文協（1995）
中国農業試験場編：平成8年度近畿中国農業研究成果情報（1997）
日本土壌肥料学会広島大会運営委員会編：山陽の農業と土壌肥料（1989）
岡山県農林部編：岡山県農林漁業の現況と動向（1996）
鳥取県農林水産部編：鳥取県農林水産業の概要（1997）
山口県農林部編：山口県農業の動向（1997）
広島県農政部編：広島県農業・水産業の動き（1997）
島根県農林水産部編：島根県農蚕園芸まるごとデータブック（1997）
日本大百科全書，中国地方（小学館）（1987）
山口県史編さん民族部会：民族部会報告（3），山口県県史編さん室（1996）
山口県農林部：山口県棚田対策報告書，（1986）
岡山長郎：世界における酸性土壌の分布と利用状況，酸性土壌とその農業利用，博友社（1984）
久馬一剛：熱帯，特に東南アジアにおける低湿地土壌の分布と特性，酸性土壌とその農業利用，博友社（1984）
中国四国農政局統計情報部編集：中国四国農林水産統計，平成9年版（1997）
農林水産省四国農業試験場編：四国農試研究50年の歩み―ここ20年を中心として（1996）
農林水産省四国農業試験場編：平成7年度四国農業試験場成績・計画概要集，総合農業（土壌肥料）（1996）

索　引

あ 行

姶良（あいら）Tn 火山灰　202
アカウキクサ　86
赤土流出　204
アカホヤ　187, 202
秋落ち　55
あぜ　84
アパタイト　93
アブサイシン酸　67
アルカリ(塩類)化　102
アルファフラン　68
アルベド　14
アルミニウム過剰障害　54
アルミニウム抵抗性　69
アレロパシー(他感作用)　68, 188
アロフェン　41, 132
アロフェン質黒ボク土　132
暗色系褐色森林土　37
アンディソル(アンドソイル，アンドソル)　112

イオン交換体　43
イオンチャンネル　67
磯焼け　6
イタイイタイ病　94
一次鉱物　33
1：1型粘土鉱物　43
萎ちょう病　181
一定荷電　53
遺伝子資源　21
易分解性有機物　45
いや地現象　86
イライト　41
インタークロッピングシステム　22

魚付き林　6
ウメ　153

永久しおれ点　49
栄養診断　73
液相　32
エリシター　23
塩基バランス　191
エンデミズム　57
塩類集積　188

か 行

黄褐色森林土　37, 105
黄化病　146
黄色系・赤色系褐色森林土　37
黄色土　37
黄土　14, 132
オゾン層の破壊　12
オゾン層破壊ガス　97
汚泥　92
おでい肥料　163
温室効果ガス　96

外生菌根　60
開田病　200
外部経済　16
改良目標値　79
カオリン鉱物　41
化学的風化作用　30
化学肥料　87
鍵層　112, 135, 142
火砕流　202
火山灰土　112
火山砕屑(さいせつ)物　112
果樹園　192
ガス拡散係数　50
ガス障害　191
家畜ふん尿　91, 96, 124
褐色森林土　37, 104
褐色低地土　106
活性アルミニウム　54
活性鉄　54
神岡鉱山　94
刈敷農業　3
ガリ侵食　81
環境家計簿　17
環境基準　103
環境権　16
環境修復　63
環境保全型農業　169
還元層　85
緩効性肥料　99
寒締め野菜　129
岩屑土　107
干拓　196
関東ローム(層)　114, 135
感性資源　17

気候帯　108
気相　32
気相率　50
基礎的土壌生成作用　31
拮抗菌　61
拮抗微生物　147
機能性物質　68
ギブサイト　34
客土　80
吸湿係数　49
吸湿水　48
旧石器遺跡土壌　133
共生窒素固定能　57
強熱減量　52
亀裂褐変症　145
菌根　60
菌根菌　60

クラスト　14
クリーニングクロップ　161, 190
クリーン農業　120
グルムソル　110
黒ボク土　39, 106, 112, 131, 201

蛍光性シュードモナス　61
傾斜地農業　192
けい畔　84
下水汚泥　96
原位置処理法　64

公害　16
交換性アルミニウム　54
孔隙　32, 47
光合成　69
抗生物質　5, 62
黒泥土　107
古細菌　56
古在由直　94
コシヒカリ　151
固相　32
ゴマ症　146
混合施用　174
コンポスター　92
根粒菌　57
根粒バクテロイド　57

さ行

細砂　34, 47
サイトカイニン　67
最大容水量　49
砂丘農業　179
砂丘未熟土　107, 110
里山　3
砂漠化　11
砂漠土　110
サヘル　12
酸化還元反応　55
酸化層　85
酸性雨　10, 54, 111
酸性降下物　111
酸性土　54, 110
三相　32

師管液　70
施設栽培　188
シデライト　34
シデロフォア　61, 67
シート(面)侵食　81
し尿汚泥　162
地盤沈下　117
島尻マージ　196
四万十方式　188
ジャーガル　196
灼熱損失量　52
ジャロサイト　34
重金属　94, 162
自由水　48
従属栄養(生物)　2
重粘土　117
重力水　49
主層位　29
準晶質粘土鉱物　42, 106
浚渫土砂　162
硝酸化成作用　84
硝酸態窒素　120, 160
除塩　190
植生　36
植物ケイ酸体(プラントオパール)　33, 106
植物ホルモン　88
食味　151
食味官能試験　151
初成土壌生成作用　30
除草剤抵抗遺伝子　24
シラス台地　202
シルト　34, 47
真核生物　56
シンク　70
芯ぐされ症　145

人工衛星情報　121
人工ゼオライト　195
真性細菌　56
新鮮有機物　35
診断基準値　79
浸透圧　49
森林帯　37
森林破壊　13

水質浄化　99, 125, 171
水食　81, 118
水田　55, 84
水田園芸　199
水稲収量(推移)　128
水分恒数　49
水分保持曲線　49
水分率　50
水和酸化物　33
すき床層　84
砂　34
スメクタイト　41

ゼオライト　195
静菌作用　146
生態系農業　22
成帯性土　110
成帯内性土　110
生物的土壌管理　147
生物防除　61
生理障害　73, 145
世界土壌照合基準(WRB)　112
赤黄色土　37, 105
赤黄色ポドゾル性土　110
絶乾土　49
施肥設計診断　78
線虫　145
千枚田　156

ソイルタクソノミー　108
相観　36
造成土　107
草地　124
粗孔隙　47
粗砂　34, 47
ソース　70
塑性限界　49

た行

ダイコン萎黄病　62
対策診断　78
耐水性団粒　83
耐虫性因子　23
堆肥　84, 88
太陽熱消毒　176

他感作用　68, 188
立川ローム層　114
脱窒作用　85
棚田　156, 184
食べるワクチン　25
多量元素　51
弾丸暗きょ　80
炭酸塩鉱物　33
たん水　84, 86
炭素の循環　9
タンパク石　33
団粒構造　47

チェルノーゼム　111
地殻　28
地球温暖化　10
窒素栄養　70
中山間農業　183
沖積土　111
チューリップ　155
地力　76

土
　——の管理　144
　——の構造　47
　——の診断　78
　——の保全　81
土づくり　77
つるぼけ　68

泥炭土　107, 117
低地水田土　106
適地適木　39
テフラ　112, 141
テラス　82
テンサイ　120
電導度(EC)　188
伝統野菜　176

同形置換　53
透水性　79
倒伏　153
特殊肥料　163
独立栄養(生物)　2
都市土壌　102
都市農業　147
土壌　28
土壌汚染　76
土壌汚染防止法　94
土壌空気　32, 49
土壌硬度　50
土壌三相　84
土壌侵食　81
土壌水　32, 48

索　引

土壌生成作用　29, 30
土壌層位　29
土壌帯　37
土壌断面(プロフィール)　28
土壌動物　31
土壌病害　61, 145
土壌分類　112
土壌保全対策事業　79
土壌溶液　53
土性　34, 79
土性三角図表　34
土膜　81
トランスポーター　67
トランスポーター遺伝子　24, 67
土呂久鉱毒事件　94

な行

内生菌根　60
生ごみ　92
軟弱野菜　147

二酸化炭素　96
二次鉱物　33
2：1型粘土鉱物　43
ニトロゲナーゼ　57, 59

根こぶ病　146
粘土　34
粘土鉱物　33, 40, 41〜43
　　1：1型粘土鉱物　43
　　2：1型粘土鉱物　43

農薬汚染　98
ノジュリン遺伝子　59
ノンストレス施肥　191

は行

バイオリアクター法　64
バイオレメディエーション　64
バーミキュライト　41
ハロイサイト　41
氾勝之書　87

非アロフェン質黒ボク土　106, 132
肥効調節型肥料　89, 130
非晶質粘土　106
ヒートアイランド現象　5, 102
被覆植物　194
非腐植物質　35, 45
ヒューミン　35, 43
表面流去水　81
肥料　87
非和水型(粘土鉱物)　43
品質診断　73

ファイトレメデイエーション　22
風化作用　30
風乾土水分　49
風食　81, 118
風成塵　132
フォッサマグナ　157
不耕起乾田直播栽培　185
腐植　29, 31, 35, 43
腐植化　31
腐植酸　35, 43, 44
腐植層　31
腐植物質　35, 43〜45
腐植－粘土複合体　36, 43
縁ぐされ症　145
物理的風化作用　30
プラントオパール　33
フルボ酸　35, 43, 44

変異荷電　53
偏穂重型(品種)　130

膨圧　49
報酬逓(漸)減の法則　4
ぼかし肥(料)　83, 88
母岩　28
母材　29
穂重型(品種)　130
ほ場容水量　48, 49
穂数型(品種)　130
ポドゾル　37, 39, 104, 110

ま行

マイコライザ　60
マトリックポテンシャル　48, 49
マサ(土)　165, 178
マンガン過剰症　200
マンボ　163

水ポテンシャル　48
緑の革命　20
ミミズ　64
宮沢賢治　136
未利用有機資源　90

無機質肥料　87
ムギネ酸　68
無効水　49
無色鉱物　41

メタン　97

毛管孔隙　48
毛管水　48

や行

焼畑農業　3
山川掟　77
山中式土壌硬度計　50

有機質肥料　87
有機性廃棄物　90
有機農産物　83
有機農法　83
有効水　49
有色鉱物　40
遊離酸化物　33
遊離鉄(化合物)　34

容積重　50
葉面積指数(LAI)　131
抑止土壌　61, 63
予防診断　78

ら行

酪農　124
ラテライト性土壌　110
ラトソル　110
ランドファーミング　64

リサイクル　90, 162
リセプター　23
リゾクトニア病　173
リトソル　110
リボソーム　56
粒径組成　34
粒団　47
緑芯症　146
リル(細流)侵食　81
リレー施用　174
リン酸欠乏　93
リン酸収着(吸収)力　54

冷害　121, 123
れき　34
レス　14, 132
連作障害　86, 144

わ行

和水型(粘土鉱物)　42, 43
渡良瀬川鉱毒事件　94

A層　29
B層　29
γ-BHC　98
BTファクター　23
C層　29
C_3型　69

C_4 型　69, 70
CAM 型　69
CFC　12, 98
C/N 比　46, 162
DNA　57
E 層　29
Ex situ 処理法　64

G 層　29
H 層　29
IGBP　9
In situ 処理法　64
IPCC　9
IR-8　20
LISA　21

O 層　29
pH　189
PR タンパク質　23
RNA　56
Rubisco　69
UN-B　13
VA 菌根菌　60

土と食糧（普及版）
―健康な未来のために―

定価はカバーに表示

1998年9月25日　初　版第1刷
2010年10月30日　普及版第1刷

編　者　社団法人　日本土壌肥料学会

発行者　朝　倉　邦　造

発行所　株式会社　朝倉書店
東京都新宿区新小川町6-29
郵便番号　162-8707
電　話　03(3260)0141
ＦＡＸ　03(3260)0180
http://www.asakura.co.jp

〈検印省略〉

© 1998〈無断複写・転載を禁ず〉　シナノ印刷・渡辺製本

ISBN 978-4-254-40019-9　C 3061　Printed in Japan